最优化理论与方法

Optimization Theory and Methods

王景恒　编著

北京理工大学出版社
BEIJING INSTITUTE OF TECHNOLOGY PRESS

内 容 简 介

本书是为应用数学专业本科生、工科硕士研究生所编写的一门最优化课程教材，是作者综合多年的教学实践，在原有教学讲义基础上，经过反复修订而成的。

本书主要内容包括线性规划及其对偶理论、最优性条件、无约束最优化问题和约束最优化问题。每部分内容都较全面系统地介绍了其基本理论和优化算法。作为教材，每章后附有习题，以便加深学生对所学知识的理解和掌握。

本书除作为教材外，也可作为从事最优化方面工作的科研人员和工程技术人员的学习参考用书。

版权专有　侵权必究

图书在版编目（CIP）数据

最优化理论与方法 / 王景恒编著. —北京：北京理工大学出版社，2018.8（2025.1重印）
ISBN 978-7-5682-6276-7

Ⅰ. ①最… Ⅱ. ①王… Ⅲ. ①最佳化理论②最优化算法 Ⅳ. ①O224②O242.23

中国版本图书馆 CIP 数据核字（2018）第 203595 号

出版发行 / 北京理工大学出版社有限责任公司
社　　址 / 北京市海淀区中关村南大街 5 号
邮　　编 / 100081
电　　话 / （010）68914775（总编室）
　　　　　（010）82562903（教材售后服务热线）
　　　　　（010）68944723（其他图书服务热线）
网　　址 / http://www.bitpress.com.cn
经　　销 / 全国各地新华书店
印　　刷 / 北京虎彩文化传播有限公司
开　　本 / 710 毫米×1000 毫米　1/16
印　　张 / 20.25　　　　　　　　　　　　　　责任编辑 / 封　雪
字　　数 / 300 千字　　　　　　　　　　　　文案编辑 / 封　雪
版　　次 / 2018 年 8 月第 1 版　2025 年 1 月第 12 次印刷　责任校对 / 周瑞红
定　　价 / 46.00 元　　　　　　　　　　　　责任印制 / 王美丽

图书出现印装质量问题，请拨打售后服务热线，本社负责调换

前　言

最优化是用数学方法研究最优方案的选择问题，是数学的一个重要分支，它在诸多领域有着十分广泛的应用，最优化问题的基本知识已成为新的工程技术和管理人员所必备的基础知识. 因此，最优化理论与方法是目前高等院校普遍开设的一门数学课程.

本书是为应用数学专业本科生、工科硕士研究生所写的一门最优化课程教材，是笔者结合多年的教学实践，在原有教学讲义的基础上，经过多次的教学实践修改而成的. 本书较全面、系统地介绍了最优化的基本理论和方法. 本书在阐述问题时力求清晰、透彻，语言浅显易懂、深入浅出，并试图让学生了解算法的来龙去脉，以便使他们在解决实际问题的过程中更好地运用这些方法.

本书共有 11 章. 第 1 章绪论，向读者介绍最优化作为学科的发展过程以及最优化基本概念和基本问题. 为了便于读者更好地学习本书知识，特增加两节数学预备知识. 第 2 章线性规划和第 3 章线性规划对偶问题，主要涉及线性规划的基本内容. 第 4 章最优性条件，讨论最优化问题解的必要与充分条件. 第 5 章算法，主要介绍求解最优化问题迭代算法的基本问题. 第 6 章一维搜索，第 7 章使用导数的最优化方法和第 8 章无约束最优化的直接方法，主要讨论无约束最优化问题的求解方法. 第 9 章二次规划，第 10 章可行方向法和第 11 章惩罚函数法，主要讨论约束最优化问题的求解方法. 作为教材，在每章的后面均列有习题，便于学生复习和巩固该章所学的知识.

本书在编排上采用分块式，即线性规划、无约束最优化问题和约束最优化问题三大块，各块相对独立，教师可根据授课内容和对象进行适当删减或增加.

本书除作为教材外，也可作为从事最优化方面工作的科研人员和工程技术人员的学习参考用书.

本书在编写和出版过程中，同行专家提出了许多宝贵意见和建议，同时也得到了长春理工大学教材建设项目的资助，以及北京理工大学出版社的大力支持，在此一并表示衷心感谢.

限于编者的水平，书中不妥与错误之处在所难免，殷切期望专家、学者不吝指教.

编 者

2018年3月

目　录

第1章 绪论

1.1 引言

最优化就是针对给出的实际问题，从众多的可行方案中选出最优方案．其任务是讨论研究决策问题的最佳选择之特性，构造寻求最佳解的计算方法．最优化问题广泛见于工程设计、经济规划、生产管理、交通运输、国防等重要领域．例如，在工程设计中，怎样选择设计参数，使得设计方案既能满足设计需求，又能降低成本；在资源分配中，怎样分配有限资源，使得分配方案既能满足各方面的基本要求，又能获得好的经济效益；在生产计划安排中，选择怎样的计划方案才能提高产值和利润；在城建规划中，怎样安排布局才能有利于城市发展；在运输问题中，满足相应要求的条件下，选择怎样的路径才能使运输线路最短；在军事指挥中，如何制订作战方案，使之能有效地消灭敌人，保存自己，有利于战争的全局，等等．在人类活动的各个领域中，此类问题，不胜枚举．最优化为这些问题的解决提供了理论基础和求解方法．

最优化既是一个古老的课题，又是一门年轻的学科．早在 17 世纪，英国科学家牛顿创立微积分的时代，就已提出极值问题，后来拉格朗日研究一个函数在一组等式约束条件下的极值问题时提出了乘数法．1847 年，法国数学家柯西研究了函数值沿什么方向下降最快的问题，提出了最速下降法．1939 年，苏联数学家 Л. В. Канторович 提出了解决下料问题和运输问题这两种线性规划的求解方法．人们关于最优化问题的研究工作，随着历史的发展不断深入．但是，任何科学的进步，都受到历史条件的限制，直到 20 世纪 40 年代，最优化这个古老课题还尚未形成独立的有系统的学科．

20 世纪 40 年代以来，生产和科学研究突飞猛进地发展，特别是电子计算机日益广泛应用，使最优化问题的研究不仅成为一种迫切需要，而且有了求解的有力工具，最优化理论和算法才得以迅速发展，并不断完善，逐步成为一门系统的学科．1947 年，美国科学家 Dantzig 提出了求解线性规划问题的单纯形法，为线性规划的理论和算法奠定了基础．1951 年，由 Kuhn 和 Tucker 完成了非线性规划的理论基础性工作．20 世纪 50 年代以后，人们从一些自然现象和规律中受到启发，提出了许多求解复杂优化问题的新方法．例如，1953 年，Metropolis 最早提出了模拟退火算法；1975 年，Holland 教授在他的专著中比较系统地论述了遗传算法；1992 年，Dorigo 在他的博士论文中首先提出了一种全新的蚁群系统启发式算法，在此基础上蚁群算法逐渐发展起来．总之，近半个世纪以来，最优化方法得到了充分研究，在理论上取得了非常重要的研究成果，在实际应用中正在发挥越来越大的作用．最优化方法已经成为发展迅速、内容丰富、应用广泛的活跃的学科．

1.2 最优化问题

1.2.1 最优化问题数学模型

最优化问题通常可以表示为数学规划问题．数学规划是指对含有 n 个变量的目标函数求极值，而这些变量也可能受到某些条件（等式方程或不等式方程）的限制，其一般数学表达式为

$$\min f(\boldsymbol{x}),\quad \boldsymbol{x}\in \mathbf{R}^n$$
$$\text{s.t.}\begin{cases} c_i(\boldsymbol{x})=0, & i\in E=\{1,2,\cdots,l\} \\ c_i(\boldsymbol{x})\geqslant 0, & i\in I=\{l+1,\cdots,l+m\} \end{cases} \tag{1.2.1}$$

其中，$\boldsymbol{x}=(x_1,x_2,\cdots,x_n)^{\mathrm{T}}$ 称为决策变量；$f(\boldsymbol{x})$ 称为目标函数；$c_i(\boldsymbol{x})=0(i\in E)$ 和 $c_i(\boldsymbol{x})\geqslant 0(i\in I)$ 称为约束条件；min 和 s.t. 分别是英文单词 minmum（极小化）和 subject to（受限于）的缩写．

根据实际问题的不同要求，最优化模型有不同的形式，但经过适当的变换都可以转换成上述一般形式．例如，若求 $\max f(\boldsymbol{x})$，可以将目标函数写成 $\min(-f(\boldsymbol{x}))$，若不等式约束为 $c_i(\boldsymbol{x})\leqslant 0$，则可以写成 $-c_i(\boldsymbol{x})\geqslant 0$．

在问题（1.2.1）中，若 $f(\boldsymbol{x})$、$c_i(\boldsymbol{x})$ $(i\in E\cup I)$ 均为线性函数，则相应的规划称为线性规划；若 $f(\boldsymbol{x})$、$c_i(\boldsymbol{x})$ $(i\in E\cup I)$ 中含有非线性函数，则称为非线性规划．

问题（1.2.1）也称为约束最优化问题．若去掉问题（1.2.1）的约束条件，则得到

$$\min f(\boldsymbol{x}),\quad \boldsymbol{x}\in \mathbf{R}^n \tag{1.2.2}$$

称为无约束最优化问题．

下面给出最优化问题解的概念．

定义 1.2.1 对于约束最优化问题（1.2.1），满足约束条件的点称为可行点，全体可行点组成的集合称为可行域，记作 D，即

$$D=\{\boldsymbol{x}\mid c_i(\boldsymbol{x})=0, i\in E;\ \ c_i(\boldsymbol{x})\geqslant 0,\ \ i\in I,\ \ \boldsymbol{x}\in \mathbf{R}^n\}$$

无约束最优化问题（1.2.2）的可行域为整个空间．

定义 1.2.2 设 $f(\boldsymbol{x})$ 为目标函数，D 为可行域，$\bar{\boldsymbol{x}}\in D$．若对每个 $\boldsymbol{x}\in D$，$f(\boldsymbol{x})\geqslant f(\bar{\boldsymbol{x}})$ $(f(\boldsymbol{x})> f(\bar{\boldsymbol{x}}))$ 成立，则称 $\bar{\boldsymbol{x}}$ 为 $f(\boldsymbol{x})$ 在 D 上的（严格）全局极小点．

定义 1.2.3 设 $f(\boldsymbol{x})$ 为目标函数，D 为可行域．若存在 $\bar{\boldsymbol{x}}\in D$ 的 $\varepsilon>0$ 邻域 $N(\bar{\boldsymbol{x}},\varepsilon)=\{\boldsymbol{x}\mid\|\boldsymbol{x}-\bar{\boldsymbol{x}}\|<\varepsilon\}$，使得对每个 $\boldsymbol{x}\in D\cap N(\bar{\boldsymbol{x}},\varepsilon)$，$f(\boldsymbol{x})\geqslant f(\bar{\boldsymbol{x}})$ $(f(\boldsymbol{x})>f(\bar{\boldsymbol{x}}))$ 成立，则称 $\bar{\boldsymbol{x}}$ 为 $f(\boldsymbol{x})$ 在 D 上的一个（严格）局部极小点．

对于极大化问题，可以类似地定义全局极大点和局部极大点．

根据上述定义，全局极小点也是局部极小点，而局部极小点不一定是全局极小点．但是对于某些特殊情形，如将在后面介绍的凸规划，局部极小点也是全局极小点．

1.2.2 最优化问题举例

1. 无约束最优化问题

例 1.2.1 曲线拟合问题

设有两个物理量 η 和 ξ，根据某一物理定律得知，它们满足如下关系：

$$\eta=a+b\xi^c$$

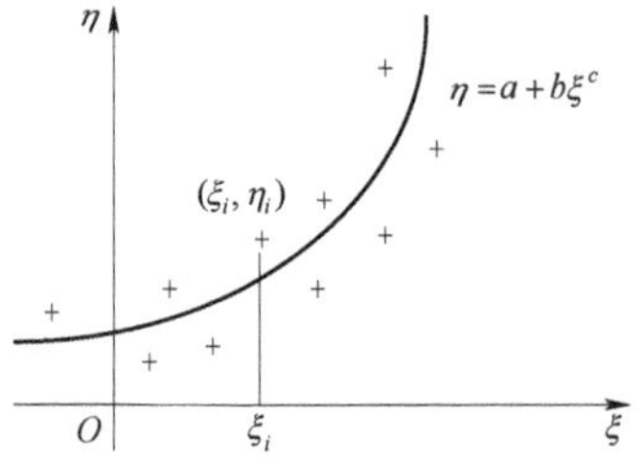

图 1.2.1 曲线拟合问题

其中 a,b,c 三个常数在不同情况下取不同的值. 现由实验得到一组数据 $(\xi_1,\eta_1),(\xi_2,\eta_2),\cdots,(\xi_m,\eta_m)$.

试选择 a,b,c 的值，使曲线 $\eta=a+b\xi^c$ 尽可能靠近所有的实验点 (ξ_i,η_i)，$i=1,2,\cdots,m$，如图 1.2.1 所示.

解析 这个问题可用最小二乘原理求解，即选择 a,b,c 的一组值，使得偏差的平方和

$$\delta(a,b,c)=\sum_{i=1}^{m}(a+b\xi_i^c-\eta_i)^2 \tag{1.2.3}$$

达到最小. 换句话说，就是求 3 个变量的函数 $\delta(a,b,c)$ 的极小点作为问题的解.

为了便于今后的讨论，我们把它写成统一的形式，把 a,b,c 换成 x_1,x_2,x_3，记为 $\boldsymbol{x}=(x_1,x_2,x_3)^{\mathrm{T}}$，把 δ 换成 f，这样问题就归结为求解

$$\min f(\boldsymbol{x})=\sum_{i=1}^{m}(x_1+x_2\xi_i^{x_3}-\eta_i)^2 \tag{1.2.4}$$

2. 约束最优化问题

例 1.2.2 生产计划问题

设某工厂用 4 种资源生产 3 种产品，每单位第 j 种产品需要第 i 种资源的数量为 a_{ij}，可获得利润为 c_j，第 i 种资源总消耗量不能超过 b_i，试问如何安排生产才能使总利润最大？

解析 设 3 种产品的产量分别为 x_1，x_2，x_3，这是决策变量，目标函数是总利润 $c_1x_1+c_2x_2+c_3x_3$，约束条件是资源限制 $a_{i1}x_1+a_{i2}x_2+a_{i3}x_3\leqslant b_i(i=1,2,3,4)$ 和产量非负限制 $x_j\geqslant 0(j=1,2,3)$. 问题概括为，在一组约束条件下，确定一个最优生产方案 $\boldsymbol{x}^*=(x_1^*,x_2^*,x_3^*)^{\mathrm{T}}$，使目标函数值最大，数学模型如下:

$$\max f(\boldsymbol{x})=\sum_{j=1}^{3}c_jx_j$$

$$\text{s.t.}\begin{cases}\displaystyle\sum_{j=1}^{3}a_{ij}x_j\leqslant b_i, & i=1,2,3,4\\ x_j\geqslant 0, & j=1,2,3\end{cases}$$

例 1.2.3 选址问题

设有 n 个市场，第 j 个市场的位置为 (a_j, b_j)，对某种货物的需要量为 $q_j(j=1,2,\cdots,n)$. 现计划建立 m 个货栈，第 i 个货栈的容量为 $c_i(i=1,2,\cdots,m)$. 试确定货栈的位置，使各货栈到各市场的运输量与路程乘积之和最小.

解析 设第 i 个货栈的位置为 $(x_i, y_i)(i=1,2,\cdots,m)$，第 i 个货栈供给第 j 个市场的货物量为 $w_{ij}(i=1,\cdots,m; j=1,\cdots,n)$，第 i 个货栈到第 j 个市场的距离为 d_{ij}，一般定义为

$$d_{ij}=\sqrt{(x_i-a_j)^2+(y_i-b_j)^2} \tag{1.2.5}$$

或

$$d_{ij}=\left|x_i-a_j\right|+\left|y_i-b_j\right| \tag{1.2.6}$$

我们的目标是使运输量与路程乘积之和最小，如果按式（1.2.5）定义，就是使

$$\sum_{i=1}^{m}\sum_{j=1}^{n} w_{ij}\sqrt{(x_i-a_j)^2+(y_i-b_j)^2}$$

最小．约束条件是：

（1）每个货栈向各市场提供的货物量之和不能超过它的容量；

（2）每个市场从各货栈得到的货物量之和应等于它的需要量；

（3）运输量不能为负数.

因此，问题的数学模型如下：

$$\min f(\boldsymbol{x},\ \boldsymbol{y},\ \boldsymbol{w})=\sum_{i=1}^{m}\sum_{j=1}^{n} w_{ij}\sqrt{(x_i-a_j)^2+(y_i-b_j)^2}$$

$$\text{s.t.}\begin{cases}\sum\limits_{j=1}^{n} w_{ij}\leqslant c_i, & i=1,\cdots,m\\ \sum\limits_{i=1}^{m} w_{ij}=q_j, & j=1,\cdots,n\\ w_{ij}\geqslant 0, & i=1,\cdots,m;\ \ j=1,\cdots,n\end{cases}$$

在上述例子中，例 1.2.1 是无约束最优化问题．例 1.2.2 和例 1.2.3 是约束最优化问题．同时例 1.2.2 模型中，目标函数和约束函数都是线性的，因此又属于线性规划，而例 1.2.1 和例 1.2.3 模型中含有非线性函数，因此又属于非线性规划.

1.3 数学基础

1.3.1 向量与矩阵

1. 向量

设 $\boldsymbol{x}$，$\boldsymbol{y}$ 为 n 维欧几里得（Euclid）空间中的两个向量，即

$$\boldsymbol{x}=(x_1,x_2,\cdots,x_n)^{\mathrm{T}}$$

$$\boldsymbol{y}=(y_1,y_2,\cdots,y_n)^{\mathrm{T}}$$

定义向量 $\boldsymbol{x}$ 与 $\boldsymbol{y}$ 的内积为

$$\langle\boldsymbol{x},\boldsymbol{y}\rangle=\sum_{i=1}^{n}x_iy_i=\boldsymbol{x}^{\mathrm{T}}\boldsymbol{y} \tag{1.3.1}$$

由式（1.3.1），容易得到内积具有如下性质：

（1）$\langle\boldsymbol{x},\boldsymbol{x}\rangle\geqslant 0$，且 $\langle\boldsymbol{x},\boldsymbol{x}\rangle=0$ 的充要条件是 $\boldsymbol{x}=\boldsymbol{0}$；

（2）$\langle\boldsymbol{x},\boldsymbol{y}\rangle=\langle\boldsymbol{y},\boldsymbol{x}\rangle$；

（3）$\langle\lambda\boldsymbol{x}+\mu\boldsymbol{y},\boldsymbol{z}\rangle=\lambda\langle\boldsymbol{x},\boldsymbol{z}\rangle+\mu\langle\boldsymbol{y},\boldsymbol{z}\rangle$.

常用的向量范数有 L_1 范数，L_2 范数和 L_∞ 范数，分别为

$$\|\boldsymbol{x}\|_1=\sum_{j=1}^{n}|x_j| \tag{1.3.2}$$

$$\|\boldsymbol{x}\|_2=(\sum_{j=1}^{n}x_j^2)^{\frac{1}{2}} \tag{1.3.3}$$

$$\|\boldsymbol{x}\|_\infty=\max_j|x_j| \tag{1.3.4}$$

一般地，对于 $1\leqslant p<\infty$，L_p 范数为

$$\|\boldsymbol{x}\|_p=(\sum_{j=1}^{n}|x_j|^p)^{\frac{1}{p}} \tag{1.3.5}$$

这里应指出，上述向量范数中，$\|\boldsymbol{x}\|_2$ 称为欧几里得范数．如无特殊指明，后面将用 $\mathbf{R}^n$ 表示 n 维欧几里得空间．

范数具有如下性质：

（1）$\|\boldsymbol{x}\| \geqslant 0$，且 $\|\boldsymbol{x}\| = 0$ 的充要条件是 $\boldsymbol{x} = 0$；

（2）$\|\lambda\boldsymbol{x}\| = |\lambda|\|\boldsymbol{x}\|$；

（3）$\|\boldsymbol{x}+\boldsymbol{y}\| \leqslant \|\boldsymbol{x}\| + \|\boldsymbol{y}\|$（三角不等式）；

（4）$|\langle \boldsymbol{x}, \boldsymbol{y}\rangle| \leqslant \|\boldsymbol{x}\| \cdot \|\boldsymbol{y}\|$（柯西-施瓦茨不等式）.

且等式成立的充要条件是：$\boldsymbol{x}$ 与 $\boldsymbol{y}$ 共线，即存在 λ，使得

$$\boldsymbol{x} = \lambda \boldsymbol{y}$$

将柯西-施瓦茨不等式写成分量形式为

$$\left|\sum_{i=1}^{n} x_i y_i\right| \leqslant \left(\sum_{i=1}^{n} x_i^2\right)^{\frac{1}{2}} \left(\sum_{i=1}^{n} y_i^2\right)^{\frac{1}{2}} \tag{1.3.6}$$

2．矩阵

设 $m \times n$ 阶矩阵为

$$\boldsymbol{A} = \begin{pmatrix} a_{11} & a_{12} & \dots & a_{1n} \\ a_{21} & a_{22} & \dots & a_{2n} \\ \vdots & \vdots & \vdots & \vdots \\ a_{m1} & a_{m2} & \dots & a_{mn} \end{pmatrix}_{m \times n}$$

把矩阵 $\boldsymbol{A}$ 的行（或列）的极大线性无关组的向量个数称为矩阵 $\boldsymbol{A}$ 的秩，记为 $\text{rank}(\boldsymbol{A})$.

若

$$\text{rank}(\boldsymbol{A}) = \min\{m, n\} \tag{1.3.7}$$

则称矩阵 $\boldsymbol{A}$ 是满秩的. 若 $m<n$，则称为行满秩. 若 $m>n$，则称为列满秩. 当 $m=n$ 时，则矩阵为 n 阶非奇异（可逆）方阵.

当 $\boldsymbol{A}$ 为方阵时，计算矩阵 $\boldsymbol{A}$ 的行列式为

$$\det(\boldsymbol{A}) = \sum_{i_1 i_2 \cdots i_n} (-1)^{\tau(i_1 i_2 \cdots i_n)} a_{1i_1} a_{2i_2} \cdots a_{ni_n} \tag{1.3.8}$$

其中 $\tau(i_1 i_2 \cdots i_n)$ 是 $i_1 i_2 \cdots i_n$ 的逆序数，$\sum\limits_{i_1 i_2 \cdots i_n}$ 表示对所有的 n 阶排列求和.

矩阵非奇异的充要条件是：

$$\det(\boldsymbol{A}) = 0 \tag{1.3.9}$$

设 $\boldsymbol{A}$ 为 $n \times n$ 阶矩阵，若 $\boldsymbol{A}$ 满足

$$A^{\mathrm{T}} = A \tag{1.3.10}$$

则称 A 为对称矩阵；若对于一切 $x \neq 0$，均有

$$x^{\mathrm{T}} A x > 0 \tag{1.3.11}$$

则称 A 为正定矩阵；若对于一切 x，均有

$$x^{\mathrm{T}} A x \geqslant 0 \tag{1.3.12}$$

则称 A 为半正定矩阵.

1.3.2 序列的极限

定义 1.3.1 设 $\{x^{(k)}\}$ 是 $\mathbf{R}^n$ 中一个向量序列，$\bar{x} \in \mathbf{R}^n$，如果对每个任给的 $\varepsilon>0$，存在正整数 k_ε，使得当 $k > k_\varepsilon$ 时，有 $\left\|x^{(k)} - \bar{x}\right\| < \varepsilon$，则称序列收敛到 $\bar{x}$，记作 $\lim\limits_{k\to\infty} x^{(k)} = \bar{x}$.

按此定义，序列若存在极限，则任何子序列有相同的极限，即序列的极限是唯一的.

定义 1.3.2 设 $\{x^{(k)}\}$ 是 $\mathbf{R}^n$ 中一个向量序列，如果存在一个子序列 $\{x^{(k_j)}\}$，使 $\lim\limits_{k_j\to\infty} x^{(k_j)} = \hat{x}$，则称 $\hat{x}$ 是序列 $\{x^{(k)}\}$ 的一个聚点.

根据定义易知，如果无穷序列有界，即存在正数 M，使得对所有 k 均有 $\|x^{(k)}\| \leqslant M$，则这个序列必有聚点.

定义 1.3.3 设 $\{x^{(k)}\}$ 是 $\mathbf{R}^n$ 中一个向量序列，如果对任意给定的 $\varepsilon > 0$，总存在正整数 k_ε，使得当 m，$l > k_\varepsilon$ 时，有 $\|x^{(m)} - x^{(l)}\| < \varepsilon$，则 $\{x^{(k)}\}$ 称为柯西序列.

在 $\mathbf{R}^n$ 中，柯西序列有极限.

定理 1.3.1 设 $\{x^{(j)}\} \subset \mathbf{R}^n$ 为柯西序列，则 $\{x^{(j)}\}$ 的聚点必为极限点.（证明从略）

1.3.3 多变量函数的梯度、Hesse 矩阵和泰勒展开式

定义 1.3.4 设 $f(x)$ 为多变量函数，则称 n 维列向量

$$\nabla f(x) = \left(\frac{\partial f(x)}{\partial x_1}, \frac{\partial f(x)}{\partial x_2}, \ldots, \frac{\partial f(x)}{\partial x_n}\right)^{\mathrm{T}} \tag{1.3.13}$$

为函数 $f(\boldsymbol{x})$ 在 $\boldsymbol{x}$ 处的梯度.

定义 1.3.5 设 $f(\boldsymbol{x})$ 为多变量函数，则称 $n\times n$ 矩阵 $\nabla^2 f(\boldsymbol{x})$，其中第 i 行第 j 列元素

$$[\nabla^2 f(\boldsymbol{x})]_{ij}=\frac{\partial^2 f(\boldsymbol{x})}{\partial x_i \partial x_j},\ 1\leqslant i,\ j\leqslant n \tag{1.3.14}$$

为函数 $f(\boldsymbol{x})$ 在 $\boldsymbol{x}$ 处的 Hesse 矩阵.

当 $f(\boldsymbol{x})$ 为二次函数时，梯度及 Hesse 矩阵很容易求得. 二次函数可以写成下列形式：

$$f(\boldsymbol{x})=\frac{1}{2}\boldsymbol{x}^{\mathrm{T}}\boldsymbol{G}\boldsymbol{x}+\boldsymbol{r}^{\mathrm{T}}\boldsymbol{x}+\delta$$

式中，$\boldsymbol{G}$ 是 n 阶对称矩阵，$\boldsymbol{r}$ 是 n 维列向量，δ 是常数. 函数 $f(\boldsymbol{x})$ 在 $\boldsymbol{x}$ 处的梯度

$$\nabla f(\boldsymbol{x})=\boldsymbol{G}\boldsymbol{x}+\boldsymbol{r}$$

Hesse 矩阵

$$\nabla^2 f(\boldsymbol{x})=\boldsymbol{G}$$

下面给出方向导数概念.

定义 1.3.6 对于任意给定的 $\boldsymbol{d}\neq\boldsymbol{0}$，若极限

$$\lim_{\alpha\to 0^+}\frac{f(\bar{\boldsymbol{x}}+\alpha\boldsymbol{d})-f(\bar{\boldsymbol{x}})}{\alpha\|\boldsymbol{d}\|}$$

存在，则该极限值为 $f(\boldsymbol{x})$ 在 $\bar{\boldsymbol{x}}$ 处沿方向 $\boldsymbol{d}$ 的一阶方向导数，记为 $\dfrac{\partial}{\partial \boldsymbol{d}}f(\bar{\boldsymbol{x}})$，即

$$\frac{\partial}{\partial \boldsymbol{d}}f(\bar{\boldsymbol{x}})=\lim_{\alpha\to 0^+}\frac{f(\bar{\boldsymbol{x}}+\alpha\boldsymbol{d})-f(\bar{\boldsymbol{x}})}{\alpha\|\boldsymbol{d}\|} \tag{1.3.15}$$

由定义求方向导数是很困难的，这里给出它的另一种表达式.

定理 1.3.2 若函数 $f(\boldsymbol{x})$ 具有连续的一阶偏导数，则它在 $\bar{\boldsymbol{x}}$ 处沿方向 $\boldsymbol{d}$ 的一阶方向导数为

$$\frac{\partial}{\partial \boldsymbol{d}}f(\bar{\boldsymbol{x}})=\left\langle \nabla f(\bar{\boldsymbol{x}}),\frac{\boldsymbol{d}}{\|\boldsymbol{d}\|}\right\rangle=\frac{1}{\|\boldsymbol{d}\|}\boldsymbol{d}^{\mathrm{T}}\nabla f(\bar{\boldsymbol{x}}) \tag{1.3.16}$$

证明 记 $\bar{\boldsymbol{x}}=(\bar{x}_1,\bar{x}_2,\cdots,\bar{x}_n)^{\mathrm{T}}$，$\boldsymbol{d}=(d_1,\ d_2,\cdots,\ d_n)^{\mathrm{T}}$，考虑单变量函数

$$\varphi(\alpha)=f(\bar{\boldsymbol{x}}+\alpha\boldsymbol{d})=f(\bar{x}_1+\alpha d_1,\ \bar{x}_2+\alpha d_2,\cdots,\ \bar{x}_n+\alpha d_n) \tag{1.3.17}$$

由定理条件知 $\varphi(\alpha)$ 可微，因此

$$\begin{aligned}\varphi'(\alpha) &= \frac{\partial f}{\partial x_1}d_1 + \frac{\partial f}{\partial x_2}d_2 + \cdots + \frac{\partial f}{\partial x_n}d_n \\ &= \langle \nabla f(\bar{\boldsymbol{x}} + \alpha \boldsymbol{d}), \boldsymbol{d} \rangle \end{aligned} \tag{1.3.18}$$

当 $\alpha = 0$ 时，有

$$\varphi'(0) = \langle \nabla f(\bar{\boldsymbol{x}}), \boldsymbol{d} \rangle \tag{1.3.19}$$

另一方面，由式（1.3.15）及式（1.3.17）得到

$$\begin{aligned}\frac{\partial}{\partial \boldsymbol{d}} f(\bar{\boldsymbol{x}}) &= \lim_{\alpha \to 0^+} \frac{f(\bar{\boldsymbol{x}} + \alpha \boldsymbol{d}) - f(\bar{\boldsymbol{x}})}{\alpha \|\boldsymbol{d}\|} \\ &= \frac{1}{\|\boldsymbol{d}\|} \lim_{\alpha \to 0^+} \frac{\varphi(\alpha) - \varphi(0)}{\alpha} = \frac{1}{\|\boldsymbol{d}\|}\varphi'(0) \end{aligned} \tag{1.3.20}$$

由式（1.3.19）和式（1.3.20）得到

$$\frac{\partial}{\partial \boldsymbol{d}} f(\bar{\boldsymbol{x}}) = \frac{1}{\|\boldsymbol{d}\|} \langle \nabla f(\bar{\boldsymbol{x}}), \boldsymbol{d} \rangle = \frac{1}{\|\boldsymbol{d}\|} \boldsymbol{d}^{\mathrm{T}} \nabla f(\bar{\boldsymbol{x}})$$

设 $\|\boldsymbol{d}\|=1$，那么沿 $\boldsymbol{d}$ 的方向导数可表示为

$$\frac{\partial}{\partial \boldsymbol{d}} f(\bar{\boldsymbol{x}}) = \langle \nabla f(\bar{\boldsymbol{x}}), \boldsymbol{d} \rangle \tag{1.3.21}$$

方向导数的几何意义是：函数 $f(\boldsymbol{x})$ 在 $\bar{\boldsymbol{x}}$ 处沿方向 $\boldsymbol{d}$ 的变化率．若 $\frac{\partial f}{\partial \boldsymbol{d}} > 0$，则函数沿 $\boldsymbol{d}$ 方向增加时，函数值上升，因此称 $\boldsymbol{d}$ 为上升方向．若 $\frac{\partial f}{\partial \boldsymbol{d}} < 0$，称 $\boldsymbol{d}$ 为下降方向．

由式（1.3.16）和柯西–施瓦茨不等式得到

$$\frac{\partial}{\partial \boldsymbol{d}} f(\bar{\boldsymbol{x}}) = \left\langle \nabla f(\bar{\boldsymbol{x}}), \frac{\boldsymbol{d}}{\|\boldsymbol{d}\|} \right\rangle \leqslant \|\nabla f(\bar{\boldsymbol{x}})\| \cdot \left\|\frac{\boldsymbol{d}}{\|\boldsymbol{d}\|}\right\| = \|\nabla f(\bar{\boldsymbol{x}})\| \tag{1.3.22}$$

特别当 $\boldsymbol{d}=\nabla f(\bar{\boldsymbol{x}})$ 时，有

$$\frac{\partial}{\partial \boldsymbol{d}} f(\bar{\boldsymbol{x}}) = \left\langle \nabla f(\bar{\boldsymbol{x}}), \frac{\boldsymbol{d}}{\|\boldsymbol{d}\|} \right\rangle = \left\langle \nabla f(\bar{\boldsymbol{x}}), \frac{\nabla f(\bar{\boldsymbol{x}})}{\|\nabla f(\bar{\boldsymbol{x}})\|} \right\rangle = \|\nabla f(\bar{\boldsymbol{x}})\| \tag{1.3.23}$$

结合式（1.3.22）和式（1.3.23），$\boldsymbol{d} = \nabla f(\bar{\boldsymbol{x}})$ 是在 $\bar{\boldsymbol{x}}$ 处使方向导数达到最大的方向，称为最速上升方向．

同理得到 $\frac{\partial}{\partial \boldsymbol{d}} f(\bar{\boldsymbol{x}}) \geqslant -\|\nabla f(\bar{\boldsymbol{x}})\|$，当 $\boldsymbol{d} = -\nabla f(\bar{\boldsymbol{x}})$ 时，有 $\frac{\partial}{\partial \boldsymbol{d}} f(\bar{\boldsymbol{x}}) = -\|\nabla f(\bar{\boldsymbol{x}})\|$，

因此称 $\boldsymbol{d}=-\nabla f(\bar{\boldsymbol{x}})$ 为 $\bar{\boldsymbol{x}}$ 处的最速下降方向.

下面介绍二阶方向导数.

定义 1.3.7 对任意的 $\boldsymbol{d}\neq\boldsymbol{0}$，若极限

$$\lim_{\alpha\to0^+}\frac{\frac{\partial}{\partial\boldsymbol{d}}f(\bar{\boldsymbol{x}}+\alpha\boldsymbol{d})-\frac{\partial}{\partial\boldsymbol{d}}f(\bar{\boldsymbol{x}})}{\alpha\|\boldsymbol{d}\|}$$

存在，则称极限值为函数 $f(\boldsymbol{x})$ 在 $\bar{\boldsymbol{x}}$ 处沿方向 $\boldsymbol{d}$ 的二阶方向导数，记为 $\frac{\partial^2}{\partial\boldsymbol{d}^2}f(\bar{\boldsymbol{x}})$，即

$$\frac{\partial^2}{\partial\boldsymbol{d}^2}f(\bar{\boldsymbol{x}})=\lim_{\alpha\to0^+}\frac{\frac{\partial}{\partial\boldsymbol{d}}f(\bar{\boldsymbol{x}}+\alpha\boldsymbol{d})-\frac{\partial}{\partial\boldsymbol{d}}f(\bar{\boldsymbol{x}})}{\alpha\|\boldsymbol{d}\|} \tag{1.3.24}$$

并有相应定理.

定理 1.3.3 若函数 $f(\boldsymbol{x})$ 具有连续的二阶偏导数，则它在 $\bar{\boldsymbol{x}}$ 处沿方向 $\boldsymbol{d}$ 的二阶方向导数为

$$\frac{\partial^2}{\partial\boldsymbol{d}^2}f(\bar{\boldsymbol{x}})=\frac{1}{\|\boldsymbol{d}\|^2}\boldsymbol{d}^{\mathrm{T}}\nabla^2 f(\bar{\boldsymbol{x}})\boldsymbol{d} \tag{1.3.25}$$

证明 设 $\varphi(\alpha)=f(\bar{\boldsymbol{x}}+\alpha\boldsymbol{d})$，由式（1.3.18）得到

$$\varphi'(\alpha)=\langle\nabla f(\bar{\boldsymbol{x}}+\alpha\boldsymbol{d}),\boldsymbol{d}\rangle=\sum_{i=1}^{n}\frac{\partial}{\partial x_i}f(\bar{\boldsymbol{x}}+\alpha\boldsymbol{d})d_i$$

所以

$$\begin{aligned}\varphi''(\alpha)&=\sum_{i=1}^{n}\sum_{j=1}^{n}\frac{\partial^2}{\partial x_i\partial x_j}f(\bar{\boldsymbol{x}}+\alpha\boldsymbol{d})d_id_j\\&=\boldsymbol{d}^{\mathrm{T}}\nabla^2 f(\bar{\boldsymbol{x}}+\alpha\boldsymbol{d})\boldsymbol{d}\end{aligned} \tag{1.3.26}$$

当 $\alpha=0$ 时，有

$$\varphi''(0)=\boldsymbol{d}^{\mathrm{T}}\nabla^2 f(\bar{\boldsymbol{x}})\boldsymbol{d} \tag{1.3.27}$$

另一方面，由定理 1.3.2 的证明过程，得到

$$\frac{\partial}{\partial\boldsymbol{d}}f(\bar{\boldsymbol{x}})=\frac{1}{\|\boldsymbol{d}\|}\varphi'(0)$$

和

$$\frac{\partial}{\partial \boldsymbol{d}} f(\bar{\boldsymbol{x}}+\alpha \boldsymbol{d})=\frac{1}{\|\boldsymbol{d}\|} \varphi'(\alpha),$$

因此有

$$\begin{aligned}
\frac{\partial^2}{\partial \boldsymbol{d}^2} f(\bar{\boldsymbol{x}}) &= \lim_{\alpha \to 0^+} \frac{\frac{\partial}{\partial \boldsymbol{d}} f(\bar{\boldsymbol{x}}+\alpha \boldsymbol{d})-\frac{\partial}{\partial \boldsymbol{d}} f(\bar{\boldsymbol{x}})}{\alpha\|\boldsymbol{d}\|} \\
&= \frac{1}{\|\boldsymbol{d}\|^2} \lim_{\alpha \to 0^+} \frac{\varphi'(\alpha)-\varphi'(0)}{\alpha} \\
&= \frac{1}{\|\boldsymbol{d}\|^2} \varphi''(0) \\
&= \frac{1}{\|\boldsymbol{d}\|^2} \boldsymbol{d}^{\mathrm{T}} \nabla^2 f(\bar{\boldsymbol{x}}) \boldsymbol{d}
\end{aligned} \tag{1.3.28}$$

二阶方向导数的几何意义：描述函数 $f(\boldsymbol{x})$ 在 $\bar{\boldsymbol{x}}$ 处沿方向 $\boldsymbol{d}$ 的凹凸性和弯曲的程度.

在这一节的最后，我们介绍一下多元函数的泰勒展开式.

设 $f(\boldsymbol{x})$ 具有一阶连续偏导数，则 $f(\boldsymbol{x})$ 在 $\bar{\boldsymbol{x}}$ 处的一阶泰勒展开式为

$$f(\boldsymbol{x})=f(\bar{\boldsymbol{x}})+\nabla f(\bar{\boldsymbol{x}})^{\mathrm{T}}(\boldsymbol{x}-\bar{\boldsymbol{x}})+o(\|\boldsymbol{x}-\bar{\boldsymbol{x}}\|)$$

其中，当 $\|\boldsymbol{x}-\bar{\boldsymbol{x}}\| \to 0$ 时，$o(\|\boldsymbol{x}-\bar{\boldsymbol{x}}\|)$ 是关于 $\|\boldsymbol{x}-\bar{\boldsymbol{x}}\|$ 的高阶无穷小量.

设 $f(\boldsymbol{x})$ 具有二阶连续偏导数，则 $f(\boldsymbol{x})$ 在 $\bar{\boldsymbol{x}}$ 处的二阶泰勒展开式为

$$f(\boldsymbol{x})=f(\bar{\boldsymbol{x}})+\nabla f(\bar{\boldsymbol{x}})^{\mathrm{T}}(\boldsymbol{x}-\bar{\boldsymbol{x}})+\frac{1}{2}(\boldsymbol{x}-\bar{\boldsymbol{x}})^{\mathrm{T}} \nabla^2 f(\bar{\boldsymbol{x}})(\boldsymbol{x}-\bar{\boldsymbol{x}})+o(\|\boldsymbol{x}-\bar{\boldsymbol{x}}\|^2)$$

其中，当 $\|\boldsymbol{x}-\bar{\boldsymbol{x}}\|^2 \to 0$ 时，$o(\|\boldsymbol{x}-\bar{\boldsymbol{x}}\|^2)$ 是关于 $\|\boldsymbol{x}-\bar{\boldsymbol{x}}\|^2$ 的高阶无穷小量.

此外，我们还可以得到关于梯度的泰勒展开式.

$$\nabla f(\boldsymbol{x})=\nabla f(\bar{\boldsymbol{x}})+\nabla^2 f(\bar{\boldsymbol{x}})(\boldsymbol{x}-\bar{\boldsymbol{x}})+o(\|\boldsymbol{x}-\bar{\boldsymbol{x}}\|) \tag{1.3.29}$$

注意，式（1.3.29）中的 $o(\|\boldsymbol{x}-\bar{\boldsymbol{x}}\|)$ 是向量.

1.4 凸集和凸函数

凸集和凸函数在最优化问题的理论证明及算法研究中具有重要作用，本节对凸集和凸函数只作一般性介绍.

1.4.1　凸集

定义 1.4.1　设集合 $D\subset \mathbf{R}^n$，如果对于任意的 $\boldsymbol{x}^{(1)}$，$\boldsymbol{x}^{(2)}\in D$，以及每个实数 $\alpha\in[0,1]$，均有

$$\alpha\boldsymbol{x}^{(1)}+(1-\alpha)\boldsymbol{x}^{(2)}\in D \tag{1.4.1}$$

则称集合 D 为凸集.

凸集的几何意义：若两个点属于此集合，则这两点连线上的任意一点均属于此集合.

图 1.4.1 中，(a) 为凸集，(b) 为非凸集.

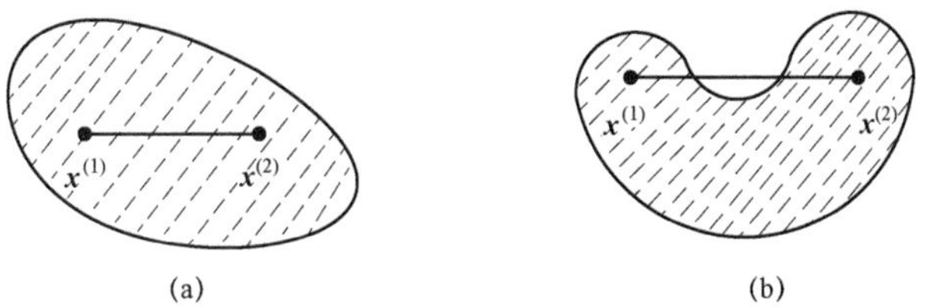

图 1.4.1　凸集与非凸集

定义 1.4.2　设 $\boldsymbol{x}^{(1)},\boldsymbol{x}^{(2)},\cdots,\boldsymbol{x}^{(m)}\in\mathbf{R}^n$，若 $\alpha_i\geqslant 0$，$i=1,2,\cdots,m,\sum_{i=1}^{m}\alpha_i=1$，则称线性组合

$$\alpha_1\boldsymbol{x}^{(1)}+\alpha_2\boldsymbol{x}^{(2)}+\cdots+\alpha_m\boldsymbol{x}^{(m)} \tag{1.4.2}$$

为 $\boldsymbol{x}^{(1)},\boldsymbol{x}^{(2)},\cdots,\boldsymbol{x}^{(m)}$ 的凸组合.

显然，两个点的凸组合表示一条线段，三个点的凸组合表示一个三角形，m 个点的凸组合构成一个凸多面体.

由凸集的定义可知，超平面 $\{\boldsymbol{x}\mid\boldsymbol{c}^{\mathrm{T}}\boldsymbol{x}=\alpha\}$ 是凸集，半空间 $\{\boldsymbol{x}\mid\boldsymbol{c}^{\mathrm{T}}\boldsymbol{x}\geqslant\alpha\}$、$\{\boldsymbol{x}\mid\boldsymbol{c}^{\mathrm{T}}\boldsymbol{x}\leqslant\alpha\}$ 是凸集. 凸集的交集仍为凸集.

定理 1.4.1　D 是凸集的充要条件是：对任意的 $m\geqslant 2$，任意给定 $\boldsymbol{x}^{(1)},\boldsymbol{x}^{(2)},\cdots,\boldsymbol{x}^{(m)}\in D$ 和实数 α_1，$\alpha_2,\cdots$，α_m，且 $\alpha_i\geqslant 0,i=1,2,\cdots,m$，$\sum_{i=1}^{m}\alpha_i=1$，均有

$$\alpha_1\boldsymbol{x}^{(1)}+\alpha_2\boldsymbol{x}^{(2)}+\cdots+\alpha_m\boldsymbol{x}^{(m)}\in D \tag{1.4.3}$$

证明 充分性．当$m=2$时，由凸集的定义可知，D是凸集．

必要性．当$m=2$时，由定义 1.4.1，命题成立．

假设当$m=k$时命题成立，即当$\boldsymbol{x}^{(i)}\in D$，$i=1,2,\cdots,k$，$\alpha_i\geqslant 0$，$i=1,2,\cdots,k$，$\sum_{i=1}^{k}\alpha_i=1$时，有$\sum_{i=1}^{k}\alpha_i\boldsymbol{x}^{(i)}\in D$．

当$m=k+1$时，$\boldsymbol{x}^{(i)}\in D,i=1,2,\cdots,k,k+1$，$\alpha_i\geqslant 0,i=1,2,\cdots,k,k+1$，$\sum_{i=1}^{k+1}\alpha_i=1$，有

$$\begin{aligned}\sum_{i=1}^{k+1}\alpha_i\boldsymbol{x}^{(i)}&=\sum_{i=1}^{k}\alpha_i\boldsymbol{x}^{(i)}+\alpha_{k+1}\boldsymbol{x}^{(k+1)}\\&=(\sum_{j=1}^{k}\alpha_j)\left(\sum_{i=1}^{k}\frac{\alpha_i}{\sum_{j=1}^{k}\alpha_j}\boldsymbol{x}^{(i)}\right)+\alpha_{k+1}\boldsymbol{x}^{(k+1)}\end{aligned} \tag{1.4.4}$$

由于$\sum_{i=1}^{k}\frac{\alpha_i}{\sum_{j=1}^{k}\alpha_j}=1$，且$\frac{\alpha_i}{\sum_{j=1}^{k}\alpha_j}\geqslant 0$，由归纳法假设，有

$$\sum_{i=1}^{k}\frac{\alpha_i}{\sum_{j=1}^{k}\alpha_j}\boldsymbol{x}^{(i)}\in D \tag{1.4.5}$$

注意到$\sum_{i=1}^{k}\alpha_i+\alpha_{k+1}=1$，由式（1.4.4）和式（1.4.5）及凸集的定义，有

$$\sum_{i=1}^{k+1}\alpha_i\boldsymbol{x}^{(i)}\in D.$$

在凸集中，比较重要的特殊情形有凸锥和多面集．

定义 1.4.3 设有集合$C\subset\mathbf{R}^n$，若对C中每一点$\boldsymbol{x}$，当α取任何非负数时，都有$\alpha\boldsymbol{x}\in C$，则称$C$为锥．又若$C$为凸集，则称$C$为凸锥．

例如，向量组$\boldsymbol{a}_1,\boldsymbol{a}_2,\cdots,\boldsymbol{a}_k$的所有非负线性组合构成的集合

$$\left\{\sum_{i=1}^{k}\lambda_i\boldsymbol{a}_i\,|\,\lambda_i\geqslant 0,i=1,2,\cdots,k\right\}$$

为凸锥．

定义 1.4.4 有限个半空间的交

$$\{\boldsymbol{x} \mid \boldsymbol{A}\boldsymbol{x} \leqslant \boldsymbol{b}\}$$

称为多面集，其中 $\boldsymbol{A}$ 为 $m \times n$ 矩阵，$\boldsymbol{b}$ 为 m 维向量.

例如，集合

$$D = \{\boldsymbol{x} \mid x_1 + 2x_2 \leqslant 4, x_1 - x_2 \leqslant 1, x_1 \geqslant 0, x_2 \geqslant 0\}$$

为多面集.

在多面集的表达式中，若 $\boldsymbol{b} = \boldsymbol{0}$，则多面集 $\{\boldsymbol{x} \mid \boldsymbol{A}\boldsymbol{x} \leqslant \boldsymbol{0}\}$ 也是凸锥，称为多面锥.

下面给出极点和极方向概念.

定义 1.4.5 设 D 是非空凸集，$\boldsymbol{x} \in D$. 如果 $\boldsymbol{x}$ 不能表示成 D 中另外两个点的凸组合，则称 $\boldsymbol{x}$ 为凸集 D 的极点，即若

$$\boldsymbol{x} = \alpha \boldsymbol{x}^{(1)} + (1-\alpha)\boldsymbol{x}^{(2)}, \alpha \in (0,1), \boldsymbol{x}^{(1)}, \boldsymbol{x}^{(2)} \in D,$$

则有

$$\boldsymbol{x} = \boldsymbol{x}^{(1)} = \boldsymbol{x}^{(2)}$$

例如，圆周上的点和多边形的顶点都是极点.

定义 1.4.6 设 D 是闭凸集，$\boldsymbol{d}$ 为非零向量. 如果对 D 中的每一个 $\boldsymbol{x}$，都有

$$\{\boldsymbol{x} + \alpha \boldsymbol{d} \mid \alpha \geqslant 0\} \subset D \tag{1.4.6}$$

则称 $\boldsymbol{d}$ 是凸集 D 的方向. 又设 $\boldsymbol{d}^{(1)}$ 和 $\boldsymbol{d}^{(2)}$ 是 D 的两个方向，若对任何正数 α，有 $\boldsymbol{d}^{(1)} \neq \alpha \boldsymbol{d}^{(2)}$，则称 $\boldsymbol{d}^{(1)}$ 和 $\boldsymbol{d}^{(2)}$ 是两个不同的方向. 若 D 的方向 $\boldsymbol{d}$ 不能表示成该集合的两个不同方向的正线性组合，则称 $\boldsymbol{d}$ 为 D 的极方向.

显然，有界集不存在方向，因而也不存在极方向，对于无界集才有方向的概念.

例 1.4.1 对于集合 $D = \{(x_1, x_2) \mid x_2 \geqslant |x_1|\}$，凡是与向量 $(0,1)^{\mathrm{T}}$ 夹角小于或等于 $45°$ 的向量，都是它的方向. 其中 $(1,1)^{\mathrm{T}}$ 和 $(-1,1)^{\mathrm{T}}$ 是 D 的两个极方向. D 的其他方向都能表示成这两个极方向的正线性组合，如图 1.4.2 所示.

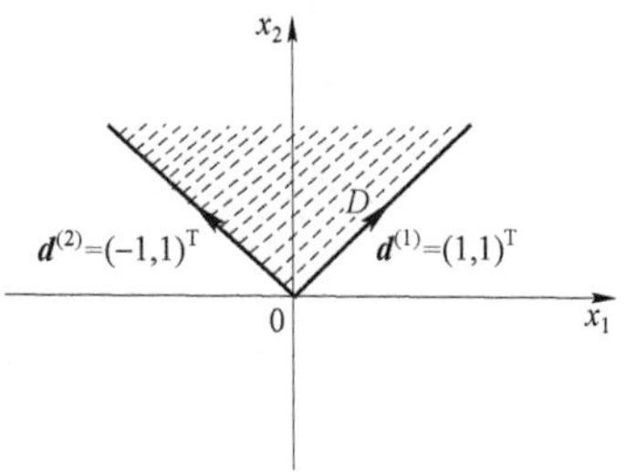

图 1.4.2 D 的方向与极方向

例 1.4.2 设 $D = \{\boldsymbol{x} \mid \boldsymbol{A}\boldsymbol{x} = \boldsymbol{b}, \boldsymbol{x} \geqslant \boldsymbol{0}\}$ 为非空集合，$\boldsymbol{d}$ 是非零向量. 证明 $\boldsymbol{d}$ 为 D 的方向的充要条件是 $\boldsymbol{d} \geqslant \boldsymbol{0}$ 且 $\boldsymbol{A}\boldsymbol{d} = \boldsymbol{0}$.

证明 按照定义，$\boldsymbol{d}$ 为 D 的方向的充要条件是：对每一个 $\boldsymbol{x} \in D$，有

$$\{\boldsymbol{x}+\alpha\boldsymbol{d} \mid \alpha \geqslant 0\} \subset D \tag{1.4.7}$$

根据集合 D 的定义，式（1.4.7）即

$$\boldsymbol{A}(\boldsymbol{x}+\alpha\boldsymbol{d})=\boldsymbol{b} \tag{1.4.8}$$

$$\boldsymbol{x}+\alpha\boldsymbol{d} \geqslant \boldsymbol{0} \tag{1.4.9}$$

由于 $\boldsymbol{Ax}=\boldsymbol{b}$，$\boldsymbol{x} \geqslant 0$ 及 α 可取任意非负数，因此由式（1.4.8）和式（1.4.9）知

$$\boldsymbol{Ad}=\boldsymbol{0} \text{ 及 } \boldsymbol{d} \geqslant \boldsymbol{0}$$

1.4.2 凸集分离定理

凸集的另一个重要性质是分离定理，在最优化理论中，有些重要结论可用凸集分离定理来证明.

定义 1.4.7 设 D_1和D_2 是 $\mathbf{R}^n$ 中两个非空集合，如果存在 $\boldsymbol{c} \in \mathbf{R}^n$，$\boldsymbol{c} \neq \boldsymbol{0}$ 及 $\alpha \in \mathbf{R}$，使

$$D_1 \subseteq H^- = \{\boldsymbol{x} \mid \boldsymbol{c}^{\mathrm{T}}\boldsymbol{x} \leqslant \alpha, \boldsymbol{x} \in \mathbf{R}^n\}$$

$$D_2 \subseteq H^+ = \{\boldsymbol{x} \mid \boldsymbol{c}^{\mathrm{T}}\boldsymbol{x} \geqslant \alpha, \boldsymbol{x} \in \mathbf{R}^n\}$$

则称超平面 $H = \{\boldsymbol{x} | \boldsymbol{c}^{\mathrm{T}}\boldsymbol{x} = \alpha, \boldsymbol{x} \in \mathbf{R}^n\}$ 分离集合 D_1 和 D_2.

在介绍凸集分离定理之前，我们先给出闭凸集的一个性质.

定理 1.4.2 设 D 为 $\mathbf{R}^n$ 中的闭凸集，$\boldsymbol{y} \notin D$，则存在唯一的点 $\bar{\boldsymbol{x}} \in D$，使得

$$\|\boldsymbol{y}-\bar{\boldsymbol{x}}\| = \inf_{\boldsymbol{x} \in D} \|\boldsymbol{y}-\boldsymbol{x}\|$$

证明 令

$$\inf_{\boldsymbol{x} \in D} \|\boldsymbol{y}-\boldsymbol{x}\| = r > 0$$

由下确界的定义可知，存在序列 $\{\boldsymbol{x}^{(k)}\}$，$\boldsymbol{x}^{(k)} \in D$，使得 $\|\boldsymbol{y}-\boldsymbol{x}^{(k)}\| \to r$. 先证 $\{\boldsymbol{x}^{(k)}\}$ 存在极限 $\bar{\boldsymbol{x}} \in D$. 为此只需证明 $\{\boldsymbol{x}^{(k)}\}$ 为柯西序列. 根据平行四边形定律（对角线的平方和等于一组邻边平方和的二倍）有

$$\|\boldsymbol{x}^{(k)}-\boldsymbol{x}^{(m)}\|^2 = 2\|\boldsymbol{x}^{(k)}-\boldsymbol{y}\|^2 + 2\|\boldsymbol{x}^{(m)}-\boldsymbol{y}\|^2 - 4\left\|\frac{\boldsymbol{x}^{(k)}+\boldsymbol{x}^{(m)}}{2}-\boldsymbol{y}\right\|^2$$

由于 D 是凸集，$\dfrac{\boldsymbol{x}^{(k)}+\boldsymbol{x}^{(m)}}{2} \in D$，由 r 的定义，有

$$\left\|\frac{\boldsymbol{x}^{(k)}+\boldsymbol{x}^{(m)}}{2}-\boldsymbol{y}\right\|^2 \geqslant r^2$$

因此

$$\|\boldsymbol{x}^{(k)}-\boldsymbol{x}^{(m)}\|^2 \leqslant 2\|\boldsymbol{x}^{(k)}-\boldsymbol{y}\|^2+2\|\boldsymbol{x}^{(m)}-\boldsymbol{y}\|^2-4r^2$$

由此可知，当 k 和 m 充分大时，$\|\boldsymbol{x}^{(k)}-\boldsymbol{x}^{(m)}\|$ 充分接近于零．因此 $\{\boldsymbol{x}^{(k)}\}$ 为柯西序列，必存在极限 $\bar{\boldsymbol{x}}$．又因为 D 为闭集，所以 $\bar{\boldsymbol{x}}\in D$．

再证唯一性．设存在 $\hat{\boldsymbol{x}}\in D$，使

$$\|\boldsymbol{y}-\bar{\boldsymbol{x}}\|=\|\boldsymbol{y}-\hat{\boldsymbol{x}}\|=r \tag{1.4.10}$$

由于 D 为凸集，$\bar{\boldsymbol{x}}$，$\hat{\boldsymbol{x}}\in D$，因此 $\dfrac{(\bar{\boldsymbol{x}}+\hat{\boldsymbol{x}})}{2}\in D$，根据施瓦茨不等式得出

$$\|\boldsymbol{y}-\frac{\bar{\boldsymbol{x}}+\hat{\boldsymbol{x}}}{2}\|\leqslant\frac{1}{2}\|\boldsymbol{y}-\bar{\boldsymbol{x}}\|+\frac{1}{2}\|\boldsymbol{y}-\hat{\boldsymbol{x}}\|=r \tag{1.4.11}$$

由 r 的定义及式（1.4.11）可知

$$\|\boldsymbol{y}-\frac{\bar{\boldsymbol{x}}+\hat{\boldsymbol{x}}}{2}\|=\frac{1}{2}\|\boldsymbol{y}-\bar{\boldsymbol{x}}\|+\frac{1}{2}\|\boldsymbol{y}-\hat{\boldsymbol{x}}\|$$

此式表明

$$\boldsymbol{y}-\bar{\boldsymbol{x}}=\lambda(\boldsymbol{y}-\hat{\boldsymbol{x}}) \tag{1.4.12}$$

因此有

$$\|\boldsymbol{y}-\bar{\boldsymbol{x}}\|=|\lambda|\ \|\boldsymbol{y}-\hat{\boldsymbol{x}}\| \tag{1.4.13}$$

考虑到式（1.4.10），可知 $|\lambda|=1$．若 $\lambda=-1$，则由式（1.4.12）可推出 $\boldsymbol{y}\in D$，与假设矛盾，所以 $\lambda\neq-1$，故 $\lambda=1$．从而由式（1.4.12）得到 $\bar{\boldsymbol{x}}=\hat{\boldsymbol{x}}$．

下面给出凸集分离定理．

定理 1.4.3 设 $D\subset\mathbf{R}^n$ 是非空闭凸集，$\boldsymbol{y}\notin D$，则存在 $\boldsymbol{c}\in\mathbf{R}^n$，$\boldsymbol{c}\neq\mathbf{0}$ 及 $\alpha\in\mathbf{R}$，使

$$\boldsymbol{c}^{\mathrm{T}}\boldsymbol{x}\leqslant\alpha<\boldsymbol{c}^{\mathrm{T}}\boldsymbol{y},\forall\boldsymbol{x}\in D,$$

即存在超平面 $H=\{\boldsymbol{x}\mid\boldsymbol{c}^{\mathrm{T}}\boldsymbol{x}=\alpha,\boldsymbol{x}\in\mathbf{R}^n\}$ 分离 $\boldsymbol{y}$ 和 D.

证明 由于 $\boldsymbol{D}\subset\mathbf{R}^n$ 为非空闭凸集，$\boldsymbol{y}\notin D$，因此由定理 1.4.2 知，存在

$\bar{\boldsymbol{x}}\in D$，使

$$\|\boldsymbol{y}-\bar{\boldsymbol{x}}\|=\inf\{\|\boldsymbol{y}-\boldsymbol{x}\| \boldsymbol{x}\in D\}>0.$$

因D为凸集，故对一切$\boldsymbol{x}\in D$及$\lambda\in(0,1)$，有

$$\lambda\boldsymbol{x}+(1-\lambda)\bar{\boldsymbol{x}}\in D$$

于是

$$\begin{aligned}\|\boldsymbol{y}-\bar{\boldsymbol{x}}\|^2 &\leqslant \|\boldsymbol{y}-\lambda\boldsymbol{x}-(1-\lambda)\bar{\boldsymbol{x}}\|^2\\ &=\|(\boldsymbol{y}-\bar{\boldsymbol{x}})+\lambda(\bar{\boldsymbol{x}}-\boldsymbol{x})\|^2\\ &=\|\boldsymbol{y}-\bar{\boldsymbol{x}}\|^2+\lambda^2\|\bar{\boldsymbol{x}}-\boldsymbol{x}\|^2+2\lambda(\boldsymbol{y}-\bar{\boldsymbol{x}})^{\mathrm{T}}(\bar{\boldsymbol{x}}-\boldsymbol{x}),\end{aligned}$$

从而

$$\lambda\|\bar{\boldsymbol{x}}-\boldsymbol{x}\|^2+2(\boldsymbol{y}-\bar{\boldsymbol{x}})^{\mathrm{T}}(\bar{\boldsymbol{x}}-\boldsymbol{x})\geqslant 0,$$

在上式中，令$\lambda\to 0^+$,得

$$(\boldsymbol{y}-\bar{\boldsymbol{x}})^{\mathrm{T}}(\bar{\boldsymbol{x}}-\boldsymbol{x})\geqslant 0$$

记$\boldsymbol{c}=\boldsymbol{y}-\bar{\boldsymbol{x}}$，则$\boldsymbol{c}\neq\boldsymbol{0}$，且

$$\boldsymbol{c}^{\mathrm{T}}(\bar{\boldsymbol{x}}-\boldsymbol{x})\geqslant 0,$$

又记$\alpha=\boldsymbol{c}^{\mathrm{T}}\bar{\boldsymbol{x}}$，则有

$$\boldsymbol{c}^{\mathrm{T}}\boldsymbol{x}\leqslant\boldsymbol{c}^{\mathrm{T}}\bar{\boldsymbol{x}}=\alpha,$$

另一方面，因为

$$\boldsymbol{c}^{\mathrm{T}}\boldsymbol{y}-\alpha=\boldsymbol{c}^{\mathrm{T}}(\boldsymbol{y}-\bar{\boldsymbol{x}})=\|\boldsymbol{y}-\bar{\boldsymbol{x}}\|^2>0,$$

所以

$$\boldsymbol{c}^{\mathrm{T}}\boldsymbol{x}\leqslant\alpha<\boldsymbol{c}^{\mathrm{T}}\boldsymbol{y},\quad\forall\boldsymbol{x}\in D.$$

作为凸集分离定理的应用，下面介绍在优化理论中十分重要的 Farkas 引理.

定理 1.4.4（Farkas 引理） 设$\boldsymbol{A}\in\mathbf{R}^{m\times n}$，$\boldsymbol{b}\in\mathbf{R}^n$，则下列两个关系式组有且仅有一组有解:

$$\begin{cases}\boldsymbol{Ax}\leqslant\boldsymbol{0}\\ \boldsymbol{b}^{\mathrm{T}}\boldsymbol{x}>\boldsymbol{0}\end{cases}\tag{1.4.14}$$

和

$$\begin{cases} \boldsymbol{A}^{\mathrm{T}}\boldsymbol{y}=\boldsymbol{b} \\ \boldsymbol{y}\geqslant \boldsymbol{0} \end{cases} \tag{1.4.15}$$

证明 设式（1.4.15）有解，即存在 $\overline{\boldsymbol{y}}\geqslant \boldsymbol{0}$，使得

$$\boldsymbol{A}^{\mathrm{T}}\overline{\boldsymbol{y}}=\boldsymbol{b},$$

若有 $\overline{\boldsymbol{x}}$ 使 $\boldsymbol{A}\overline{\boldsymbol{x}}\leqslant \boldsymbol{0}$，则有

$$\boldsymbol{b}^{\mathrm{T}}\overline{\boldsymbol{x}}=\overline{\boldsymbol{y}}^{\mathrm{T}}\boldsymbol{A}\overline{\boldsymbol{x}}\leqslant 0,$$

这表明式（1.4.14）无解.

再假设式（1.4.15）无解，记

$$D=\{\boldsymbol{z}\,|\,\boldsymbol{z}=\boldsymbol{A}^{\mathrm{T}}\boldsymbol{y},\boldsymbol{y}\geqslant \boldsymbol{0}\}$$

则 D 是非空闭凸集，且 $\boldsymbol{b}\notin D$，由定理 1.4.3，存在 $\boldsymbol{c}\in \mathbf{R}^{n},\boldsymbol{c}\neq \boldsymbol{0}$ 及 $\alpha\in\mathbf{R}$，使

$$\boldsymbol{c}^{\mathrm{T}}\boldsymbol{z}\leqslant \alpha < \boldsymbol{c}^{\mathrm{T}}\boldsymbol{b},\qquad \forall \boldsymbol{z}\in D$$

因 $0\in D$，故由上式知 $\alpha\geqslant 0$，从而 $\boldsymbol{c}^{\mathrm{T}}\boldsymbol{b}>0$，于是

$$\alpha\geqslant \boldsymbol{c}^{\mathrm{T}}\boldsymbol{z}=\boldsymbol{c}^{\mathrm{T}}\boldsymbol{A}^{\mathrm{T}}\boldsymbol{y}=\boldsymbol{y}^{\mathrm{T}}\boldsymbol{A}\boldsymbol{c},\qquad \forall \boldsymbol{y}\geqslant \boldsymbol{0}$$

由于 $\boldsymbol{y}\geqslant \boldsymbol{0}$，$\boldsymbol{y}$ 的分量可以任意大，因此 $\boldsymbol{A}\boldsymbol{c}\leqslant \boldsymbol{0}$，这样就找到了 $\boldsymbol{c}\in\mathbf{R}^{n}$，使

$$\boldsymbol{A}\boldsymbol{c}\leqslant \boldsymbol{0},$$
$$\boldsymbol{c}^{\mathrm{T}}\boldsymbol{b}>0,$$

即式（1.4.14）有解.

利用 Farkas 引理可推导下述的 Gordan 定理和择一性定理.

定理 1.4.5（Gordan 定理） 设 $\boldsymbol{A}\in\mathbf{R}^{m\times n}$，则下列两个关系式组有且仅有一组有解：

$$\boldsymbol{A}\boldsymbol{x}<\boldsymbol{0} \tag{1.4.16}$$

和

$$\begin{cases} \boldsymbol{A}^{\mathrm{T}}\boldsymbol{y}=\boldsymbol{0} \\ \boldsymbol{y}\geqslant \boldsymbol{0},\boldsymbol{y}\neq \boldsymbol{0} \end{cases} \tag{1.4.17}$$

证明 如果式（1.4.16）有解，即存在 $\overline{\boldsymbol{x}}\in\mathbf{R}^{n}$，使得 $\boldsymbol{A}\overline{\boldsymbol{x}}<\boldsymbol{0}$，则对 $\forall\overline{\boldsymbol{y}}\geqslant \boldsymbol{0}$，$\overline{\boldsymbol{y}}\neq \boldsymbol{0}$，有

$$\overline{\boldsymbol{y}}^{\mathrm{T}}\boldsymbol{A}\overline{\boldsymbol{x}}<0$$

即

$$\overline{x}^{\mathrm{T}}A^{\mathrm{T}}\overline{y}<0.$$

这表明式（1.4.17）无解.

如果式（1.4.16）无解，则不存在 $\alpha<0$ 及 $x\in\mathbf{R}^n$，使

$$Ax\leqslant(\alpha,\alpha,\cdots,\alpha)^{\mathrm{T}}$$

记

$$\tilde{A}=(A,-e),\ \tilde{b}=(0,0,\cdots,0,-1)^{\mathrm{T}}\in\mathbf{R}^{n+1},$$

其中 $e=(1,1,\cdots,1)^{\mathrm{T}}\in\mathbf{R}^m$，于是，不存在 $\alpha<0$ 及 $x\in\mathbf{R}^n$，满足

$$\tilde{A}\begin{pmatrix}x\\ \alpha\end{pmatrix}\leqslant\mathbf{0},\qquad \tilde{b}^{\mathrm{T}}\begin{pmatrix}x\\ \alpha\end{pmatrix}>0$$

即上式关系组无解．于是由 Farkas 引理，下述关系组

$$\begin{cases}\tilde{A}^{\mathrm{T}}y=\tilde{b}\\ y\geqslant\mathbf{0}\end{cases}$$

有解，即关系式组

$$\begin{cases}A^{\mathrm{T}}y=\mathbf{0}\\ e^{\mathrm{T}}y=1\\ y\geqslant\mathbf{0}\end{cases}$$

有解，这等价于式（1.4.17）有解.

定理 1.4.6（择一性定理） 设 $A\in\mathbf{R}^{m\times n},B\in\mathbf{R}^{p\times n}$，则关系式组

$$\begin{cases}Ax<\mathbf{0}\\ Bx=\mathbf{0}\end{cases}\tag{1.4.18}$$

无解当且仅当存在 $u\in\mathbf{R}^m,u\geqslant\mathbf{0},u\neq\mathbf{0}$ 和 $v\in\mathbf{R}^p$，满足

$$A^{\mathrm{T}}u+B^{\mathrm{T}}v=\mathbf{0}\tag{1.4.19}$$

证明 式（1.4.18）无解等价于不存在 $\alpha<0$ 及 $x\in\mathbf{R}^n$，满足

$$Ax\leqslant(\alpha,\alpha,\cdots,\alpha)^{\mathrm{T}},Bx\leqslant\mathbf{0},-Bx\leqslant\mathbf{0}$$

记

$$\tilde{A}=\begin{pmatrix}A & -e\\ B & \mathbf{0}\\ -B & \mathbf{0}\end{pmatrix},\qquad \tilde{b}=(0,\cdots,0,-1)^{\mathrm{T}}\in\mathbf{R}^{n+1},$$

其中 $\boldsymbol{e}=(1,1,\cdots,1)^{\mathrm{T}}\in\mathbf{R}^m$，则不存在 $\alpha<0$ 及 $\boldsymbol{x}\in\mathbf{R}^n$，满足

$$\tilde{\boldsymbol{A}}\begin{pmatrix}\boldsymbol{x}\\ \alpha\end{pmatrix}\leqslant\boldsymbol{0},\quad \tilde{\boldsymbol{b}}^{\mathrm{T}}\begin{pmatrix}\boldsymbol{x}\\ \alpha\end{pmatrix}>0, \tag{1.4.20}$$

这说明式（1.4.18）无解当且仅当式（1.4.20）无解.

根据 Farkas 引理，式（1.4.20）无解等价于关系式组

$$\begin{cases}\tilde{\boldsymbol{A}}^{\mathrm{T}}\boldsymbol{y}=\tilde{\boldsymbol{b}}\\ \boldsymbol{y}\geqslant\boldsymbol{0}\end{cases}$$

有解. 记

$$\boldsymbol{y}=\begin{pmatrix}\boldsymbol{u}\\ \boldsymbol{w}\\ \boldsymbol{z}\end{pmatrix},\quad \boldsymbol{u}\in\mathbf{R}^m,\boldsymbol{w}\in\mathbf{R}^P,\boldsymbol{z}\in\mathbf{R}^P,$$

则有

$$\begin{cases}\boldsymbol{A}^{\mathrm{T}}\boldsymbol{u}+\boldsymbol{B}^{\mathrm{T}}\boldsymbol{w}-\boldsymbol{B}^{\mathrm{T}}\boldsymbol{z}=\boldsymbol{0},\\ \boldsymbol{e}^{\mathrm{T}}\boldsymbol{u}=\boldsymbol{1},\\ \boldsymbol{u}\geqslant\boldsymbol{0},\boldsymbol{w}\geqslant\boldsymbol{0},\boldsymbol{z}\geqslant\boldsymbol{0}.\end{cases}$$

由 $\boldsymbol{e}^{\mathrm{T}}\boldsymbol{u}=\boldsymbol{1}$ 知 $\boldsymbol{u}\neq\boldsymbol{0}$，再令 $\boldsymbol{v}=\boldsymbol{w}-\boldsymbol{z}$，则知式（1.4.19）成立.

1.4.3 凸函数

定义 1.4.8 设 D 为 $\mathbf{R}^n$ 中的非空凸集，f 是定义在 D 上的实函数. 如果对任意的 $\boldsymbol{x}^{(1)}$，$\boldsymbol{x}^{(2)}\in D$ 及每一个数 $\alpha\in(0,1)$，都有

$$f(\alpha\boldsymbol{x}^{(1)}+(1-\alpha)\boldsymbol{x}^{(2)})\leqslant\alpha f(\boldsymbol{x}^{(1)})+(1-\alpha)f(\boldsymbol{x}^{(2)}) \tag{1.4.21}$$

则称 f 为 D 上的凸函数.

如果对任意互不相同的 $\boldsymbol{x}^{(1)},\boldsymbol{x}^{(2)}\in D$ 及每一个数 $\alpha\in(0,1)$，都有

$$f(\alpha\boldsymbol{x}^{(1)}+(1-\alpha)\boldsymbol{x}^{(2)})<\alpha f(\boldsymbol{x}^{(1)})+(1-\alpha)f(\boldsymbol{x}^{(2)}) \tag{1.4.22}$$

则称 f 为 D 上的严格凸函数.

如果 $-f$ 为 D 上的凸函数，则称 f 为 D 上的凹函数.

凸函数的几何意义：凸函数任意两点间的曲线段总在弦的下方[图 1.4.3（a）]，凹函数任意两点间的曲线段点在弦的上方［图 1.4.3（b）］.

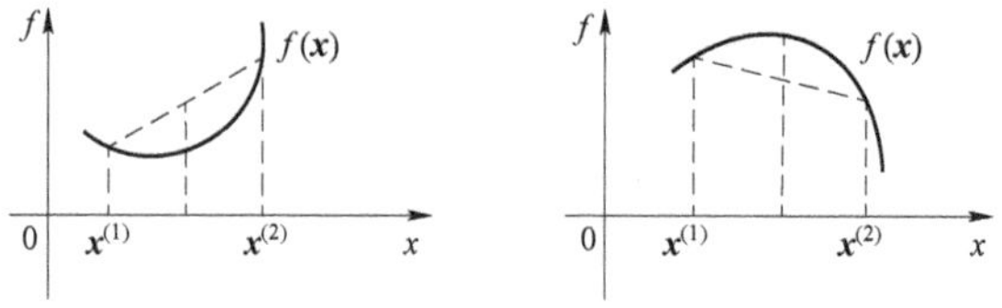

图 1.4.3　凸函数与凹函数的几何意义

利用凸函数的定义不难验证下面的一些性质.

定理 1.4.7　设 f 是定义在凸集 D 上的凸函数，实数 $\alpha \geqslant 0$，则 αf 也是定义在 D 上的凸函数.

定理 1.4.8　设 f_1 和 f_2 是定义在凸集 D 上的凸函数,则 f_1+f_2 也是定义在凸集 D 上的凸函数.

推论　设 $f_1,f_2,\cdots,f_k$ 是定义在凸集 D 上的凸函数，实数 $\alpha_1,\alpha_2,\cdots,\alpha_k \geqslant 0$，则 $\sum\limits_{i=1}^{k}\alpha_i f_i$ 也是定义在 D 上的凸函数.

定理 1.4.9　设 D 是 $\mathbf{R}^n$ 中的一个非空凸集，f 是定义在 D 上的凸函数，α 是一个实数，则水平集 $D_\alpha=\{\boldsymbol{x}\mid \boldsymbol{x}\in D, f(\boldsymbol{x})\leqslant\alpha\}$ 是凸集.

证明　对于任意的 $\boldsymbol{x}^{(1)},\boldsymbol{x}^{(2)}\in D_\alpha$，根据 D_α 定义，有

$$f(\boldsymbol{x}^{(1)})\leqslant\alpha, f(\boldsymbol{x}^{(2)})\leqslant\alpha.$$

由于 D 为凸集，因此对每个数 $\lambda\in[0,1]$，必有

$$\lambda\boldsymbol{x}^{(1)}+(1-\lambda)\boldsymbol{x}^{(2)}\in D.$$

又由于 $f(\boldsymbol{x})$ 是 D 上的凸函数，则有

$$\begin{aligned} f(\lambda\boldsymbol{x}^{(1)}+(1-\lambda)\boldsymbol{x}^{(2)}) &\leqslant \lambda f(\boldsymbol{x}^{(1)})+(1-\lambda)f(\boldsymbol{x}^{(2)}) \\ &\leqslant \lambda\alpha+(1-\lambda)\alpha=\alpha \end{aligned}$$

因此 $\lambda\boldsymbol{x}^{(1)}+(1-\lambda)\boldsymbol{x}^{(2)}\in D_\alpha$，故 D_α 为凸集.

凸函数的根本重要性在于下面的基本性质.

定理 1.4.10　设 D 是 $\mathbf{R}^n$ 中非空凸集，f 是定义在 D 上的凸函数，则 f 在 D 上的局部极小点是全局极小点，且极小点的集合为凸集.

证明　设 $\bar{\boldsymbol{x}}$ 是 f 在 D 上的局部极小点，即存在 $\bar{\boldsymbol{x}}$ 的 $\varepsilon>0$ 邻域 $N_\varepsilon(\bar{\boldsymbol{x}})$，使得对每一点 $\boldsymbol{x}\in D\cap N_\varepsilon(\bar{\boldsymbol{x}})$，$f(\boldsymbol{x})\geqslant f(\bar{\boldsymbol{x}})$ 成立.

假设 $\bar{\boldsymbol{x}}$ 不是全局极小点，则存在 $\hat{\boldsymbol{x}}\in D$，使 $f(\hat{\boldsymbol{x}})<f(\bar{\boldsymbol{x}})$，由于 D 是凸集，因此对每一个 $\alpha\in[0,1]$，有 $\alpha\hat{\boldsymbol{x}}+(1-\alpha)\bar{\boldsymbol{x}}\in D$．由于 $\hat{\boldsymbol{x}}$ 与 $\bar{\boldsymbol{x}}$ 是不同的两点，可取 $\alpha\in(0,1)$．又由于 f 是 D 上的凸函数，因此有

$$\begin{aligned} f(\alpha\hat{\boldsymbol{x}}+(1-\alpha)\bar{\boldsymbol{x}}) &\leqslant \alpha f(\hat{\boldsymbol{x}})+(1-\alpha)f(\bar{\boldsymbol{x}}) \\ &< \alpha f(\bar{\boldsymbol{x}})+(1-\alpha)f(\bar{\boldsymbol{x}}) \\ &= f(\bar{\boldsymbol{x}}) \end{aligned}$$

当 α 取得充分小时，可使

$$\alpha\hat{\boldsymbol{x}}+(1-\alpha)\bar{\boldsymbol{x}}\in D\cap N_{\varepsilon}(\bar{\boldsymbol{x}}),$$

这与 $\bar{\boldsymbol{x}}$ 为局部极小点矛盾．故 $\bar{\boldsymbol{x}}$ 是 f 在 D 上的全局极小点．

由以上证明可知，f 在 D 上的极小值也是它在 D 上的最小值．设极小值为 λ，则极小点的集合可以写作

$$\Gamma_{\lambda}=\{\boldsymbol{x}\mid \boldsymbol{x}\in D, f(\boldsymbol{x})\leqslant\lambda\}$$

根据定理 1.4.9，Γ_{λ} 为凸集．

利用凸函数的定义及有关性质可以判别一个函数是否是凸函数，但有时计算比较复杂，使用很不方便．因此，需要进一步研究凸函数的判别问题．

定理 1.4.11 设 $D\subset\mathbf{R}^n$ 为非空开凸集，$f(\boldsymbol{x})$ 在 D 上可微，则 $f(\boldsymbol{x})$ 为 D 上的凸函数的充要条件是：对任意的 $\boldsymbol{x},\boldsymbol{y}\in D$，恒有

$$f(\boldsymbol{y})\geqslant f(\boldsymbol{x})+(\boldsymbol{y}-\boldsymbol{x})^{\mathrm{T}}\nabla f(\boldsymbol{x}) \tag{1.4.23}$$

$f(\boldsymbol{x})$ 为 D 上的严格凸函数的充要条件是：对任意的 $\boldsymbol{x},\boldsymbol{y}\in D$，$\boldsymbol{x}\neq\boldsymbol{y}$，恒有

$$f(\boldsymbol{y})>f(\boldsymbol{x})+(\boldsymbol{y}-\boldsymbol{x})^{\mathrm{T}}\nabla f(\boldsymbol{x}) \tag{1.4.24}$$

证明 必要性．

（1）设 $f(\boldsymbol{x})$ 为 D 上的凸函数，则对 $\forall\boldsymbol{x},\boldsymbol{y}\in D$，$0<\alpha<1$，恒有

$$f(\alpha\boldsymbol{y}+(1-\alpha)\boldsymbol{x})\leqslant\alpha f(\boldsymbol{y})+(1-\alpha)f(\boldsymbol{x})$$

即

$$f(\boldsymbol{x}+\alpha(\boldsymbol{y}-\boldsymbol{x}))-f(\boldsymbol{x})\leqslant\alpha[f(\boldsymbol{y})-f(\boldsymbol{x})] \tag{1.4.25}$$

在式（1.4.25）两端同时除 α，得到

$$\frac{f(\boldsymbol{x}+\alpha(\boldsymbol{y}-\boldsymbol{x}))-f(\boldsymbol{x})}{\alpha}\leqslant f(\boldsymbol{y})-f(\boldsymbol{x}) \tag{1.4.26}$$

在式（1.4.26）中，令$\alpha\to 0^+$，得到

$$(\boldsymbol{y}-\boldsymbol{x})^{\mathrm{T}}\nabla f(\boldsymbol{x})\leqslant f(\boldsymbol{y})-f(\boldsymbol{x}),$$

故式（1.4.23）成立.

（2）设$f(\boldsymbol{x})$为D上的严格凸函数，则有

$$f\left(\frac{\boldsymbol{x}+\boldsymbol{y}}{2}\right)<\frac{1}{2}f(\boldsymbol{x})+\frac{1}{2}f(\boldsymbol{y}) \tag{1.4.27}$$

另外，$f(\boldsymbol{x})$也是凸函数，故式（1.4.23）成立，即

$$f\left(\frac{\boldsymbol{x}+\boldsymbol{y}}{2}\right)\geqslant f(\boldsymbol{x})+\left(\frac{\boldsymbol{x}+\boldsymbol{y}}{2}-\boldsymbol{x}\right)^{\mathrm{T}}\nabla f(\boldsymbol{x})=f(\boldsymbol{x})+\frac{1}{2}(\boldsymbol{y}-\boldsymbol{x})^{\mathrm{T}}\nabla f(\boldsymbol{x}) \tag{1.4.28}$$

将式（1.4.28）代入式（1.4.27），有

$$\frac{1}{2}f(\boldsymbol{x})+\frac{1}{2}f(\boldsymbol{y})>f(\boldsymbol{x})+\frac{1}{2}(\boldsymbol{y}-\boldsymbol{x})^{\mathrm{T}}\nabla f(\boldsymbol{x}) \tag{1.4.29}$$

对式（1.4.29）进行化简，得到式（1.4.24）.

再证充分性.

（1）对$\forall \boldsymbol{x},\boldsymbol{y}\in D, f(\boldsymbol{y})\geqslant f(\boldsymbol{x})+(\boldsymbol{y}-\boldsymbol{x})^{\mathrm{T}}\nabla f(\boldsymbol{x})$，$\forall\alpha\in[0,1]$，令

$$\boldsymbol{z}=\alpha\boldsymbol{x}+(1-\alpha)\boldsymbol{y}$$

因此有

$$f(\boldsymbol{x})\geqslant f(\boldsymbol{z})+(\boldsymbol{x}-\boldsymbol{z})^{\mathrm{T}}\nabla f(\boldsymbol{z}) \tag{1.4.30}$$

$$f(\boldsymbol{y})\geqslant f(\boldsymbol{z})+(\boldsymbol{y}-\boldsymbol{z})^{\mathrm{T}}\nabla f(\boldsymbol{z}) \tag{1.4.31}$$

在式（1.4.30）上乘α，在式（1.4.31）上乘$(1-\alpha)$，两式相加得到

$$\alpha f(\boldsymbol{x})+(1-\alpha)f(\boldsymbol{y})\geqslant f(\boldsymbol{z})=f(\alpha\boldsymbol{x}+(1-\alpha)\boldsymbol{y}).$$

所以f为凸函数.

（2）对$\forall \boldsymbol{x},\boldsymbol{y}\in D, f(\boldsymbol{y})>f(\boldsymbol{x})+(\boldsymbol{y}-\boldsymbol{x})^{\mathrm{T}}\nabla f(\boldsymbol{x})$.

其证明过程与前面相同，只需将式（1.4.30）和式（1.4.31）中的“⩾”换成“>”即可.

定理 1.4.12 设$D\subset\mathbf{R}^n$为非空开凸集，$f(\boldsymbol{x})$在D上二次可微，则$f(\boldsymbol{x})$为D上凸函数的充要条件是：对$\forall\boldsymbol{x}\in D$，$\nabla^2 f(\boldsymbol{x})$半正定.

证明 先证充分性.

设$\nabla^2 f(\boldsymbol{x})(\boldsymbol{x}\in D)$半正定，任意给定$\boldsymbol{x},\boldsymbol{y}\in D$，
依中值定理有

$$f(\boldsymbol{y})=f(\boldsymbol{x})+(\boldsymbol{y}-\boldsymbol{x})^{\mathrm{T}}\nabla f(\boldsymbol{x})+\frac{1}{2}(\boldsymbol{y}-\boldsymbol{x})^{\mathrm{T}}\nabla^2 f(\hat{\boldsymbol{x}})(\boldsymbol{y}-\boldsymbol{x}) \tag{1.4.32}$$

其中

$$\hat{\boldsymbol{x}}=\theta\boldsymbol{x}+(1-\theta)\boldsymbol{y},\theta\in(0,1)$$

由于D是凸集，因此$\hat{\boldsymbol{x}}\in D$，根据假设$\nabla^2 f(\boldsymbol{x})$半正定，必有

$$(\boldsymbol{y}-\boldsymbol{x})^{\mathrm{T}}\nabla^2 f(\hat{\boldsymbol{x}})(\boldsymbol{y}-\boldsymbol{x})\geqslant 0 \tag{1.4.33}$$

由式（1.4.32）和式（1.4.33）可知

$$f(\boldsymbol{y})\geqslant f(\boldsymbol{x})+(\boldsymbol{y}-\boldsymbol{x})^{\mathrm{T}}\nabla f(\boldsymbol{x})$$

根据定理1.4.11，$f(\boldsymbol{x})$是凸函数.

再证必要性.

设$f(\boldsymbol{x})$是D上的凸函数，由定理1.4.11，对任意$\boldsymbol{x},\boldsymbol{y}\in D$，有

$$f(\boldsymbol{y})\geqslant f(\boldsymbol{x})+(\boldsymbol{y}-\boldsymbol{x})^{\mathrm{T}}\nabla f(\boldsymbol{x}) \tag{1.4.34}$$

对于任意的$\boldsymbol{x}\in D$及$\boldsymbol{d}\neq\boldsymbol{0}$，$\boldsymbol{d}\in\mathbf{R}^n$，由于$D$是开集，存在$\delta>0$，使得当$\alpha\in(0,\delta)$时，$\boldsymbol{x}+\alpha\boldsymbol{d}\in D$，

应用式（1.4.34）得到

$$f(\boldsymbol{x}+\alpha\boldsymbol{d})\geqslant f(\boldsymbol{x})+\alpha\boldsymbol{d}^{\mathrm{T}}\nabla f(\boldsymbol{x}) \tag{1.4.35}$$

另外，由二阶泰勒展开式，得到

$$f(\boldsymbol{x}+\alpha\boldsymbol{d})=f(\boldsymbol{x})+\alpha\boldsymbol{d}^{\mathrm{T}}\nabla f(\boldsymbol{x})+\frac{1}{2}\alpha^2\boldsymbol{d}^{\mathrm{T}}\nabla^2 f(\boldsymbol{x})\boldsymbol{d}+o(\alpha^2) \tag{1.4.36}$$

比较式（1.4.35）和式（1.4.36），得到

$$\frac{1}{2}\alpha^2\boldsymbol{d}^{\mathrm{T}}\nabla^2 f(\boldsymbol{x})\boldsymbol{d}+o(\alpha^2)\geqslant 0 \tag{1.4.37}$$

在式（1.4.37）两端同除以α^2，并令$\alpha\to 0^+$，得到

$$\boldsymbol{d}^{\mathrm{T}}\nabla^2 f(\boldsymbol{x})\boldsymbol{d}\geqslant 0,$$

即$\nabla^2 f(\boldsymbol{x})$半正定.

我们还可以给出严格凸函数的判别条件.

定理 1.4.13 设 D 是 $\mathbf{R}^n$ 中非空开凸集，$f(\boldsymbol{x})$ 是定义在 D 上的二次可微函数，如果对任意点 $\boldsymbol{x}\in D$，Hesse 矩阵 $\nabla^2 f(\boldsymbol{x})$ 是正定的，则 $f(\boldsymbol{x})$ 为严格凸函数.

定理 1.4.13 的证明可仿照定理 1.4.12. 值得注意，逆定理并不成立. 若 $f(\boldsymbol{x})$ 是定义在 D 上的严格凸函数，则对任意点 $\boldsymbol{x}\in D$，Hesse 矩阵是半正定的.

1.4.4 凸规划

考虑下列极小化问题：

$$\min f(\boldsymbol{x})$$
$$\text{s.t.}\begin{cases} c_i(\boldsymbol{x})=0, & i\in E=\{1,2,\cdots,l\} \\ c_i(\boldsymbol{x})\geqslant 0, & i\in I=\{l+1,\cdots,l+m\} \end{cases}$$

设 $f(\boldsymbol{x})$ 是凸函数，$c_i(\boldsymbol{x})(i\in I)$ 是凹函数，$c_i(\boldsymbol{x})(i\in E)$ 是线性函数. 问题的可行域是

$$D=\{\boldsymbol{x}\,|\,c_i(\boldsymbol{x})=0, i\in E; c_i(\boldsymbol{x})\geqslant 0, i\in I\}$$

由于 $-c_i(\boldsymbol{x})(i\in I)$ 是凸函数，因此满足 $c_i(\boldsymbol{x})\geqslant 0(i\in I)$，即满足 $-c_i(\boldsymbol{x})\leqslant 0(i\in I)$ 的点的集合是凸集，根据凸函数和凹函数的定义，线性函数 $c_i(\boldsymbol{x})(i\in E)$ 既是凸函数也是凹函数，因此满足 $c_i(\boldsymbol{x})=0(i\in E)$ 的点的集合也是凸集. D 是 $m+l$ 个凸集的交，因此也是凸集. 这样，上述问题是求凸函数在凸集上的极小点. 这类问题称为凸规划.

值得注意，如果 $c_i(\boldsymbol{x})(i\in E)$ 是非线性的凸函数，满足 $c_i(\boldsymbol{x})=0(i\in E)$ 的点的集合不是凸集，因此问题就不属于凸规划.

凸规划是非线性规划中一种重要的特殊情形，它具有很好的性质，正如定理 1.4.10 给出的结论，凸规划的局部极小点就是全局的极小点，且极小点的集合是凸集. 如果凸规划的目标函数是严格凸函数，又存在极小点，那么它的极小点是唯一的.

习 题

1. 设经验模型 $\boldsymbol{y}=\beta_0+\beta_1\boldsymbol{x}_1+\beta_2\boldsymbol{x}_2$，且已知 n 组数据 (x_{1i},x_{2i}) 和 y_i，

$i=1,2,\cdots,n$．今欲选择 β_0，β_1 和 β_2，使按模型计算出的值与实测值偏离的平方和最小，试导出相应的最优化问题．

2. 考虑由约束：

$$\begin{cases} x_1^2+x_2^2 \leqslant 1 \\ 1+x_1-x_2 \geqslant 0 \\ x_1 \leqslant 0 \end{cases}$$

确定的可行域．试判断点 $\boldsymbol{x}^{(1)}=\left(-\frac{1}{2},\frac{1}{2}\right)^{\mathrm{T}}$，$\boldsymbol{x}^{(2)}=(-1,1)^{\mathrm{T}}$，$\boldsymbol{x}^{(3)}=(-1,0)^{\mathrm{T}}$，$\boldsymbol{x}^{(4)}=\left(0,-\frac{1}{2}\right)^{\mathrm{T}}$ 和 $\boldsymbol{x}^{(5)}=\left(-\frac{1}{2},-\frac{1}{2}\right)^{\mathrm{T}}$ 是否是可行点，如果是可行点，是内点还是边界点？是哪个约束的边界点？

3. 求下列函数的梯度和 Hesse 矩阵．

（1） $f(\boldsymbol{x})=3x_1x_2^2+4\mathrm{e}^{x_1x_2}$；　（2） $f(\boldsymbol{x})=x_1^{x_2}+\ln(x_1x_2)$；

（3） $f(\boldsymbol{x})=x_1\mathrm{e}^{x_1+x_2+x_3}$；　（4） $f(\boldsymbol{x})=\ln(x_1^2+x_1x_2+x_2^2)$．

4. 用定义验证下列各集合是凸集．

（1） $D=\{(x_1,x_2)\mid x_1+2x_2\geqslant 1, x_1-x_2\geqslant 1\}$；（2） $D=\{(x_1,x_2)\mid x_2\geqslant |x_1|\}$；

（3） $D=\{(x_1,x_2)\mid x_1^2+x_2^2\leqslant 10\}$．

5. 设 $D\subset\mathbf{R}^n$ 为凸集，$\boldsymbol{A}$ 为 $m\times n$ 阶矩阵，试证集合

$$\boldsymbol{A}(D)=\{\boldsymbol{y}\mid\boldsymbol{y}=\boldsymbol{A}\boldsymbol{x},\boldsymbol{x}\in D\}$$

是凸集．

6. 证明两个凸集的交集是凸集．问：两个凸集的并集是否为凸集？证明或举出反例．

7. 证明超平面 $H=\{\boldsymbol{x}\in\mathbf{R}^n\mid\boldsymbol{c}^{\mathrm{T}}\boldsymbol{x}=\alpha\}$ 没有极点．

8. 判断下列函数是否为凸函数或凹函数．

（1） $f(\boldsymbol{x})=x_1^2+2x_1x_2-10x_1+5x_2$；

（2） $f(\boldsymbol{x})=-x_1^2+2x_1x_2-5x_2^2+10x_1-10x_2$；

（3） $f(\boldsymbol{x})=(4-\boldsymbol{x})^3,(x<4)$；

（4） $f(\boldsymbol{x})=x_1\mathrm{e}^{-(x_1+x_2)}$.

9. 计算函数

$$f(\boldsymbol{x})=x_1^4+x_1x_2+(1+x_2)^2$$

的梯度和 Hesse 矩阵，并求 $\nabla f(0)$ 和 $\nabla^2 f(0)$，由此验证 $\nabla^2 f(0)$ 是非正定的.

10. 证明 $f(\boldsymbol{x})=\dfrac{1}{2}\boldsymbol{x}^{\mathrm{T}}\boldsymbol{G}\boldsymbol{x}+\boldsymbol{r}^{\mathrm{T}}\boldsymbol{x}$ 为严格凸函数的充要条件是 Hesse 矩阵 $\boldsymbol{G}$ 正定.

11. 设 $f(\boldsymbol{x})=10-2(x_2-x_1^2)^2$，$D=\{(x_1,x_2)\,|\,-11\leqslant x_1\leqslant 1,-1\leqslant x_2\leqslant 1\}$ $f(\boldsymbol{x})$ 是否为 D 上的凸函数？

12. 设 $f(\boldsymbol{x})$ 为可微凸函数. 证明 $f(\boldsymbol{x})$ 为线性函数的充要条件是：$f(\boldsymbol{x})$ 既是凸函数又是凹函数.

13. 设 $\boldsymbol{A}$ 是 $m\times n$ 矩阵，$\boldsymbol{B}$ 是 $l\times n$ 矩阵，$\boldsymbol{c}\in\mathbf{R}^n$，证明下列两个系统恰有一个有解：

系统 1：$\boldsymbol{A}\boldsymbol{x}\leqslant\boldsymbol{0}$，$\boldsymbol{B}\boldsymbol{x}=\boldsymbol{0}$，$\boldsymbol{c}^{\mathrm{T}}\boldsymbol{x}>0$，对某些 $\boldsymbol{x}\in\mathbf{R}^n$；

系统 2：$\boldsymbol{A}^{\mathrm{T}}\boldsymbol{y}+\boldsymbol{B}^{\mathrm{T}}\boldsymbol{z}=\boldsymbol{c}$，$\boldsymbol{y}\geqslant\boldsymbol{0}$，对某些 $\boldsymbol{y}\in\mathbf{R}^m$ 和 $\boldsymbol{z}\in\mathbf{R}^l$.

14. 证明 $\boldsymbol{A}\boldsymbol{x}\leqslant\boldsymbol{0}$，$\boldsymbol{c}^{\mathrm{T}}\boldsymbol{x}>0$ 有解，其中

$$\boldsymbol{A}=\begin{pmatrix}1 & -2 & 1\\ -1 & 1 & 1\end{pmatrix},\quad \boldsymbol{c}=(2,1,0)^{\mathrm{T}}.$$

15. 证明不等式组

$$\begin{cases}x_1+3x_2<0\\ 3x_1-x_2<0\\ 17x_1+11x_2>0\end{cases}$$

无解.

16. 判定下列问题是否为凸规划.

（1）$\min f(\boldsymbol{x})=2x_1^2+x_2^2+x_3^2$

$$\text{s.t.}\begin{cases}-x_1^2-x_2^2+4\geqslant 0\\ 5x_1-4x_2=8\\ x_1,x_2,x_3\geqslant 0\end{cases};$$

（2）$\min f(\boldsymbol{x})=x_1+3x_2$

$$\text{s.t.}\begin{cases}x_1^2+x_2^2\leqslant 9\\ x_2\geqslant 0\end{cases};$$

（3）$\min f(\boldsymbol{x})=(x_1-3)^2+(x_2-2)^2$

$$\text{s.t.}\begin{cases}x_1^2+x_2=5\\ x_1+2x_2\leqslant 4\end{cases}.$$

第 2 章　线性规划

线性规划是数学规划的一个重要分支．它在理论和算法上都比较成熟，而且应用领域极为广泛．因此线性规划在最优化学科中占有重要地位．本章主要讨论线性规划的数学模型、基本概念、基本理论和求解方法．

2.1　线性规划问题的数学模型

2.1.1　线性规划模型的标准型

根据实际问题建立的模型，由于目标函数和约束条件在内容和形式上的差别，线性规划模型可以有多种．为了便于讨论，规定线性规划问题的标准型为

$$\min f = c_1x_1 + c_2x_2 + \cdots + c_nx_n$$
$$\text{s.t.}\begin{cases} a_{11}x_1 + a_{12}x_2 + \cdots + a_{1n}x_n = b_1 \\ a_{21}x_1 + a_{22}x_2 + \cdots + a_{2n}x_n = b_2 \\ \qquad \cdots \qquad \cdots \qquad \cdots \\ a_{m1}x_1 + a_{m2}x_2 + \cdots + a_{mn}x_n = b_m \\ x_1, x_2, \cdots, x_n \geqslant 0 \end{cases} \tag{2.1.1}$$

上述模型的简写形式为

$$\min f = \sum_{j=1}^{n} c_jx_j$$
$$\text{s.t.}\begin{cases} \sum\limits_{j=1}^{n} a_{ij}x_j = b_i, i = 1, 2, \cdots, m \\ x_j \geqslant 0, j = 1, 2, \cdots, n \end{cases} \tag{2.1.2}$$

用向量形式表达时，上述模型可写为

$$\min f = \boldsymbol{c}^{\mathrm{T}}\boldsymbol{x}$$

$$\text{s.t.}\begin{cases}\sum_{j=1}^{n}\boldsymbol{p}_j x_j = \boldsymbol{b} \\ \boldsymbol{x} \geqslant \boldsymbol{0}\end{cases} \tag{2.1.3}$$

用矩阵形式表示可写为

$$\min f = \boldsymbol{c}^{\mathrm{T}}\boldsymbol{x}$$

$$\text{s.t.}\begin{cases}\boldsymbol{A}\boldsymbol{x} = \boldsymbol{b} \\ \boldsymbol{x} \geqslant \boldsymbol{0}\end{cases} \tag{2.1.4}$$

其中，$\boldsymbol{c} = (c_1, c_2, \cdots, c_n)^{\mathrm{T}}$ 称为目标函数的系数向量；$\boldsymbol{x} = (x_1, x_2, \cdots, x_n)^{\mathrm{T}}$ 称为决策向量；$\boldsymbol{b} = (b_1, b_2, \cdots, b_m)^{\mathrm{T}}$ 称为约束方程组的常数向量；$\boldsymbol{A} = (a_{ij})_{m\times n}$ 称为约束方程组的系数矩阵；$\boldsymbol{p}_j = (a_{1j}, a_{2j}, \cdots, a_{mj})^{\mathrm{T}} (j = 1, 2, \cdots, n)$ 称为约束方程组的系数向量.

在标准型中，目标函数为求极小值（有些书上规定是求极大值），约束条件全为等式，约束条件右端常数项 b_i 为非负值，变量 x_j 的取值为非负.

2.1.2 一般线性规划化为标准型

对于一般线性规划问题，目标函数有可能求极小，也有可能求极大. 除等式约束外，还可能有不等式约束. 对于每个变量 x_j 不一定都有非负限制. 对于一个一般的线性规划问题，我们可以将它化为标准型.

（1）若目标函数是求极大. $\max \boldsymbol{c}^{\mathrm{T}}\boldsymbol{x}$ 等价于 $\min -\boldsymbol{c}^{\mathrm{T}}\boldsymbol{x}$.

（2）若约束条件是不等式约束

$$\sum_{j=1}^{n} a_{ij}x_j \leqslant b_i \tag{2.1.5}$$

等价于

$$\begin{cases}\sum_{j=1}^{n} a_{ij}x_j + x_{n+i} = b_i \\ x_{n+i} \geqslant 0\end{cases} \tag{2.1.6}$$

此时称 x_{n+i} 为松弛变量．不等式约束

$$\sum_{j=1}^{n} a_{ij} x_j \geqslant b_i \tag{2.1.7}$$

等价于

$$\begin{cases} \sum_{j=1}^{n} a_{ij} x_j - x_{n+i} = b_i \\ x_{n+i} \geqslant 0 \end{cases} \tag{2.1.8}$$

此时称 x_{n+i} 为剩余变量，有时也统称为松弛变量．

松弛变量或剩余变量在实际问题中分别表示未被充分利用的资源和超用的资源数，均未转化为价值和利润，所以引进模型后它们在目标函数中的系数均为零．

（3）若某个变量 x_j 取值无限制．引进两个非负变量 $x_j' \geqslant 0$ ， $x_j'' \geqslant 0$ ，令 $x_j = x_j' - x_j''$，代入目标函数和约束方程中，化为非负限制．

（4）若某个变量 $x_j \leqslant 0$ ，则令 $x_j' = -x_j$ ，显然， $x_j' \geqslant 0$.

例 2.1.1　将下述线性规划问题化为标准型.

$$\max f = 3x_1 + x_2 - 2x_3$$

$$\text{s.t.} \begin{cases} 2x_1 + 3x_2 - 4x_3 \leqslant 12 \\ 4x_1 + x_2 + 2x_3 \geqslant 8 \\ 3x_1 - x_2 + 3x_3 = 6 \\ x_1 \geqslant 0, x_2 \text{ 无约束，} x_3 \leqslant 0 \end{cases}$$

解　令 $f' = -f$ ， $x_2 = x_2' - x_2''(x_2' \geqslant 0, x_2'' \geqslant 0)$ ， $x_3' = -x_3$ ，按上述规则将问题转化成标准型为

$$\min f' = -3x_1 - x_2' + x_2'' - 2x_3' + 0x_4 + 0x_5$$

$$\text{s.t.} \begin{cases} 2x_1 + 3x_2' - 3x_2'' + 4x_3' + x_4 = 12 \\ 4x_1 + x_2' - x_2'' - 2x_3' - x_5 = 8 \\ 3x_1 - x_2' + x_2'' - 3x_3' = 6 \\ x_1, x_2', x_2'', x_3', x_4, x_5 \geqslant 0 \end{cases}$$

2.2 线性规划解的基本概念和性质

2.2.1 线性规划解的概念

给定线性规划问题

$$\min f=\sum_{j=1}^{n} c_j x_j \tag{2.2.1}$$

$$\text{s.t.}\begin{cases}\sum_{j=1}^{n} a_{ij}x_j=b_i, & i=1,2,\cdots,m \quad (2.2.2)\\ x_j\geqslant 0, & j=1,2,\cdots,n \quad (2.2.3)\end{cases}$$

求解线性规划问题，就是从满足约束条件式（2.2.2）和式（2.2.3）的方程组中找出一个解，使目标函数式（2.2.1）达到最小值.

可行解：满足上述约束条件式（2.2.2）和式（2.2.3）的解 $\boldsymbol{x}=(x_1,x_2,\cdots,x_n)^{\mathrm{T}}$，称为线性规划问题的可行解. 全部可行解的集合称为可行域.

最优解：使目标函数达到最小值的可行解，即满足式（2.2.1）的可行解称为最优解.

基矩阵：如果系数矩阵 $\boldsymbol{A}$ 是 $m\times n$ 矩阵（设 $n>m$），且秩为 $\operatorname{rank}(\boldsymbol{A})=m$，则称任意一个 $m\times m$ 阶非奇异子矩阵 $\boldsymbol{B}$ 为线性规划问题的基矩阵，简称基. 不失一般性，可设

$$\boldsymbol{B}=\begin{pmatrix} a_{11} & a_{12} & \cdots & a_{1m}\\ a_{21} & a_{22} & \cdots & a_{2m}\\ \cdots & \cdots & \cdots & \cdots\\ a_{m1} & a_{m2} & \cdots & a_{mm}\end{pmatrix}=(\boldsymbol{p}_1,\boldsymbol{p}_2,\cdots,\boldsymbol{p}_m),$$

称 $\boldsymbol{p}_i(i=1,2,\cdots,m)$ 为基向量，与基向量 $\boldsymbol{p}_i$ 对应的变量 $x_i(i=1,2,\cdots,m)$ 称为基变量. 线性规划中除基变量以外的其他变量称为非基变量.

基本解：如果问题的基为上述基矩阵 $\boldsymbol{B}$，对应的基变量为 $x_i(i=1,2,\cdots,m)$，令非基变量 $x_{m+1}=x_{m+2}=\cdots=x_n=0$，此时所形成的方程组（2.2.2）为基方程组. 因为 $\det(\boldsymbol{B})\neq 0$，根据克莱姆法则可解出唯一解 $\boldsymbol{x}_B=(x_1,x_2,\cdots,x_m)^{\mathrm{T}}$，则称 $\boldsymbol{x}=$

$(x_1, x_2, \cdots, x_m, 0, 0, \cdots, 0)^{\mathrm{T}}$ 为线性规划问题的基本解．显然在基本解中变量取非零值的个数不大于方程数 m，基本解的总数不超过 C_n^m 个．

基本可行解：满足非负条件式（2.2.3）的基本解称为基本可行解．

退化基本可行解：若基本可行解中有一个或多于一个基变量取值为零时，该解称为退化基本可行解．

可行基：基本可行解对应的基称为可行基．

例 2.2.1　求线性规划问题

$$\min f = -3x_1 - 5x_2$$

$$\text{s.t.}\begin{cases} x_1 \leqslant 4 \\ 2x_2 \leqslant 12 \\ 3x_1 + 2x_2 \leqslant 18 \\ x_1 \geqslant 0, x_2 \geqslant 0 \end{cases}$$

所有基及对应的基本解．

解　化为标准型

$$\min f = -3x_1 - 5x_2 + 0x_3 + 0x_4 + 0x_5$$

$$\text{s.t.}\begin{cases} x_1 + x_3 = 4 \\ 2x_2 + x_4 = 12 \\ 3x_1 + 2x_2 + x_5 = 18 \\ x_1, x_2, x_3, x_4, x_5 \geqslant 0 \end{cases}$$

其中

$$\boldsymbol{A} = \begin{pmatrix} 1 & 0 & 1 & 0 & 0 \\ 0 & 2 & 0 & 1 & 0 \\ 3 & 2 & 0 & 0 & 1 \end{pmatrix}$$

由于

$$\det(\boldsymbol{p}_1, \boldsymbol{p}_2, \boldsymbol{p}_3) = \begin{vmatrix} 1 & 0 & 1 \\ 0 & 2 & 0 \\ 3 & 2 & 0 \end{vmatrix} = -6 \neq 0$$

所以 $\boldsymbol{p}_1, \boldsymbol{p}_2, \boldsymbol{p}_3$ 线性无关，从而可以构成一组基

$$\boldsymbol{B}^{(1)} = (\boldsymbol{p}_1, \boldsymbol{p}_2, \boldsymbol{p}_3)$$

对应的变量 x_1，x_2，x_3 是基变量，x_4, x_5 为非基变量.

令
$$x_4 = x_5 = 0,$$
解得
$$x_1 = 2, x_2 = 6, x_3 = 2,$$
则 $\boldsymbol{x}^{(1)} = (2,6,2,0,0)^{\mathrm{T}}$ 为一个基本解，并且 $\boldsymbol{x}^{(1)}$ 也为基本可行解.

类似地，我们可以求出其他基本解，见表 2.2.1.

表 2.2.1 全部基本解情况

基	基变量	基本解	是基本可行解?	目标函数值
$\boldsymbol{B}^{(1)} = (\boldsymbol{p}_1, \boldsymbol{p}_2, \boldsymbol{p}_3)$	x_1，x_2，x_3	$\boldsymbol{x}^{(1)} = (2,6,2,0,0)^{\mathrm{T}}$	是	-36^*
$\boldsymbol{B}^{(2)} = (\boldsymbol{p}_1, \boldsymbol{p}_2, \boldsymbol{p}_4)$	x_1，x_2，x_4	$\boldsymbol{x}^{(2)} = (4,3,0,6,0)^{\mathrm{T}}$	是	-27
$\boldsymbol{B}^{(3)} = (\boldsymbol{p}_1, \boldsymbol{p}_2, \boldsymbol{p}_5)$	x_1，x_2，x_5	$\boldsymbol{x}^{(3)} = (4,6,0,0,-6)^{\mathrm{T}}$	否	—
$\boldsymbol{B}^{(4)} = (\boldsymbol{p}_1, \boldsymbol{p}_3, \boldsymbol{p}_4)$	x_1，x_3，x_4	$\boldsymbol{x}^{(4)} = (6,0,-2,12,0)^{\mathrm{T}}$	否	—
$\boldsymbol{B}^{(5)} = (\boldsymbol{p}_1, \boldsymbol{p}_4, \boldsymbol{p}_5)$	x_1，x_4，x_5	$\boldsymbol{x}^{(5)} = (4,0,0,12,6)^{\mathrm{T}}$	是	-12
$\boldsymbol{B}^{(6)} = (\boldsymbol{p}_2, \boldsymbol{p}_3, \boldsymbol{p}_4)$	x_2，x_3，x_4	$\boldsymbol{x}^{(6)} = (0,9,4,-6,0)^{\mathrm{T}}$	否	—
$\boldsymbol{B}^{(7)} = (\boldsymbol{p}_2, \boldsymbol{p}_3, \boldsymbol{p}_5)$	x_2，x_3，x_5	$\boldsymbol{x}^{(7)} = (0,6,4,0,6)^{\mathrm{T}}$	是	-30
$\boldsymbol{B}^{(8)} = (\boldsymbol{p}_3, \boldsymbol{p}_4, \boldsymbol{p}_5)$	x_3，x_4，x_5	$\boldsymbol{x}^{(8)} = (0,0,4,12,18)^{\mathrm{T}}$	是	0

表中标注“*”的为最优解.

去掉松弛变量，得到的点是 $\boldsymbol{x}^{(1)} = (2,6)$，$\boldsymbol{x}^{(2)} = (4,3)$，$\boldsymbol{x}^{(3)} = (4,6)$，$\boldsymbol{x}^{(4)} = (6,0)$，$\boldsymbol{x}^{(5)} = (4,0)$，$\boldsymbol{x}^{(6)} = (0,9)$，$\boldsymbol{x}^{(7)} = (0,6)$，$\boldsymbol{x}^{(8)} = (0,0)$，如图 2.2.1 所示.

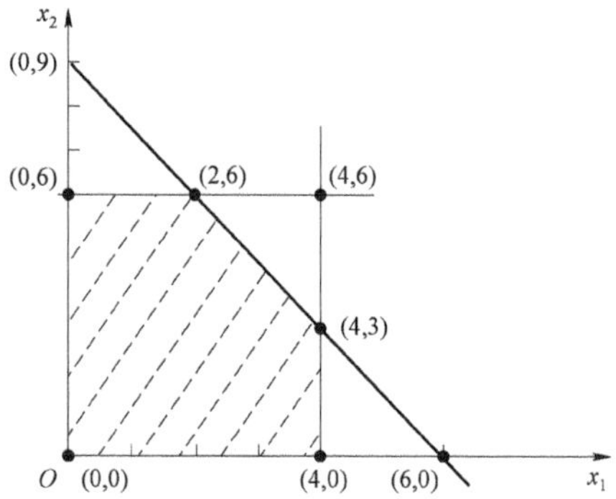

图 2.2.1 全部基本解

2.2.2 线性规划解的性质

定理 2.2.1 若线性规划问题存在可行域，则其可行域是凸集.

证明 设线性规划问题的可行域为

$$D=\{\boldsymbol{x}\mid \boldsymbol{A}\boldsymbol{x}=\boldsymbol{b},\boldsymbol{x}\geqslant 0\}$$

从 D 中任取两点 $\boldsymbol{x}^{(1)}$ 和 $\boldsymbol{x}^{(2)}$ ($\boldsymbol{x}^{(1)}\neq\boldsymbol{x}^{(2)}$)，则

$$\boldsymbol{A}\boldsymbol{x}^{(1)}=\boldsymbol{b},\boldsymbol{A}\boldsymbol{x}^{(2)}=\boldsymbol{b},\boldsymbol{x}^{(1)}\geqslant 0,\boldsymbol{x}^{(2)}\geqslant 0$$

令 $\boldsymbol{x}$ 为连接 $\boldsymbol{x}^{(1)}$ 和 $\boldsymbol{x}^{(2)}$ 的线段上的任一点，即有

$$\boldsymbol{x}=\alpha\boldsymbol{x}^{(1)}+(1-\alpha)\boldsymbol{x}^{(2)},(0\leqslant\alpha\leqslant 1)$$

则

$$\begin{aligned}\boldsymbol{A}\boldsymbol{x}&=\boldsymbol{A}[\alpha\boldsymbol{x}^{(1)}+(1-\alpha)\boldsymbol{x}^{(2)}]\\&=\alpha\boldsymbol{A}\boldsymbol{x}^{(1)}+\boldsymbol{A}\boldsymbol{x}^{(2)}-\alpha\boldsymbol{A}\boldsymbol{x}^{(2)}\\&=\alpha\boldsymbol{b}+\boldsymbol{b}-\alpha\boldsymbol{b}=\boldsymbol{b}\end{aligned}$$

又因 $\boldsymbol{x}^{(1)}\geqslant\boldsymbol{0},\boldsymbol{x}^{(2)}\geqslant\boldsymbol{0}$ 及 $0\leqslant\alpha\leqslant 1$，故 $\boldsymbol{x}\geqslant\boldsymbol{0}$，即 $\boldsymbol{x}\in D$，根据凸集定义知，可行域 D 为凸集.

引理 线性规划问题的可行解 $\boldsymbol{x}=(x_1,x_2,\cdots,x_n)^{\mathrm{T}}$ 为基本可行解的充要条件是 $\boldsymbol{x}$ 的正分量所对应的系数列向量组是线性无关的.

证明 必要性.

不妨设 $\boldsymbol{x}$ 的前 k 个分量为正分量，即

$$\boldsymbol{x}=(x_1,x_2,\cdots,x_k,0,\cdots,0)^{\mathrm{T}},\ x_j>0(j=1,2,\cdots,k).$$

若 $\boldsymbol{x}$ 是基本可行解，取正值的变量 $x_1,x_2,\cdots,x_k$ 必定是基变量，而这些基变量对应的列向量 $\boldsymbol{p}_1,\boldsymbol{p}_2,\cdots,\boldsymbol{p}_k$ 是基向量，故必定线性无关.

充分性. 若 $\boldsymbol{p}_1,\boldsymbol{p}_2,\cdots,\boldsymbol{p}_k$ 线性无关，则必有 $k\leqslant m$，当 $k=m$ 时，它们恰好构成一个基，从而 $\boldsymbol{x}=(x_1,x_2,\cdots,x_k,0,\cdots,0)^{\mathrm{T}}$ 为相应的基本可行解. 当 $k<m$ 时，则一定可以从其余向量中找出 $(m-k)$ 个与 $\boldsymbol{p}_1,\boldsymbol{p}_2,\cdots,\boldsymbol{p}_k$ 构成一个基，其对应的解恰为 $\boldsymbol{x}$，由定义知它是基本可行解.

定理 2.2.2 线性规划问题的任一个基本可行解 $\boldsymbol{x}$ 对应于可行域的一个顶点.

证明 分两步来证明.

不失一般性，假设基本可行解 $\boldsymbol{x}$ 的前 m 个分量为正，正分量所对应的系数列向量为 $\boldsymbol{p}_1,\boldsymbol{p}_2,\cdots,\boldsymbol{p}_m$，则

$$\sum_{i=1}^{m}\boldsymbol{p}_i x_i=\boldsymbol{b} \tag{2.2.4}$$

（1）若 $\boldsymbol{x}$ 是基本可行解，则一定是可行域的顶点.

反证，如果 $\boldsymbol{x}=(x_1,x_2,\cdots,x_m,0,\cdots,0)^{\mathrm{T}}$ 是一个基本可行解，但不是可行域的顶点.

事实上，由定理 2.2.1 知 $\boldsymbol{x}$ 必可以表示为可行域中两个不同点

$$\boldsymbol{x}^{(1)}=(x_1^{(1)},x_2^{(1)},\cdots,x_n^{(1)})^{\mathrm{T}}$$

$$\boldsymbol{x}^{(2)}=(x_1^{(2)},x_2^{(2)},\cdots,x_n^{(2)})^{\mathrm{T}}$$

的凸组合，即 $\boldsymbol{x}=\alpha\boldsymbol{x}^{(1)}+(1-\alpha)\boldsymbol{x}^{(2)}$，$0<\alpha<1$.

因为 $\boldsymbol{x}$ 的前 m 个分量为正，$\boldsymbol{x}$ 的后 $n-m$ 个分量为 0，又 $\alpha>0$，$1-\alpha>0$，$\boldsymbol{x}^{(1)}>\boldsymbol{0}$，$\boldsymbol{x}^{(2)}>\boldsymbol{0}$，故 $\boldsymbol{x}^{(1)}$，$\boldsymbol{x}^{(2)}$ 的后 $n-m$ 个分量也为 0，即

$$\sum_{i=1}^{m}\boldsymbol{p}_i x_i^{(1)}=\boldsymbol{b} \tag{2.2.5}$$

$$\sum_{i=1}^{m}\boldsymbol{p}_i x_i^{(2)}=\boldsymbol{b} \tag{2.2.6}$$

式（2.2.5）和式（2.2.6）两式相减可得

$$\sum_{i=1}^{m}\boldsymbol{p}_i(x_i^{(1)}-x_i^{(2)})=\boldsymbol{0}$$

因 $\boldsymbol{x}^{(1)}\neq\boldsymbol{x}^{(2)}$，有 $x_i^{(1)}-x_i^{(2)}$ 不全为零，故 $\boldsymbol{x}$ 正分量对应的系数列向量 $\boldsymbol{p}_1,\boldsymbol{p}_2,\cdots,\boldsymbol{p}_m$ 线性相关，所以 $\boldsymbol{x}$ 不是基本可行解. 这与假设矛盾. 故命题（1）成立.

（2）若 $\boldsymbol{x}$ 是可行域的顶点，则 $\boldsymbol{x}$ 一定是基本可行解.

反证. 由引理知，若 $\boldsymbol{x}$ 不是基本可行解，则向量组 $\boldsymbol{p}_1,\boldsymbol{p}_2,\cdots,\boldsymbol{p}_m$ 必线性相关，故存在一组不全为零的数 $\delta_i(i=1,2,\cdots,m)$ 使

$$\sum_{i=1}^{m}\delta_i\boldsymbol{p}_i=\boldsymbol{0} \tag{2.2.7}$$

用一个不为 0 的数 μ 乘式（2.2.7），再分别与式（2.2.4）相加和相减可得

$$\sum_{i=1}^{m}\boldsymbol{p}_i(x_i+\mu\delta_i)=\boldsymbol{b} \tag{2.2.8}$$

$$\sum_{i=1}^{m}\boldsymbol{p}_i(x_i-\mu\delta_i)=\boldsymbol{b} \tag{2.2.9}$$

令 $$\boldsymbol{x}^{(1)}=(x_1+\mu\delta_1, x_2+\mu\delta_2, \cdots, x_m+\mu\delta_m, 0, 0, \cdots, 0)^{\mathrm{T}} \tag{2.2.10}$$

$$\boldsymbol{x}^{(2)}=(x_1-\mu\delta_1, x_2-\mu\delta_2, \cdots, x_m-\mu\delta_m, 0, 0, \cdots, 0)^{\mathrm{T}} \tag{2.2.11}$$

则取 $\boldsymbol{x}=\frac{1}{2}\boldsymbol{x}^{(1)}+\frac{1}{2}\boldsymbol{x}^{(2)}$ 为 $\boldsymbol{x}^{(1)}$ 和 $\boldsymbol{x}^{(2)}$ 连线的中点，而当 μ 充分小时，可以保证 $x_i \pm \mu\delta_i \geqslant 0\ (i=1, 2, \cdots, m)$，即 $\boldsymbol{x}^{(1)}$ 和 $\boldsymbol{x}^{(2)}$ 是可行解，故 $\boldsymbol{x}$ 不是可行域的顶点．这与假设矛盾，故命题（2）成立．

定理 2.2.2 表明了可行域顶点与基本可行解的对应关系，但它们并非一一对应，一个基本可行解对应着唯一的一个顶点，而一个顶点可能对应着几个不同的基本可行解．

例 2.2.2　求下列线性规划问题的可行域的顶点．

$$\min f = x_1 - x_2$$

$$\text{s.t}\begin{cases} x_1+2x_2+x_3=2 \\ x_1+x_4=2 \\ x_j \geqslant 0, \quad j=1,2,3,4 \end{cases}$$

解　该问题的约束系数矩阵的 4 个列向量依次为

$$\boldsymbol{p}_1=(1,1)^{\mathrm{T}}, \boldsymbol{p}_2=(2,0)^{\mathrm{T}}, \boldsymbol{p}_3=(1,0)^{\mathrm{T}}, \boldsymbol{p}_4=(0,1)^{\mathrm{T}}$$

不难得知问题的基的全部为

$$\boldsymbol{B}_1=(\boldsymbol{p}_1,\boldsymbol{p}_2), \boldsymbol{B}_2=(\boldsymbol{p}_1,\boldsymbol{p}_3), \boldsymbol{B}_3=(\boldsymbol{p}_1,\boldsymbol{p}_4), \boldsymbol{B}_4=(\boldsymbol{p}_2,\boldsymbol{p}_4), \boldsymbol{B}_5=(\boldsymbol{p}_3,\boldsymbol{p}_4)$$

所以容易求得关于基 $\boldsymbol{B}_1,\boldsymbol{B}_2,\boldsymbol{B}_3,\boldsymbol{B}_4,\boldsymbol{B}_5$ 的基本解分别为

$$\boldsymbol{x}_1=(2,0,0,0)^{\mathrm{T}}, \boldsymbol{x}_2=(2,0,0,0)^{\mathrm{T}}, \boldsymbol{x}_3=(2,0,0,0)^{\mathrm{T}}$$
$$\boldsymbol{x}_4=(0,1,0,2)^{\mathrm{T}}, \boldsymbol{x}_5=(0,0,2,2)^{\mathrm{T}}$$

显然，$\boldsymbol{x}_1,\boldsymbol{x}_2,\boldsymbol{x}_3$ 均为退化的基本可行解，$\boldsymbol{x}_4,\boldsymbol{x}_5$ 是非退化的基本可行解．因此该线性规划问题的可行域有 3 个顶点：$(2,0,0,0)^{\mathrm{T}}, (0,1,0,2)^{\mathrm{T}}, (0,0,2,2)^{\mathrm{T}}$．

由上可知，该线性规划问题关于 3 个不同的基 $\boldsymbol{B}_1,\boldsymbol{B}_2,\boldsymbol{B}_3$ 的基本可行解 $\boldsymbol{x}_1,\boldsymbol{x}_2,\boldsymbol{x}_3$ 对应着同一个顶点 $(2,0,0,0)^{\mathrm{T}}$．

定理 2.2.3　若线性规划问题有最优解，一定存在一个基本可行解是最优解．

证明　设 $\boldsymbol{x}^{(0)}=(x_1^{(0)}, x_2^{(0)}, \cdots, x_n^{(0)})^{\mathrm{T}}$ 是线性规划的一个最优解，$f=\boldsymbol{c}^{\mathrm{T}}\boldsymbol{x}^{(0)}=\sum_{j=1}^{n} c_j x_j^{(0)}$ 是目标函数的最小值．若 $\boldsymbol{x}^{(0)}$ 不是基本可行解，由定理 2.2.2 知 $\boldsymbol{x}^{(0)}$ 不是

顶点，一定能在可行域内找到通过 $\boldsymbol{x}^{(0)}$ 的直线上的另外两个点 $(\boldsymbol{x}^{(0)}+\mu\boldsymbol{\delta})\geqslant\boldsymbol{0}$ 和 $(\boldsymbol{x}^{(0)}-\mu\boldsymbol{\delta})\geqslant\boldsymbol{0}$. 将这两个点代入目标函数有

$$\boldsymbol{c}^{\mathrm{T}}(\boldsymbol{x}^{(0)}+\mu\boldsymbol{\delta})=\boldsymbol{c}^{\mathrm{T}}\boldsymbol{x}^{(0)}+\boldsymbol{c}^{\mathrm{T}}\mu\boldsymbol{\delta} \tag{2.2.12}$$

$$\boldsymbol{c}^{\mathrm{T}}(\boldsymbol{x}^{(0)}-\mu\boldsymbol{\delta})=\boldsymbol{c}^{\mathrm{T}}\boldsymbol{x}^{(0)}-\boldsymbol{c}^{\mathrm{T}}\mu\boldsymbol{\delta} \tag{2.2.13}$$

因 $\boldsymbol{c}^{\mathrm{T}}\boldsymbol{x}^{(0)}$ 为目标函数的最小值，故有

$$\boldsymbol{c}^{\mathrm{T}}\boldsymbol{x}^{(0)}\leqslant\boldsymbol{c}^{\mathrm{T}}\boldsymbol{x}^{(0)}+\boldsymbol{c}^{\mathrm{T}}\mu\boldsymbol{\delta} \tag{2.2.14}$$

$$\boldsymbol{c}^{\mathrm{T}}\boldsymbol{x}^{(0)}\leqslant\boldsymbol{c}^{\mathrm{T}}\boldsymbol{x}^{(0)}-\boldsymbol{c}^{\mathrm{T}}\mu\boldsymbol{\delta} \tag{2.2.15}$$

由此 $\boldsymbol{c}^{\mathrm{T}}\mu\boldsymbol{\delta}=0$，即有

$$\boldsymbol{c}^{\mathrm{T}}(\boldsymbol{x}^{(0)}+\mu\boldsymbol{\delta})=\boldsymbol{c}^{\mathrm{T}}\boldsymbol{x}^{(0)}=\boldsymbol{c}^{\mathrm{T}}(\boldsymbol{x}^{(0)}-\mu\boldsymbol{\delta}) \tag{2.2.16}$$

如果 $(\boldsymbol{x}^{(0)}+\mu\boldsymbol{\delta})$ 或 $(\boldsymbol{x}^{(0)}-\mu\boldsymbol{\delta})$ 仍不是基本可行解，按上面的方法继续做下去，最后一定可以找到一个基本可行解，其目标函数值等于 $\boldsymbol{c}^{\mathrm{T}}\boldsymbol{x}^{(0)}$，问题得证.

定理 2.2.3 表明了最优解在可行域中的位置. 若最优解唯一，则最优解只能在某一顶点上达到；若具有无穷多最优解，则最优解是某些顶点的凸组合，从而最优解是可行域的顶点或界点，不可能是可行域的内点.

2.3 图解法

图解法是直接在平面直角坐标系中作图来解线性规划问题的一种方法. 对于某些比较简单的线性规划问题可用图解法求其最优解. 这种方法的优点是直观性强，计算方便，其解题思路和几何上直观得到的一些判断，对后面要讲的求解一般线性规划问题的单纯形法有很大启示. 但缺点是只适用于问题中有两个变量的情况. 图解法的步骤是：建立坐标系，将约束条件在图上表示出来，确定满足约束条件的解的范围；绘制出目标函数的图形；确定最优解. 下面结合例题具体说明图解法的原理步骤.

例 2.3.1 用图解法求解线性规划问题

$$\min f=-3x_1-5x_2 \tag{2.3.1}$$

$$\text{s.t.}\begin{cases} x_1 \leqslant 4 & (2.3.2) \\ 2x_2 \leqslant 12 & (2.3.3) \\ 3x_1 + 2x_2 \leqslant 18 & (2.3.4) \\ x_1, x_2 \geqslant 0 & (2.3.5) \end{cases}$$

解　（1）确定可行域.

以 x_1 和 x_2 为坐标轴建立直角坐标系. 从图 2.3.1 中可知，同时满足约束条件的点必然落在由两个坐标轴与约束条件三条直线所围成的多边形 *OABCD* 内及其边界上，并可以看到该多边形是凸集.

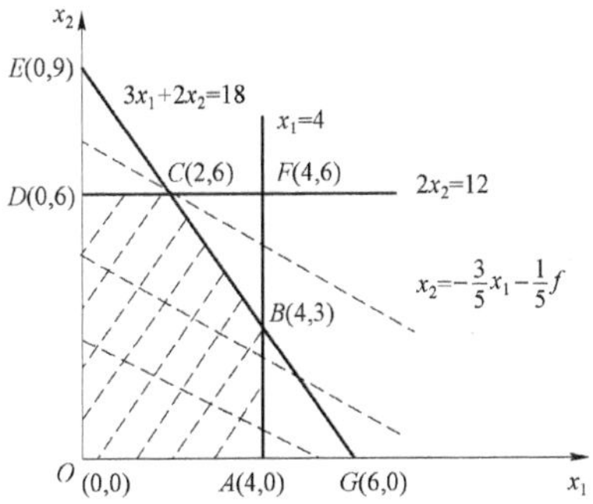

图 2.3.1

（2）分析目标函数几何意义.

将目标函数改写为 $x_2 = -\dfrac{3}{5}x_1 - \dfrac{1}{5}f$，这是参量为 f、斜率为 $-\dfrac{3}{5}$ 的一族平行的直线. 这族平行线中，离 $(0,0)$ 点越远的直线，f 的值越小. 若对 x_1, x_2 的取值无限制，f 的值可以无限减小，但 x_1, x_2 的取值范围是有限制的.

（3）确定最优解.

最优解必须满足约束条件要求，并使目标函数达到最优. 因此 x_1, x_2 的取值范围只能从凸多边形 *OABCD* 中去寻找. 从图 2.3.1 可以看出，当目标函数直线由坐标原点开始向右上方移动时，f 的值逐渐减小，一直移动到极限位置，即直线与凸多边形相切时为止，切点就是代表最优解的点. 因为再继续向右上方移动，f 值仍然可以减小，但目标函数直线上的点已不属于可行域的点.

例 2.3.1 中目标函数直线与凸多边形的切点是 $C(2,6)$，因此 $\boldsymbol{x} = (x_1, x_2)^{\mathrm{T}} = (2,6)^{\mathrm{T}}$ 为最优解，对应最小目标函数值 $f = -36$.

在例 2.3.1 中用图解法得到问题的最优解是唯一的，但对于一般线性规划问题，解的情况还可能出现下列几种：

① 无穷多最优解．如果例 2.3.1 中的目标函数改变为 $\min f=-3x_1-2x_2$，则当目标函数直线向右上方移动时，它与凸多边形相切时不是一个点，而是在整个线段 BC 上相切．这时在 B 点、C 点及 BC 线段上的任意点都使目标函数值 f 达到最小，即该线性规划问题有无穷多最优解．

② 无界解．如果例 2.3.1 中的约束条件只剩下式（2.3.2）和式（2.3.5），其他条件式（2.3.3）和式（2.3.4）不再考虑，则用图解法求解时，可以看到变量 x_2 的取值可以无限增大，因而目标函数的值 f 也可以减小到负无穷大．这种情况称问题具有无界解．

需要指出的是，若线性规划具有无界解，则可行域一定无界．但是，若线性规划问题可行域无界，则线性规划可能有最优解，也可能没有最优解．例如，线性规划问题

$$
\min f=2x_1+2x_2
$$
$$
\text{s.t.}\begin{cases}x_1-x_2\geqslant 1\\-x_1+2x_2\leqslant 0\\x_1\geqslant 0,x_2\geqslant 0\end{cases}
$$

可行域无界，但有最优解 $\boldsymbol{x}=(1,0)^{\mathrm{T}}$

③ 无可行解．如果例 2.3.1 中加上限制条件 $3x_1+5x_2\geqslant 50$，则用图解法求解时找不到满足所有约束条件的公共范围，这时问题无可行域，即无可行解．

无界解和无可行解统称为无最优解．

2.4 单纯形法

2.4.1 单纯形法原理

根据线性规划解的概念和性质，如果线性规划问题存在最优解，则一定有一个基本可行解为最优解．因此，单纯形法求解线性规划问题的基本思路是：首先

将线性规划问题化为标准型，在可行域中寻求一个基本可行解，然后检验该基本可行解是否为最优解，如果不是，则设法转换到另一个基本可行解，并且使目标函数值不断减小．如此进行下去，直到得到某一个基本可行解是最优解为止．

1．确定初始基本可行解

当线性规划的约束条件全部为“≤”时，可按下述方法比较方便地寻找出初始基本可行解．

设给定线性规划问题

$$\min f=\sum_{j=1}^{n}c_jx_j$$

$$\text{s.t.}\begin{cases}\sum_{j=1}^{n}a_{ij}x_j\leqslant b_i, & i=1,\cdots,m\\ x_j\geqslant 0, & j=1,\cdots,n\end{cases}\tag{2.4.1}$$

在第 i 个约束条件上加上松弛变量 $x_{si}(i=1,\cdots,m)$，化为标准型

$$\min f=\sum_{j=1}^{n}c_jx_j+0\sum_{i=1}^{m}x_{si}$$

$$\text{s.t.}\begin{cases}\sum_{j=1}^{n}a_{ij}x_j+x_{si}=b_i, & i=1,\cdots,m\\ x_j\geqslant 0, & j=1,\cdots,n\end{cases}\tag{2.4.2}$$

其约束方程组的系数矩阵为

$$\begin{pmatrix}a_{11} & a_{12} & \cdots & a_{1n} & 1 & 0 & \cdots & 0\\ a_{21} & a_{22} & \cdots & a_{2n} & 0 & 1 & \cdots & 0\\ \vdots & \vdots & & \vdots & \vdots & \vdots & & \vdots\\ a_{m1} & a_{m2} & \cdots & a_{mn} & 0 & 0 & \cdots & 1\end{pmatrix}$$

由于这个系数矩阵中含一个单位矩阵 $(\boldsymbol{P}_{s1},\cdots,\boldsymbol{P}_{sm})$，只要以这个单位矩阵作为基，就可以立即解出基变量值 $x_{si}=b_i(i=1,\cdots,m)$，因为有 $b_i\geqslant 0\ (i=1,\cdots,m)$，由此 $\boldsymbol{x}=(0,\cdots,0,b_1,\cdots,b_m)^{\mathrm{T}}$ 就是一个基本可行解．

当线性规划中约束条件为“＝”或“≥”时，化为标准型后，一般约束条件的系数矩阵中不包括单位矩阵．这时为能方便地找出一个初始的基本可行解，可添加人工变量来人为地构造一个单位矩阵作为基，称为人工基．这种方法将在 2.5

节中讨论.

2. 从初始基本可行解转换为另一基本可行解

设初始基本可行解为 $\boldsymbol{x}^{(0)}=(x_1^{(0)}, x_2^{(0)},\cdots,x_n^{(0)})^{\mathrm{T}}$，其中非零坐标有 m 个. 不失一般性，假定前 m 个坐标非零，即

$$\boldsymbol{x}^{(0)}=\left(x_1^{(0)}, x_2^{(0)},\cdots,x_m^{(0)},\overbrace{0,\cdots,0}^{(n-m)\text{个}}\right)^{\mathrm{T}}$$

因 $\boldsymbol{x}^{(0)}\in D$，故有

$$\sum_{i=1}^{m}\boldsymbol{P}_i x_i^{(0)}=\boldsymbol{b} \tag{2.4.3}$$

写出方程组（2.4.3）的系数矩阵的增广矩阵，上面讲到包括用构造人工基的方法，总可以使基矩阵是单位矩阵形式，因此有增广矩阵

$$\begin{array}{ccccccccc} \boldsymbol{P}_1 & \boldsymbol{P}_2 & \cdots & \boldsymbol{P}_m & \boldsymbol{P}_{m+1} & \cdots & \boldsymbol{P}_j & \cdots & \boldsymbol{P}_n \quad \boldsymbol{b} \end{array}$$

$$\left(\begin{array}{cccccccc|c} 1 & 0 & \cdots & 0 & a_{1,m+1} & \cdots & a_{1j} & \cdots & a_{1n} & b_1 \\ 0 & 1 & \cdots & 0 & a_{2,m+1} & \cdots & a_{2j} & \cdots & a_{2n} & b_2 \\ \vdots & \vdots & & \vdots & \vdots & & \vdots & & \vdots & \vdots \\ 0 & 0 & \cdots & 1 & a_{m,m+1} & \cdots & a_{mj} & \cdots & a_{mn} & b_m \end{array}\right)$$

因 $\boldsymbol{P}_1,\boldsymbol{P}_2,\cdots,\boldsymbol{P}_m$ 是一个基，其他向量 $\boldsymbol{P}_j$ 可用这个基的线性组合来表示，有

$$\boldsymbol{P}_j=\sum_{i=1}^{m}a_{ij}\boldsymbol{P}_i$$

或

$$\boldsymbol{P}_j-\sum_{i=1}^{m}a_{ij}\boldsymbol{P}_i=0 \tag{2.4.4}$$

将式（2.4.4）乘上一个正数 θ，得

$$\theta\left(\boldsymbol{P}_j-\sum_{i=1}^{m}a_{ij}\boldsymbol{P}_i\right)=0 \tag{2.4.5}$$

式（2.4.3）加式（2.4.5）并整理后有

$$\sum_{i=1}^{m}(x_i^{(0)}-\theta a_{ij})\boldsymbol{P}_i+\theta\boldsymbol{P}_j=\boldsymbol{b} \tag{2.4.6}$$

由式（2.4.6）找到满足约束方程组$\sum_{j=1}^{n} \boldsymbol{P}_j x_j = \boldsymbol{b}$的另一个点$\boldsymbol{x}^{(1)}$，有

$$\boldsymbol{x}^{(1)} = (x_1^{(0)} - \theta a_{1j}, \cdots, x_m^{(0)} - \theta a_{mj}, 0, \cdots, \theta, \cdots, 0)$$

其中，θ是$\boldsymbol{x}^{(1)}$的第j个坐标的值．要使$\boldsymbol{x}^{(1)}$是一个基本可行解，因$\theta > 0$，故应对所有$i = 1, \cdots, m$存在

$$x_i^{(0)} - \theta a_{ij} \geqslant 0 \tag{2.4.7}$$

且这m个不等式中至少有一个等号成立．因为当$a_{ij} \leqslant 0$时，式（2.4.7）显然成立，故可令

$$\theta = \min_i \left\{ \frac{x_i^{(0)}}{a_{ij}} \middle| a_{ij} > 0 \right\} = \frac{x_l^{(0)}}{a_{lj}} \tag{2.4.8}$$

由式（2.4.8）得

$$x_i^{(0)} - \theta a_{ij} \begin{cases} = 0, & i = l \\ \geqslant 0, & i \neq l \end{cases}$$

这样$\boldsymbol{x}^{(1)}$中的正的分量最多有m个，容易证明m个向量$\boldsymbol{P}_1, \cdots, \boldsymbol{P}_{l-1}, \boldsymbol{P}_{l+1}, \cdots, \boldsymbol{P}_m, \boldsymbol{P}_j$线性无关，故只需按式（2.4.8）来确定$\theta$的值，$\boldsymbol{x}^{(1)}$就是一个新的基本可行解．

3．最优性检验

将基本可行解$\boldsymbol{x}^{(0)}$和$\boldsymbol{x}^{(1)}$分别代入目标函数得

$$f^{(0)} = \sum_{i=1}^{m} c_i x_i^{(0)}$$

$$\begin{aligned} f^{(1)} &= \sum_{i=1}^{m} c_i (x_i^{(0)} - \theta a_{ij}) + \theta c_j \\ &= \sum_{i=1}^{m} c_i x_i^{(0)} + \theta \left(c_j - \sum_{i=1}^{m} c_i a_{ij} \right) \\ &= f^{(0)} - \theta \left(\sum_{i=1}^{m} c_i a_{ij} - c_j \right) \end{aligned} \tag{2.4.9}$$

式（2.4.9）中因$\theta > 0$为给定，所以只要有$\sum_{i=1}^{m} c_i a_{ij} - c_j > 0$，就有$f^{(1)} < f^{(0)}$．记$\sigma_j = \sum_{i=1}^{m} c_i a_{ij} - c_j$，称$\sigma_j$为变量$x_j$的检验数，它是对线性规划问题的解进行最优性

检验的标志.

4. 解的判别

根据上一小节的讨论，给出解的判别.

（1）当所有的$\sigma_j \leqslant 0$时，表明现有顶点（基本可行解）的目标函数值比起相邻各顶点（基本可行解）的目标函数值都小，现有顶点对应的基本可行解即为最优解.

（2）当所有的$\sigma_j \leqslant 0$，又对某个非基变量x_j有$\sigma_j = 0$，且按照式（2.4.8）可以找到$\theta > 0$，这表明可以找到另一顶点（基本可行解）目标函数值也达到最小. 由于该两点连线上的点也属于可行域内的点，且目标函数值相等，即该线性规划问题有无穷多最优解.

（3）如果存在某个$\sigma_j > 0$，又$\boldsymbol{P}_j$向量的所有分量$a_{ij} \leqslant 0$，由式（2.4.7），对任意$\theta > 0$，恒有$x_i^{(0)} - \theta a_{ij} \geqslant 0$. 因$\theta$取值可无限增大，由式（2.4.9），目标函数值也可无限减小，这时线性规划问题存在无界解.

对线性规划无可行解的判别将在 2.5 节讲述.

2.4.2 单纯形法的算法步骤

根据上述原理，给出单纯形法计算步骤.

第一步　确定线性规划的初始基本可行解，建立初始单纯形表.

首先将线性规划问题化为标准型. 由于我们总可以设法使约束方程组的系数矩阵中包含一个单位矩阵，不妨设这个单位矩阵为$(\boldsymbol{p}_1, \boldsymbol{p}_2, \ldots, \boldsymbol{p}_m)$，以此作为基即可求得问题的一个初始基本可行解

$$\boldsymbol{x} = (x_1, x_2, \cdots, x_m, 0, \cdots, 0)^{\mathrm{T}} = (b_1, b_2, \cdots, b_m, 0, \cdots, 0)^{\mathrm{T}}$$

要检验这个初始基本可行解是否最优，需要将其目标函数值与可行域中相邻顶点的目标函数值相比较，即要根据变量检验数进行判断.

检验数计算如下：

$$\sigma_j = \sum_{i=1}^{m} c_i a_{ij} - c_j \,, \quad j = m+1, m+2, \cdots, n \tag{2.4.10}$$

用单纯形法求解线性规划问题时，常用一种表上作业法，这种表格称为单纯

形表．将以上数字信息填入单纯形表（表 2.4.1）．

表 2.4.1 初始单纯形表

c_j			c_1	c_2	$\cdots$	c_m	$\cdots$	c_j	$\cdots$	c_n	θ
$\boldsymbol{c_B}$	基	$\boldsymbol{b}$	x_1	x_2	$\cdots$	x_m	$\cdots$	x_j	$\cdots$	x_n	
c_1	x_1	b_1	1	0	$\cdots$	0	$\cdots$	a_{1j}	$\cdots$	a_{1n}	θ_1
c_2	x_2	b_2	0	1	$\cdots$	0	$\cdots$	a_{2j}	$\cdots$	a_{2n}	θ_2
$\vdots$	$\vdots$	$\vdots$	$\vdots$	$\vdots$		$\vdots$		$\vdots$		$\vdots$	$\vdots$
c_m	x_m	b_m	0	0	$\cdots$	1	$\cdots$	a_{mj}	$\cdots$	a_{mn}	θ_m
σ_j			0	0	$\cdots$	0	$\cdots$	$\sum_{i=1}^{m} c_i a_{ij} - c_j$	$\cdots$	$\sum_{i=1}^{m} c_i a_{in} - c_n$	

第二步　进行最优性检验．

如果表中所有检验数 $\sigma_j \leqslant 0$，则表中的基本可行解就是问题的最优解，计算到此结束；否则转下一步．

第三步　确定换入基的变量．

只要有检验数 $\sigma_j > 0$，对应的变量 x_j 就可作为换入基的变量，当有一个以上检验数大于零时，一般从中找出最大一个 σ_k．

$$\sigma_k = \max_j \{\sigma_j | \sigma_j > 0\} \tag{2.4.11}$$

其对应的变量 x_k 作为换入基的变量，简称进基变量 x_k．

第四步　若对于 $\sigma_k > 0$，所有 $a_{ik} \leqslant 0 (i = 1, 2, \cdots, m)$，则问题具有无界解；否则转下一步．

第五步　确定换出基的变量．

根据最小比值规则计算：

$$\theta = \min\left\{ \frac{b_i}{a_{ik}} \middle| a_{ik} > 0 \right\} = \frac{b_l}{a_{lk}} \tag{2.4.12}$$

确定 x_l 是换出基的变量，简称离基变量 x_l．元素 a_{lk} 决定了从一个基本可行解到另一个基本可行解的转换去向，称 a_{lk} 为主元素．

第六步　用进基变量 x_k 替换基变量中的离基变量 x_l，得到一个新的基

$$(\boldsymbol{p}_1,\cdots,\boldsymbol{p}_{l-1},\boldsymbol{p}_k,\boldsymbol{p}_{l+1},\cdots,\boldsymbol{p}_m).$$

对应这个基可以得到一个新的基本可行解，并按照高斯消元法得到一个新的单纯形表（表 2.4.2）.

第七步　重复上述步骤直到计算终止.

表 2.4.2　换基后新的单纯形表

	c_j		c_1	$\cdots$	c_l	$\cdots$	c_m	$\cdots$	c_j	$\cdots$	c_k	$\cdots$	c_n	θ
$\boldsymbol{c}_B$	基	$\boldsymbol{b}$	x_1	$\cdots$	x_l	$\cdots$	x_m	$\cdots$	x_j	$\cdots$	x_k	$\cdots$	x_n	
c_1	x_1	$b_1-b_l\dfrac{a_{1k}}{a_{lk}}$	1	$\cdots$	$-\dfrac{a_{1k}}{a_{lk}}$	$\cdots$	0	$\cdots$	$a_{1j}-a_{1k}\dfrac{a_{lj}}{a_{lk}}$	$\cdots$	0	$\cdots$	$a_{1n}-a_{1k}\dfrac{a_{ln}}{a_{lk}}$	θ_1
$\vdots$	$\vdots$	$\vdots$	$\vdots$		$\vdots$		$\vdots$		$\vdots$		$\vdots$		$\vdots$	$\vdots$
c_k	x_k	$\dfrac{b_l}{a_{lk}}$	0	$\cdots$	$\dfrac{1}{a_{lk}}$	$\cdots$	0	$\cdots$	$\dfrac{a_{lj}}{a_{lk}}$	$\cdots$	1	$\cdots$	$\dfrac{a_{ln}}{a_{lk}}$	θ_k
$\vdots$	$\vdots$	$\vdots$	$\vdots$		$\vdots$		$\vdots$		$\vdots$		$\vdots$		$\vdots$	$\vdots$
c_m	x_m	$b_m-b_l\dfrac{a_{mk}}{a_{lk}}$	0	$\cdots$	$-\dfrac{a_{mk}}{a_{lk}}$	$\cdots$	1	$\cdots$	$a_{mj}-a_{mk}\dfrac{a_{lj}}{a_{lk}}$	$\cdots$	0	$\cdots$	$a_{mn}-a_{mk}\dfrac{a_{ln}}{a_{lk}}$	θ_m
	σ_j		0	$\cdots$	$-\dfrac{\sigma_k}{a_{lk}}$	$\cdots$	0	$\cdots$	$\sigma_j-\dfrac{a_{lj}}{a_{lk}}\sigma_k$	$\cdots$	0	$\cdots$	$\sigma_n-\dfrac{a_{ln}}{a_{lk}}\sigma_k$	

例 2.4.1　用单纯形法求解线性规划问题

$$\min f=-3x_1-5x_2$$

$$\text{s.t}\begin{cases}x_1\leqslant 4\\ 2x_2\leqslant 12\\ 3x_1+2x_2\leqslant 18\\ x_1\geqslant 0,x_2\geqslant 0\end{cases}$$

解　先将问题化成标准型

$$\min f = -3x_1 - 5x_2 + 0x_3 + 0x_4 + 0x_5$$

$$\text{s.t}\begin{cases} x_1 + x_3 = 4 \\ 2x_2 + x_4 = 12 \\ 3x_1 + 2x_2 + x_5 = 18 \\ x_j \geqslant 0, \quad j = 1,2,\cdots,5 \end{cases}$$

单纯形法的迭代过程见表 2.4.3.

表 2.4.3 单纯形法的迭代过程

c_j			-3	-5	0	0	0	θ
$\boldsymbol{c}_B$	基	$\boldsymbol{b}$	x_1	x_2	x_3	x_4	x_5	
0	x_3	4	1	0	1	0	0	—
0	x_4	12	0	[2]	0	1	0	6
0	x_5	18	3	2	0	0	1	9
σ_j			3	5	0	0	0	
0	x_3	4	1	0	1	0	0	4
-5	x_2	6	0	1	0	$\frac{1}{2}$	0	—
0	x_5	6	[3]	0	0	-1	1	2
σ_j			3	0	0	$-\frac{5}{2}$	0	
0	x_3	2	0	0	1	$\frac{1}{3}$	$-\frac{1}{3}$	
-5	x_2	6	0	1	0	$\frac{1}{2}$	0	
-3	x_1	2	1	0	0	$-\frac{1}{3}$	$\frac{1}{3}$	
σ_j			0	0	0	$-\frac{3}{2}$	-1	

从表 2.4.3 中得到此问题的最优解为 $\boldsymbol{x} = (x_1, x_2)^{\mathrm{T}} = (2,6)^{\mathrm{T}}$，目标函数的最优值为

$$f=-36.$$

这里指出，在单纯形法迭代过程中，当出现两个以上相同的 $\max\{\sigma_j\}$ 或出现两个以上相同的 θ 值，处理时原则上可任选一个对应的变量作为进基变量或离基变量，求解的最优结果一般不受影响．当出现退化情况时，有可能出现计算的循环，永远找不到最优解，在 2.6 节将讨论这一问题．

2.5 人工变量法

在前面的讨论中，如果线性规划的约束条件均为"≤"的，则转化成标准型时在每个不等式左端添加一个松弛变量，由此在约束方程组的系数矩阵中包含一个单位矩阵．选这个单位矩阵作为初始基，使得求初始基本可行解和建立初始单纯形表都十分方便．当线性规划的约束条件都是等式，而系数矩阵中又不包含单位矩阵时，往往采用添加人工变量的方法来人为构造一个单位矩阵．

设线性规划问题的约束条件是 $\sum\limits_{j=1}^{n}a_{ij}=b_i(i=1,2,\cdots,m)$，分别给每个约束条件加入一个人工变量 $x_{n+1},\cdots,x_{n+m}$，得

$$\begin{cases}a_{11}x_1+a_{12}x_2+\cdots+a_{1n}x_n+x_{n+1}=b_1\\ a_{21}x_1+a_{22}x_2+\cdots+a_{2n}x_n+x_{n+2}=b_2\\ \cdots\quad\cdots\quad\cdots\\ a_{m1}x_1+a_{m2}x_2+\cdots+a_{mn}x_n+x_{n+m}=b_m\\ x_1,x_2,\cdots,x_n,x_{n+1},\cdots,x_{n+m}\geqslant 0\end{cases}\tag{2.5.1}$$

这样以 $x_{n+1},\cdots,x_{n+m}$ 为基变量，可得到一个 $m\times m$ 阶单位矩阵．令非基变量 $x_1,x_2,\cdots,x_n$ 为零，便得到一个初始基本可行解 $\boldsymbol{x}^{(0)}=(0,0,\cdots,0,b_1,b_2,\cdots,b_m)^{\mathrm{T}}$．

事实上，人工变量是加在原约束条件中的一个虚拟变量，在求解过程中，经过基变换，可把这些人工变量从基变量中替换出去，使基变量中不再含有非零的人工变量，这时说明原问题有解．若当所有 $\sigma_j\leqslant 0(j=m+1,m+2,\cdots,n)$ 时，在基变量中还含有非零的人工变量，则原问题无可行解．如何消除人工变量对目标函数的影响，主要的方法有大 M 法和两阶段法．

2.5.1 大 M 法

对于最小化问题，在约束条件中加入人工变量后，令人工变量在目标函数中的系数为 M（M 为任意大的正数）．这样目标函数要实现最小化，必须把人工变量从基变量中换出，使之取值为零，否则目标函数不可能实现最小化．相应地，对于最大化问题，则令人工变量在目标函数中的系数为 $-M$．下面举例说明．

例 2.5.1　用大 M 法求解线性规划问题

$$\min f = 3x_1 - x_3$$

$$\text{s.t.}\begin{cases} x_1 + x_2 + x_3 \leqslant 4 \\ -2x_1 + x_2 - x_3 \geqslant 1 \\ 3x_2 + x_3 = 9 \\ x_1, x_2, x_3 \geqslant 0 \end{cases}$$

解　先把原问题化为标准型

$$\min f = 3x_1 + 0x_2 - x_3 + 0x_4 + 0x_5$$

$$\text{s.t.}\begin{cases} x_1 + x_2 + x_3 + x_4 = 4 \\ -2x_1 + x_2 - x_3 - x_5 = 1 \\ 3x_2 + x_3 = 9 \\ x_1, x_2, x_3, x_4, x_5 \geqslant 0 \end{cases}$$

引入人工变量 x_6, x_7（因 x_4 对应的列已是单位向量，所以不需要引入人工变量 x_8），得

$$\min f = 3x_1 + 0x_2 - x_3 + 0x_4 + 0x_5 + Mx_6 + Mx_7$$

$$\text{s.t.}\begin{cases} x_1 + x_2 + x_3 + x_4 = 4 \\ -2x_1 + x_2 - x_3 - x_5 + x_6 = 1 \\ 3x_2 + x_3 + x_7 = 9 \\ x_j \geqslant 0,\ j = 1, \cdots, 7 \end{cases}$$

取 x_4, x_6, x_7 为基变量，令非基变量 x_1, x_2, x_3, x_5 为零，可以得到初始基本可行解 $\boldsymbol{x}^{(0)} = (0,0,0,4,0,1,9)^{\mathrm{T}}$，列出初始单纯形表，用单纯形法进行求解（表 2.5.1）．

表 2.5.1 初始单纯形表

c_j			3	0	−1	0	0	M	M	θ
$\boldsymbol{c}_B$	基	$\boldsymbol{b}$	x_1	x_2	x_3	x_4	x_5	x_6	x_7	
0	x_4	4	1	1	1	1	0	0	0	4
M	x_6	1	−2	[1]	−1	0	−1	1	0	1
M	x_7	9	0	3	1	0	0	0	1	3
σ_j			$-2M-3$	$4M$	1	0	$-M$	0	0	
0	x_4	3	3	0	2	1	1	−1	0	1
0	x_2	1	−2	1	−1	0	−1	1	0	−
M	x_7	6	[6]	0	4	0	3	−3	1	1
σ_j			$6M-3$	0	$4M+1$	0	$3M$	$-4M$	0	
0	x_4	0	0	0	0	1	$-\frac{1}{2}$	$\frac{1}{2}$	$-\frac{1}{2}$	−
0	x_2	3	0	1	$\frac{1}{3}$	0	0	0	$\frac{1}{3}$	9
3	x_1	1	1	0	$\left[\frac{2}{3}\right]$	0	$\frac{1}{2}$	$-\frac{1}{2}$	$\frac{1}{6}$	$\frac{3}{2}$
σ_j			0	0	3	0	$\frac{3}{2}$	$-M-\frac{3}{2}$	$-M+\frac{1}{2}$	
0	x_4	0	0	0	0	1	$-\frac{1}{2}$	$\frac{1}{2}$	$-\frac{1}{2}$	
0	x_2	$\frac{5}{2}$	$-\frac{1}{2}$	1	0	0	$-\frac{1}{4}$	$\frac{1}{4}$	$\frac{1}{4}$	
−1	x_3	$\frac{3}{2}$	$\frac{3}{2}$	0	1	0	$\frac{3}{4}$	$-\frac{3}{4}$	$\frac{1}{4}$	
σ_j			$-\frac{9}{2}$	0	0	0	$-\frac{3}{4}$	$-M+\frac{3}{4}$	$-M-\frac{1}{4}$	

于是得到问题的最优解为 $\boldsymbol{x}=\left(0,\frac{5}{2},\frac{3}{2}\right)^{\mathrm{T}}$，最优值为 $f=\frac{-3}{2}$.

2.5.2　两阶段法

当用计算机求解含人工变量的线性规划问题时，如果使用大 M 法，因为每台计算机都有一定字长的限制，于是只能用很大的数来代替充分大数 M，这样就可能造成计算上的错误．为避免此问题，可对添加人工变量后的线性规划问题分两个阶段来计算．

第一阶段：不考虑原规划是否存在基本可行解，构造一个仅含人工变量的目标函数，即令目标函数中其他变量的系数为零，人工变量的系数取某个正的常数（一般取 1），并实现最小化，即构造辅助线性规划

$$\min w = 0x_1 + 0x_2 + \cdots + 0x_n + x_{n+1} + \cdots + x_{n+m}$$

$$\text{s.t.}\begin{cases} a_{11}x_1 + a_{12}x_2 + \cdots + a_{1n}x_n + x_{n+1} = b_1 \\ a_{21}x_1 + a_{22}x_2 + \cdots + a_{2n}x_n + x_{n+2} = b_2 \\ \quad\cdots \qquad \cdots \qquad \cdots \\ a_{m1}x_1 + a_{m2}x_2 + \cdots + a_{mn}x_n + x_{n+m} = b_m \\ x_1, x_2, \cdots, x_n, x_{n+1}, \cdots, x_{n+m} \geqslant 0 \end{cases} \tag{2.5.2}$$

容易看出，原问题有可行解（从而有基本可行解）的充要条件是这个辅助线性规划的最优值为零，由于人工变量对应的列构成单位矩阵，故这个辅助线性规划必存在初始可行解．若它的最优值等于零，即说明原问题存在基本可行解．此时可以进行第二阶段计算，否则原规划无可行解，停止计算．

第二阶段：由第一阶段得到原问题的一个基本可行解 $\boldsymbol{x}^{(0)}$，把第一阶段的最终单纯形表中的最后一行及对应的人工变量的列删去，做出原问题对应于 $\boldsymbol{x}^{(0)}$ 的单纯形表，而将目标函数的系数行，换成原问题的目标函数系数，作为第二阶段计算的初始单纯形表．

下面对例 2.5.1 用两阶段法来求解．

解　第一阶段：作辅助线性规划问题

$$\min w = x_6 + x_7$$

$$
\text{s.t.}\begin{cases}x_1+x_2+x_3+x_4=4\\-2x_1+x_2-x_3-x_5+x_6=1\\3x_2+x_3+x_7=9\\x_j\geqslant 0,\ j=1,\cdots,7\end{cases}
$$

建立单纯形表（表 2.5.2）.

表 2.5.2　单纯形表

c_j			0	0	0	0	0	1	1	θ
c_B	基	b	x_1	x_2	x_3	x_4	x_5	x_6	x_7	
0	x_4	4	1	1	1	1	0	0	0	4
1	x_6	1	−2	[1]	−1	0	−1	1	0	1
1	x_7	9	0	3	1	0	0	0	1	3
σ_j			−2	4	0	0	−1	0	0	
0	x_4	3	3	0	2	1	1	−1	0	1
0	x_2	1	−2	1	−1	0	−1	1	0	—
1	x_7	6	[6]	0	4	0	3	−3	1	1
σ_j			6	0	4	0	3	−4	0	
0	x_4	0	0	0	0	1	$-\frac{1}{2}$	$\frac{1}{2}$	$-\frac{1}{2}$	
0	x_2	3	0	1	$\frac{1}{3}$	0	0	0	$\frac{1}{3}$	
0	x_1	1	1	0	$\frac{2}{3}$	0	$\frac{1}{2}$	$-\frac{1}{2}$	$\frac{1}{6}$	
σ_j			0	0	0	0	0	−1	−1	

至此，所有非基变量的检验数都小于 0，已得到最优解，且最优值为 0，故已求得原问题一个基本可行解.

第二阶段：现转入求解原问题的解.

将表 2.5.2 中的人工变量 x_6， x_7 除去，目标函数改为

$$\min f = 3x_1 + 0x_2 - x_3 + 0x_4 + 0x_5$$

再从表 2.5.2 中的最后一个表出发，继续用单纯形法计算，求解过程见表 2.5.3.

表 2.5.3　求解过程

c_j			3	0	−1	0	0	θ
$\boldsymbol{c}_B$	基	$\boldsymbol{b}$	x_1	x_2	x_3	x_4	x_5	
0	x_4	0	0	0	0	1	$-\frac{1}{2}$	—
0	x_2	3	0	1	$\frac{1}{3}$	0	0	9
3	x_1	1	1	0	$\left[\frac{2}{3}\right]$	0	$\frac{1}{2}$	$\frac{3}{2}$
σ_j			0	0	3	0	$\frac{3}{2}$	
0	x_4	0	0	0	0	1	$-\frac{1}{2}$	
0	x_2	$\frac{5}{2}$	$-\frac{1}{2}$	1	0	0	$-\frac{1}{4}$	
−1	x_3	$\frac{3}{2}$	$\frac{3}{2}$	0	1	0	$\frac{3}{4}$	
σ_j			$-\frac{9}{2}$	0	0	0	$-\frac{3}{4}$	

故原问题的最优解为 $\boldsymbol{x} = \left(0, \frac{5}{2}, \frac{3}{2}\right)^{\mathrm{T}}$，最优值为 $f = -\frac{3}{2}$.

2.6 退化情形

2.6.1 循环现象

我们指出，当线性规划存在最优解时，在非退化的情形下，单纯形法经有限次迭代必达到最优解．然而，对于退化情形，当最优解存在时，用前面介绍的方法，有可能经有限次迭代求不出最优解，即出现循环现象．下面的例题是 Beale 给出的循环的例子.

例 2.6.1 用单纯形法求解下列问题：

$$\min f=-\frac{3}{4}x_4+20x_5-\frac{1}{2}x_6+6x_7$$

$$\text{s.t.}\begin{cases}x_1+\frac{1}{4}x_4-8x_5-x_6+9x_7=0\\x_2+\frac{1}{2}x_4-12x_5-\frac{1}{2}x_6+3x_7=0\\x_3+x_6=1\\x_j\geqslant 0,j=1,\cdots,7\end{cases}$$

解 计算过程见表 2.6.1.

表 2.6.1 计算过程

c_j			0	0	0	$-\frac{3}{4}$	20	$-\frac{1}{2}$	6	θ
$\boldsymbol{c}_B$	基	$\boldsymbol{b}$	x_1	x_2	x_3	x_4	x_5	x_6	x_7	
0	x_1	0	1	0	0	$\left[\frac{1}{4}\right]$	-8	-1	9	0
0	x_2	0	0	1	0	$\frac{1}{2}$	-12	$-\frac{1}{2}$	3	0
0	x_3	1	0	0	1	0	0	1	0	—
σ_j			0	0	0	$\frac{3}{4}$	-20	$\frac{1}{2}$	-6	

续表

$-\frac{3}{4}$	x_4	0	4	0	0	1	−32	−4	36	—
0	x_2	0	−2	1	0	0	[4]	$\frac{3}{2}$	−15	0
0	x_3	1	0	0	1	0	0	1	0	—
σ_j			−3	0	0	0	4	$\frac{7}{2}$	−33	
$-\frac{3}{4}$	x_4	0	4	8	0	1	0	[8]	−84	0
20	x_5	0	$-\frac{1}{2}$	$\frac{1}{4}$	0	0	1	$\frac{3}{8}$	$-\frac{15}{4}$	0
0	x_3	1	0	0	1	0	0	1	0	1
σ_j			−1	−1	0	0	0	2	−18	
$-\frac{1}{2}$	x_6	0	$-\frac{3}{2}$	1	0	$\frac{1}{8}$	0	1	$-\frac{21}{2}$	—
20	x_5	0	$\frac{1}{16}$	$-\frac{1}{8}$	0	$-\frac{3}{64}$	1	0	$\left[\frac{3}{16}\right]$	0
0	x_3	1	$\frac{3}{2}$	−1	1	$-\frac{1}{8}$	0	0	$\frac{21}{2}$	$\frac{2}{21}$
σ_j			2	−3	0	$-\frac{1}{4}$	0	0	3	
$-\frac{1}{2}$	x_6	0	[2]	−6	0	$-\frac{5}{2}$	56	1	0	0
6	x_7	0	$\frac{1}{3}$	$-\frac{2}{3}$	0	$-\frac{1}{4}$	$\frac{16}{3}$	0	1	0
0	x_3	1	−2	6	1	$\frac{5}{2}$	−56	0	0	—
σ_j			1	−1	0	$\frac{1}{2}$	−16	0	0	

续表

0	x_1	0	1	-3	0	$-\frac{5}{4}$	28	$\frac{1}{2}$	0	—
6	x_7	0	0	$\left[\frac{1}{3}\right]$	0	$\frac{1}{6}$	-4	$-\frac{1}{6}$	1	0
0	x_3	1	0	0	1	0	0	1	0	—
σ_j			0	2	0	$\frac{7}{4}$	-44	$-\frac{1}{2}$	0	
0	x_1	0	1	0	0	$\frac{1}{4}$	-8	-1	9	0
0	x_2	0	0	1	0	$\frac{1}{2}$	-12	$-\frac{1}{2}$	3	0
0	x_3	1	0	0	1	0	0	1	0	—
σ_j			0	0	0	$\frac{3}{4}$	-20	$\frac{1}{2}$	-6	

经 6 次迭代，得到的单纯形表与第 1 个单纯形表相同，做下去将无限循环. 用前面介绍的单纯形法得不出结论. 实际上，这个问题的确存在最优解. 对于这类退化情形，需要设法避免循环发生. 这是完全可以办到的. 早在 1952 年，A. Charnes 提出了摄动法，已经解决了这个问题，后来人们又做了进一步研究，下面简单介绍一下摄动法.

2.6.2 摄动法

对于线性规划问题

$$\min f = \boldsymbol{c}^{\mathrm{T}}\boldsymbol{x}$$
$$\text{s.t.}\begin{cases}\boldsymbol{Ax}=\boldsymbol{b}\\ \boldsymbol{x}\geqslant \boldsymbol{0}\end{cases} \tag{2.6.1}$$

其中，$\boldsymbol{A}$ 是 $m\times n$ 阶矩阵，$\boldsymbol{A}$ 的秩为 m，$\boldsymbol{b}\geqslant \boldsymbol{0}$.

现在使右端向量 $\boldsymbol{b}$ 摄动，令

$$\boldsymbol{b}(\varepsilon) = \boldsymbol{b} + \sum_{j=1}^{n} \varepsilon^j \boldsymbol{p}_j$$

其中，ε 是充分小的正数，ε^j 表示 ε 的 j 次方，$\boldsymbol{p}_j$ 是矩阵 $\boldsymbol{A}$ 的第 j 列，得到线性规划（6.2.1）的摄动问题：

$$\min f = \boldsymbol{c}^{\mathrm{T}} \boldsymbol{x}$$
$$\text{s.t} \begin{cases} \boldsymbol{A}\boldsymbol{x} = \boldsymbol{b}(\varepsilon) \\ \boldsymbol{x} \geqslant \boldsymbol{0} \end{cases} \tag{2.6.2}$$

可以证明（略），当 ε 充分小时，线性规划（2.6.2）是非退化问题，并且可以通过求解线性规划（2.6.2）来确定线性规划（2.6.1）的最优解或得出其他结论．这样，从根本上解决了可能发生的循环问题．

为了利用单纯形法求解摄动问题，还有两个问题需要解决．一是怎样找线性规划（2.6.2）的初始基本可行解；二是在迭代过程中如何处理 $\overline{\boldsymbol{b}}(\varepsilon)$．

我们先来看第一个问题．这里所采取的方法是通过线性规划（2.6.1）的基本可行解来找线性规划（2.6.2）的基本可行解．但是，由于 $\boldsymbol{B}^{-1}\boldsymbol{b} \geqslant 0$ 并不能保证 $\boldsymbol{B}^{-1}\boldsymbol{b}(\varepsilon) \geqslant 0$，因此，不是从线性规划（2.6.1）的任一个基本可行解出发都能构造出线性规划（2.6.2）的基本可行解．

一般地，若已知线性规划（2.6.1）的一个基本可行解，则进行列调换，把基列排在非基列的左边，并相应地改变变量的下标，使其从 1 开始按递增顺序排列．这样，$x_1, x_2, \cdots, x_m$ 是基变量．然后再建立摄动问题（2.6.2）．这时，若线性规划（2.6.1）的现行基本可行解是

$$\begin{cases} x_i = \overline{b}_i, & i = 1, \cdots, m \\ x_i = 0, & i = m+1, m+2, \cdots, n \end{cases}$$

则

$$\begin{cases} x_i(\varepsilon) = \overline{b}_i + \varepsilon^i + \sum\limits_{j=m+1}^{n} a_{ij} \varepsilon^j, & i = 1, 2, \cdots, m \\ x_i(\varepsilon) = 0, & i = m+1, m+2, \cdots, n \end{cases}$$

是摄动问题（2.6.2）的一个基本可行解．

有了初始基本可行解以后，每次迭代后一定得到线性规划（2.6.2）的新的基

本可行解．这是因为离基变量 $x_r(\varepsilon)$ 是按下列最小比值确定的：

$$\frac{\bar{b}_i(\varepsilon)}{a_{rk}}=\min\left\{\frac{\bar{b}_i(\varepsilon)}{a_{ik}}\middle|a_{ik}>0\right\} \tag{2.6.3}$$

迭代后仍能保持可行性，这与没有摄动的情形类似．

最后一个问题就是在迭代过程中如何处理 $\bar{b}_i(\varepsilon)$．实际上，采用摄动法，ε 不必取定具体数值，只要认为它是充分小的正数即可，具体计算只用到原来问题的单纯形表上的数据．摄动法与一般单纯形法的差别主要在于主行的选择，这种方法是按照式（2.6.3）确定主行的，关键是确定最小比值，由于 $\bar{b}_i(\varepsilon)/a_{ik}$ 是 ε 的多项式，即

$$\frac{\bar{b}_i(\varepsilon)}{a_{ik}}=\frac{\bar{b}_i}{a_{ik}}+\sum_{j=1}^{n}\frac{a_{ij}}{a_{ik}}\varepsilon^j \tag{2.6.4}$$

ε 是充分小的正数，该多项式值的大小主要决定于低次项，因此为确定最小比值，只需从 ε 的零次项开始，逐项比较幂的系数．首先比较零次项，即 $\bar{b}_i/a_{ik}(a_{ik}>0)$ 零次项小的多项式其值必小．零次项相同时，再观察一次项的系数，一次项系数小的多项式其值必小，一次项系数相同时，再观察二次项的系数，以此类推，即按多项式系数向量的字典序比较大小．这样做下去，不会出现对应系数完全相同的两个多项式，因为对应系数均相等意味着单纯形表中有两行成比例，这与 $\boldsymbol{A}$ 的秩为 m 相矛盾．

多项式（2.6.4）中的系数，都是由原来问题的单纯形表中的数据经运算得到的．零次项的系数，就是原单纯形表的右端列的分量与主列中相应的正元素之比．按零次项确定最小比值就是单纯形法所用到的确定离基变量的规则，一次项系数是单纯形表中的第 1 列的元素与主列中相应的正元素之比．多项式 t 次项的系数是单纯形表的第 t 列的元素与主列中相应的正元素之比．由此可见，最小比值式（2.6.3）完全由原来单纯形表中的数据确定．至于右端列，我们最终需要的是 $\varepsilon=0$ 时的结果，即

$$\bar{\boldsymbol{b}}(0)=\bar{\boldsymbol{b}}$$

因此 ε 不需要出现在单纯形表上．概括起来，确定离基变量的步骤如下：

（1）令
$$I_0=\left\{r\left|\frac{\bar{b}_r}{a_{rk}}=\min\left\{\frac{\bar{b}_i}{a_{ik}}\middle|a_{ik}>0\right\}\right.\right\}$$
若 I_0 中只有一个元素 r ，则 x_r 为离基变量.

（2）置 $j=1$.

（3）令
$$I_j=\left\{r\left|\frac{a_{rj}}{a_{rk}}=\min_{i\in I_{j-1}}\left\{\frac{a_{ij}}{a_{ik}}\right\}\right.\right\}$$
若 I_j 中只有一个元素 r ，则 x_r 为离基变量.

（4）置 $j=j+1$，转步骤（3）.

例 2.6.2　用摄动法解例 2.6.1，初始单纯形表如下（表 2.6.2）.

表 2.6.2　初始单纯形表

c_j			0	0	0	$-\frac{3}{4}$	20	$-\frac{1}{2}$	6	θ
c_B	基	b	x_1	x_2	x_3	x_4	x_5	x_6	x_7	
0	x_1	0	1	0	0	$\frac{1}{4}$	-8	-1	9	0
0	x_2	0	0	1	0	$\left[\frac{1}{2}\right]$	-12	$-\frac{1}{2}$	3	0
0	x_3	1	0	0	1	0	0	1	0	—
σ_j			0	0	0	$\frac{3}{4}$	-20	$\frac{1}{2}$	-6	

解　由于 $\sigma_4=\max\limits_j\{\sigma_j\}$，因此取第 4 列为主列，先比较多项式的零次项的系数．由于
$$\frac{\bar{b}_1}{a_{14}}=\frac{\bar{b}_2}{a_{24}}=0$$
同为最小比值，因此 $I_0=\{1,2\}$．再比较一次项的系数，即第 1 列中第 1 行及第 2 行的元素分别除以主列(第 4 列)中对应的正元素，取其最小比值，得到 $I_1=\{2\}$．于是取第 2 行为主行，主元为

$$a_{24}=\frac{1}{2}$$

经主元消去得到表 2.6.3.

表 2.6.3 经第一次主元消去得到的表

c_j			0	0	0	$-\frac{3}{4}$	20	$-\frac{1}{2}$	6	θ
c_B	基	b	x_1	x_2	x_3	x_4	x_5	x_6	x_7	
0	x_1	0	1	$-\frac{1}{2}$	0	0	-2	$-\frac{3}{4}$	$\frac{15}{2}$	—
$-\frac{3}{4}$	x_4	0	0	2	0	1	-24	-1	6	—
0	x_3	1	0	0	1	0	0	[1]	0	1
σ_j			0	$-\frac{3}{2}$	0	0	-2	$\frac{5}{4}$	$-\frac{21}{2}$	

由于 $\sigma_6=\max\limits_j\{\sigma_j\}$，因此主列取为第 6 列，比较零次项，得 $I_0=\{3\}$，因此第 3 行为主行，主元为 $a_{36}=1$．经主元消去得到表 2.6.4.

表 2.6.4 经第二次主元消去得到的表

c_j			0	0	0	$-\frac{3}{4}$	20	$-\frac{1}{2}$	6	θ
c_B	基	b	x_1	x_2	x_3	x_4	x_5	x_6	x_7	
0	x_1	$\frac{3}{4}$	1	$-\frac{1}{2}$	$\frac{3}{4}$	0	-2	0	$\frac{15}{2}$	
$-\frac{3}{4}$	x_4	1	0	2	1	1	-24	0	6	
$-\frac{1}{2}$	x_6	1	0	0	1	0	0	1	0	
σ_j			0	$-\frac{3}{2}$	$-\frac{5}{4}$	0	-2	0	$-\frac{21}{2}$	

所有 $\sigma_j \leqslant 0$，经两次迭代得到最优解

$$(x_1, x_2, x_3, x_4, x_5, x_6, x_7)^{\mathrm{T}} = \left(\frac{3}{4}, 0, 0, 1, 0, 1, 0\right)^{\mathrm{T}},$$

目标函数的最优值

$$f_{\min} = -\frac{5}{4}$$

这个例题是一个退化问题，即存在退化的基本可行解，用一般单纯形法求解时出现循环现象，而用摄动法就成功地避免了循环的发生.

应该说明的是，对于退化问题不用摄动法也不一定出现循环．事实上，退化问题是常见的，但在迭代中发生循环现象却很少，特别是在实际问题中，循环几乎不发生，关于退化和循环的研究，主要是具有理论意义，在具体计算方面并不显得那么重要.

2.7　修正单纯形法

下面对单纯形法的计算过程用矩阵来描述，以便加强对单纯形法的理解及改进.

给定线性规划问题的标准型

$$\min f = \boldsymbol{c}^{\mathrm{T}} \boldsymbol{x}$$

$$\text{s.t.} \begin{cases} \boldsymbol{Ax} = \boldsymbol{b} \\ \boldsymbol{x} \geqslant \boldsymbol{0} \end{cases} \tag{2.7.1}$$

由于在转化成这个标准型时，总可以设法构造一个单位矩阵作为初始基，这样在初始单纯形表中，可以将矩阵 $\boldsymbol{A}$ 分成作为初始基的单位矩阵 $\boldsymbol{I}$ 和非基变量的系数矩阵 $\boldsymbol{N}$ 两块．计算迭代后，新单纯形表中的基是由上述两块矩阵中的部分向量转化并组合而成的．为清楚起见，把新单纯形表中的基（单位矩阵 $\boldsymbol{I}$ ）对应的初始单纯形表中的那些向量抽出来单独列出一块，用 $\boldsymbol{B}$ 表示．这样初始单纯形表可写为表 2.7.1.

表 2.7.1 初始单纯形表

初始解	非基变量		基变量
$\boldsymbol{b}$	$\boldsymbol{B}$	$\boldsymbol{N}$	$\boldsymbol{I}$
σ_j	$\boldsymbol{\sigma}_N$		0,…,0

单纯形法的迭代计算实际上是对约束方程组的系数矩阵实施行的初等变换．由线性代数知道，对矩阵$[\boldsymbol{b}|\boldsymbol{B}|\boldsymbol{N}|\boldsymbol{I}]$实施行的初等变换时，当$\boldsymbol{B}$变换为$\boldsymbol{I}$，$\boldsymbol{I}$将变换为$\boldsymbol{B}^{-1}$．由此，上述矩阵将变换为$[\boldsymbol{B}^{-1}\boldsymbol{b}\,|\,\boldsymbol{I}\,|\,\boldsymbol{B}^{-1}\boldsymbol{N}\,|\,\boldsymbol{B}^{-1}]$．若将基变换后的新单纯形表写为表 2.7.2.

表 2.7.2 新单纯形表

基本可行解	基变量	非基变量	
$\bar{\boldsymbol{b}}$	$\boldsymbol{I}$	$\bar{\boldsymbol{N}}$	$\boldsymbol{B}^{-1}$
σ_j	0,…,0	$\bar{\boldsymbol{\sigma}}_N$	

显然有

$$\bar{\boldsymbol{b}} = \boldsymbol{B}^{-1}\boldsymbol{b} \tag{2.7.2}$$

$$\bar{\boldsymbol{N}} = \boldsymbol{B}^{-1}\boldsymbol{N} \qquad 或 \qquad \bar{\boldsymbol{p}}_j = \boldsymbol{B}^{-1}\boldsymbol{p}_j \tag{2.7.3}$$

$$\bar{\boldsymbol{\sigma}}_N = \boldsymbol{c}_B\bar{\boldsymbol{N}} - \boldsymbol{c}_N = \boldsymbol{c}_B\boldsymbol{B}^{-1}\boldsymbol{N} - \boldsymbol{c}_N \tag{2.7.4}$$

或

$$\bar{\sigma}_j = \boldsymbol{c}_B\bar{\boldsymbol{p}}_j - c_j = \boldsymbol{c}_B\boldsymbol{B}^{-1}\boldsymbol{p}_j - c_j \tag{2.7.5}$$

上述公式是修正单纯形法计算的依据，也是下一章中要讲述的灵敏度分析等内容的基础．公式中的$\boldsymbol{c}_B$为基变量$\boldsymbol{x}_B$在目标函数中的系数行向量，$\boldsymbol{c}_N$为非基变量$\boldsymbol{x}_N$在目标函数中的系数行向量.

熟悉了单纯形法的表格计算方法和矩阵形式，我们发现，在迭代过程中做了很多与下一步迭代无关的重复计算，影响了计算效率，用计算机编程求解时，既占用内存单元，又影响计算的精度．通过分析可以看出，在整个迭代过程中，基矩阵的逆矩阵$\boldsymbol{B}^{-1}$的求解是关键，只要求出$\boldsymbol{B}^{-1}$，则单纯形表中其他行和列的数字也随之确定了，故提出了修正单纯形法.

下面是修正单纯形法的算法：

（1）给出初始基 $\boldsymbol{B}$ 和初始基本可行解 $\boldsymbol{x}_B$.

（2）计算非基变量检验数 $\boldsymbol{\sigma}_N=\boldsymbol{c}_B\boldsymbol{B}^{-1}\boldsymbol{N}-\boldsymbol{c}_N$.

若 $\boldsymbol{\sigma}_N\leqslant\boldsymbol{0}$，则 $\boldsymbol{x}_B$ 为最优解，计算结束；否则转（3）.

（3）令 $\sigma_k=\max\limits_j(\sigma_j)$, 计算 $\boldsymbol{B}^{-1}\boldsymbol{p}_k$；

（4）检查 $\boldsymbol{B}^{-1}\boldsymbol{p}_k\leqslant 0$ 是否成立．是，则原问题无解，停止计算；否，转（5）.

（5）计算 $\theta=\min\left\{\dfrac{(\boldsymbol{B}^{-1}\boldsymbol{b})_i}{(\boldsymbol{B}^{-1}\boldsymbol{p}_k)_i}\middle|(\boldsymbol{B}^{-1}\boldsymbol{p}_k)_i>0\right\}=\dfrac{(\boldsymbol{B}^{-1}\boldsymbol{b})_r}{(\boldsymbol{B}^{-1}\boldsymbol{p}_k)_r}$，由此确定出主列为第 k 列，主行为第 r 行，得到新的基变量和基矩阵 $\boldsymbol{B}_1$.

（6）计算新的基矩阵的逆矩阵 $\boldsymbol{B}_1^{-1}$，求出 $\boldsymbol{B}_1^{-1}\boldsymbol{b}$ 及 $\boldsymbol{c}_B\boldsymbol{B}_1^{-1}$.

（7）重复上述步骤直至满足 $\boldsymbol{\sigma}_N\leqslant 0$.

在初始单纯形表中，由于 $\boldsymbol{B}$ 是单位矩阵，故 $\boldsymbol{B}^{-1}$ 也是单位矩阵，所以修正单纯形在开始计算时，不需要计算基的逆矩阵，但经过一次迭代后，需要计算新的基矩阵的逆矩阵 $\boldsymbol{B}_1^{-1}$，而 $\boldsymbol{B}_1^{-1}$ 的求解比较烦琐．但注意到上一步迭代的基 $\boldsymbol{B}$ 与下一步迭代的基 $\boldsymbol{B}_1$ 之间只相差一个列向量．故可用如下简单算法：

设 $\boldsymbol{B}_1^{-1}=\boldsymbol{E}\boldsymbol{B}^{-1}$，其中 $\boldsymbol{E}=(\boldsymbol{e}_1,\cdots,\boldsymbol{e}_{r-1},\boldsymbol{\xi},\boldsymbol{e}_{r+1},\cdots,\boldsymbol{e}_m)$，$\boldsymbol{e}_i$ 表示第 i 个位置的元素为 1，其他元素为 0 的单位列向量.

$$\boldsymbol{\xi}=\left(-\frac{a_{1k}}{a_{rk}},\ -\frac{a_{2k}}{a_{rk}},\ \cdots,\ \frac{1}{a_{rk}},\ \cdots,\ -\frac{a_{mk}}{a_{rk}}\right)^{\mathrm{T}} \tag{2.7.6}$$

下面举例说明修正单纯形法的计算步骤.

例 2.7.1　用修正单纯形法求解

$$\min f=-4x_1-2x_2$$
$$\text{s.t.}\begin{cases}-x_1+2x_2\leqslant 6\\ x_1+x_2\leqslant 9\\ 3x_1-x_2\leqslant 15\\ x_1,x_2\geqslant 0\end{cases}$$

解　先将其化为标准型

$$\min f=-4x_1-2x_2+0x_3+0x_4+0x_5$$
$$\text{s.t.}\begin{cases}-x_1+2x_2+x_3=6\\x_1+x_2+x_4=9\\3x_1-x_2+x_5=15\\x_1,\cdots,x_5\geqslant 0\end{cases}$$

其中 $\boldsymbol{A}=(\boldsymbol{p}_1,\boldsymbol{p}_2,\boldsymbol{p}_3,\boldsymbol{p}_4,\boldsymbol{p}_5)=\begin{pmatrix}-1&2&1&0&0\\1&1&0&1&0\\3&-1&0&0&1\end{pmatrix}$

$$\boldsymbol{b}=(6,9,15)^{\mathrm{T}},\qquad \boldsymbol{c}^{\mathrm{T}}=(-4,-2,0,0,0)$$

取初始基

$$\boldsymbol{B}_0=(\boldsymbol{p}_3,\boldsymbol{p}_4,\boldsymbol{p}_5)=\boldsymbol{I},$$

则

$$\boldsymbol{B}_0^{-1}=\boldsymbol{B}_0=\boldsymbol{I},$$
$$\boldsymbol{x}_{B_0}=(x_3,x_4,x_5)^{\mathrm{T}}=\boldsymbol{B}_0^{-1}\boldsymbol{b}=(6,9,15)^{\mathrm{T}}$$
$$\boldsymbol{c}_{B_0}=(0,0,0),\ \ \boldsymbol{x}_{N_0}=(x_1,x_2)^{\mathrm{T}}$$
$$\boldsymbol{c}_{N_0}=(-4,-2),\quad \boldsymbol{N}_0=\begin{pmatrix}-1&2\\1&1\\3&-1\end{pmatrix}$$

计算非基变量检验数

$$\boldsymbol{\sigma}_{N_0}=\boldsymbol{c}_{B_0}\boldsymbol{B}_0^{-1}\boldsymbol{N}_0-\boldsymbol{c}_{N_0}=(4,2)$$

由此确定 x_1 为进基变量，计算

$$\theta=\min\left\{\frac{(\boldsymbol{B}_0^{-1}\boldsymbol{b})_i}{(\boldsymbol{B}_0^{-1}\boldsymbol{p}_1)_i}\middle|(\boldsymbol{B}_0^{-1}\boldsymbol{p}_1)_i>0\right\}=\min\left\{-,\frac{9}{1},\frac{15}{3}\right\}=\frac{15}{3}=5$$

即 x_5 为离基变量.

第 1 次迭代.

新的基 $\boldsymbol{B}_1=(\boldsymbol{p}_3,\ \boldsymbol{p}_4,\ \boldsymbol{p}_1)$，$\boldsymbol{x}_{B_1}=(x_3,x_4,x_1)^{\mathrm{T}}$，$\boldsymbol{x}_{N_1}=(x_2,x_5)^{\mathrm{T}}$

计算
$$\boldsymbol{\xi}_1=\left(\frac{1}{3},\ -\frac{1}{3},\ \frac{1}{3}\right)^{\mathrm{T}}$$

$$\boldsymbol{B}_1^{-1}=\boldsymbol{E}_1\boldsymbol{B}_0^{-1}=\begin{pmatrix}1&0&\frac{1}{3}\\0&1&-\frac{1}{3}\\0&0&\frac{1}{3}\end{pmatrix}\begin{pmatrix}1&0&0\\0&1&0\\0&0&1\end{pmatrix}=\begin{pmatrix}1&0&\frac{1}{3}\\0&1&-\frac{1}{3}\\0&0&\frac{1}{3}\end{pmatrix}$$

$$\boldsymbol{x}_{B_1}=\begin{pmatrix}x_3\\x_4\\x_1\end{pmatrix}=\boldsymbol{B}_1^{-1}\boldsymbol{b}=\begin{pmatrix}1&0&\frac{1}{3}\\0&1&-\frac{1}{3}\\0&0&\frac{1}{3}\end{pmatrix}\begin{pmatrix}6\\9\\15\end{pmatrix}=\begin{pmatrix}11\\4\\5\end{pmatrix}$$

$$\boldsymbol{c}_{B_1}=(0,0,-4),\ \boldsymbol{c}_{N_1}=(-2,0),\ \boldsymbol{N}_1=\begin{pmatrix}2&0\\1&0\\-1&1\end{pmatrix}$$

计算非基变量检验数

$$\begin{aligned}\boldsymbol{\sigma}_{N_1}&=\boldsymbol{c}_{B_1}\boldsymbol{B}_1^{-1}\boldsymbol{N}_1-\boldsymbol{c}_{N_1}\\&=(0,0,-4)\begin{pmatrix}1&0&\frac{1}{3}\\0&1&-\frac{1}{3}\\0&0&\frac{1}{3}\end{pmatrix}\begin{pmatrix}2&0\\1&0\\-1&1\end{pmatrix}-(-2,0)\\&=\left(\frac{10}{3},-\frac{4}{3}\right)\end{aligned}$$

由此确定 x_2 为进基变量，计算

$$\theta=\min\left\{\frac{(\boldsymbol{B}_1^{-1}\boldsymbol{b})_i}{(\boldsymbol{B}_1^{-1}\boldsymbol{p}_2)_i}\middle|(\boldsymbol{B}_1^{-1}\boldsymbol{p}_2)_i>0\right\}=\left\{\frac{33}{5},3,-\right\}=3$$

即 x_4 为离基变量.

第 2 次迭代.

新的基
$$B_2=(p_3,p_2,p_1),$$
$$x_{B_2}=(x_3,x_2,x_1)^{\mathrm{T}},\ x_{N_2}=(x_4,x_5)^{\mathrm{T}}$$

计算
$$\xi_2=\left(-\frac{5}{4},\frac{3}{4},\frac{1}{4}\right)^{\mathrm{T}}$$

$$B_2^{-1}=E_2B_1^{-1}=\begin{pmatrix}1&-\frac{5}{4}&0\\0&\frac{3}{4}&0\\0&\frac{1}{4}&1\end{pmatrix}\begin{pmatrix}1&0&\frac{1}{3}\\0&1&-\frac{1}{3}\\0&0&\frac{1}{3}\end{pmatrix}=\begin{pmatrix}1&-\frac{5}{4}&\frac{3}{4}\\0&\frac{3}{4}&-\frac{1}{4}\\0&\frac{1}{4}&\frac{1}{4}\end{pmatrix}$$

$$x_{B_2}=\begin{pmatrix}x_3\\x_2\\x_1\end{pmatrix}=B_2^{-1}b=\begin{pmatrix}1&-\frac{5}{4}&\frac{3}{4}\\0&\frac{3}{4}&-\frac{1}{4}\\0&\frac{1}{4}&\frac{1}{4}\end{pmatrix}\begin{pmatrix}6\\9\\15\end{pmatrix}=\begin{pmatrix}6\\3\\6\end{pmatrix}$$

$$c_{B_2}=(0,-2,-4),\ c_{N_2}=(0,0),\ N_2=\begin{pmatrix}0&0\\1&0\\0&1\end{pmatrix}$$

计算非基变量检验数

$$\begin{aligned}\sigma_{N_2}&=c_{B_2}B_2^{-1}N_2-c_{N_2}\\&=(0,-2,-4)\begin{pmatrix}1&-\frac{5}{4}&\frac{3}{4}\\0&\frac{3}{4}&-\frac{1}{4}\\0&\frac{1}{4}&\frac{1}{4}\end{pmatrix}\begin{pmatrix}0&0\\1&0\\0&1\end{pmatrix}-(0,0)\\&=\left(-\frac{5}{2},-\frac{1}{2}\right)\end{aligned}$$

因为非基变量检验数均小于 0，故得问题最优解

$$x=(x_1,x_2,x_3,x_4,x_5)^{\mathrm{T}}=(6,3,6,0,0)^{\mathrm{T}}$$

习 题

1. 将下列线性规划问题化为标准型，并列出初始单纯形表.

（1） $\max f=-2x_1+x_2-2x_3$

$$\text{s.t.}\begin{cases}-x_1+x_2+x_3=4\\ -x_1+x_2-x_3\leqslant 6\\ x_1\leqslant 0,x_2\geqslant 0,x_3\text{无约束}\end{cases};$$

（2） $\min f=-3x_1+4x_2-2x_3+5x_4$

$$\text{s.t.}\begin{cases}4x_1-x_2+2x_3-x_4=-2\\ x_1+x_2-x_3+2x_4\leqslant 14\\ -2x_1+3x_2+x_3-x_4\geqslant 2\\ x_1,x_2,x_3\geqslant 0,x_4\text{无约束}\end{cases}.$$

2. 求下列线性规划问题的全部基本解，指出哪些是基本可行解，并确定最优解.

（1） $\min f=x_1-2x_2$

$$\text{s.t.}\begin{cases}-x_1+x_2\leqslant 2\\ x_1+2x_2\leqslant 6\\ x_1,x_2\geqslant 0\end{cases};$$

（2） $\min f=4x_1+12x_2+18x_3$

$$\text{s.t.}\begin{cases}x_1+3x_3-x_4=3\\ 2x_2+2x_3-x_5=5\\ x_j\geqslant 0,j=1,2,\cdots,5\end{cases}.$$

3. 用图解法求解下列线性规划问题，并指出问题具有唯一最优解、无穷多最优解、无界解还是无可行解.

（1） $\max f=3x_1+9x_2$

$$\text{s.t.}\begin{cases}x_1+3x_2\leqslant 22\\ -x_1+x_2\leqslant 4\\ x_2\leqslant 6\\ 2x_1-5x_2\leqslant 0\\ x_1,x_2\geqslant 0\end{cases};$$

（2） $\max f=4x_1+8x_2$

$$\text{s.t.}\begin{cases}2x_1+2x_2\leqslant 10\\ -x_1+x_2\geqslant 8\\ x_1,x_2\geqslant 0\end{cases};$$

（3） $\max f=x_1+x_2$

$$\text{s.t.}\begin{cases}6x_1+10x_2\leqslant 120\\ 5\leqslant x_1\leqslant 10\\ 3\leqslant x_2\leqslant 8\end{cases};$$

（4） $\max f=5x_1+6x_2$

$$\text{s.t.}\begin{cases}2x_1-x_2\geqslant 2\\ -2x_1+3x_2\leqslant 2\\ x_1,x_2\geqslant 0\end{cases}.$$

4. 分别用图解法和单纯形法求解下述线性规划问题，并对照指出单纯形表中的各基本可行解分别对应图解法中可行域的哪一顶点.

（1）$\max f = 2x_1 + x_2$

$$\text{s.t.}\begin{cases} 5x_2 \leqslant 15 \\ 6x_1 + 2x_2 \leqslant 24 \\ x_1 + x_2 \leqslant 5 \\ x_1, x_2 \geqslant 0 \end{cases};$$

（2）$\min f = -2x_1 - 7x_2$

$$\text{s.t.}\begin{cases} x_1 + 2x_2 \leqslant 16 \\ 2x_1 + x_2 \leqslant 12 \\ x_1, x_2 \geqslant 0 \end{cases}.$$

5. 考虑线性规划问题

$$\min f = x_1 + kx_2$$
$$\text{s.t.}\begin{cases} -x_1 + x_2 \leqslant 1 \\ -x_1 + 2x_2 \leqslant 4 \\ x_1, x_2 \geqslant 0 \end{cases}$$

试用图解法讨论，当k取何值时，上述问题

（1）有唯一最优解；

（2）有无穷多最优解；

（3）无最优解.

6. 判断下列说法是否正确，并简要说明理由.

（1）对取值无约束的变量x_j，通常令$x_j = x_j' - x_j''$，其中$x_j' \geqslant 0$，$x_j'' \geqslant 0$，在用单纯形法求得的最优解中，有可能同时出现$x_j' > 0$，$x_j'' > 0$.

（2）若$\boldsymbol{x}^{(1)}$，$\boldsymbol{x}^{(2)}$分别是某一线性规划的最优解，则$\boldsymbol{x} = \alpha\boldsymbol{x}^{(1)} + (1-\alpha)\boldsymbol{x}^{(2)}$也是该线性规划问题的最优解，其中$0 \leqslant \alpha \leqslant 1$.

（3）单纯形法计算中选取最大正检验数σ_k对应的变量x_k作为换入基的变量，将使迭代后的目标函数值得到最快增长.

（4）含n个变量m个约束的标准型的线性规划问题，其基本解恰好为C_n^m个.

（5）如线性规划问题存在可行域，则可行域一定包含坐标的原点.

7. 已知线性规划问题

$$\max f = c_1x_1 + c_2x_2 + c_3x_3$$
$$\text{s.t.}\begin{cases} x_1 + 2x_2 + x_3 \leqslant b_1 \\ 2x_1 + x_2 + 3x_3 \leqslant 2b_2 \\ x_j \geqslant 0 (j = 1,2,3) \end{cases}$$

用单纯形法求解得最终单纯形表见下表，表中x_4，x_5为松弛变量.

		x_1	x_2	x_3	x_4	x_5
x_2	1	$\frac{1}{5}$	1	0	$\frac{3}{5}$	$-\frac{1}{5}$
x_3	3	$\frac{3}{5}$	0	1	$-\frac{1}{5}$	$\frac{2}{5}$
σ_j		$-\frac{7}{10}$	0	0	$-\frac{3}{5}$	$-\frac{4}{5}$

试计算确定c_1，c_2，c_3和b_1，b_2的值.

8. 分别用单纯形法中的大M法和两阶段法求解下列线性规划问题，并指出属于哪一类解.

（1）$\max f = 3x_1 - x_2 - x_3$

$$\text{s.t.}\begin{cases} x_1 - 2x_2 + x_3 \leqslant 11 \\ -4x_1 + x_2 + 2x_3 \geqslant 3 \\ -2x_1 + x_3 = 1 \\ x_1, x_2, x_3 \geqslant 0 \end{cases};$$

（2）$\min f = 4x_1 + x_2$

$$\text{s.t.}\begin{cases} 3x_1 + x_2 = 3 \\ 4x_1 + 3x_2 \geqslant 6 \\ x_1 + 2x_2 \leqslant 4 \\ x_1, x_2 \geqslant 0 \end{cases}.$$

9. 对于线性规划问题

$$\max f = \boldsymbol{c}^{\mathrm{T}}\boldsymbol{x}$$

$$\text{s.t.}\begin{cases} \boldsymbol{Ax} = \boldsymbol{b} \\ \boldsymbol{x} \geqslant \boldsymbol{0} \end{cases}$$

设$\boldsymbol{x}^{(0)}$是问题的最优解，若目标函数中用$\boldsymbol{c}^*$替换$\boldsymbol{c}$后，问题的最优解变为$\boldsymbol{x}^*$，证明

$$(\boldsymbol{c}^* - \boldsymbol{c})(\boldsymbol{x}^* - \boldsymbol{x}^{(0)}) \geqslant 0$$

10. 设$\boldsymbol{x}^{(0)} = (x_1^{(0)}, x_2^{(0)}, \cdots, x_n^{(0)})^{\mathrm{T}}$是$\boldsymbol{Ax} = \boldsymbol{b}$的一个解，其中$\boldsymbol{A} = (\boldsymbol{p}_1, \boldsymbol{p}_2, \cdots, \boldsymbol{p}_n)$是$m \times n$矩阵，$\boldsymbol{A}$的秩为$m$．证明$\boldsymbol{x}^{(0)}$是基本解的充要条件为$\boldsymbol{x}^{(0)}$的非零分量$x_{i_1}^{(0)}, x_{i_2}^{(0)}, \cdots, x_{i_s}^{(0)}$，对应的列$p_{i_1}, p_{i_2}, \cdots, p_{i_s}$线性无关.

11. 若$\boldsymbol{x}^{(1)}, \boldsymbol{x}^{(2)}$均为某线性规划问题的最优解，证明这两点连线上的所有点也是该问题的最优解.

12. 考虑线性规划问题

$$\min f = \boldsymbol{c}^{\mathrm{T}}\boldsymbol{x}, (\boldsymbol{c} \neq \boldsymbol{0})$$
$$\text{s.t.} \begin{cases} \boldsymbol{A}\boldsymbol{x} \leqslant \boldsymbol{b} \\ \boldsymbol{x} \geqslant \boldsymbol{0} \end{cases}$$

若 $\boldsymbol{x}^{(0)}$ 满足 $\boldsymbol{A}\boldsymbol{x}^{(0)} < \boldsymbol{b}, \boldsymbol{x}^{(0)} > 0$，证明：$\boldsymbol{x}^{(0)}$ 不是该问题的最优解.

13. 假设一个线性规划问题存在有限的最小值 f_0. 现在用单纯形法求最优解，设在第 k 次迭代得到一个退化的基本可行解，且只有一个基变量为零 $(x_j = 0)$，此时目标函数值 $f_k > f_0$，试证这个退化的基本可行解在以后各次迭代中不会重新出现.

14. 设原问题的可行域为

$$D = \{\boldsymbol{x} | \boldsymbol{A}\boldsymbol{x} = \boldsymbol{b}, \boldsymbol{x} \geqslant \boldsymbol{0}\}$$

相应大 M 问题的可行域为

$$D_a = \{(\boldsymbol{x}, \boldsymbol{x}_a) | \boldsymbol{A}\boldsymbol{x} + \boldsymbol{x}_a = \boldsymbol{b}, \boldsymbol{x}_1, \boldsymbol{x}_a \geqslant \boldsymbol{0}\}$$

这里 $\boldsymbol{x}_a = (x_{n+1}, x_{n+2}, \cdots, x_{n+m})^{\mathrm{T}}$ 为人工变量. 若 D 有界，问是否会出现 D_a 无界的情况. 试用大 M 算法的求解过程讨论这个问题.

15. 用修正单纯形法求解下列线性规划问题.

（1）$\max f = -5x_1 + 21x_3$

$$\text{s.t.} \begin{cases} x_1 - x_2 + 6x_3 \leqslant 2 \\ x_1 + x_2 + 2x_3 \leqslant 1\text{;} \\ x_1, x_2, x_3 \geqslant 0 \end{cases}$$

（2）$\min f = -x_1 - x_2$

$$\text{s.t.} \begin{cases} x_1 + 2x_3 + x_4 = 2 \\ x_2 + x_3 + 2x_4 = 4\text{.} \\ x_1, x_2, x_3, x_4 \geqslant 0 \end{cases}$$

16. 要制作 100 套钢筋架子，每套有长 2.9 m、2.1 m 和 1.5 m 的钢筋各一根. 已知原材料 7.4 m，应如何切割，使用原材料最节省. 试建立线性规划模型并求解.

第 3 章　线性规划对偶理论

对偶问题是线性规划中最重要的内容之一. 每一个线性规划问题，都存在另一个与它有密切关系的线性规划问题，其中之一称为原问题，而另一个称为它的对偶问题. 对偶理论深刻揭示了每对问题中原问题与对偶问题的内在联系，为进一步深入研究线性规划问题提供了理论依据.

3.1　对偶问题的提出

例 3.1.1　营养问题

某饲养场所用的饲料由 n 种配料混合而成. 要求这种饲料必须含有 m 种营养成分，而且每单位饲料中第 i 种营养成分的含量不能低于 b_i. 已知第 i 种营养成分在每单位第 j 种配料中的含量为 a_{ij}，第 j 种配料的单位价格为 c_j. 问在保证营养要求的条件下，应采用何种配方才能使饲料的费用最小？

解　设 x_j 为每单位饲料中第 j 种配料的含量 $(j=1,2,\cdots,n)$，则营养问题的数学模型为

$$\min f = c_1x_1 + c_2x_2 + \cdots + c_nx_n$$

$$\text{s.t.}\begin{cases} a_{11}x_1 + a_{12}x_2 + \cdots + a_{1n}x_n \geqslant b_1 \\ a_{21}x_1 + a_{22}x_2 + \cdots + a_{2n}x_n \geqslant b_2 \\ \quad \cdots \qquad \cdots \qquad \cdots \\ a_{m1}x_1 + a_{m2}x_2 + \cdots + a_{mn}x_n \geqslant b_m \\ x_j \geqslant 0, \quad j=1,2,\cdots,n \end{cases} \tag{3.1.1}$$

现在从另一个角度提出如下问题：某饲料公司欲把这 m 种营养成分分别制成

m 种营养丸出售. 为了使饲养场能采用公司生产的营养丸替代天然配料，就必须做到营养丸的价格不超过与之相当的天然配料的价格. 公司面临的问题是，在上述条件的限制下，如何确定各种营养丸的单位价格，才能使公司获利最大？

设第 i 种营养丸的单价为 $y_i(i=1,2,\cdots,m)$，则 $a_{ij}y_i$ 表示把单位第 j 种配料中第 i 种营养成分折合成营养丸的代价，于是这个问题的数学模型为

$$\max w = b_1y_1 + b_2y_2 + \cdots + b_my_m$$
$$\text{s.t.}\begin{cases} a_{11}y_1 + a_{21}y_2 + \cdots + a_{m1}y_m \leqslant c_1 \\ a_{12}y_1 + a_{22}y_2 + \cdots + a_{m2}y_m \leqslant c_2 \\ \quad\cdots \qquad \cdots \qquad \cdots \\ a_{1n}y_1 + a_{2n}y_2 + \cdots + a_{mn}y_m \leqslant c_n \\ y_i \geqslant 0, \qquad i=1,2,\cdots,m \end{cases} \tag{3.1.2}$$

问题（3.1.2）是从另一角度出发阐述问题（3.1.1）的，如果称问题（3.1.1）为线性规划原问题的话，问题（3.1.2）称为它的对偶问题. 因此，它们是对同一个实际问题，从不同角度提出并进行描述，组成一对互为对偶的线性规划问题.

3.2 原问题与对偶问题的关系

线性规划对偶问题可以概括为三种形式.

1. 对称形式的对偶问题

设原问题为

$$\min f = \boldsymbol{c}^{\mathrm{T}}\boldsymbol{x}$$
$$\text{s.t.}\begin{cases} \boldsymbol{Ax} \geqslant \boldsymbol{b} \\ \boldsymbol{x} \geqslant \boldsymbol{0} \end{cases} \tag{3.2.1}$$

则其对偶问题为

$$\max w = \boldsymbol{b}^{\mathrm{T}}\boldsymbol{y}$$
$$\text{s.t.}\begin{cases} \boldsymbol{A}^{\mathrm{T}}\boldsymbol{y} \leqslant \boldsymbol{c} \\ \boldsymbol{y} \geqslant \boldsymbol{0} \end{cases} \tag{3.2.2}$$

其中，$\boldsymbol{A}$ 是 $m\times n$ 矩阵，$\boldsymbol{b}=(b_1,b_2,\cdots,b_m)^{\mathrm{T}}$，$\boldsymbol{c}=(c_1,c_2,\cdots,c_n)^{\mathrm{T}}$，

$$\boldsymbol{x}=(x_1,x_2,\cdots,x_n)^{\mathrm{T}}\text{ 为原问题变量，}$$
$$\boldsymbol{y}=(y_1,y_2,\cdots,y_m)^{\mathrm{T}}\text{ 为对偶问题变量.}$$

将这两个对称形式的问题进行比较，可以得出它们之间的对应关系：

（1）原问题中的约束条件个数等于它的对偶问题中的变量个数；

（2）原问题的目标函数的系数是它的对偶问题中约束条件的右端项；

（3）原问题的目标函数为最小化，则它的对偶问题目标函数为最大化；

（4）原问题的约束条件为“≥”，它的对偶问题的约束条件为“≤”.

例 3.2.1　写出下述线性规划的对偶问题：

$$\min f=15x_1+24x_2+5x_3$$
$$\text{s.t.}\begin{cases}6x_2+x_3\geqslant 2\\5x_1+2x_2+x_3\geqslant 1\\x_1,x_2,x_3\geqslant 0\end{cases}$$

解　原问题的对偶问题为

$$\max w=2y_1+y_2$$
$$\text{s.t.}\begin{cases}5y_2\leqslant 15\\6y_1+2y_2\leqslant 24\\y_1+y_2\leqslant 5\\y_1,y_2\geqslant 0\end{cases}$$

2. 非对称形式的对偶问题

设原问题为

$$\min f=\boldsymbol{c}^{\mathrm{T}}\boldsymbol{x}$$
$$\text{s.t.}\begin{cases}\boldsymbol{Ax}=\boldsymbol{b}\\\boldsymbol{x}\geqslant\boldsymbol{0}\end{cases}\tag{3.2.3}$$

由于 $\boldsymbol{Ax}=\boldsymbol{b}$ 等价于

$$\begin{cases}\boldsymbol{Ax}\geqslant\boldsymbol{b}\\-\boldsymbol{Ax}\geqslant-\boldsymbol{b}\end{cases}$$

故问题（3.2.3）可改写为

$$\min f=\boldsymbol{c}^{\mathrm{T}}\boldsymbol{x}$$

$$\text{s.t.}\begin{cases}\boldsymbol{Ax}\geqslant\boldsymbol{b}\\-\boldsymbol{Ax}\geqslant-\boldsymbol{b}\\\boldsymbol{x}\geqslant\boldsymbol{0}\end{cases}$$

按对称形式写出它的对偶问题：

$$\max w=\boldsymbol{b}^{\mathrm{T}}\boldsymbol{y}'+(-\boldsymbol{b})^{\mathrm{T}}\boldsymbol{y}''$$
$$\text{s.t.}\begin{cases}\boldsymbol{A}^{\mathrm{T}}\boldsymbol{y}'-\boldsymbol{A}^{T}\boldsymbol{y}''\leqslant\boldsymbol{c}\\\boldsymbol{y}'\geqslant\boldsymbol{0}\\\boldsymbol{y}''\geqslant\boldsymbol{0}\end{cases}$$

即

$$\max w=\boldsymbol{b}^{\mathrm{T}}(\boldsymbol{y}'-\boldsymbol{y}'')$$
$$\text{s.t.}\begin{cases}\boldsymbol{A}^{\mathrm{T}}(\boldsymbol{y}'-\boldsymbol{y}'')\leqslant\boldsymbol{c}\\\boldsymbol{y}'\geqslant\boldsymbol{0}\\\boldsymbol{y}''\geqslant\boldsymbol{0}\end{cases}$$

记

$$\boldsymbol{y}=\boldsymbol{y}'-\boldsymbol{y}'',$$

显然 $\boldsymbol{y}$ 没有非负限制，于是得到

$$\max w=\boldsymbol{b}^{\mathrm{T}}\boldsymbol{y}$$
$$\text{s.t.}\begin{cases}\boldsymbol{A}^{\mathrm{T}}\boldsymbol{y}\leqslant\boldsymbol{c}\\\boldsymbol{y}\text{无约束}\end{cases}\tag{3.2.4}$$

问题（3.2.4）是问题（3.2.3）的对偶问题. 它与对称对偶问题不同，原问题中有 m 个等式约束，而且对偶问题中的 m 个变量无正负号限制，它们称为非对称对偶.

例 3.2.2 写出下述线性规划的对偶问题：

$$\min f=5x_1+4x_2+3x_3$$
$$\text{s.t.}\begin{cases}x_1+x_2+x_3=4\\3x_1+2x_2+x_3=5\\x_1,x_2,x_3\geqslant 0\end{cases}$$

解 它的对偶问题为

$$\max w = 4y_1 + 5y_2$$
$$\text{s.t.}\begin{cases} y_1 + 3y_2 \leqslant 5 \\ y_1 + 2y_2 \leqslant 4 \\ y_1 + y_2 \leqslant 3 \\ y_1, y_2\text{均无约束} \end{cases}$$

3. 一般情形

实际中有许多线性规划问题同时含有“$\geqslant$”“$\leqslant$”及“$=$”型几种约束. 下面给出这类问题的对偶问题.

设原问题为

$$\min f = \boldsymbol{c}^{\mathrm{T}}\boldsymbol{x}$$
$$\text{s.t.}\begin{cases} \boldsymbol{A}_1\boldsymbol{x} \geqslant \boldsymbol{b}_1 \\ \boldsymbol{A}_2\boldsymbol{x} = \boldsymbol{b}_2 \\ \boldsymbol{A}_3\boldsymbol{x} \leqslant \boldsymbol{b}_3 \\ \boldsymbol{x} \geqslant \boldsymbol{0} \end{cases} \tag{3.2.5}$$

其中，$\boldsymbol{A}_1$ 是 $m_1 \times n$ 矩阵，$\boldsymbol{A}_2$ 是 $m_2 \times n$ 矩阵，$\boldsymbol{A}_3$ 是 $m_3 \times n$ 矩阵，$\boldsymbol{b}_1, \boldsymbol{b}_2$和$\boldsymbol{b}_3$ 分别是 m_1 维、m_2 维和 m_3 维列向量，$\boldsymbol{c}$ 是 n 维列向量，$\boldsymbol{x}$ 是 n 维列向量.

引入松弛变量，上述问题的等价形式为

$$\min f = \boldsymbol{c}^{\mathrm{T}}\boldsymbol{x}$$
$$\text{s.t.}\begin{cases} \boldsymbol{A}_1\boldsymbol{x} - \boldsymbol{x}_s = \boldsymbol{b}_1 \\ \boldsymbol{A}_2\boldsymbol{x} = \boldsymbol{b}_2 \\ \boldsymbol{A}_3\boldsymbol{x} + \boldsymbol{x}_t = \boldsymbol{b}_3 \\ \boldsymbol{x}, \boldsymbol{x}_s, \boldsymbol{x}_t \geqslant \boldsymbol{0} \end{cases}$$

其中，$\boldsymbol{x}_s$ 是由 m_1 个松弛变量组成的 m_1 维列向量，$\boldsymbol{x}_t$ 是由 m_3 个松弛变量组成的 m_3 维列向量.

上述问题即

$$\min f = \boldsymbol{c}^{\mathrm{T}}\boldsymbol{x} + 0\boldsymbol{x}_s + 0\boldsymbol{x}_t$$
$$\text{s.t.}\begin{cases} \begin{pmatrix} \boldsymbol{A}_1 & -\boldsymbol{I}_{m_1} & \boldsymbol{0} \\ \boldsymbol{A}_2 & \boldsymbol{0} & \boldsymbol{0} \\ \boldsymbol{A}_3 & \boldsymbol{0} & \boldsymbol{I}_{m_3} \end{pmatrix}\begin{pmatrix} \boldsymbol{x} \\ \boldsymbol{x}_s \\ \boldsymbol{x}_t \end{pmatrix} = \begin{pmatrix} \boldsymbol{b}_1 \\ \boldsymbol{b}_2 \\ \boldsymbol{b}_3 \end{pmatrix} \\ \boldsymbol{x}, \boldsymbol{x}_s, \boldsymbol{x}_t \geqslant \boldsymbol{0} \end{cases}$$

按照非对称形式写出对偶问题为

$$\max w = \boldsymbol{b}_1^{\mathrm{T}} \boldsymbol{y}_1 + \boldsymbol{b}_2^{\mathrm{T}} \boldsymbol{y}_2 + \boldsymbol{b}_3^{\mathrm{T}} \boldsymbol{y}_3$$

$$\text{s.t.}\left\{\begin{pmatrix} \boldsymbol{A}_1^{\mathrm{T}} & \boldsymbol{A}_2^{\mathrm{T}} & \boldsymbol{A}_3^{\mathrm{T}} \\ -\boldsymbol{I}_{m_1}^{\mathrm{T}} & \boldsymbol{0} & \boldsymbol{0} \\ \boldsymbol{0} & \boldsymbol{0} & \boldsymbol{I}_{m_3}^{\mathrm{T}} \end{pmatrix}\begin{pmatrix} \boldsymbol{y}_1 \\ \boldsymbol{y}_2 \\ \boldsymbol{y}_3 \end{pmatrix} \leqslant \begin{pmatrix} \boldsymbol{c} \\ \boldsymbol{0} \\ \boldsymbol{0} \end{pmatrix}\right.$$

即

$$\max w = \boldsymbol{b}_1^{\mathrm{T}} \boldsymbol{y}_1 + \boldsymbol{b}_2^{\mathrm{T}} \boldsymbol{y}_2 + \boldsymbol{b}_3^{\mathrm{T}} \boldsymbol{y}_3$$

$$\text{s.t.}\begin{cases} \boldsymbol{A}_1^{\mathrm{T}} \boldsymbol{y}_1 + \boldsymbol{A}_2^{\mathrm{T}} \boldsymbol{y}_2 + \boldsymbol{A}_3^{\mathrm{T}} \boldsymbol{y}_3 \leqslant \boldsymbol{c} \\ \boldsymbol{y}_1 \geqslant \boldsymbol{0} \\ \boldsymbol{y}_2 \text{无约束} \\ \boldsymbol{y}_3 \leqslant \boldsymbol{0} \end{cases} \tag{3.2.6}$$

其中，$\boldsymbol{y}_1, \boldsymbol{y}_2$ 和 $\boldsymbol{y}_3$ 分别是由变量组成的 m_1 维，m_2 维和 m_3 维列向量. 问题（3.2.6）是问题（3.2.5）的对偶问题.

上述三种形式的对偶中，原问题和对偶问题是相对的. 后面将证明，对偶问题的对偶问题是原问题. 因此，互相对偶的两个问题中，任何一个问题均可作为原问题，而把另一个作为对偶问题.

通过上面的分析，我们可以总结出构成对偶规划的一般规则，见表 3.2.1.

表 3.2.1　原问题与对偶问题对应关系

原问题（对偶问题）	对偶问题（原问题）
目标函数 min	目标函数 max
约束条件 n 个	变量 n 个
约束条件≥	变量≥0
约束条件≤	变量≤0
约束条件＝	变量无约束
约束条件右端项	目标函数变量的系数
变量 m 个	约束条件 m 个
变量≥0	约束条件≤

续表

原问题（对偶问题）	对偶问题（原问题）
变量≤0	约束条件≥
变量无约束	约束条件＝
目标函数变量的系数	约束条件右端项

例 3.2.3　写出下述线性规划的对偶问题：

$$\min f = 7x_1 + 4x_2 - 3x_3$$
$$\text{s.t.}\begin{cases} -4x_1 + 2x_2 - 6x_3 \leqslant 24 \\ -3x_1 - 6x_2 - 4x_3 \geqslant 15 \\ 5x_2 + 3x_3 = 30 \\ x_1 \leqslant 0, x_2\text{无约束}, x_3 \geqslant 0 \end{cases}$$

解　原问题的对偶问题为

$$\max w = 24y_1 + 15y_2 + 30y_3$$
$$\text{s.t.}\begin{cases} -4y_1 - 3y_2 \geqslant 7 \\ 2y_1 - 6y_2 + 5y_3 = 4 \\ -6y_1 - 4y_2 + 3y_3 \leqslant -3 \\ y_1 \leqslant 0, y_2 \geqslant 0, y_3\text{无约束} \end{cases}$$

3.3　对偶问题的基本定理

在下面的讨论中，假定线性规划原问题为

$$\min f = \boldsymbol{c}^{\mathrm{T}}\boldsymbol{x}$$
$$\text{s.t.}\begin{cases} \boldsymbol{Ax} \geqslant \boldsymbol{b} \\ \boldsymbol{x} \geqslant \boldsymbol{0} \end{cases} \tag{3.3.1}$$

其对偶问题为

$$\max w = \boldsymbol{b}^{\mathrm{T}}\boldsymbol{y}$$
$$\text{s.t.}\begin{cases} \boldsymbol{A}^{\mathrm{T}}\boldsymbol{y} \leqslant \boldsymbol{c} \\ \boldsymbol{y} \geqslant \boldsymbol{0} \end{cases} \tag{3.3.2}$$

定理 3.3.1 对偶问题的对偶问题是原问题.

证明 将对偶问题（3.3.2）化成与原问题（3.3.1）相同的形式：

$$\min(-w) = -\boldsymbol{b}^{\mathrm{T}}\boldsymbol{y}$$

$$\text{s.t.}\begin{cases}-\boldsymbol{A}^{\mathrm{T}}\boldsymbol{y} \geqslant -\boldsymbol{c}\\ \boldsymbol{y} \geqslant \boldsymbol{0}\end{cases} \tag{3.3.3}$$

则根据对称形式，问题（3.3.3）的对偶问题为

$$\max f' = -\boldsymbol{c}^{\mathrm{T}}\boldsymbol{x}$$

$$\text{s.t.}\begin{cases}-\boldsymbol{A}\boldsymbol{x} \leqslant -\boldsymbol{b}\\ \boldsymbol{x} \geqslant \boldsymbol{0}\end{cases} \tag{3.3.4}$$

令 $f = -f'$，则问题（3.3.4）等价于问题（3.3.1）.

这表明问题（3.3.2）的对偶问题为原问题（3.3.1）.

定理 3.3.2（弱对偶性） 若 $\bar{x}$ 和 $\bar{y}$ 分别是原问题和对偶问题的可行解，则 $\boldsymbol{c}^{\mathrm{T}}\bar{\boldsymbol{x}} \geqslant \boldsymbol{b}^{\mathrm{T}}\bar{\boldsymbol{y}}$.

证明 因为 $\bar{\boldsymbol{x}}$ 是原问题（3.3.1）的可行解，故

$$\boldsymbol{A}\bar{\boldsymbol{x}} \geqslant \boldsymbol{b} \tag{3.3.5}$$

又因为 $\bar{\boldsymbol{y}}$ 是对偶问题（3.3.2）的可行解，故

$$\boldsymbol{A}^{\mathrm{T}}\bar{\boldsymbol{y}} \leqslant \boldsymbol{c} \tag{3.3.6}$$

将式（3.3.5）左乘 $\bar{\boldsymbol{y}}^{\mathrm{T}}$，得

$$\bar{\boldsymbol{y}}^{\mathrm{T}}\boldsymbol{A}\bar{\boldsymbol{x}} \geqslant \bar{\boldsymbol{y}}^{\mathrm{T}}\boldsymbol{b} = \boldsymbol{b}^{\mathrm{T}}\bar{\boldsymbol{y}}$$

将式（3.3.6）左乘 $\bar{\boldsymbol{x}}^{\mathrm{T}}$，得

$$\bar{\boldsymbol{x}}^{\mathrm{T}}\boldsymbol{A}^{\mathrm{T}}\bar{\boldsymbol{y}} \leqslant \bar{\boldsymbol{x}}^{\mathrm{T}}\boldsymbol{c}$$

即

$$\bar{\boldsymbol{y}}^{\mathrm{T}}\boldsymbol{A}\bar{\boldsymbol{x}} \leqslant \boldsymbol{c}^{\mathrm{T}}\bar{\boldsymbol{x}}$$

故

$$\boldsymbol{b}^{\mathrm{T}}\bar{\boldsymbol{y}} \leqslant \bar{\boldsymbol{y}}^{\mathrm{T}}\boldsymbol{A}\bar{\boldsymbol{x}} \leqslant \boldsymbol{c}^{\mathrm{T}}\bar{\boldsymbol{x}}$$

则结论得证.

由此定理可推出以下结论.

推论 1 若 $\bar{\boldsymbol{x}}$ 为原问题的任一可行解，则 $\boldsymbol{c}^{\mathrm{T}}\bar{\boldsymbol{x}}$ 为其对偶问题目标函数值的

一个上界；若 $\bar{y}$ 为对偶问题的任一可行解，则 $\boldsymbol{b}^{\mathrm{T}}\bar{\boldsymbol{y}}$ 为原问题目标函数值的一个下界.

推论 2　若原问题有可行解，但其目标函数值无下界，则其对偶问题无可行解；若对偶问题有可行解，但其目标函数值无上界，则其原问题无可行解.

推论 3　若原问题有可行解，但其对偶问题无可行解，则原问题无下界；若对偶问题有可行解，但其原问题无可行解，则对偶问题无上界.

例 3.3.1　试说明线性规划问题

$$\min f = -x_1 - x_2$$

$$\text{s.t.}\begin{cases} x_1 - x_2 - x_3 \geqslant -2 \\ 2x_1 - x_2 + x_3 \geqslant -1 \\ x_1, x_2, x_3 \geqslant 0 \end{cases}$$

为无界解.

解　原问题的对偶问题为

$$\max w = -2y_1 - y_2$$

$$\text{s.t.}\begin{cases} y_1 + 2y_2 \leqslant -1 \\ -y_1 - y_2 \leqslant -1 \\ -y_1 + y_2 \leqslant 0 \\ y_1, y_2 \geqslant 0 \end{cases}$$

由于原问题有可行解 $x_1 = x_2 = x_3 = 0$, 但对偶问题无可行解（第一个约束条件不可能），所以，由推论 3 知，原问题无下界，即目标函数可任意小.

定理 3.3.3（最优性）　设 $\boldsymbol{x}^*$ 是原问题可行解，$\boldsymbol{y}^*$ 是对偶问题可行解，且 $\boldsymbol{c}^{\mathrm{T}}\boldsymbol{x}^* = \boldsymbol{b}^{\mathrm{T}}\boldsymbol{y}^*$，则 $\boldsymbol{x}^*, \boldsymbol{y}^*$ 分别是原问题和对偶问题的最优解.

证明　设 $\bar{\boldsymbol{x}}$ 为原问题任一可行解，由定理 3.3.2 知 $\boldsymbol{c}^{\mathrm{T}}\bar{\boldsymbol{x}} \geqslant \boldsymbol{b}^{\mathrm{T}}\boldsymbol{y}^*$，所以

$$\boldsymbol{c}^{\mathrm{T}}\boldsymbol{x}^* = \boldsymbol{b}^{\mathrm{T}}\boldsymbol{y}^* \leqslant \boldsymbol{c}^{\mathrm{T}}\bar{\boldsymbol{x}}$$

故 $\boldsymbol{x}^*$ 为原问题的最优解. 同理可证，$\boldsymbol{y}^*$ 是对偶问题的最优解.

定理 3.3.4（无界性）　若原问题（对偶问题）为无界解，则其对偶问题（原问题）无可行解.

证明　由定理 3.3.2 可得证. 但注意，定理的逆不成立，即当原问题（对偶问

题）无可行解时，其对偶问题（原问题）或具有无界解或无可行解.

定理 3.3.5（强对偶性） 若原问题有最优解，那么对偶问题也有最优解，且最优值相等.

证明 引入松弛变量，把原问题（3.3.1）写成等价形式：

$$\min f=\boldsymbol{c}^{\mathrm{T}}\boldsymbol{x}$$
$$\text{s.t.}\begin{cases}\boldsymbol{A}\boldsymbol{x}-\boldsymbol{v}=\boldsymbol{b}\\ \boldsymbol{x}\geqslant\boldsymbol{0},\boldsymbol{v}\geqslant\boldsymbol{0}\end{cases}\tag{3.3.7}$$

设问题（3.3.7）存在最优解，不妨设这个最优解为

$$\bar{\boldsymbol{z}}=\begin{pmatrix}\bar{\boldsymbol{x}}\\ \bar{\boldsymbol{v}}\end{pmatrix}$$

相应的最优基为 $\boldsymbol{B}$. 这时所有检验数均非正，即

$$\bar{\boldsymbol{y}}^{\mathrm{T}}\boldsymbol{p}_j-c_j\leqslant 0,\qquad \forall j\tag{3.3.8}$$

其中，$\bar{\boldsymbol{y}}^{\mathrm{T}}=\boldsymbol{c}_B\boldsymbol{B}^{-1}$，$\boldsymbol{c}_B$ 是目标函数中基变量（包括松弛变量中的基变量）的系数组成的行向量.考虑所有原来变量（不包括松弛变量）在基 $\boldsymbol{B}$ 下的检验数，把它们所满足的条件（3.3.8）用矩阵形式同时写出，得到

$$\bar{\boldsymbol{y}}^{\mathrm{T}}\boldsymbol{A}-\boldsymbol{c}\leqslant\boldsymbol{0}$$

即

$$\bar{\boldsymbol{y}}^{\mathrm{T}}\boldsymbol{A}\leqslant\boldsymbol{c}\tag{3.3.9}$$

把所有松弛变量在基 $\boldsymbol{B}$ 下对应的检验数所满足的条件（3.3.8）用矩阵形式表示，得到

$$\bar{\boldsymbol{y}}^{\mathrm{T}}(-\boldsymbol{I})\leqslant\boldsymbol{0}$$

即

$$\bar{\boldsymbol{y}}^{\mathrm{T}}\geqslant\boldsymbol{0}\tag{3.3.10}$$

由式（3.3.9）和式（3.3.10）可知，$\bar{\boldsymbol{y}}^{\mathrm{T}}$ 是对偶问题（3.3.2）的可行解.

由于非基变量取值为零及目标函数中松弛变量的系数为零，因此有

$$\bar{\boldsymbol{y}}^{\mathrm{T}}\boldsymbol{b}=\boldsymbol{c}_B\boldsymbol{B}^{-1}\boldsymbol{b}=\boldsymbol{c}_B\bar{\boldsymbol{z}}_B=\boldsymbol{c}\bar{\boldsymbol{x}}$$

这里，$\bar{z}_B$ 表示 $\bar{z}$ 中基变量的取值.根据定理（3.3.3），$\bar{\boldsymbol{y}}^{\mathrm{T}}$ 是对偶问题（3.3.2）的最优解，且原问题（3.3.1）和对偶问题（3.3.2）的目标函数的最优值相等.类似地，可以证明，如果对偶问题（3.3.2）存在最优解，则原问题（3.3.1）也存在最优解，且两个问题目标函数的最优值相等.

由上述定理的证明过程可以得到下面一个推论.

推论　若原问题（3.3.1）存在一个对应基 $\boldsymbol{B}$ 的最优解，则 $\boldsymbol{y}^{\mathrm{T}}=\boldsymbol{c}_B\boldsymbol{B}^{-1}$ 是其对偶问题（3.3.2）的一个最优解.

定理 3.3.6（互补松弛性）　若 $\boldsymbol{x}^*$，$\boldsymbol{y}^*$ 分别是原问题（3.3.1）和对偶问题（3.3.2）的可行解，$\boldsymbol{x}_s$ 和 $\boldsymbol{y}_s$ 分别是它们的松弛变量，那么 $\boldsymbol{y}^{*\mathrm{T}}\boldsymbol{x}_s=0$ 和 $\boldsymbol{y}_s^{\mathrm{T}}\boldsymbol{x}^*=0$，当且仅当 $\boldsymbol{x}^*$，$\boldsymbol{y}^*$ 分别为原问题和对偶问题的最优解.

证明　必要性. 设原问题为

$$\min f=\boldsymbol{c}^{\mathrm{T}}\boldsymbol{x}$$
$$\text{s.t.}\begin{cases}\boldsymbol{A}\boldsymbol{x}-\boldsymbol{x}_s=\boldsymbol{b}\\ \boldsymbol{x},\boldsymbol{x}_s\geqslant\boldsymbol{0}\end{cases}$$

其对偶问题为

$$\max w=\boldsymbol{b}^{\mathrm{T}}\boldsymbol{y}$$
$$\text{s.t.}\begin{cases}\boldsymbol{A}^{\mathrm{T}}\boldsymbol{y}+\boldsymbol{y}_s=\boldsymbol{c}\\ \boldsymbol{y},\boldsymbol{y}_s\geqslant\boldsymbol{0}\end{cases}$$

所以

$$f=\boldsymbol{c}^{\mathrm{T}}\boldsymbol{x}=(\boldsymbol{y}^{\mathrm{T}}\boldsymbol{A}+\boldsymbol{y}_s^{\mathrm{T}})\boldsymbol{x}=\boldsymbol{y}^{\mathrm{T}}\boldsymbol{A}\boldsymbol{x}+\boldsymbol{y}_s^{\mathrm{T}}\boldsymbol{x} \tag{3.3.11}$$

$$w=\boldsymbol{b}^{\mathrm{T}}\boldsymbol{y}=(\boldsymbol{x}^{\mathrm{T}}\boldsymbol{A}^{\mathrm{T}}-\boldsymbol{x}_s^{\mathrm{T}})\boldsymbol{y}=\boldsymbol{y}^{\mathrm{T}}\boldsymbol{A}\boldsymbol{x}-\boldsymbol{y}^{\mathrm{T}}\boldsymbol{x}_s \tag{3.3.12}$$

若 $\boldsymbol{y}_s^{\mathrm{T}}\boldsymbol{x}^*=0,\ \boldsymbol{y}^{*\mathrm{T}}\boldsymbol{x}_s=0$，则 $\boldsymbol{b}^{\mathrm{T}}\boldsymbol{y}^*=\boldsymbol{y}^{*\mathrm{T}}\boldsymbol{A}\boldsymbol{x}^*=\boldsymbol{c}^{\mathrm{T}}\boldsymbol{x}^*$，由定理 3.3.3 知，$\boldsymbol{x}^*,\boldsymbol{y}^*$ 为最优解.

充分性. 若 $\boldsymbol{x}^*,\boldsymbol{y}^*$ 分别为原问题和对偶问题的最优解，由定理 3.3.5 知

$$\boldsymbol{b}^{\mathrm{T}}\boldsymbol{y}^*=\boldsymbol{y}^{*\mathrm{T}}\boldsymbol{A}\boldsymbol{x}^*=\boldsymbol{c}^{\mathrm{T}}\boldsymbol{x}^*$$

根据式（3.3.11）和式（3.3.12），可得 $\boldsymbol{y}^{*\mathrm{T}}\boldsymbol{x}_s=0,\boldsymbol{y}_s{}^{\mathrm{T}}\boldsymbol{x}^*=0$.

对偶问题的互补松弛性，用分量形式可以表述为：在线性规划问题的最优解中：

（1）如果 $y_i^*>0$，则 $\sum_{j=1}^{n}a_{ij}x_j^*=b_i$；

（2）如果 $\sum_{j=1}^{n}a_{ij}x_j^*>b_i$，则 $y_i^*=0$.

将互补松弛性应用于其对偶问题时，可以这样表述：

（1）如果 $x_j^*>0$，则 $\sum_{i=1}^{m}a_{ij}y_i^*=c_j$；

（2）如果 $\sum_{i=1}^{m}a_{ij}y_i^*<c_j$，则 $x_j^*=0$.

例 3.3.2 给定线性规划问题

$$\min f=2x_1+3x_2+x_3$$
$$\text{s.t.}\begin{cases}3x_1-x_2+x_3\geqslant 1\\ x_1+2x_2-3x_3\geqslant 2\\ x_1,x_2,x_3\geqslant 0\end{cases}$$

的对偶问题的最优解为 $y_1^*=\dfrac{1}{7}$，$y_2^*=\dfrac{11}{7}$.

求原问题的最优解.

解 对偶问题为

$$\max w=y_1+2y_2$$
$$\text{s.t.}\begin{cases}3y_1+y_2\leqslant 2 & (3.3.13)\\ -y_1+2y_2\leqslant 3 & (3.3.14)\\ y_1-3y_2\leqslant 1 & (3.3.15)\\ y_1,y_2\geqslant 0\end{cases}$$

将 y_1^*，y_2^* 代入约束条件（3.3.15）知，该约束条件成立严格不等式，由互补松弛性得 $x_3^*=0$.

因为 $y_1^*,y_2^*>0$，对应原问题的约束条件应取等式，故得

$$\begin{cases}3x_1^*-x_2^*+x_3^*=1\\ x_1^*+2x_2^*-3x_3^*=2\\ x_3^*=0\end{cases}$$

解得原问题最优解为　$\bar{\boldsymbol{x}}=(x_1^*,x_2^*,x_3^*)^{\mathrm{T}}=\left(\frac{4}{7},\frac{5}{7},0\right)^{\mathrm{T}}$.

定理 3.3.7（变量对应关系）　原问题检验数的相反数对应于对偶问题的一组基本解，其中原问题的剩余变量对应对偶问题的变量，对偶问题的松弛变量对应原问题的变量；这些互相对应的变量如果在一个问题的解中是基变量，则在另一个问题的解中是非基变量；将这两个解代入各自的目标函数中，有 $f=w$.

证明　因为

$$-\sigma_j=c_j-\boldsymbol{c}_B\boldsymbol{B}^{-1}\boldsymbol{p}_j=c_j-\boldsymbol{y}^{\mathrm{T}}\boldsymbol{p}_j$$

所以

$$\sum_{i=1}^{m}a_{ij}y_i+(-\sigma_j)=c_j$$

即 $-\sigma_j$ 在对偶问题的约束条件中相当于松弛变量. 又因为与原问题中的基变量对应的对偶问题变量取值为零，故对偶问题中非零的变量数不超过对偶问题的约束条件数，且不难证明这些非零变量对应的系数向量线性无关，故检验数的相反数恰好是对偶问题的基本解. 又由对偶性质知

$$f=\boldsymbol{c}_B\boldsymbol{x}=\boldsymbol{c}_B\boldsymbol{B}^{-1}\boldsymbol{b}=\boldsymbol{y}^{\mathrm{T}}\boldsymbol{b}=w$$

例 3.3.3　例 3.2.1 中给出了两个互为对偶的线性规划问题.

原问题为

$$\min f=15x_1+24x_2+5x_3$$

$$\text{s.t.}\begin{cases}6x_2+x_3\geqslant 2\\5x_1+2x_2+x_3\geqslant 1\\x_1,x_2,x_3\geqslant 0\end{cases}$$

对偶问题为

$$\max w=2y_1+y_2$$

$$\text{s.t.}\begin{cases}5y_2\leqslant 15\\6y_1+2y_2\leqslant 24\\y_1+y_2\leqslant 5\\y_1,y_2\geqslant 0\end{cases}$$

用对偶单纯形法（下节介绍）和单纯形法求得两个问题的最终单纯形表分别

见表 3.3.1 和表 3.3.2.

表 3.3.1 原问题的最终单纯形表

		原问题变量			原问题剩余变量	
基	$\boldsymbol{b}$	x_1	x_2	x_3	x_4	x_5
x_2	$\frac{1}{4}$	$-\frac{5}{4}$	1	0	$-\frac{1}{4}$	$-\frac{1}{4}$
x_3	$\frac{1}{2}$	$\frac{15}{2}$	0	1	$\frac{1}{2}$	$-\frac{3}{2}$
$-\sigma_j$		$\frac{15}{2}$	0	0	$\frac{7}{2}$	$\frac{3}{2}$
		y_3	y_4	y_5	y_1	y_2
		对偶问题松弛变量			对偶问题变量	

表 3.3.2 对偶问题的最终单纯形表

		对偶问题变量		对偶问题松弛变量		
基	$\boldsymbol{b}$	y_1	y_2	y_3	y_4	y_5
y_3	$\frac{15}{2}$	0	0	1	$\frac{5}{4}$	$-\frac{15}{2}$
y_1	$\frac{7}{2}$	1	0	0	$\frac{1}{4}$	$-\frac{1}{2}$
y_2	$\frac{3}{2}$	0	1	0	$-\frac{1}{4}$	$\frac{3}{2}$
$-\sigma_j$		0	0	0	$\frac{1}{4}$	$\frac{1}{2}$
		x_4	x_5	x_1	x_2	x_3
		原问题剩余变量		原问题变量		

从表 3.3.1 和表 3.3.2 可以清楚看出两个问题变量之间的对应关系. 同时根据

上述对偶问题的性质，我们只需求解其中一个问题，从最优解的单纯形表中同时得到另一个问题的最优解.

3.4　对偶单纯形法

由定理 3.3.7 可知，用单纯形法求解线性规划问题时，在得到原问题的一个基本可行解的同时，在检验数行得到对偶问题的一个基本解，并且将两个解分别代入各自目标函数时其值相等. 根据对偶问题基本性质，将单纯形法应用于对偶问题的计算，构造出一种求解线性规划问题的方法，即对偶单纯形法.

3.4.1　基本对偶单纯形法

基本对偶单纯形法（对偶单纯形法）的基本思想是从对偶问题的一个可行解出发，在保持对偶问题可行的前提下，对原问题的非可行解进行迭代，逐步增大目标函数值，当原问题也达到可行解时，即得到了目标函数的最优值. 具体求解算法如下：

（1）建立初始单纯形表.

设线性规划问题存在一个对偶问题的可行基 $\boldsymbol{B}$，不妨设 $\boldsymbol{B}=(\boldsymbol{p}_1,\boldsymbol{p}_2,\cdots,\boldsymbol{p}_m)$，列出单纯形表，见表 3.4.1.

表 3.4.1　单纯形表

$\boldsymbol{c}_B$	基	$\boldsymbol{b}$	x_1		x_r		x_m	x_{m+1}		x_s		x_n
c_1	x_1	b_1	1	…	0	…	0	$a_{1,m+1}$	…	a_{1s}	…	a_{1n}
⋮	⋮	⋮	⋮		⋮		⋮	⋮		⋮		⋮
c_r	x_r	b_r	0	…	1	…	0	$a_{r,m+1}$	…	a_{rs}	…	a_{rn}
⋮	⋮	⋮	⋮		⋮		⋮	⋮		⋮		⋮
c_m	x_m	b_m	0	…	0	…	1	$a_{m,m+1}$	…	a_{ms}	…	a_{mn}
σ_j			0	…	0	…	0	σ_{m+1}	…	σ_s	…	σ_n

（2）进行最优性检验.

若现行常数列所有 $b_i \geqslant 0(i=1,2,\cdots,m)$，则表中原问题和对偶问题均为最优解，停止计算；否则转下一步.

（3）确定换出基的变量.

令

$$b_r = \min_i \{b_i \mid b_i < 0\},$$

其对应变量 x_r 为换出基的变量.

（4）确定换入基的变量.

令

$$\theta = \min_j \left\{ \frac{\sigma_j}{a_{rj}} \middle| a_{rj} < 0 \right\} = \frac{\sigma_s}{a_{rs}} \tag{3.4.1}$$

对应的基变量 x_s 为换入基的变量，称 a_{rs} 为主元素.

（5）以 $\boldsymbol{a}_{rs}$ 为主元素，按原单纯形法进行迭代运算.

（6）重复（2）～（5）的步骤.

需要指出的是：

①为使迭代后的表中第 r 行基变量为正值，因而只有对应 $a_{rj} < 0$ $(j=m+1,\cdots,n)$ 的非基变量才可以考虑作为换入基的变量.

② 按式（3.4.1）选取主元素时，一定能保证迭代后所有变量检验数小于等于零. 事实上，不妨设迭代后变量检验数为 σ_j'，由第二章单纯形法算法步骤六（表 2.4.2）有

$$\begin{aligned} \sigma_j' &= \sigma_j - \frac{a_{rj}}{a_{rs}} \sigma_s \\ &= a_{rj} \left(\frac{\sigma_j}{a_{rj}} - \frac{\sigma_s}{a_{rs}} \right) \end{aligned} \tag{3.4.2}$$

分两种情况：

（a）对 $a_{rj} \geqslant 0$，因 $\sigma_j \leqslant 0$，故 $\frac{\sigma_j}{a_{rj}} \leqslant 0$，又因为 $a_{rs} < 0$，故有 $\frac{\sigma_s}{a_{rs}} \geqslant 0$，由式（3.4.2）括弧内值 $\leqslant 0$，所以有 $\sigma_j' \leqslant 0$.

（b）对 $a_{rj}<0$，根据式（3.4.1），有

$$\frac{\sigma_j}{a_{rj}} \geqslant \frac{\sigma_s}{a_{rs}}$$

故有

$$\left(\frac{\sigma_j}{a_{rj}}-\frac{\sigma_s}{a_{rs}}\right) \geqslant 0$$

所以同样有

$$\sigma_j' \leqslant 0$$

③ 由对偶问题的基本性质可知，当对偶问题存在可行解时，原问题可能存在可行解，也可能无可行解. 对出现后一种情况的判别准则为：对 $b_r<0$，而对所有 $j=1,2,\cdots,n$，有 $a_{rj} \geqslant 0$. 因为在这种情况下，如果把表中第 r 行的约束方程列出有

$$x_r + a_{r,m+1}x_{m+1} + \cdots + a_{rn}x_n = b_r \tag{3.4.3}$$

因 $a_{rj} \geqslant 0\ (j=m+1,\cdots,n)$，又 $b_r<0$，所以不可能存在 $x_j \geqslant 0(j=1,\cdots,n)$ 的解，故原问题无可行解，这时对偶问题的目标函数值无界.

下面举例说明对偶单纯形法的计算步骤.

例 3.4.1　用对偶单纯形法求解下述线性规划问题.

$$\min f = 15x_1 + 24x_2 + 5x_3$$
$$\text{s.t.}\begin{cases} 6x_2 + x_3 \geqslant 2 \\ 5x_1 + 2x_2 + x_3 \geqslant 1 \\ x_1, x_2, x_3 \geqslant 0 \end{cases}$$

解　先引入松弛变量 x_4, x_5，并化为标准型.

$$\min f = 15x_1 + 24x_2 + 5x_3 + 0x_4 + 0x_5$$
$$\text{s.t.}\begin{cases} 6x_2 + x_3 - x_4 = 2 \\ 5x_1 + 2x_2 + x_3 - x_5 = 1 \\ x_i \geqslant 0,\ i=1,\cdots,5 \end{cases}$$

为得到一个对偶可行的基本解，把每个约束方程两端乘以 (-1)，这样，变换后的系数矩阵含有一个单位矩阵，以此作为基，建立初始单纯形表，并用上述对偶单纯形法求解步骤进行计算，其过程如表 3.4.2 所示.

表 3.4.2 对偶单纯形法表

c_j			15	24	5	0	0
c_B	基	b	x_1	x_2	x_3	x_4	x_5
0	x_4	-2	0	$[-6]$	-1	1	0
0	x_5	-1	-5	-2	-1	0	1
σ_j			-15	-24	-5	0	0
24	x_2	$\frac{1}{3}$	0	1	$\frac{1}{6}$	$-\frac{1}{6}$	0
0	x_5	$-\frac{1}{3}$	-5	0	$\left[-\frac{2}{3}\right]$	$-\frac{1}{3}$	1
σ_j			-15	0	-1	-4	0
24	x_2	$\frac{1}{4}$	$-\frac{5}{4}$	1	0	$-\frac{1}{4}$	$\frac{1}{4}$
5	x_3	$\frac{1}{2}$	$\frac{15}{2}$	0	1	$\frac{1}{2}$	$-\frac{3}{2}$
σ_j			$-\frac{15}{2}$	0	0	$-\frac{7}{2}$	$-\frac{3}{2}$

3.4.2 人工对偶单纯形法

运用对偶单纯形法，需要先给定一个对偶可行的基本解. 如果初始对偶可行的基本解不易直接得到，则解一个扩充问题，通过这个问题的求解给出原问题的解. 构造扩充问题的方法如下.

对于线性规划问题

$$\min f = \boldsymbol{c}^{\mathrm{T}}\boldsymbol{x}$$
$$\text{s.t.}\begin{cases}\boldsymbol{A}\boldsymbol{x}=\boldsymbol{b}\\ \boldsymbol{x}\geqslant \boldsymbol{0}\end{cases} \tag{3.4.4}$$

先给出一个基本解，这是容易做到的. 不妨设 $\boldsymbol{A}$ 的前 m 列线性无关，由这 m 列构成基矩阵 $\boldsymbol{B}$. 这样线性规划（3.4.4）可以化成下列形式：

$$\min f = \boldsymbol{c}^{\mathrm{T}}\boldsymbol{x}$$
$$\text{s.t.}\begin{cases}\boldsymbol{x}_B + \sum\limits_{j\in R}\boldsymbol{u}_j x_j = \overline{\boldsymbol{b}} \\ \boldsymbol{x} \geqslant \boldsymbol{0}\end{cases} \tag{3.4.5}$$

其中，R 是非基变量下标集，

$$\boldsymbol{u}_j = \boldsymbol{B}^{-1}\boldsymbol{p}_j, \qquad \overline{\boldsymbol{b}} = \boldsymbol{B}^{-1}\boldsymbol{b}$$

现在引进一个人工约束

$$\sum_{j\in R} x_j + x_{n+1} = M \tag{3.4.6}$$

其中，M 是充分大的正数，x_{n+1} 是引进的变量，得到线性规划（3.4.5）的一个扩充问题

$$\min f = \boldsymbol{c}^{\mathrm{T}}\boldsymbol{x}$$
$$\text{s.t.}\begin{cases}\boldsymbol{x}_B + \sum\limits_{j\in R}\boldsymbol{u}_j x_j = \overline{\boldsymbol{b}} \\ \sum\limits_{j\in R} x_j + x_{n+1} = M \\ x_j \geqslant 0,\ j = 1, 2, \cdots, n+1\end{cases} \tag{3.4.7}$$

在线性规划（3.4.7）中，以系数矩阵的前 m 列和第 $n+1$ 列组成的 $m+1$ 阶单位矩阵为基，立即得到问题（3.4.7）的一个初始基本解

$$\begin{cases}\boldsymbol{x}_{\overline{B}} = \begin{pmatrix}\boldsymbol{x}_B \\ x_{n+1}\end{pmatrix} = \begin{pmatrix}\overline{\boldsymbol{b}} \\ M\end{pmatrix} \\ x_j = 0,\ j \in R\end{cases}$$

这个基本解不一定是对偶可行的. 但是，由此出发容易求出线性规划问题（3.4.7）的一个对偶可行的基本解.

用 $\overline{\boldsymbol{u}}_j$ 表示问题（3.4.7）约束矩阵的第 j 列，令

$$\sigma_k = \max_j\{\sigma_j\}$$

以 $\overline{\boldsymbol{u}}_k$ 的第 $m+1$ 个分量 $\overline{u}_{m+1,k}$ 为主元素进行主元消去运算. 把第 k 列化为单位向量，这时就能得到一个对偶可行的基本解. 理由如下：

根据前面多次指出的，主元消去运算前后检验数之间的关系是

$$\sigma_j' = \sigma_j - \frac{\bar{u}_{m+1,j}}{\bar{u}_{m+1,k}} \sigma_k \tag{3.4.8}$$

其中 σ_j' 是运算后在新基下的检验数.

当 $j \in R \cup \{n+1\}$ 时，$\bar{u}_{m+1,j} = 1$，

因此有

$$\sigma_j' = \sigma_j - \sigma_k \leqslant 0 \tag{3.4.9}$$

当 $j \notin R \cup \{n+1\}$ 时，$\sigma_j = 0, \bar{u}_{m+1,j} = 0$

因此有

$$\sigma_j' = 0 \tag{3.4.10}$$

由式（3.4.9）和式（3.4.10）可知，主元消去后，在新基下的判别数均非正，因此所得到的基本解是对偶可行的.

由于线性规划（3.4.7）的对偶问题有可行解，因此用对偶单纯形法求解线性规划（3.4.7）时，仅有下列两种可能的情形：

（1）扩充问题没有可行解. 这时原来的问题也没有可行解.

如若不然，设 $\boldsymbol{x}^{(0)} = (x_1^{(0)}, x_2^{(0)}, \cdots, x_n^{(0)})^{\mathrm{T}}$

是原来问题的一个可行解，那么

$$\bar{\boldsymbol{x}}^{(0)} = (x_1^{(0)}, \cdots, x_n^{(0)}, M - \sum_{j \in R} x_j^{(0)})^{\mathrm{T}}$$

是扩充问题（3.4.7）的可行解，这是矛盾的.

（2）得到扩充问题的最优解

$$\bar{\boldsymbol{x}}^{(0)} = (x_1^{(0)}, x_2^{(0)}, \cdots, x_n^{(0)}, x_{n+1}^{(0)})^{\mathrm{T}}$$

这时，

$$\boldsymbol{x}^{(0)} = (x_1^{(0)}, x_2^{(0)}, \cdots, x_n^{(0)})^{\mathrm{T}}$$

是原来问题的可行解. 如果扩充问题的目标函数最优值与 M 无关，

则

$$\boldsymbol{x}^{(0)} = (x_1^{(0)}, x_2^{(0)}, \cdots, x_n^{(0)})^{\mathrm{T}}$$

也是原来问题的最优解.

因为原来问题若有可行解

$$x^{(1)}=(x_1^{(1)},\cdots,x_n^{(1)})^{\mathrm{T}}$$

使

$$f(x^{(1)})<f(x^{(0)})$$

那么

$$\bar{x}^{(1)}=(x_1^{(1)},\cdots,x_n^{(1)},M-\sum_{j\in R}x_j^{(1)})^{\mathrm{T}}$$

是扩充问题的可行解，且

$$f(\bar{x}^{(1)})<f(\bar{x}^{(0)}),$$

与假设矛盾.

例 3.4.2　用人工对偶单纯形法求解下列问题：

$$\min f=-2x_1+x_2$$
$$\text{s.t.}\begin{cases}x_1+x_2+x_3\geqslant 4\\x_1+2x_2+2x_3\leqslant 6\\x_1,x_2,x_3\geqslant 0\end{cases}$$

解　引进松弛变量 x_4,x_5，化为标准型

$$\min f=-2x_1+x_2$$
$$\text{s.t.}\begin{cases}x_1+x_2+x_3-x_4=4\\x_1+2x_2+2x_3+x_5=6\\x_j\geqslant 0,\ \ j=1,2,\cdots,5\end{cases}$$

为得到一个基本解，把第一个方程两端乘以（–1），这样 x_4,x_5 作为基变量，x_1,x_2,x_3 作为非基变量，然后增加约束条件

$$x_1+x_2+x_3+x_6=M$$

得到原来问题的扩充问题

$$\min f=-2x_1+x_2$$
$$\text{s.t.}\begin{cases}-x_1-x_2-x_3+x_4=-4\\x_1+2x_2+2x_3+x_5=6\\x_1+x_2+x_3+x_6=M\\x_j\geqslant 0,\ \ j=1,\cdots,6\end{cases}$$

对扩充问题建立单纯形表 3.4.3.

表 3.4.3 单纯形表

c_j			-2	1	0	0	0	0
c_B	基	b	x_1	x_2	x_3	x_4	x_5	x_6
0	x_4	-4	-1	-1	-1	1	0	0
0	x_5	6	1	2	2	0	1	0
0	x_6	M	[1]	1	1	0	0	1
σ_j			2	-1	0	0	0	0

由于$\sigma_1 = \max_j\{\sigma_j\}$，因此以$\bar{u}_{31}=1$为主元素进行主元消去运算，得到表 3.4.4.

表 3.4.4 以 $\bar{u}_{31}=1$ 为主元素经主元消去运算得到的表

c_j			-2	1	0	0	0	0
c_B	基	b	x_1	x_2	x_3	x_4	x_5	x_6
0	x_4	$M-4$	0	0	0	1	0	1
0	x_5	$6-M$	0	1	1	0	1	[-1]
-2	x_1	M	1	1	1	0	0	1
σ_j			0	-3	-2	0	0	-2

现在已经得到扩充问题的一个对偶可行的基本解，下面用对偶单纯形法求解此问题. 首先选择主行，即确定离基变量，由于$6-M<0$，因此取第 2 行为主行，这一行只有$\bar{u}_{26}<0$，以它为主元素进行主元消去，得到表 3.4.5.

表 3.4.5 以 $\bar{u}_{26}$ 为主元素经主元消去得到的表

c_j			-2	1	0	0	0	0
c_B	基	b	x_1	x_2	x_3	x_4	x_5	x_6
0	x_4	2	0	1	1	1	1	0
0	x_6	$M-6$	0	-1	-1	0	-1	1
-2	x_1	6	1	2	2	0	1	0
σ_j			0	-5	-4	0	-2	0

由于 $\bar{\boldsymbol{b}} \geqslant 0$，因此对偶可行的基本解也是可行解，且为最优解. 由此得到原问题的最优解

$$(x_1, x_2, x_3)^{\mathrm{T}} = (6, 0, 0)^{\mathrm{T}},$$

目标函数最优值

$$f_{\min} = -12 .$$

例 3.4.3　用人工对偶单纯形法解下列问题：

$$\min f = x_1 - 2x_2 - 3x_3$$

$$\text{s.t.}\begin{cases} x_1 + x_2 - 2x_3 + 3x_4 \geqslant 5 \\ 2x_1 - x_2 + x_3 - x_4 \geqslant 4 \\ x_j \geqslant 0,\ \ j = 1, 2, 3, 4 \end{cases}$$

解　引进松弛变量 x_5, x_6，再把每个等式两端乘以 (-1)，取 x_5, x_6 为基变量，x_1, x_2, x_3, x_4 为非基变量.

构造扩充问题如下：

$$\min f = x_1 - 2x_2 - 3x_3$$

$$\text{s.t.}\begin{cases} -x_1 - x_2 + 2x_3 - 3x_4 + x_5 = -5 \\ -2x_1 + x_2 - x_3 + x_4 + x_6 = -4 \\ x_1 + x_2 + x_3 + x_4 + x_7 = M \\ x_j \geqslant 0,\ \ j = 1, \cdots, 7 \end{cases}$$

建立单纯形表，其计算过程见表 3.4.6.

表 3.4.6　计算过程

c_j			1	−2	−3	0	0	0	0
$\boldsymbol{c}_B$	基	$\boldsymbol{b}$	x_1	x_2	x_3	x_4	x_5	x_6	x_7
0	x_5	−5	−1	−1	2	−3	1	0	0
0	x_6	−4	−2	1	−1	1	0	1	0
0	x_7	M	1	1	[1]	1	0	0	1
σ_j			−1	2	3	0	0	0	0
0	x_5	$-5-2M$	−3	[−3]	0	−5	1	0	−2

续表

0	x_6	$M-4$	-1	2	0	2	0	1	1
-3	x_3	M	1	1	1	1	0	0	1
σ_j			-4	-1	0	-3	0	0	-3
-2	x_2	$\frac{5}{3}+\frac{2}{3}M$	1	1	0	$\frac{5}{3}$	$-\frac{1}{3}$	0	$\frac{2}{3}$
0	x_6	$-\frac{22}{3}-\frac{1}{3}M$	[-3]	0	0	$\frac{-4}{3}$	$\frac{2}{3}$	1	$-\frac{1}{3}$
-3	x_3	$-\frac{5}{3}+\frac{1}{3}M$	0	0	1	$\frac{-2}{3}$	$\frac{1}{3}$	0	$\frac{1}{3}$
σ_j			-3	0	0	$-\frac{4}{3}$	$-\frac{1}{3}$	0	$-\frac{7}{3}$
-2	x_2	$-\frac{7}{9}+\frac{5}{9}M$	0	1	0	$\frac{11}{9}$	$-\frac{1}{9}$	$\frac{1}{3}$	$\frac{5}{9}$
1	x_1	$\frac{22}{9}+\frac{1}{9}M$	1	0	0	$\frac{4}{9}$	$-\frac{2}{9}$	$-\frac{1}{3}$	$\frac{1}{9}$
-3	x_3	$-\frac{5}{3}+\frac{1}{3}M$	0	0	1	$-\frac{2}{3}$	$\frac{1}{3}$	0	$\frac{1}{3}$
σ_j			0	0	0	0	-1	-1	-2

已经达到最优，扩充问题的最优解是

$$\bar{\boldsymbol{x}}=\left(\frac{22}{9}+\frac{1}{9}M,-\frac{7}{9}+\frac{5}{9}M,-\frac{5}{3}+\frac{1}{3}M,0,0,0,0\right)^{\mathrm{T}}$$

目标函数最优值为

$$\min \bar{f}=9-2M$$

由于M取任何足够大的正数时，点

$$\boldsymbol{x}=\left(\frac{22}{9}+\frac{1}{9}M,-\frac{7}{9}+\frac{5}{9}M,-\frac{5}{3}+\frac{1}{3}M,0,0,0\right)^{\mathrm{T}}$$

都是原来问题（标准型）的可行解.

当 $M \to +\infty$ 时，　　$9-2M \to -\infty$，

因此原来问题的目标函数值在可行域上无下界.

3.5　灵敏度分析

前面讨论的线性规划模型，都假定问题中的数据 c_j，b_i 和 a_{ij} 是已知常数.但实际上，这些数据需要根据问题的实际情况进行估计和预测. 既然是估计，就很难做到十分准确. 因此需要研究数据的变化对最优解产生的影响，这就是所谓的灵敏度分析.

灵敏度分析通常有两类问题：一是当这些数据发生变化时，讨论最优解与最优值怎样变化？二是研究这些数据在什么范围内波动时，原有最优解保持不变，同时讨论此时最优值如何变动？

现给定线性规划问题

$$\min f = \boldsymbol{c}^{\mathrm{T}}\boldsymbol{x}$$
$$\text{s.t.}\begin{cases}\boldsymbol{Ax}=\boldsymbol{b}\\ \boldsymbol{x}\geqslant \boldsymbol{0}\end{cases} \tag{3.5.1}$$

设 $\boldsymbol{B}$ 是最优可行基，其相应的最优单纯形表见表 3.5.1.

表 3.5.1　最优单纯形表

<table>
<tr><td colspan="3">c_j</td><td>c_1</td><td>c_2</td><td>$\cdots$</td><td>c_n</td></tr>
<tr><td>$\boldsymbol{c}_B$</td><td>基</td><td>$\bar{\boldsymbol{b}}$</td><td>x_1</td><td>x_2</td><td>$\cdots$</td><td>x_n</td></tr>
<tr><td>c_{B_1}
c_{B_2}
$\vdots$
c_{B_m}</td><td>x_{B_1}
x_{B_2}
$\vdots$
x_{B_m}</td><td>$\boldsymbol{B}^{-1}\boldsymbol{b}$</td><td colspan="4">$\boldsymbol{B}^{-1}\boldsymbol{A}=\boldsymbol{B}^{-1}(\boldsymbol{p}_1,\boldsymbol{p}_2,\cdots,\boldsymbol{p}_n)$</td></tr>
<tr><td colspan="3">$\bar{\boldsymbol{\sigma}}$</td><td colspan="4">$\boldsymbol{c}_B\boldsymbol{B}^{-1}\boldsymbol{A}-\boldsymbol{c}^{\mathrm{T}}$</td></tr>
</table>

下面将简要介绍 $\boldsymbol{c}$，$\boldsymbol{b}$ 和 $\boldsymbol{A}$ 的变化所带来的影响.

3.5.1 改变系数向量 c

设 $\boldsymbol{c}$ 改变为 $\boldsymbol{c}'$，在最优单纯形表 3.5.1 中，发生改变的只是第 $m+1$ 行，即检验数行. 这时，检验数改变为

$$\bar{\boldsymbol{\sigma}} = \boldsymbol{c}_B' \boldsymbol{B}^{-1} \boldsymbol{A} - \boldsymbol{c}'^{\mathrm{T}} \tag{3.5.2}$$

目标函数值改变为

$$f = \boldsymbol{c}_B' \boldsymbol{B}^{-1} \boldsymbol{b} \tag{3.5.3}$$

若式（3.5.2）中仍保持检验数 $\bar{\boldsymbol{\sigma}} \leqslant \mathbf{0}$，则原最优解仍为新问题最优解. 但目标函数值已改变，由式（3.5.3）计算可得；若式（3.5.2）检验数不满足最优性条件（$\bar{\boldsymbol{\sigma}} \leqslant \mathbf{0}$），则当前解已不是最优解了. 要从修改后的单纯形表出发，重新用单纯形法进行迭代，直到求出最优解为止.

例 3.5.1 已知线性规划问题

$$\min f = -3x_1 - 5x_2$$

$$\text{s.t.} \begin{cases} x_1 \leqslant 4 \\ 2x_2 \leqslant 12 \\ 3x_1 + 2x_2 \leqslant 18 \\ x_1, x_2 \geqslant 0 \end{cases}$$

其最优单纯形表见表 3.5.2.

表 3.5.2 最优单纯形表

c_j			-3	-5	0	0	0
c_B	基	$\boldsymbol{b}$	x_1	x_2	x_3	x_4	x_5
0	x_3	2	0	0	1	$\frac{1}{3}$	$-\frac{1}{3}$
-5	x_2	6	0	1	0	$\frac{1}{2}$	0
-3	x_1	2	1	0	0	$-\frac{1}{3}$	$\frac{1}{3}$
σ_j			0	0	0	$-\frac{3}{2}$	-1

考虑下列两个问题：

（1）把 $c_1=-3$ 改变为 $c_1'=1$，求新问题的最优解.

（2）讨论 c_2 在什么范围内变化时原来的最优解也是新问题的最优解（当然，最优值可以不同）.

解　（1）将 c_1 的变化反映到表 3.5.2 中，按式（3.5.2）重新计算检验数（见表 3.5.3 第 1 个表）. 由于修改后的检验数存在大于 0 的数，故需用单纯形法继续迭代，直至得到最优解，过程见表 3.5.3.

表 3.5.3　单纯形法继续迭代过程

c_j			1	-5	0	0	0
c_B	基	b	x_1	x_2	x_3	x_4	x_5
0	x_3	2	0	0	1	$\frac{1}{3}$	$-\frac{1}{3}$
-5	x_2	6	0	1	0	$\frac{1}{2}$	0
1	x_1	2	1	0	0	$-\frac{1}{3}$	$\left[\frac{1}{3}\right]$
σ_j			0	0	0	$-\frac{17}{6}$	$\frac{1}{3}$
0	x_3	4	1	0	1	0	0
-5	x_2	6	0	1	0	$\frac{1}{2}$	0
0	x_5	6	3	0	0	-1	1
σ_j			-1	0	0	$-\frac{5}{2}$	0

所以新的最优解为 $\bar{\boldsymbol{x}}=(0,6)^{\mathrm{T}}$，目标函数最优值 $f_{\min}=-30$.

（2）将 c_2 反映到表 3.5.2 中，重新计算检验数，见表 3.5.4.

表 3.5.4 重新计算检验数表

c_j			-3	c_2	0	0	0
$\boldsymbol{c}_B$	基	$\boldsymbol{b}$	x_1	x_2	x_3	x_4	x_5
0	x_3	2	0	0	1	$\frac{1}{3}$	$-\frac{1}{3}$
c_2	x_2	6	0	1	0	$\frac{1}{2}$	0
-3	x_1	2	1	0	0	$-\frac{1}{3}$	$\frac{1}{3}$
σ_j			0	0	0	$1+\frac{c_2}{2}$	-1

表中解为最优的条件是：

$$1+\frac{c_2}{2}\leqslant 0$$

即，当 $c_2\leqslant -2$ 时，原来的最优解也是新问题的最优解.目标函数的最优值

$$f_{\min}=-6+6c_2\,.$$

3.5.2 改变右端向量 b

设 $\boldsymbol{b}$ 改变为 $\boldsymbol{b}'$，这一改变直接影响最优表 3.5.1 中第三列——右端列. 改变后，有 $\bar{\boldsymbol{b}}=\boldsymbol{B}^{-1}\boldsymbol{b}'$. 这时，$\boldsymbol{b}$ 改变以后必出现下列两种情形之一.

（1）$\boldsymbol{B}^{-1}\boldsymbol{b}'\geqslant\boldsymbol{0}$.

这时，原来的最优基仍是最优基，而基变量的取值（或者说最优解）和目标函数最优值将发生变化.

新问题的最优解是

$$\bar{\boldsymbol{x}}_B=\boldsymbol{B}^{-1}\boldsymbol{b}',\quad \bar{\boldsymbol{x}}_N=\boldsymbol{0} \tag{3.5.4}$$

目标函数的最优值是

$$f=\boldsymbol{c}_B\bar{\boldsymbol{x}}_B=\boldsymbol{c}_B\boldsymbol{B}^{-1}\boldsymbol{b}' \tag{3.5.5}$$

（2）$\boldsymbol{B}^{-1}\boldsymbol{b}'\ngeqslant\boldsymbol{0}$.

这时，原来的最优基 $\boldsymbol{B}$ 对于新问题来说不再是可行基. 但所有检验数仍小于

或等于零，因此现行的基本解是对偶可行的.这样只需把原来的最优表 3.5.1 的右端列加以修改后，用对偶单纯形法继续迭代可得到新问题最优解.

例 3.5.2　在例 3.5.1 问题中，现将右端项 $(4,12,18)^{\mathrm{T}}$ 改为 $(2,3,12)^{\mathrm{T}}$，求新问题的最优解.

解　先计算改变后的右端列

$$\bar{\boldsymbol{b}}=\boldsymbol{B}^{-1}\boldsymbol{b}'=\begin{pmatrix}1 & \frac{1}{3} & -\frac{1}{3}\\ 0 & \frac{1}{2} & 0\\ 0 & -\frac{1}{3} & \frac{1}{3}\end{pmatrix}\begin{pmatrix}2\\3\\12\end{pmatrix}=\begin{pmatrix}-1\\ \frac{3}{2}\\ 3\end{pmatrix}$$

将表 3.5.2 中右端列作相应的修改，由于 $\boldsymbol{b}$ 改变后，原来的最优基不再是可行基，所以需用对偶单纯形法继续迭代，从而得到新问题的最优解，求解过程见表 3.5.5.

表 3.5.5　求解过程

c_j			-3	-5	0	0	0
$\boldsymbol{c}_B$	基	$\boldsymbol{b}$	x_1	x_2	x_3	x_4	x_5
0	x_3	-1	0	0	1	$\frac{1}{3}$	$\left[-\frac{1}{3}\right]$
-5	x_2	$\frac{3}{2}$	0	1	0	$\frac{1}{2}$	0
-3	x_1	3	1	0	0	$-\frac{1}{3}$	$\frac{1}{3}$
σ_j			0	0	0	$-\frac{3}{2}$	-1
0	x_5	3	0	0	-3	-1	1
-5	x_2	$\frac{3}{2}$	0	1	0	$\frac{1}{2}$	0
-3	x_1	2	1	0	1	0	0
σ_j			0	0	-3	$-\frac{5}{2}$	0

新问题的最优解是

$$\bar{\boldsymbol{x}}=(x_1,x_2)^{\mathrm{T}}=(2,\ 3/2)^{\mathrm{T}}$$

目标函数的最优值 $$f_{\min}=-27/2$$

3.5.3 改变约束矩阵 *A*

有下列两种情形：

（1）非基列 $\boldsymbol{p}_j$ 改变为 $\boldsymbol{p}_j'$.

这一改变直接影响最优单纯形表3.5.1中 x_j 的检验数和约束矩阵的第 j 列. 改变后，有

$$\bar{\boldsymbol{p}}_j=\boldsymbol{B}^{-1}\boldsymbol{p}_j' \tag{3.5.6}$$

$$\bar{\sigma}_j=\boldsymbol{c}_B\bar{\boldsymbol{p}}_j-c_j \tag{3.5.7}$$

如果 $\bar{\sigma}_j\leqslant 0$，则原来的最优解也是新问题的最优解；如果 $\bar{\sigma}_j>0$，则原来的最优基，在非退化的情形下，不再是最优基. 这时，需将表3.5.1作相应修改，然后把 x_j 作为进基变量，用单纯形法继续迭代.

（2）基列 $\boldsymbol{p}_j$ 改变为 $\boldsymbol{p}_j'$.

改变 $\boldsymbol{A}$ 中的基向量可能引起严重后果，原来的基向量组用 $\boldsymbol{p}_j'$ 取代 $\boldsymbol{p}_j$ 后，有可能线性相关，因而不再构成基，即使线性无关，可以构成基，它的逆与原来基矩阵的逆 $\boldsymbol{B}^{-1}$ 可能差别很大. 由于基向量的改变将带来全面影响，因此在这种情况下，一般不去修改原来的最优表，而是重新计算.

例 3.5.3 在例3.5.1问题中，将 $\boldsymbol{p}_4=(0,1,0)^{\mathrm{T}}$ 改为 $\boldsymbol{p}_4'=(1,-4,3)^{\mathrm{T}}$，求新问题的最优解.

解 先计算改变项.

$$\bar{\boldsymbol{p}}_4=\boldsymbol{B}^{-1}\boldsymbol{p}_4'=\begin{pmatrix}1 & 1/3 & -1/3\\ 0 & 1/2 & 0\\ 0 & -1/3 & 1/3\end{pmatrix}\begin{pmatrix}1\\-4\\3\end{pmatrix}=\begin{pmatrix}-4/3\\-2\\7/3\end{pmatrix}$$

$$\bar{\sigma}_4=\boldsymbol{c}_B\bar{\boldsymbol{p}}_4-c_4=(0,-5,-3)\begin{pmatrix}-4/3\\-2\\7/3\end{pmatrix}-0=3.$$

将表 3.5.2 中的改变项作相应修改. 由于 $\bar{\sigma}_4 > 0$，故用单纯形法继续迭代. 迭代过程见表 3.5.6.

表 3.5.6　迭代过程

c_j			-3	-5	0	0	0
$\boldsymbol{c}_B$	基	$\boldsymbol{b}$	x_1	x_2	x_3	x_4	x_5
0	x_3	2	0	0	1	$-\frac{4}{3}$	$-\frac{1}{3}$
-5	x_2	6	0	1	0	-2	0
-3	x_1	2	1	0	0	$\left[\frac{7}{3}\right]$	$\frac{1}{3}$
σ_j			0	0	0	3	-1
0	x_3	$\frac{22}{7}$	$\frac{4}{7}$	0	1	0	$-\frac{1}{7}$
-5	x_2	$\frac{54}{7}$	$\frac{6}{7}$	1	0	0	$\frac{2}{7}$
0	x_4	$\frac{6}{7}$	$\frac{3}{7}$	0	0	1	$\frac{1}{7}$
σ_j			$-\frac{9}{7}$	0	0	0	$-\frac{10}{7}$

新问题的最优解是

$$\bar{\boldsymbol{x}} = (x_1, x_2)^{\mathrm{T}} = \left(0, \frac{54}{7}\right)^{\mathrm{T}}$$

目标函数的最优值　$f_{\min} = -38\frac{4}{7}$

3.5.4　增加新约束

在例 3.5.1 问题中，增加一个新的约束

$$\boldsymbol{a}^{m+1}\boldsymbol{x} \leqslant b_{m+1} \tag{3.5.8}$$

其中，$\boldsymbol{a}^{m+1}$是n维行向量

$$\boldsymbol{a}^{m+1}=(a_{m+1,1},a_{m+1,2},\cdots,a_{m+1,n})$$

下面分两种情形加以讨论：

（1）若原来的最优解满足新增加的约束，那么它也是新的问题的最优解.这是显然的.

（2）若原来的最优解不满足新增加的约束，那么就需要把新的约束条件增加到原来的最优表 3.5.1 中，再解新问题.

设原来的最优解为

$$\bar{\boldsymbol{x}}=\begin{pmatrix}\boldsymbol{x}_B\\ \boldsymbol{x}_N\end{pmatrix}=\begin{pmatrix}\boldsymbol{B}^{-1}\boldsymbol{b}\\ \boldsymbol{0}\end{pmatrix}$$

在新增加的约束置入表 3.5.1 之前，先引进松弛变量x_{n+1}，记

$$\boldsymbol{a}^{m+1}=(\boldsymbol{a}_B^{m+1},\boldsymbol{a}_N^{m+1}),$$

把式（3.5.8）写成

$$\boldsymbol{a}_B^{m+1}\boldsymbol{x}_B+\boldsymbol{a}_N^{m+1}\boldsymbol{x}_N+x_{n+1}=b_{m+1} \tag{3.5.9}$$

增加约束后，新的基$\boldsymbol{B}'$，$(\boldsymbol{B}')^{-1}$及右端向量$\boldsymbol{b}'$如下：

$$\boldsymbol{B}'=\begin{pmatrix}\boldsymbol{B} & \boldsymbol{0}\\ \boldsymbol{a}_B^{m+1} & 1\end{pmatrix},\quad (\boldsymbol{B}')^{-1}=\begin{pmatrix}\boldsymbol{B}^{-1} & \boldsymbol{0}\\ -\boldsymbol{a}_B^{m+1}\boldsymbol{B}^{-1} & 1\end{pmatrix},\quad \boldsymbol{b}'=\begin{pmatrix}\boldsymbol{b}\\ b_{m+1}\end{pmatrix}$$

对于增加约束后的新问题，在现行基下对应变量$x_j(j\neq n+1)$的检验数是

$$\begin{aligned}\sigma_j'&=\boldsymbol{c}_B'(\boldsymbol{B}')^{-1}\boldsymbol{p}_j'-c_j=(\boldsymbol{c}_B,0)\begin{pmatrix}\boldsymbol{B}^{-1} & \boldsymbol{0}\\ -\boldsymbol{a}_B^{m+1}\boldsymbol{B}^{-1} & 1\end{pmatrix}\begin{pmatrix}\boldsymbol{p}_j\\ p_j^{m+1}\end{pmatrix}-c_j\\ &=\boldsymbol{c}_B\boldsymbol{B}^{-1}\boldsymbol{p}_j-c_j=\sigma_j\end{aligned} \tag{3.5.10}$$

与不增加约束时相同，x_{n+1}的检验数是

$$\sigma_{n+1}'=\boldsymbol{c}_B'(\boldsymbol{B}')^{-1}\boldsymbol{e}_{n+1}-c_{n+1}=(\boldsymbol{c}_B,0)\begin{pmatrix}\boldsymbol{B}^{-1} & \boldsymbol{0}\\ -\boldsymbol{a}_B^{m+1}\boldsymbol{B}^{-1} & 1\end{pmatrix}\begin{pmatrix}\boldsymbol{0}\\ 1\end{pmatrix}-0=0 \tag{3.5.11}$$

这是必然的，因为x_{n+1}是基变量.

现行的基本解为

$$\begin{pmatrix} \boldsymbol{x}_B \\ x_{n+1} \end{pmatrix} = (\boldsymbol{B}')^{-1} \begin{pmatrix} \boldsymbol{b} \\ b_{m+1} \end{pmatrix} = \begin{pmatrix} \boldsymbol{B}^{-1} & \boldsymbol{0} \\ -\boldsymbol{a}_B^{m+1}\boldsymbol{B}^{-1} & 1 \end{pmatrix} \begin{pmatrix} \boldsymbol{b} \\ b_{m+1} \end{pmatrix}$$

$$= \begin{pmatrix} \boldsymbol{B}^{-1}\boldsymbol{b} \\ b_{m+1} - \boldsymbol{a}_B^{m+1}\boldsymbol{B}^{-1}\boldsymbol{b} \end{pmatrix} \tag{3.5.12}$$

$$\boldsymbol{x}_N = \boldsymbol{0}$$

由式(3.5.10)和式(3.5.11)可知，上述基本解是对偶可行的. 由于 $\boldsymbol{x}_B = \boldsymbol{B}^{-1}\boldsymbol{b}$，$\boldsymbol{x}_N = 0$ 是原来的最优解，因此，$\boldsymbol{B}^{-1}\boldsymbol{b} \geqslant 0$. 如果 $b_{m+1} - \boldsymbol{a}_B^{m+1}\boldsymbol{B}^{-1}\boldsymbol{b} \geqslant 0$，则现行的对偶可行的基本解是新问题的可行解，因而也是最优解. 如果 $b_{m+1} - \boldsymbol{a}_B^{m+1}\boldsymbol{B}^{-1}\boldsymbol{b} < 0$，则可用对偶单纯形法求解.

现在把新增加的约束置于原来的最优表 3.5.1 中，也就是原最优表 3.5.1 中增加第 $n+1$ 列和第 $m+1$ 行. 不妨设新的单纯形表为表 3.5.7（实际上，$\boldsymbol{x}_B$ 的分量不一定在 $\boldsymbol{x}_N$ 的左边）.

表 3.5.7　新的单纯形表

c_j			$\boldsymbol{c}_B$	$\boldsymbol{c}_N$	c_{n+1}
$\boldsymbol{c}_B'$	基	$\boldsymbol{b}'$	$\boldsymbol{x}_B$	$\boldsymbol{x}_N$	x_{n+1}
$\boldsymbol{c}_B$	$\boldsymbol{x}_B$	$\boldsymbol{B}^{-1}\boldsymbol{b}$	$\boldsymbol{I}_m$	$\boldsymbol{B}^{-1}\boldsymbol{N}$	0
0	x_{n+1}	b_{m+1}	$\boldsymbol{a}_B^{m+1}$	$\boldsymbol{a}_N^{m+1}$	1
σ_j			$\boldsymbol{0}$	$\boldsymbol{c}_B\boldsymbol{B}^{-1}\boldsymbol{N} - \boldsymbol{c}_N$	0

进行初等行变换，把表中 $\boldsymbol{x}_B$，x_{n+1} 下的矩阵

$$\begin{pmatrix} \boldsymbol{I}_m & \boldsymbol{0} \\ \boldsymbol{a}_B^{m+1} & 1 \end{pmatrix}$$

化成单位矩阵，这个变换相当于左乘矩阵

$$\begin{pmatrix} \boldsymbol{I}_m & \boldsymbol{0} \\ -\boldsymbol{a}_B^{m+1} & 1 \end{pmatrix}$$

因此变换结果，右端向量为

$$\begin{pmatrix} \boldsymbol{I}_m & \boldsymbol{0} \\ -\boldsymbol{a}_B^{m+1} & 1 \end{pmatrix} \begin{pmatrix} \boldsymbol{B}^{-1}\boldsymbol{b} \\ b_{m+1} \end{pmatrix} = \begin{pmatrix} \boldsymbol{B}^{-1}\boldsymbol{b} \\ b_{m+1} - \boldsymbol{a}_B^{m+1}\boldsymbol{B}^{-1}\boldsymbol{b} \end{pmatrix}$$

正是式（3.5.12）的右端. 接下去按对偶单纯形法的步骤求解.

例 3.5.4 在例 3.5.1 问题中，增加约束条件

$$x_1+2x_2\leqslant 10$$

求新问题最优解.

解 增加约束后的问题是

$$\min f=-3x_1-5x_2$$

$$\text{s.t.}\begin{cases}x_1\leqslant 4\\2x_2\leqslant 12\\3x_1+2x_2\leqslant 18\\x_1+2x_2\leqslant 10\\x_1,x_2\geqslant 0\end{cases}$$

原问题的最优解

$$\overline{\boldsymbol{x}}=(x_1,x_2)^{\mathrm{T}}=(2,6)^{\mathrm{T}}$$

不满足新增加的约束条件，需要引进松弛变量 x_6，把增加的约束条件写成

$$x_1+2x_2+x_6=10$$

再把这个约束方程的系数置于原来的最优表 3.5.2 中，并相应地增加一列

$$\boldsymbol{p}_6=(0,0,0,1)^{\mathrm{T}}$$

得到表 3.5.8.

表 3.5.8 增加一列的最优单纯形表

c_j			-3	-5	0	0	0	0
$\boldsymbol{c}_B$	基	$\boldsymbol{b}$	x_1	x_2	x_3	x_4	x_5	x_6
0	x_3	2	0	0	1	$\frac{1}{3}$	$-\frac{1}{3}$	0
-5	x_2	6	0	1	0	$\frac{1}{2}$	0	0
-3	x_1	2	1	0	0	$-\frac{1}{3}$	$\frac{1}{3}$	0
0	x_6	10	1	2	0	0	0	1
σ_j			0	0	0	$-\frac{3}{2}$	-1	0

分别把第 2 行的 (-2) 倍，第 3 行的 (-1) 倍加到第 4 行，使基变量 x_3, x_2, x_1, x_6 的系数矩阵化为单位矩阵，结果见表 3.5.9.

表 3.5.9　化简后的单纯形表

c_j			-3	-5	0	0	0	0
c_B	基	b	x_1	x_2	x_3	x_4	x_5	x_6
0	x_3	2	0	0	1	$\frac{1}{3}$	$-\frac{1}{3}$	0
-5	x_2	6	0	1	0	$\frac{1}{2}$	0	0
-3	x_1	2	1	0	0	$-\frac{1}{3}$	$\frac{1}{3}$	0
0	x_6	-4	0	0	0	$-\frac{2}{3}$	$-\frac{1}{3}$	1
σ_j			0	0	0	$-\frac{3}{2}$	-1	0

现行基本解是对偶可行的，而检验数均非正.对表 3.5.9 继续用对偶单纯形法迭代计算，得到表 3.5.10.

表 3.5.10　迭代计算

c_j			-3	-5	0	0	0	0
c_B	基	b	x_1	x_2	x_3	x_4	x_5	x_6
0	x_3	0	0	0	1	0	$-\frac{1}{2}$	$\frac{1}{2}$
-5	x_2	3	0	1	0	0	$-\frac{1}{4}$	$\frac{3}{4}$
-3	x_1	4	1	0	0	0	$\frac{1}{2}$	$-\frac{1}{2}$
0	x_4	6	0	0	0	1	$\frac{1}{2}$	$-\frac{3}{2}$
σ_j			0	0	0	0	$-\frac{1}{4}$	$-\frac{9}{4}$

增加约束后，新问题的最优解为

$$\bar{\boldsymbol{x}}=(x_1, x_2)^{\mathrm{T}}=(4, 3)^{\mathrm{T}}$$

目标函数的最优值

$$f_{\min}=-27$$

习 题

1. 写出下列原问题的对偶问题.

（1）$$\max f=5x_1+6x_2+3x_3$$

$$\text{s.t.}\begin{cases} x_1+2x_2+2x_3=5 \\ -x_1+5x_2-x_3\geqslant 3 \\ 4x_1+7x_2+3x_3\leqslant 8 \\ x_1\text{无约束}, x_2\geqslant 0, x_3\leqslant 0 \end{cases};$$

（2）$$\min f=\sum_{i=1}^{m}\sum_{j=1}^{n}c_{ij}x_{ij}$$

$$\text{s.t.}\begin{cases} \sum\limits_{j=1}^{n}x_{ij}=a_i,\ i=1,2,\cdots,m \\ \sum\limits_{i=1}^{m}x_{ij}=b_j,\ j=1,2,\cdots,n. \\ x_{ij}\geqslant 0,\ i=1,2,\cdots,m; j=1,2,\cdots,n \end{cases}$$

2. 判断下列说法是否正确，并说明理由.

（1）如果线性规划的原问题存在可行解，则其对偶问题也一定存在可行解;

（2）如果线性规划的对偶问题无可行解，则原问题也一定无可行解;

（3）在互为对偶的问题中，不管原问题是求极大或极小，原问题可行解的目标函数值一定不超过其对偶问题可行解的目标函数值;

（4）任何线性规划问题具有唯一的对偶问题.

3. 已知线性规划问题

$$\min f=x_1-x_2+x_3$$

$$\text{s.t.}\begin{cases} x_1-x_3\geqslant 4 \\ x_1-x_2+2x_3\geqslant 4 \\ x_1,x_2,x_3\geqslant 0 \end{cases}$$

试应用对偶理论证明上述问题无最优解.

4. 已知线性规划问题

$$\min f = 2x_1 + 3x_2 + 5x_3 + 2x_4 + 3x_5$$

$$\text{s.t.}\begin{cases} x_1 + x_2 + 2x_3 + x_4 + 3x_5 \geqslant 4 \\ 2x_1 - x_2 + 3x_3 + x_4 + x_5 \geqslant 3 \\ x_j \geqslant 0,\ j = 1,2,\cdots,5 \end{cases}$$

的对偶问题的最优解为

$$y_1^* = \frac{4}{5},\quad y_2^* = \frac{3}{5},$$

试利用对偶性质求原问题的最优解.

5. 写出下述线性规划问题的对偶问题，并列表写出两个问题的全部对应的互补基本解，分别标记是否为可行解，并求出最优解.

$$\max f = 3x_1 + 2x_2$$

$$\text{s.t.}\begin{cases} -x_1 + 2x_2 \leqslant 4 \\ 3x_1 + 2x_2 \leqslant 14 \\ x_1 - x_2 \leqslant 3 \\ x_1, x_2 \geqslant 0 \end{cases}$$

6. 考虑如下线性规划问题：

$$\min f = 4x_1 + 3x_2 + x_3$$

$$\text{s.t.}\begin{cases} x_1 - x_2 + x_3 \geqslant 1 \\ x_1 + 2x_2 - 3x_3 \geqslant 2 \\ x_1, x_2, x_3 \geqslant 0 \end{cases}$$

要求：

（1）写出其对偶问题；

（2）用对偶单纯形法求解原问题；

（3）用单纯形法求解其对偶问题；

（4）对比（2）、（3）中每步计算得到的结果.

7. 用对偶理论证明 Farkas 定理：设

系统Ⅰ：$\boldsymbol{Ax} = \boldsymbol{b}, \boldsymbol{x} \geqslant \boldsymbol{0}$；

系统Ⅱ： $\boldsymbol{A}^{\mathrm{T}}\boldsymbol{y}\leqslant \boldsymbol{0},\boldsymbol{b}^{\mathrm{T}}\boldsymbol{y}>\boldsymbol{0}$

则两系统有且仅有一个有解.

8. 考虑线性规划问题

$$\min f=\boldsymbol{c}^{\mathrm{T}}\boldsymbol{x}$$

$$\text{s.t.}\begin{cases}\boldsymbol{A}\boldsymbol{x}=\boldsymbol{b}\\ \boldsymbol{x}\geqslant \boldsymbol{0}\end{cases}$$

其中 $\boldsymbol{A}$ 是 m 阶对称矩阵，$\boldsymbol{c}=\boldsymbol{b}$. 证明若 $\boldsymbol{x}^{(0)}$ 是上述问题的可行解，则它也是最优解.

9. 给定原始的线性规划问题

$$\min f=\boldsymbol{c}^{\mathrm{T}}\boldsymbol{x}$$

$$\text{s.t.}\begin{cases}\boldsymbol{A}\boldsymbol{x}=\boldsymbol{b}\\ \boldsymbol{x}\geqslant \boldsymbol{0}\end{cases}$$

假设这个问题与其对偶问题是可行的. 令 $\boldsymbol{y}^{(0)}$ 是对偶问题的一个已知的最优解.

（1）若用 $\mu\neq 0$ 乘原问题的第 k 个方程，得到一个新的原问题，试求其对偶问题的最优解；

（2）若将原问题第 k 个方程的 μ 倍加到第 r 个方程上，得到新的原问题，试求其对偶问题的最优解.

10. 用对偶单纯形法求解下列问题.

（1） $\min f=9x_1+5x_2+3x_3$

$$\text{s.t.}\begin{cases}3x_1+2x_2-3x_3\geqslant 3\\ 2x_1+x_3\geqslant 5\\ x_1,x_2,x_3\geqslant 0\end{cases};$$

（2） $\min f=3x_1+2x_2+4x_3$

$$\text{s.t.}\begin{cases}2x_1-x_2\geqslant 5\\ 2x_2-x_3\geqslant 10\\ x_1,x_2,x_3\geqslant 0\end{cases}.$$

11. 用人工对偶单纯形法求解下列问题.

（1） $\min f=3x_1+2x_2+4x_3+8x_4$

$$\text{s.t.}\begin{cases}-2x_1+5x_2+3x_3-5x_4\leqslant 3\\ x_1+2x_2+5x_3+6x_4\geqslant 8\\ x_j\geqslant 0,\ j=1,\cdots,4\end{cases};$$

（2） $\max f=x_1+x_2$

$$\text{s.t.}\begin{cases}x_1-x_2-x_3=1\\ -x_1+x_2+2x_3\geqslant 1\\ x_1,x_2,x_3\geqslant 0\end{cases}.$$

12. 已知线性规划问题

$$\min f = -2x_1 + x_2 - x_3$$

$$\text{s.t.}\begin{cases} x_1 + x_2 + x_3 \leqslant 6 \\ -x_1 + 2x_2 \leqslant 4 \\ x_1, x_2, x_3 \geqslant 0 \end{cases}$$

先用单纯形法求出上述问题的最优解，然后对原来问题分别进行下列改变，试用原来问题的最优表求新问题的最优解.

（1）目标函数系数，由 $c_2 = 1$ 改变为 $c_2' = -3$；

（2）第一个约束条件右端项，由 $b_1 = 6$ 改变为 $b_1' = 3$；

（3）约束矩阵 $\boldsymbol{A}$ 的第 2 列，由 $\boldsymbol{p}_2 = \begin{pmatrix} 1 \\ 2 \end{pmatrix}$ 改变为 $\boldsymbol{p}_2' = \begin{pmatrix} -1 \\ 3 \end{pmatrix}$；

（4）增加约束条件：$x_1 - 2x_3 \leqslant -2$.

13. 给定线性规划问题

$$\min f = x_1 + x_2 - 4x_3$$

$$\text{s.t.}\begin{cases} x_1 + x_2 + 2x_3 \leqslant 9 \\ x_1 + x_2 - x_3 \leqslant 2 \\ -x_1 + x_2 + x_3 \leqslant 4 \\ x_1, x_2, x_3 \geqslant 0 \end{cases}$$

它的最优表如下：

c_j			1	1	−4	0	0	0
$\boldsymbol{c}_B$	基	$\boldsymbol{b}$	x_1	x_2	x_3	x_4	x_5	x_6
1	x_1	$\frac{1}{3}$	1	$-\frac{1}{3}$	0	$\frac{1}{3}$	0	$-\frac{2}{3}$
0	x_5	6	0	2	0	0	1	1
−4	x_3	$\frac{13}{3}$	0	$\frac{2}{3}$	1	$\frac{1}{3}$	0	$\frac{1}{3}$
σ_j			0	−4	0	−1	0	−2

考虑下面的问题：

（1）将目标函数系数由 $c_2=1$ 改变为 $c_2'=-4$，求新问题最优解；

（2）讨论系数 c_1 在什么范围内变化时原来的最优解也是新问题的最优解；

（3）将约束右端项由 $\boldsymbol{b}=(9,2,4)^{\mathrm{T}}$ 改变为 $\boldsymbol{b}'=(3,2,3)^{\mathrm{T}}$，求新问题最优解；

（4）讨论第一个约束条件右端项 b_1，在什么范围内变化时原来的最优基不变.

第 4 章　最优性条件

最优化问题的最优解所要满足的必要条件和充分条件称为最优性条件. 这些条件很重要，它们将为各种算法的推导和分析提供必不可少的理论基础.

4.1　无约束问题的最优性条件

考虑无约束最优化问题

$$\min f(\boldsymbol{x}),\quad \boldsymbol{x}\in\mathbf{R}^n \tag{4.1.1}$$

其中，$f(\boldsymbol{x})$ 是定义在 $\mathbf{R}^n$ 上的实函数. 这是一个古典的极值问题，在微积分学中已经有所研究，这里对它进一步讨论.

4.1.1　无约束问题的必要条件

先介绍一个定理，它在后面的证明中将要多次用到.

定理 4.1.1　设函数 $f(\boldsymbol{x})$ 在点 $\bar{\boldsymbol{x}}$ 处可微，如果存在方向 $\boldsymbol{d}$，使 $\nabla f(\bar{\boldsymbol{x}})^{\mathrm{T}}\boldsymbol{d}<0$，则存在 $\delta>0$，使得对每个 $\alpha\in(0,\delta)$，有 $f(\bar{\boldsymbol{x}}+\alpha\boldsymbol{d})<f(\bar{\boldsymbol{x}})$.

证明　函数 $f(\bar{\boldsymbol{x}}+\alpha\boldsymbol{d})$ 在 $\bar{\boldsymbol{x}}$ 处的一阶泰勒展开式为

$$\begin{aligned}f(\bar{\boldsymbol{x}}+\alpha\boldsymbol{d})&=f(\bar{\boldsymbol{x}})+\alpha\nabla f(\bar{\boldsymbol{x}})^{\mathrm{T}}\boldsymbol{d}+o(\|\alpha\boldsymbol{d}\|)\\&=f(\bar{\boldsymbol{x}})+\alpha\left[\nabla f(\bar{\boldsymbol{x}})^{\mathrm{T}}\boldsymbol{d}+\frac{o(\|\alpha\boldsymbol{d}\|)}{\alpha}\right]\end{aligned}$$

其中，当 $\alpha\to 0$ 时，$\dfrac{o(\|\alpha\boldsymbol{d}\|)}{\alpha}\to 0$

由于 $\nabla f(\bar{\boldsymbol{x}})^{\mathrm{T}}\boldsymbol{d}<0$，当 $|\alpha|$ 充分小时，

$$\nabla f(\bar{\boldsymbol{x}})^{\mathrm{T}}\boldsymbol{d}+\frac{o(\|\alpha\boldsymbol{d}\|)}{\alpha}<0$$

因此，存在$\delta>0$，使得当$\alpha\in(0,\delta)$时，有

$$\alpha\left[\nabla f(\bar{\boldsymbol{x}})^{\mathrm{T}}\boldsymbol{d}+\frac{o(\|\alpha\boldsymbol{d}\|)}{\alpha}\right]<0$$

从而

$$f(\bar{\boldsymbol{x}}+\alpha\boldsymbol{d})<f(\bar{\boldsymbol{x}})$$

利用上述定理可以证明局部极小点的一阶必要条件.

定理 4.1.2 设函数$f(\boldsymbol{x})$在点$\bar{\boldsymbol{x}}$处可微，若$\bar{\boldsymbol{x}}$是局部极小点，则梯度$\nabla f(\bar{\boldsymbol{x}})=\boldsymbol{0}$.

证明 用反证法.

设$\nabla f(\bar{\boldsymbol{x}})\neq\boldsymbol{0}$，令方向$\boldsymbol{d}=-\nabla f(\bar{\boldsymbol{x}})$，则有

$$\nabla f(\bar{\boldsymbol{x}})^{\mathrm{T}}\boldsymbol{d}=-\nabla f(\bar{\boldsymbol{x}})^{\mathrm{T}}\nabla f(\bar{\boldsymbol{x}})=-\|\nabla f(\bar{\boldsymbol{x}})\|^2<0$$

根据定理 4.1.1，必存在$\delta>0$，使得当$\alpha\in(0,\delta)$时，

$$f(\bar{\boldsymbol{x}}+\alpha\boldsymbol{d})<f(\bar{\boldsymbol{x}})$$

成立. 这与$\bar{\boldsymbol{x}}$是局部极小点矛盾.

定义 4.1.1 设函数$f(\boldsymbol{x})$在$\bar{\boldsymbol{x}}$处可微，若$\nabla f(\bar{\boldsymbol{x}})=\boldsymbol{0}$，则称$\bar{\boldsymbol{x}}$为$f(\boldsymbol{x})$的稳定点.

由定理 4.1.2 可知，可微函数的局部极小点一定是函数的稳定点. 反之不然，函数的稳定点可以是极小点，可以是极大点，也可以二者都不是. 例如，函数$f(\boldsymbol{x})=x_1x_2$，在点$\bar{\boldsymbol{x}}=(0,0)^{\mathrm{T}}$处的梯度$\nabla f(\bar{\boldsymbol{x}})=\boldsymbol{0}$，但是$\bar{\boldsymbol{x}}$是双曲面的鞍点，而不是极小点.

下面利用函数$f(\boldsymbol{x})$的 Hesse 矩阵，给出局部极小点的二阶必要条件.

定理 4.1.3 设函数$f(\boldsymbol{x})$在点$\bar{\boldsymbol{x}}$处二次可微，若$\bar{\boldsymbol{x}}$是局部极小点，则梯度$\nabla f(\bar{\boldsymbol{x}})=\boldsymbol{0}$，并且 Hesse 矩阵$\nabla^2 f(\bar{\boldsymbol{x}})$半正定.

证明 定理 4.1.2 已经证明$\nabla f(\bar{\boldsymbol{x}})=\boldsymbol{0}$，现在只需证明 Hesse 矩阵$\nabla^2 f(\bar{\boldsymbol{x}})$半正定.

由于$f(\boldsymbol{x})$在$\bar{\boldsymbol{x}}$处二次可微，且$\nabla f(\bar{\boldsymbol{x}})=\boldsymbol{0}$，所以由二阶泰勒公式，对于任意非零向量$\boldsymbol{d}$和充分小的$\alpha>0$，有

$$f(\bar{\boldsymbol{x}}+\alpha\boldsymbol{d})=f(\bar{\boldsymbol{x}})+\alpha\boldsymbol{d}^{\mathrm{T}}\nabla f(\bar{\boldsymbol{x}})+\frac{1}{2}\alpha^2\boldsymbol{d}^{\mathrm{T}}\nabla^2 f(\bar{\boldsymbol{x}})\boldsymbol{d}+o(\|\alpha\boldsymbol{d}\|^2)$$
$$=f(\bar{\boldsymbol{x}})+\frac{1}{2}\alpha^2\boldsymbol{d}^{\mathrm{T}}\nabla^2 f(\bar{\boldsymbol{x}})\boldsymbol{d}+o(\|\alpha\boldsymbol{d}\|^2)$$

经移项整理，得到

$$\frac{f(\bar{\boldsymbol{x}}+\alpha\boldsymbol{d})-f(\bar{\boldsymbol{x}})}{\alpha^2}=\frac{1}{2}\boldsymbol{d}^{\mathrm{T}}\nabla^2 f(\bar{\boldsymbol{x}})\boldsymbol{d}+\frac{o(\|\alpha\boldsymbol{d}\|^2)}{\alpha^2} \tag{4.1.2}$$

由于 $\bar{\boldsymbol{x}}$ 是局部极小点，当 α 充分小时，有

$$f(\bar{\boldsymbol{x}}+\alpha\boldsymbol{d})\geqslant f(\bar{\boldsymbol{x}})$$

从而由式（4.1.2）推得

$$\boldsymbol{d}^{\mathrm{T}}\nabla^2 f(\bar{\boldsymbol{x}})\boldsymbol{d}\geqslant 0$$

因而 Hesse 矩阵 $\nabla^2 f(\bar{\boldsymbol{x}})$ 是半正定的.

4.1.2　无约束问题的充分条件

下面给出局部极小点的二阶充分条件.

定理 4.1.4　设函数 $f(\boldsymbol{x})$ 在点 $\bar{\boldsymbol{x}}$ 处二次可微，若梯度 $\nabla f(\bar{\boldsymbol{x}})=\boldsymbol{0}$，且 Hesse 矩阵 $\nabla^2 f(\bar{\boldsymbol{x}})$ 正定，则 $\bar{\boldsymbol{x}}$ 是严格局部极小点.

证明　任取单位向量 $\boldsymbol{d}_0$ 及数 $\alpha>0$，将 $f(\boldsymbol{x})$ 在点 $\bar{\boldsymbol{x}}$ 处作二阶泰勒展开，有

$$f(\bar{\boldsymbol{x}}+\alpha\boldsymbol{d}_0)=f(\bar{\boldsymbol{x}})+\alpha\boldsymbol{d}_0^{\mathrm{T}}\nabla f(\bar{\boldsymbol{x}})+\frac{1}{2}\alpha^2\boldsymbol{d}_0^{\mathrm{T}}\nabla^2 f(\bar{\boldsymbol{x}})\boldsymbol{d}_0+o(\|\alpha\boldsymbol{d}\|^2) \tag{4.1.3}$$

因为

$$\nabla f(\bar{\boldsymbol{x}})=\boldsymbol{0}，\ \|\boldsymbol{d}_0\|=1$$

所以

$$f(\bar{\boldsymbol{x}}+\alpha\boldsymbol{d}_0)-f(\bar{\boldsymbol{x}})=\frac{1}{2}\alpha^2\boldsymbol{d}_0^{\mathrm{T}}\nabla^2 f(\bar{\boldsymbol{x}})\boldsymbol{d}_0+o(\alpha^2) \tag{4.1.4}$$

作一个有界闭区域

$$D_0=\{\boldsymbol{d}_0 \mid \boldsymbol{d}_0\in\mathbf{R}^n\text{且}\|\boldsymbol{d}_0\|=1\}$$

因为二次函数 $\boldsymbol{d}_0^{\mathrm{T}}\nabla^2 f(\bar{\boldsymbol{x}})\boldsymbol{d}_0$ 在有界闭区域 D_0 上连续，所以二次函数 $\boldsymbol{d}_0^{\mathrm{T}}\nabla^2 f(\bar{\boldsymbol{x}})\boldsymbol{d}_0$ 在有界闭区域 D_0 上取到最小值.记该最小值为 r_0，又因为 $\nabla^2 f(\bar{\boldsymbol{x}})$ 是正定矩阵，故有 $r_0>0$.

所以

$$d_0^{\mathrm{T}}\nabla^2 f(\overline{x})d_0 \geqslant r_0 > 0$$

$$\frac{1}{2}d_0^{\mathrm{T}}\nabla^2 f(\overline{x})d_0 + \frac{o(\alpha^2)}{\alpha^2} \geqslant \frac{1}{2}r_0 + \frac{o(\alpha^2)}{\alpha^2} \tag{4.1.5}$$

由于当$\alpha \to 0$时，$\dfrac{o(\alpha^2)}{\alpha^2} \to 0$，又因为$r_0 > 0$，因此由极限理论，必存在$\delta > 0$，当$0 < \alpha < \delta$时，式(4.1.5)大于0，即式(4.1.4)右端大于0，从而$f(\overline{x}+\alpha d_0) > f(\overline{x})$．因此$\overline{x}$是严格局部解.

例 4.1.1 利用最优性条件解下列问题：

$$\min f(x) = \frac{1}{3}x_1^3 + \frac{1}{3}x_2^3 - x_2^2 - x_1$$

解 因为
$$\frac{\partial f}{\partial x_1} = x_1^2 - 1, \qquad \frac{\partial f}{\partial x_2} = x_2^2 - 2x_2$$

令$\nabla f(x) = \mathbf{0}$，即

$$\begin{cases} x_1^2 - 1 = 0 \\ x_2^2 - 2x_2 = 0 \end{cases}$$

解得稳定点 $x^{(1)} = (1,0)^{\mathrm{T}}, x^{(2)} = (1,2)^{\mathrm{T}}, x^{(3)} = (-1,0)^{\mathrm{T}}, x^{(4)} = (-1,2)^{\mathrm{T}}$

函数$f(x)$的 Hesse 矩阵

$$\nabla^2 f(x) = \begin{pmatrix} 2x_1 & 0 \\ 0 & 2x_2 - 2 \end{pmatrix}$$

由此可知，在点$x^{(1)}, x^{(2)}, x^{(3)}, x^{(4)}$处的 Hesse 矩阵依次为

$$\nabla^2 f(x^{(1)}) = \begin{pmatrix} 2 & 0 \\ 0 & -2 \end{pmatrix}, \qquad \nabla^2 f(x^{(2)}) = \begin{pmatrix} 2 & 0 \\ 0 & 2 \end{pmatrix}$$

$$\nabla^2 f(x^{(3)}) = \begin{pmatrix} -2 & 0 \\ 0 & -2 \end{pmatrix}, \qquad \nabla^2 f(x^{(4)}) = \begin{pmatrix} -2 & 0 \\ 0 & 2 \end{pmatrix}$$

矩阵$\nabla^2 f(x^{(1)})$，$\nabla^2 f(x^{(4)})$不定，根据定理 4.1.3，$x^{(1)}$和$x^{(4)}$不是极小点，矩阵$\nabla^2 f(x^{(3)})$负定，因此$x^{(3)}$也不是极小点，实际上它是极大点. 矩阵$\nabla^2 f(x^{(2)})$正定，根据定理 4.1.4，$x^{(2)}$是极小点.

4.1.3　无约束问题的充要条件

下面在函数凸性的假设下，给出全局极小点的充要条件.

定理 4.1.5　设 $f(\boldsymbol{x})$ 是可微凸函数，则 $\bar{\boldsymbol{x}}$ 为全局极小点的充要条件是梯度 $\nabla f(\bar{\boldsymbol{x}})=0$.

证明　必要性是显然的. 若 $\bar{\boldsymbol{x}}$ 是全局极小点，必是局部极小点，根据定理 4.1.2，有

$$\nabla f(\bar{\boldsymbol{x}})=\mathbf{0}$$

现在证明充分性. 因为 $f(\boldsymbol{x})$ 是凸函数，且在点 $\bar{\boldsymbol{x}}$ 处可微，所以由定理 1.4.11，有

$$f(\boldsymbol{x})\geqslant f(\bar{\boldsymbol{x}})+\nabla f(\bar{\boldsymbol{x}})^{\mathrm{T}}(\boldsymbol{x}-\bar{\boldsymbol{x}}),\qquad \forall \boldsymbol{x}\in\mathbf{R}^n$$

由于 $\nabla f(\bar{\boldsymbol{x}})=\mathbf{0}$，所以 $f(\boldsymbol{x})\geqslant f(\bar{\boldsymbol{x}})$，$\forall \boldsymbol{x}\in\mathbf{R}^n$

即 $\bar{\boldsymbol{x}}$ 是全局极小点.

在定理 4.1.5 中，如果 $f(\boldsymbol{x})$ 是严格可微凸函数，且 $\nabla f(\bar{\boldsymbol{x}})=\mathbf{0}$，则 $\bar{\boldsymbol{x}}$ 是严格全局极小点.

定义 4.1.2　若 $\boldsymbol{G}$ 是 $n\times n$ 阶正定对称矩阵，称函数 $f(\boldsymbol{x})=\dfrac{1}{2}\boldsymbol{x}^{\mathrm{T}}\boldsymbol{G}\boldsymbol{x}+\boldsymbol{r}^{\mathrm{T}}\boldsymbol{x}+\delta$ 为正定二次函数.

例 4.1.2　试证正定二次函数

$$f(\boldsymbol{x})=\frac{1}{2}\boldsymbol{x}^{\mathrm{T}}\boldsymbol{G}\boldsymbol{x}+\boldsymbol{r}^{\mathrm{T}}\boldsymbol{x}+\delta$$

有唯一的严格全局极小点

$$\bar{\boldsymbol{x}}=-\boldsymbol{G}^{-1}\boldsymbol{r}$$

其中，$\boldsymbol{G}$ 为 n 阶正定矩阵.

证明　因为 $\boldsymbol{G}$ 为正定矩阵，且

$$\nabla f(\boldsymbol{x})=\boldsymbol{G}\boldsymbol{x}+\boldsymbol{r},\quad \forall \boldsymbol{x}\in\mathbf{R}^n$$

所以可得 $f(\boldsymbol{x})$ 的唯一稳定点　$\bar{\boldsymbol{x}}=-\boldsymbol{G}^{-1}\boldsymbol{r}$

又由于 $f(\boldsymbol{x})$ 是严格凸函数，所以由定理 4.1.5 知，$\bar{\boldsymbol{x}}$ 是 $f(\boldsymbol{x})$ 的严格全局极小点.

4.2 约束问题的最优性条件

考虑约束最优化问题

$$\min f(\boldsymbol{x}), \qquad \boldsymbol{x}\in \mathbf{R}^n$$
$$\text{s.t.}\begin{cases} c_i(\boldsymbol{x})=0, & i\in E=\{1,2,\cdots,l\} \\ c_i(\boldsymbol{x})\geqslant 0, & i\in I=\{l+1,l+2,\cdots,l+m\} \end{cases} \tag{4.2.1}$$

记D为可行域，即

$$D=\{\boldsymbol{x}|c_i(\boldsymbol{x})=0, i\in E; c_i(\boldsymbol{x})\geqslant 0, i\in I\}$$

由于在约束最优化问题中，变量的取值受到限制，目标函数在无约束情况下的稳定点很可能不在可行域内，所以一般不能用无约束最优化条件处理约束问题.

4.2.1 不等式约束问题的最优性条件

考虑只有不等式约束的最优化问题

$$\min f(\boldsymbol{x}), \quad \boldsymbol{x}\in \mathbf{R}^n$$
$$\text{s.t. } c_i(\boldsymbol{x})\geqslant 0, \quad i=1,2,\cdots,m \tag{4.2.2}$$

该问题的可行域为

$$D=\{\boldsymbol{x}\,|\,c_i(\boldsymbol{x})\geqslant 0, \quad i=1,2,\cdots,m\}$$

为增加直观性，首先给出最优性的几何条件，然后再给出它们的代数表示，为此引入以下概念.

定义 4.2.1 设$D\subset \mathbf{R}^n$，集合$\mathrm{cl}D=\{\boldsymbol{x}\in \mathbf{R}^n\,|\,D\cap N_\delta(\boldsymbol{x})\neq \Phi, \forall \delta>0\}$称为$\mathbf{R}^n$中集合$D$的闭包.

定义 4.2.2 设$f(\boldsymbol{x})$是定义在$\mathbf{R}^n$上的实函数，$\bar{\boldsymbol{x}}\in \mathbf{R}^n$，$\boldsymbol{d}$是非零向量. 若存在数$\delta>0$，使得对每个$\alpha\in(0,\delta)$，都有$f(\bar{\boldsymbol{x}}+\alpha\boldsymbol{d})<f(\bar{\boldsymbol{x}})$，则称$\boldsymbol{d}$为函数$f(\boldsymbol{x})$在$\bar{\boldsymbol{x}}$处的下降方向.

如果$f(\boldsymbol{x})$是可微函数，且$\nabla f(\bar{\boldsymbol{x}})^{\mathrm{T}}\boldsymbol{d}<0$，根据定理 4.1.1，显然$\boldsymbol{d}$为$f(\boldsymbol{x})$在$\bar{\boldsymbol{x}}$

处的下降方向，这时记作

$$F_0 = \{\boldsymbol{d} \mid \nabla f(\bar{\boldsymbol{x}})^{\mathrm{T}} \boldsymbol{d} < 0\}$$

定义 4.2.3　设集合 $D \subset \mathbf{R}^n, \bar{\boldsymbol{x}} \in \mathrm{cl}D, \boldsymbol{d} \in \mathbf{R}^n$，且 $\boldsymbol{d} \neq 0$，若存在数 $\delta > 0$，使得对每个 $\alpha \in (0,\delta)$，都有 $\bar{\boldsymbol{x}} + \alpha \boldsymbol{d} \in D$，则称 $\boldsymbol{d}$ 为集合 D 在 $\bar{\boldsymbol{x}}$ 处的可行方向.

集合 D 在 $\bar{\boldsymbol{x}}$ 处所有可行方向的集合

$$S = \{\boldsymbol{d} \mid \boldsymbol{d} \neq \boldsymbol{0}, \bar{\boldsymbol{x}} \in \mathrm{cl}D, \exists \delta > 0\text{，使得} \forall \alpha \in (0,\delta), \text{有} \bar{\boldsymbol{x}} + \alpha \boldsymbol{d} \in D\}$$

称为在 $\bar{\boldsymbol{x}}$ 处的可行方向锥.

由可行方向和下降方向的定义可知，如果 $\bar{\boldsymbol{x}}$ 是 $f(\boldsymbol{x})$ 在 D 上的局部极小点，则在 $\bar{\boldsymbol{x}}$ 处，任何下降方向都不是可行方向，而任何可行方向也不是下降方向，就是说，不存在可行下降方向.

定理 4.2.1　考虑问题

$$\min f(\boldsymbol{x})$$
$$\text{s.t.} \quad \boldsymbol{x} \in D$$

设 D 是 $\mathbf{R}^n$ 中的非空集合，$\bar{\boldsymbol{x}} \in D$，$f(\boldsymbol{x})$ 在 $\bar{\boldsymbol{x}}$ 处可微. 如果 $\bar{\boldsymbol{x}}$ 是局部极小点，则

$$F_0 \cap S = \varnothing$$

证明　用反证法.

设存在向量 $\boldsymbol{d} \neq \boldsymbol{0}, \boldsymbol{d} \in F_0 \cap S$，则 $\boldsymbol{d} \in F_0$ 且 $\boldsymbol{d} \in S$，根据 F_0 的定义，有

$$\nabla f(\bar{\boldsymbol{x}})^{\mathrm{T}} \boldsymbol{d} < 0$$

由定理 4.1.1 可知，存在 $\delta_1 > 0$，当 $\alpha \in (0,\delta_1)$ 时，有

$$f(\bar{\boldsymbol{x}} + \alpha \boldsymbol{d}) < f(\bar{\boldsymbol{x}}) \tag{4.2.3}$$

又根据 S 的定义，存在 $\delta_2 > 0$，当 $\alpha \in (0,\delta_2)$ 时，有

$$\bar{\boldsymbol{x}} + \alpha \boldsymbol{d} \in D \tag{4.2.4}$$

令

$$\delta = \min\{\delta_1, \delta_2\}$$

则当 $\alpha \in (0,\delta)$ 时，式（4.2.3）和式（4.2.4）同时成立，因此与 $\bar{\boldsymbol{x}}$ 是局部极小点相矛盾.

定义 4.2.4　设 $\bar{\boldsymbol{x}}$ 为问题（4.2.2）的可行点，则其不等式约束条件在 $\bar{\boldsymbol{x}}$ 处呈现出两种情形：

（1）$c_i(\bar{\boldsymbol{x}})=0$，称第 i 个不等式约束为在 $\bar{\boldsymbol{x}}$ 处起作用约束，也称有效约束；

（2）$c_i(\bar{\boldsymbol{x}})>0$，称第 i 个不等式约束为在 $\bar{\boldsymbol{x}}$ 处不起作用约束，也称非有效约束.

我们用 $I(\bar{\boldsymbol{x}})$ 表示在可行点 $\bar{\boldsymbol{x}}$ 处起作用约束的指标集，即

$$I(\bar{\boldsymbol{x}})=\{i \mid c_i(\bar{\boldsymbol{x}})=0, i=1,\cdots,m\}$$

对于起作用约束，当点沿某些方向稍微离开 $\bar{\boldsymbol{x}}$ 时，仍能满足这些约束，而沿另一些方向离开 $\bar{\boldsymbol{x}}$ 时，不论步长多么小，都会违背这些约束. 对于不起作用约束，当点稍微离开 $\bar{\boldsymbol{x}}$ 时，不论什么方向都不违背这些约束. 如图 4.2.1 所示，在 $\bar{\boldsymbol{x}}$ 处，$c_1\geqslant 0$ 和 $c_2\geqslant 0$ 是起作用约束，$c_3\geqslant 0$ 是不起作用约束.

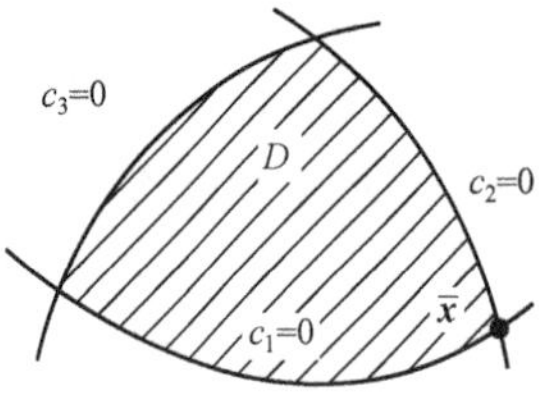

图 4.2.1

因此，我们研究在一点处的可行方向时，只需考虑在该点起作用约束，那些不起作用约束可以暂且不管.

定理 4.2.2 设 $\bar{\boldsymbol{x}}$ 是问题（4.2.2）的可行点，$f(\boldsymbol{x})$ 和 $c_i(\boldsymbol{x})(i\in I(\bar{\boldsymbol{x}}))$ 在 $\bar{\boldsymbol{x}}$ 处可微，$c_i(\boldsymbol{x})(i\notin I(\bar{\boldsymbol{x}}))$ 在 $\bar{\boldsymbol{x}}$ 处连续. 如果 $\bar{\boldsymbol{x}}$ 是问题（4.2.2）的局部极小点，则 $F_0\cap G_0=\varnothing$.

其中

$$G_0=\{\boldsymbol{d} \mid \nabla c_i(\bar{\boldsymbol{x}})^{\mathrm{T}}\boldsymbol{d}>0,\ i\in I(\bar{\boldsymbol{x}})\}$$

证明 由定理 4.2.1 可知，在点 $\bar{\boldsymbol{x}}$ 处，有 $F_0\cap S=\varnothing$，所以只需证明 $G_0\subset S$.

对于任意 $\boldsymbol{d}\in G_0$，当 $i\in I(\bar{\boldsymbol{x}})$ 时

$$\nabla c_i(\bar{\boldsymbol{x}})^{\mathrm{T}}\boldsymbol{d}>0$$

为了方便，令 $\tilde{c}_i(\boldsymbol{x})=-c_i(\boldsymbol{x})$，因此，$\forall i\in I(\bar{\boldsymbol{x}})$，有 $\nabla\tilde{c}_i(\bar{\boldsymbol{x}})^{\mathrm{T}}\boldsymbol{d}<0$.
根据定理 4.1.1，存在 $\delta_i>0$，当 $\alpha\in(0,\delta_i)$ 时，有

$$\tilde{c}_i(\bar{\boldsymbol{x}}+\alpha\boldsymbol{d})<\tilde{c}_i(\bar{\boldsymbol{x}}),\quad i\in I(\bar{\boldsymbol{x}})$$

即

$$c_i(\bar{\boldsymbol{x}}+\alpha\boldsymbol{d})>c_i(\bar{\boldsymbol{x}})=0,\quad i\in I(\bar{\boldsymbol{x}}) \tag{4.2.5}$$

当 $i\notin I(\bar{\boldsymbol{x}})$ 时，$c_i(\bar{\boldsymbol{x}})>0$. 由于 $c_i(\boldsymbol{x})$ 在 $\bar{\boldsymbol{x}}$ 处连续，因此存在 $\delta_i>0$，当 $\alpha\in(0,\delta_i)$ 时，有

$$c_i(\bar{\boldsymbol{x}}+\alpha\boldsymbol{d})>0,\quad i\notin I(\bar{\boldsymbol{x}}) \tag{4.2.6}$$

令

$$\delta=\min\{\delta_i\mid i=1,2,\cdots,m\} \tag{4.2.7}$$

由式（4.2.5）、式（4.2.6）和式（4.2.7）可知，当$\alpha\in(0,\delta)$时，有

$$c_i(\bar{\boldsymbol{x}}+\alpha\boldsymbol{d})>0,\quad i=1,2,\cdots,m$$

从而

$$\bar{\boldsymbol{x}}+\alpha\boldsymbol{d}$$

为问题的可行解

即

$$\bar{\boldsymbol{x}}+\alpha\boldsymbol{d}\in D$$

按定义，$\boldsymbol{d}$ 为可行方向，因此$\boldsymbol{d}\in S$，从而得出$G_0\subset S$，故$F_0\cap G_0=\varnothing$.

下面将最优性的几何条件转化为代数条件.

定理 4.2.3（Fritz John 条件） 设$\bar{\boldsymbol{x}}$是问题(4.2.2)可行点，$f(\boldsymbol{x})$和$c_i(\boldsymbol{x})(i\in I(\bar{\boldsymbol{x}}))$在点$\bar{\boldsymbol{x}}$处可微，$c_i(\boldsymbol{x})(i\notin I(\bar{\boldsymbol{x}}))$在点$\bar{\boldsymbol{x}}$处连续. 若$\bar{\boldsymbol{x}}$是问题（4.2.2）的局部极小点，则存在不全为零的非负数$\lambda_0,\lambda_i(i\in I(\bar{\boldsymbol{x}}))$，使得

$$\lambda_0\nabla f(\bar{\boldsymbol{x}})-\sum_{i\in I(\bar{\boldsymbol{x}})}\lambda_i\nabla c_i(\bar{\boldsymbol{x}})=\boldsymbol{0} \tag{4.2.8}$$

证明　根据定理 4.2.2，在点$\bar{\boldsymbol{x}}$处，$F_0\cap G_0=\varnothing$，

即不等式组

$$\begin{cases}\nabla f(\bar{\boldsymbol{x}})^{\mathrm{T}}\boldsymbol{d}<0\\ -\nabla c_i(\bar{\boldsymbol{x}})^{\mathrm{T}}\boldsymbol{d}<0,\ i\in I(\bar{\boldsymbol{x}})\end{cases} \tag{4.2.9}$$

无解.

记
$$I(\bar{\boldsymbol{x}})=\{i_1,i_2,\cdots,i_r\}$$

且
$$\boldsymbol{A}=(\nabla f(\bar{\boldsymbol{x}}),-\nabla c_{i_1}(\bar{\boldsymbol{x}}),-\nabla c_{i_2}(\bar{\boldsymbol{x}}),\cdots,-\nabla c_{i_r}(\bar{\boldsymbol{x}}))^{\mathrm{T}}$$

则关系式组（4.2.9）无解等价于关系式

$$\boldsymbol{A}\boldsymbol{d}<\boldsymbol{0} \tag{4.2.10}$$

无解.

根据 Gordan 定理 1.4.5 可知，若关系式（4.2.10）无解，则必存在

$\boldsymbol{\lambda}\in \mathbf{R}^{r+1},\boldsymbol{\lambda}\geqslant \mathbf{0},\boldsymbol{\lambda}\neq \mathbf{0}$，使得

$$\boldsymbol{A}^{\mathrm{T}}\boldsymbol{\lambda}=\mathbf{0} \tag{4.2.11}$$

把 $\boldsymbol{\lambda}$ 的分量记作 λ_0 和 $\lambda_i(i\in I(\bar{\boldsymbol{x}}))$. 从而，由 A 的定义及式（4.2.11）可知，定理结论成立.

例 4.2.1 已知最优化问题

$$\min f(\boldsymbol{x})=-x_1$$

$$\text{s.t.}\begin{cases}c_1(\boldsymbol{x})=(1-x_1)^3-x_2\geqslant 0\\ c_2(\boldsymbol{x})=x_2\geqslant 0\end{cases}$$

试判别最优解 $\bar{\boldsymbol{x}}=(1,0)^{\mathrm{T}}$ 是否为 Fritz John 点.

解 因为

$$\nabla f(\bar{\boldsymbol{x}})=(-1,0)^{\mathrm{T}},\nabla c_1(\bar{\boldsymbol{x}})=(0,-1)^{\mathrm{T}}$$

$$\nabla c_2(\bar{\boldsymbol{x}})=(0,1)^{\mathrm{T}}$$

且

$$I(\bar{\boldsymbol{x}})=\{1,2\}$$

所以为使 Fritz John 条件

$$\boldsymbol{\lambda}_0(-1,0)^{\mathrm{T}}-\boldsymbol{\lambda}_1(0,-1)^{\mathrm{T}}-\boldsymbol{\lambda}_2(0,1)^{\mathrm{T}}=(0,0)^{\mathrm{T}}$$

成立，只有 $\lambda_0=0$，因此，取 $\lambda_0=0$，$\lambda_1=\lambda_2=\alpha>0$ 即可.
所以 $\bar{\boldsymbol{x}}$ 是 Fritz John 点.

这个例子说明在 Fritz John 条件中有可能 $\lambda_0=0$. 当 $\lambda_0=0$ 时，目标函数的梯度 $\nabla f(\bar{\boldsymbol{x}})$ 就会从 Fritz John 条件消失，此时，Fritz John 条件实际上不包含目标函数的任何信息，仅仅把起作用约束函数的梯度组合成零向量，而这对表述最优解没有什么实际价值. 我们感兴趣的是 $\lambda_0\neq 0$ 的情形. 为保证 $\lambda_0\neq 0$，还需要对约束施加某种限制，这种限制条件通常称为约束规格. 在定理 4.2.3 中，如果增加起作用约束的梯度线性无关的约束规格，则给出不等式约束问题的著名的 Kuhn－Tucker 条件（简称 K–T 条件）.

定理 4.2.4（Kuhn－Tucker 条件） 考虑问题（4.2.2），设 $\bar{\boldsymbol{x}}\in D,f(\boldsymbol{x})$ 和 $c_i(\boldsymbol{x})(i\in I(\bar{\boldsymbol{x}}))$ 在 $\bar{\boldsymbol{x}}$ 处可微，$c_i(\boldsymbol{x})(i\notin I(\bar{\boldsymbol{x}}))$ 在点 $\bar{\boldsymbol{x}}$ 处连续，$\{\nabla c_i(\bar{\boldsymbol{x}})\,|\,i\in I(\bar{\boldsymbol{x}})\}$ 线性无关. 若 $\bar{\boldsymbol{x}}$ 是局部极小点，则存在非负数 $\lambda_i,i\in I(\bar{\boldsymbol{x}})$，使得

$$\nabla f(\bar{\boldsymbol{x}})-\sum_{i\in I(\bar{\boldsymbol{x}})}\lambda_i\nabla c_i(\bar{\boldsymbol{x}})=\boldsymbol{0} \tag{4.2.12}$$

证明　根据定理 4.2.3，存在不全为零的非负数 λ_0，$\hat{\lambda}_i(i\in I(\bar{\boldsymbol{x}}))$，使得

$$\lambda_0\nabla f(\bar{\boldsymbol{x}})-\sum_{i\in I(\bar{\boldsymbol{x}})}\hat{\lambda}_i\nabla c_i(\bar{\boldsymbol{x}})=\boldsymbol{0}$$

显然 $\lambda_0\neq 0$，因为如果 $\lambda_0=0$，$\hat{\lambda}_i(i\in I(\bar{\boldsymbol{x}}))$ 不全为零，必导致 $\{\nabla c_i(\bar{\boldsymbol{x}})\,|\,i\in I(\bar{\boldsymbol{x}})\}$ 线性相关，于是可令 $\lambda_i=\dfrac{\hat{\lambda}_i}{\lambda_0},i\in I(\bar{\boldsymbol{x}})$，从而得到

$$\nabla f(\bar{\boldsymbol{x}})-\sum_{i\in I(\bar{\boldsymbol{x}})}\lambda_i\nabla c_i(\bar{\boldsymbol{x}})=\boldsymbol{0}$$

$$\lambda_i\geqslant 0,\quad i\in I(\bar{\boldsymbol{x}})$$

在定理 4.2.4 中，若 $c_i(\boldsymbol{x})\big(i\notin I(\bar{\boldsymbol{x}})\big)$ 在 $\bar{\boldsymbol{x}}$ 处可微，则 K－T 条件可写成等价形式：

$$\nabla f(\bar{\boldsymbol{x}})-\sum_{i=1}^{m}\lambda_i\nabla c_i(\bar{\boldsymbol{x}})=\boldsymbol{0} \tag{4.2.13}$$

$$\lambda_i c_i(\bar{\boldsymbol{x}})=0,\quad i=1,2,\cdots,m \tag{4.2.14}$$

$$\lambda_i\geqslant 0,\quad i=1,2,\cdots,m \tag{4.2.15}$$

当 $i\notin I(\bar{\boldsymbol{x}})$ 时，$c_i(\bar{\boldsymbol{x}})\neq 0$，由式（4.2.14）可知 $\lambda_i=0$，这时，项 $\lambda_i\nabla c_i(\bar{\boldsymbol{x}})(i\notin I(\bar{\boldsymbol{x}}))$ 从式（4.2.13）中自然消去，得到式（4.2.12）.

当 $i\in I(\bar{\boldsymbol{x}})$ 时，$c_i(\bar{\boldsymbol{x}})=0$，因此条件（4.2.14）对 λ_i 没有限制.

条件（4.2.14）称为互补松弛条件.

如果给定点 $\bar{\boldsymbol{x}}$，验证它是否为 K－T 点，只需解方程组（4.2.12）. 如果 $\bar{\boldsymbol{x}}$ 没有给定，欲求问题的 K－T 点，就需要求解式（4.2.13）和式（4.2.14）.

例 4.2.2　给定最优化问题

$$\min f(\boldsymbol{x})=(x_1-2)^2+{x_2}^2$$

$$\text{s.t.}\begin{cases}c_1(\boldsymbol{x})=x_1-{x_2}^2\geqslant 0\\ c_2(\boldsymbol{x})=-x_1+x_2\geqslant 0\end{cases}$$

验证下列两点 $\boldsymbol{x}^{(1)}=(0,0)^{\mathrm{T}},\boldsymbol{x}^{(2)}=(1,1)^{\mathrm{T}}$ 是否为 K－T 点.

解　目标函数和约束函数的梯度是

$$\nabla f(\boldsymbol{x})=(2(x_1-2),2x_2)^{\mathrm{T}}\qquad\qquad \nabla c_1(\boldsymbol{x})=(1,-2x_2)^{\mathrm{T}}$$

$$\nabla c_2(\boldsymbol{x})=(-1,1)^{\mathrm{T}}$$

先验证 $\boldsymbol{x}^{(1)}$. 在 $\boldsymbol{x}^{(1)}$ 点处，$c_1(\boldsymbol{x})\geqslant 0$ 和 $c_2(\boldsymbol{x})\geqslant 0$ 都是起作用约束，目标函数和约束函数的梯度分别是

$$\nabla f(\boldsymbol{x}^{(1)})=(-4,0)^{\mathrm{T}},\quad \nabla c_1(\boldsymbol{x}^{(1)})=(1,0)^{\mathrm{T}}$$

$$\nabla c_2(\boldsymbol{x}^{(1)})=(-1,1)^{\mathrm{T}}$$

设
$$(-4,0)^{\mathrm{T}}-\lambda_1(1,0)^{\mathrm{T}}-\lambda_2(-1,1)^{\mathrm{T}}=(0,0)^{\mathrm{T}}$$

即
$$\begin{cases}-4-\lambda_1+\lambda_2=0\\ -\lambda_2=0\end{cases}$$

解此方程组得：$\lambda_1=-4,\lambda_2=0$.

由于 $\lambda_1<0$，因此 $\boldsymbol{x}^{(1)}$ 不是 K－T 点.

再验证 $\boldsymbol{x}^{(2)}$. 在 $\boldsymbol{x}^{(2)}$ 点处，$c_1(\boldsymbol{x})\geqslant 0$ 和 $c_2(\boldsymbol{x})\geqslant 0$ 都是起作用约束，目标函数和约束函数的梯度分别是

$$\nabla f(\boldsymbol{x}^{(2)})=(-2,2)^{\mathrm{T}},\quad \nabla c_1(\boldsymbol{x}^{(2)})=(1,-2)^{\mathrm{T}}$$

$$\nabla c_2(\boldsymbol{x}^{(2)})=(-1,1)^{\mathrm{T}}$$

设
$$(-2,2)^{\mathrm{T}}-\lambda_1(1,-2)^{\mathrm{T}}-\lambda_2(-1,1)^{\mathrm{T}}=(0,0)^{\mathrm{T}}$$

即
$$\begin{cases}-2-\lambda_1+\lambda_2=0\\ 2+2\lambda_1-\lambda_2=0\end{cases}$$

解此方程组得：$\lambda_1=0$，$\lambda_2=2$.

所以 $\boldsymbol{x}^{(2)}$ 是 K－T 点.

例 4.2.3 给定最优化问题

$$\min f(\boldsymbol{x})=(x_1-1)^2+x_2$$
$$\text{s.t.}\begin{cases}c_1(\boldsymbol{x})=-x_1-x_2+2\geqslant 0\\ c_2(\boldsymbol{x})=x_2\geqslant 0\end{cases}$$

求满足 K－T 条件的点.

解 因为
$$\nabla f(\boldsymbol{x})=(2(x_1-1),1)^{\mathrm{T}}$$
$$\nabla c_1(\boldsymbol{x})=(-1,-1)^{\mathrm{T}},\quad \nabla c_2(\boldsymbol{x})=(0,1)^{\mathrm{T}}$$

所以 K－T 条件为

$$\begin{cases}2(x_1-1)+\lambda_1=0\\1+\lambda_1-\lambda_2=0\\\lambda_1(-x_1-x_2+2)=0\\\lambda_2x_2=0\\\lambda_1\geqslant 0,\lambda_2\geqslant 0\end{cases}\tag{4.2.16}$$

这是以 x_1，x_2，λ_1，λ_2 为变量的非线性方程组，一般来说，求解非线性方程组比较复杂，但是这里求解并不困难.

若 $\lambda_2=0$，则由式(4.2.16)的第 2 式得 $\lambda_1=-1$，这与 $\lambda_1\geqslant 0$ 矛盾. 因此 $\lambda_2>0$，由式（4.2.16）的第 4 式知 $x_2=0$；

若 $-x_1+2=0$，则由式（4.2.16）的第 1 式得 $\lambda_1=-2$，这与 $\lambda_1\geqslant 0$ 矛盾. 因此由式（4.2.16）的第 3 式知 $\lambda_1=0$；

再将 $\lambda_1=0$ 代入式（4.2.16）的第 1 式和第 2 式得 $x_1=1$，$\lambda_2=1$；

由于 $\lambda_1\geqslant 0$，$\lambda_2\geqslant 0$，且 $\bar{\boldsymbol{x}}=(1,0)^{\mathrm{T}}$ 为问题的可行点，因此 $\bar{\boldsymbol{x}}$ 是问题的 K－T 点.

下面给出凸规划最优解的充分条件.

定理 4.2.5　考虑问题(4.2.2)，设 $f(\boldsymbol{x})$ 是凸函数，$c_i(\boldsymbol{x})(i=1,\cdots,m)$ 是凹函数，$\bar{\boldsymbol{x}}\in D$，$f(\boldsymbol{x})$ 和 $c_i(\boldsymbol{x})(i\in I(\bar{\boldsymbol{x}}))$ 在点 $\bar{\boldsymbol{x}}$ 处可微，$c_i(\boldsymbol{x})(i\notin I(\bar{\boldsymbol{x}}))$ 在点 $\bar{\boldsymbol{x}}$ 处连续，且在 $\bar{\boldsymbol{x}}$ 处 K－T 条件成立，则 $\bar{\boldsymbol{x}}$ 为全局极小点.

证明　由定理假设条件，问题（4.2.2）的可行域 D 是凸集. 由于 $f(\boldsymbol{x})$ 是凸函数且在 $\bar{\boldsymbol{x}}$ 处可微，根据定理 1.4.11，对任意的 $\boldsymbol{x}\in D$，有

$$f(\boldsymbol{x})\geqslant f(\bar{\boldsymbol{x}})+\nabla f(\bar{\boldsymbol{x}})^{\mathrm{T}}(\boldsymbol{x}-\bar{\boldsymbol{x}})\tag{4.2.17}$$

又知在点 $\bar{\boldsymbol{x}}$ 处 K－T 条件成立，即存在 $\lambda_i\geqslant 0(i\in I(\bar{\boldsymbol{x}}))$

使得

$$\nabla f(\bar{\boldsymbol{x}})=\sum_{i\in I(\bar{\boldsymbol{x}})}\lambda_i\nabla c_i(\bar{\boldsymbol{x}})\tag{4.2.18}$$

把式（4.2.18）代入式（4.2.17），得到

$$f(\boldsymbol{x})\geqslant f(\bar{\boldsymbol{x}})+\sum_{i\in I(\bar{\boldsymbol{x}})}\lambda_i\nabla c_i(\bar{\boldsymbol{x}})^{\mathrm{T}}(\boldsymbol{x}-\bar{\boldsymbol{x}})\tag{4.2.19}$$

由于 $c_i(\boldsymbol{x})(i=1,\cdots,m)$ 是凹函数，所以 $-c_i(\boldsymbol{x})$ 是凸函数，当 $i\in I(\bar{\boldsymbol{x}})$ 时，由定

理 1.4.11 得到

$$-c_i(\boldsymbol{x}) \geqslant -c_i(\bar{\boldsymbol{x}}) + [-\nabla c_i(\bar{\boldsymbol{x}})]^{\mathrm{T}}(\boldsymbol{x}-\bar{\boldsymbol{x}})$$

即

$$\nabla c_i(\bar{\boldsymbol{x}})^{\mathrm{T}}(\boldsymbol{x}-\bar{\boldsymbol{x}}) \geqslant c_i(\boldsymbol{x}) - c_i(\bar{\boldsymbol{x}}),\ i \in I(\bar{\boldsymbol{x}}) \tag{4.2.20}$$

由于 $c_i(\bar{\boldsymbol{x}})=0, c_i(\boldsymbol{x})\geqslant 0$，因此有

$$\nabla c_i(\bar{\boldsymbol{x}})^{\mathrm{T}}(\boldsymbol{x}-\bar{\boldsymbol{x}}) \geqslant 0,\ i \in I(\bar{\boldsymbol{x}}) \tag{4.2.21}$$

根据式（4.2.19）和式（4.2.21），显然

$$f(\boldsymbol{x}) \geqslant f(\bar{\boldsymbol{x}})$$

即 $\bar{\boldsymbol{x}}$ 是问题（4.2.2）的全局解.

由上述定理可知，例 4.2.3 的 K－T 点 $\bar{\boldsymbol{x}}=(1,0)^{\mathrm{T}}$ 一定是该问题的全局极小点.

4.2.2 一般约束问题的最优性条件

考虑（4.2.1）最优化问题，同不等式约束最优化问题类似，我们先给出问题（4.2.1）的几何最优性条件，然后给出代数最优性条件.

定理 4.2.6 设 $\bar{\boldsymbol{x}}$ 为问题（4.2.1）的可行点，$I(\bar{\boldsymbol{x}})=\{i \mid c_i(\bar{\boldsymbol{x}})=0, i\in I\}$，$f(\boldsymbol{x})$ 和 $c_i(\boldsymbol{x})(i\in I(\bar{\boldsymbol{x}}))$ 在点 $\bar{\boldsymbol{x}}$ 处可微，$c_i(\boldsymbol{x})(i\in I \text{且} i\notin I(\bar{\boldsymbol{x}}))$ 在点 $\bar{\boldsymbol{x}}$ 处连续，$c_i(\boldsymbol{x})(i\in E)$ 在点 $\bar{\boldsymbol{x}}$ 处连续可微，且 $\nabla c_1(\bar{\boldsymbol{x}}), \nabla c_2(\bar{\boldsymbol{x}}), \cdots, \nabla c_l(\bar{\boldsymbol{x}})$ 线性无关. 如果 $\bar{\boldsymbol{x}}$ 是局部极小点，则在 $\bar{\boldsymbol{x}}$ 处，有

$$F_0 \cap G_0 \cap H_0 = \varnothing$$

其中，F_0，G_0 和 H_0 的定义为

$$F_0 = \{\boldsymbol{d} \mid \nabla f(\bar{\boldsymbol{x}})^{\mathrm{T}}\boldsymbol{d} < 0\}$$

$$G_0 = \{\boldsymbol{d} \mid \nabla c_i(\bar{\boldsymbol{x}})^{\mathrm{T}}\boldsymbol{d} > 0, i\in I(\bar{\boldsymbol{x}})\}$$

$$H_0 = \{\boldsymbol{d} \mid \nabla c_i(\bar{\boldsymbol{x}})^{\mathrm{T}}\boldsymbol{d} = 0, i\in E\}$$

证明 若 $l=n$，则由 $\nabla c_1(\bar{\boldsymbol{x}})$，$\nabla c_2(\bar{\boldsymbol{x}})$，…，$\nabla c_l(\bar{\boldsymbol{x}})$ 线性无关可知，$H_0=\{0\}$，从而 $G_0\cap H_0=\varnothing$，故结论成立. 设 $l<n$，且 $G_0\cap H_0\neq\varnothing$，我们只需证明：对于一切 $\boldsymbol{d}\in G_0\cap H_0$，必有 $\boldsymbol{d}\notin F_0$.

由于 $\nabla c_1(\bar{\boldsymbol{x}})$，$\nabla c_2(\bar{\boldsymbol{x}})$，…，$\nabla c_l(\bar{\boldsymbol{x}})$ 线性无关，所以对于由它们生成的 $\mathbf{R}^n$ 的 l

维子空间，存在一个正交补子空间. 因为$\boldsymbol{d}\in G_0\cap H_0$，所以$\boldsymbol{d}\neq\boldsymbol{0}$，且$\nabla c_i(\bar{\boldsymbol{x}})^{\mathrm{T}}\boldsymbol{d}=0$（$i\in E$），从而可设这个正交补子空间的正交基为$d$，$d_1$，$d_2$，…，$d_{n-l-1}$.

现在考虑方程组

$$\begin{cases}c_i(\boldsymbol{x})=0, & i=1,2,\cdots,l\\ \boldsymbol{d}_i^{\mathrm{T}}(\boldsymbol{x}-\bar{\boldsymbol{x}})=0, & i=1,2,\cdots,n-l-1\\ \boldsymbol{d}^{\mathrm{T}}(\boldsymbol{x}-\bar{\boldsymbol{x}})-\theta=0\end{cases} \tag{4.2.22}$$

其中，θ为实变量，若记

$$\boldsymbol{c}(\boldsymbol{x})=(c_1(\boldsymbol{x}),c_2(\boldsymbol{x}),\cdots,c_l(\boldsymbol{x}))^{\mathrm{T}}$$

$$\boldsymbol{A}=(\boldsymbol{d}_1,\boldsymbol{d}_2,\cdots,\boldsymbol{d}_{n-l-1})$$

$$\varphi(\boldsymbol{x},\theta)=\begin{pmatrix}c(\boldsymbol{x})\\ \boldsymbol{A}^{\mathrm{T}}(\boldsymbol{x}-\bar{\boldsymbol{x}})\\ \boldsymbol{d}^{\mathrm{T}}(\boldsymbol{x}-\bar{\boldsymbol{x}})-\theta\end{pmatrix}$$

则问题（4.2.22）等价于

$$\varphi(\boldsymbol{x},\theta)=0 \tag{4.2.23}$$

显然，向量函数$\varphi(\boldsymbol{x},\theta)$在点$(\bar{\boldsymbol{x}},0)^{\mathrm{T}}$处关于$\boldsymbol{x}$的雅可比矩阵为

$$\nabla_{\boldsymbol{x}}\varphi(\bar{\boldsymbol{x}},0)=\begin{pmatrix}\nabla c(\bar{\boldsymbol{x}})\\ \boldsymbol{A}^{\mathrm{T}}\\ \boldsymbol{d}^{\mathrm{T}}\end{pmatrix}$$

其中，
$$\nabla c(\bar{\boldsymbol{x}})=(\nabla c_1(\bar{\boldsymbol{x}}),\nabla c_2(\bar{\boldsymbol{x}}),\cdots,\nabla c_l(\bar{\boldsymbol{x}}))^{\mathrm{T}}$$

是向量函数$c(\boldsymbol{x})$在点$\bar{\boldsymbol{x}}$处的雅可比矩阵. 由前面的讨论及假设，不难知道，$\nabla_{\boldsymbol{x}}\varphi(\bar{\boldsymbol{x}},0)$的逆矩阵为

$$(\nabla c(\bar{\boldsymbol{x}})^{\mathrm{T}}(\nabla c(\bar{\boldsymbol{x}})\nabla c(\bar{\boldsymbol{x}})^{\mathrm{T}})^{-1},\boldsymbol{A},\boldsymbol{d})$$

又因为问题（4.2.22）的左边的每个函数关于$\boldsymbol{x}$和θ都有一阶连续偏导数，所以由隐函数存在定理，在$\theta=0$的某个邻域内存在具有一阶连续偏导数的向量函数$\boldsymbol{x}(\theta)$，使$\boldsymbol{x}(0)=\bar{\boldsymbol{x}}$，且当$\theta$充分小时，有$\varphi(\boldsymbol{x}(\theta),\theta)=0$，从而$c(\boldsymbol{x}(\theta))=0$.

把式（4.2.23）的两边对θ求导，得

$$\nabla_\theta\varphi(\boldsymbol{x},\theta)+\nabla_{\boldsymbol{x}}\varphi(\boldsymbol{x},\theta)\nabla\boldsymbol{x}(\theta)=0$$

而

$$\nabla_\theta \varphi(\boldsymbol{x}, \theta) = (0, 0, \cdots, 0, -1)^{\mathrm{T}}$$

故

$$\nabla \boldsymbol{x}(0) = -(\nabla_x \varphi(\bar{\boldsymbol{x}}, 0))^{-1} \nabla_\theta \varphi(\bar{\boldsymbol{x}}, 0) = \boldsymbol{d}$$

由于对于一切$i \in I$且$i \notin I(\bar{\boldsymbol{x}})$，$c_i(\boldsymbol{x})$在点$\bar{\boldsymbol{x}}$处连续，且$c_i(\bar{\boldsymbol{x}}) > 0$，所以当$\theta$充分小时，有

$$c_i(\boldsymbol{x}(\theta)) > 0, \quad \forall i \in I \text{且} i \notin I(\bar{\boldsymbol{x}}),$$

又因$\boldsymbol{d} \in G_0$，故$c_i(\boldsymbol{x}(\theta))$在$\theta = 0$处的导数为

$$\nabla c_i(\bar{\boldsymbol{x}})^{\mathrm{T}} \nabla \boldsymbol{x}(0) = \nabla c_i(\bar{\boldsymbol{x}})^{\mathrm{T}} \boldsymbol{d} > 0, \quad \forall i \in I(\bar{\boldsymbol{x}})$$

即$c_i(\boldsymbol{x}(\theta))(i \in I(\bar{\boldsymbol{x}}))$在$\theta = 0$处严格单调增加，即当$\theta$为充分小的正数时，有

$$c_i(\boldsymbol{x}(\theta)) > c_i(\boldsymbol{x}(0)) = 0, \quad \forall i \in I(\bar{\boldsymbol{x}})$$

于是当θ为充分小的正数时，有

$$\begin{cases} c_i(\boldsymbol{x}(\theta)) > 0, & i \in I \\ c_i(\boldsymbol{x}(\theta)) = 0, & i \in E \end{cases}$$

即当$\theta > 0$充分小时，$\boldsymbol{x}(\theta) \in D$.

因为$\bar{\boldsymbol{x}}$为问题（4.2.1）的局部极小点，所以当$\theta > 0$充分小时，有

$$f(\boldsymbol{x}(\theta)) \geqslant f(\bar{\boldsymbol{x}}) \tag{4.2.24}$$

由于$f(\boldsymbol{x})$在点$\bar{\boldsymbol{x}} \in D$处可微，$\boldsymbol{x}(\theta)$在$\theta = 0$处可微，所以由泰勒公式，有

$$f(\boldsymbol{x}(\theta)) = f(\boldsymbol{x}(0)) + \theta \nabla f(\bar{\boldsymbol{x}})^{\mathrm{T}} \boldsymbol{d} + o(\theta)$$

即由式（4.2.24）知

$$\nabla f(\bar{\boldsymbol{x}})^{\mathrm{T}} \boldsymbol{d} + \frac{o(\theta)}{\theta} \geqslant 0$$

在上式中令$\theta \to 0$，得$\nabla f(\bar{\boldsymbol{x}})^{\mathrm{T}} \boldsymbol{d} \geqslant 0$，即$\boldsymbol{d} \notin F_0$.

下面给出这个几何最优性条件的代数表达.

定理 4.2.7（Fritz John 条件）设$\bar{\boldsymbol{x}}$为问题(4.2.1)的可行点，$I(\bar{\boldsymbol{x}}) = \{i \mid c_i(\bar{\boldsymbol{x}}) = 0, i \in I\}$，$f(\boldsymbol{x})$和$c_i(\boldsymbol{x})(i \in I(\bar{\boldsymbol{x}}))$在点$\bar{\boldsymbol{x}}$处可微，$c_i(\boldsymbol{x})(i \in I$且$i \notin I(\bar{\boldsymbol{x}}))$在点$\bar{\boldsymbol{x}}$处连续，$c_i(\boldsymbol{x})(i \in E)$在点$\bar{\boldsymbol{x}}$处连续可微. 如果$\bar{\boldsymbol{x}}$是局部极小点，则存在不全为零的数$\lambda_0, \lambda_i(i \in I(\bar{\boldsymbol{x}}))$和$\lambda_i(i \in E)$，使得

$$\lambda_0 \nabla f(\overline{\boldsymbol{x}}) - \sum_{i \in I(\overline{\boldsymbol{x}})} \lambda_i \nabla c_i(\overline{\boldsymbol{x}}) - \sum_{i \in E} \lambda_i \nabla c_i(\overline{\boldsymbol{x}}) = \boldsymbol{0}$$

$$\lambda_0, \lambda_i \geqslant 0, \quad i \in I(\overline{\boldsymbol{x}})$$

证明 如果 $\nabla c_1(\overline{\boldsymbol{x}}), \cdots, \nabla c_l(\overline{\boldsymbol{x}})$ 线性相关，则存在不全为零的数 $\lambda_i (i \in E)$ 使

$$\sum_{i \in E} \lambda_i \nabla c_i(\overline{\boldsymbol{x}}) = \boldsymbol{0},$$

这时，可令 $\lambda_0 = 0, \lambda_i = 0 (i \in I(\overline{\boldsymbol{x}}))$，则定理结论成立.

如果 $\nabla c_1(\overline{\boldsymbol{x}}), \nabla c_2(\overline{\boldsymbol{x}}), \cdots, \nabla c_l(\overline{\boldsymbol{x}})$ 线性无关，则满足定理 4.2.6 的条件，必有

$$F_0 \cap G_0 \cap H_0 = \varnothing,$$

即关系式组

$$\begin{cases} \nabla f(\overline{\boldsymbol{x}})^{\mathrm{T}} \boldsymbol{d} < 0, \\ \nabla c_i(\overline{\boldsymbol{x}})^{\mathrm{T}} \boldsymbol{d} > 0, & i \in I(\overline{\boldsymbol{x}}) \\ \nabla c_i(\overline{\boldsymbol{x}})^{\mathrm{T}} \boldsymbol{d} = 0, & i = 1, 2, \cdots, l \end{cases} \tag{4.2.25}$$

无解

记

$$I(\overline{\boldsymbol{x}}) = \{i_1, i_2, \cdots, i_r\}$$

$$\boldsymbol{A} = (\nabla f(\overline{\boldsymbol{x}}), -\nabla c_{i_1}(\overline{\boldsymbol{x}}), \cdots, -\nabla c_{i_r}(\overline{\boldsymbol{x}}))^{\mathrm{T}},$$

$$\boldsymbol{B} = (-\nabla c_1(\overline{\boldsymbol{x}}), -\nabla c_2(\overline{\boldsymbol{x}}), \cdots, -\nabla c_l(\overline{\boldsymbol{x}}))^{\mathrm{T}}$$

则关系式组（4.2.25）无解等价于关系式组

$$\begin{cases} \boldsymbol{Ad} < \boldsymbol{0} \\ \boldsymbol{Bd} = \boldsymbol{0} \end{cases} \tag{4.2.26}$$

无解

由择一性定理 1.4.6 可知，关系式组（4.2.26）无解当且仅当存在

$$\boldsymbol{\lambda}' \in \mathbf{R}^{r+1}, \boldsymbol{\lambda}' \geqslant \boldsymbol{0}, \boldsymbol{\lambda}' \neq \boldsymbol{0} \text{ 及 } \boldsymbol{\lambda}'' \in \mathbf{R}^l$$

使得

$$\boldsymbol{A}^{\mathrm{T}} \boldsymbol{\lambda}' + \boldsymbol{B}^{\mathrm{T}} \boldsymbol{\lambda}'' = \boldsymbol{0} \tag{4.2.27}$$

把 $\boldsymbol{\lambda}'$ 的分量记作 λ_0 和 $\lambda_i (i \in I(\overline{\boldsymbol{x}}))$，$\boldsymbol{\lambda}''$ 的分量记作 $\lambda_i (i \in E)$. 从而，由 $\boldsymbol{A}$ 和 $\boldsymbol{B}$ 的意义以及式（4.2.27）可知，定理结论成立.

例 4.2.4 给定最优化问题

$$\min f(\boldsymbol{x})=x_1^{\,2}+x_2^{\,2}$$

$$\text{s.t.}\begin{cases}c_1(\boldsymbol{x})=-(x_1-1)^2+x_2=0\\ c_2(\boldsymbol{x})=x_1^{\,3}-x_2\geqslant 0\\ c_3(\boldsymbol{x})=x_2\geqslant 0\end{cases}$$

试判断点 $\overline{\boldsymbol{x}}=(1,0)^{\mathrm{T}}$ 是否为 Fritz John 点.

解 $I(\overline{\boldsymbol{x}})=\{3\}$，且

$$\nabla f(\overline{\boldsymbol{x}})=(2,0)^{\mathrm{T}},\nabla c_3(\overline{\boldsymbol{x}})=(0,1)^{\mathrm{T}},\nabla c_1(\overline{\boldsymbol{x}})=(0,1)^{\mathrm{T}}$$

因此为使 Fritz John 条件

$$\lambda_0(2,0)^{\mathrm{T}}-\lambda_3(0,1)^{\mathrm{T}}-\lambda_1(0,1)^{\mathrm{T}}=(0,0)^{\mathrm{T}}$$

成立，取 $\lambda_0=0,\lambda_3=1,\lambda_1=-1,$

即知 $\overline{\boldsymbol{x}}$ 是 Fritz John 点.

上例表明，在 Fritz John 条件中，不排除目标函数梯度的系数 λ_0 等于零的情形. 为保证 λ_0 不等于零，需给约束条件施加某种限制，从而给出一般约束问题的 K－T 条件.

定理 4.2.8 设 $\overline{\boldsymbol{x}}$ 是问题（4.2.1）的可行点，$I(\overline{\boldsymbol{x}})=\{i\,|\,c_i(\overline{\boldsymbol{x}})=0,i\in I\}$，$f(\boldsymbol{x})$ 和 $c_i(\boldsymbol{x})(i\in I(\overline{\boldsymbol{x}})$）在点 $\overline{\boldsymbol{x}}$ 处可微，$c_i(\boldsymbol{x})(i\in I,\text{且}i\notin I(\overline{\boldsymbol{x}}))$ 在点 $\overline{\boldsymbol{x}}$ 处连续，$c_i(\boldsymbol{x})(i\in E)$ 在点 $\overline{\boldsymbol{x}}$ 处连续可微，$\{\nabla c_i(\overline{\boldsymbol{x}})(i\in I(\overline{\boldsymbol{x}})),\nabla c_i(\overline{\boldsymbol{x}})(i\in E)\}$ 线性无关. 如果 $\overline{\boldsymbol{x}}$ 是局部极小点，则存在数 $\lambda_i(i\in I(\overline{\boldsymbol{x}}))$ 和 $\lambda_i(i\in E)$，使得

$$\nabla f(\overline{\boldsymbol{x}})-\sum_{i\in I(\overline{\boldsymbol{x}})}\lambda_i\nabla c_i(\overline{\boldsymbol{x}})-\sum_{i\in E}\lambda_i\nabla c_i(\overline{\boldsymbol{x}})=\mathbf{0}$$

$$\lambda_i\geqslant 0,i\in I(\overline{\boldsymbol{x}})$$

证明 根据定理 4.2.7，存在不全为零的数 λ_0，$\overline{\lambda}_i(i\in I(\overline{\boldsymbol{x}}))$ 和 $\overline{\lambda}_i(i\in E)$ 使得

$$\lambda_0\nabla f(\overline{\boldsymbol{x}})-\sum_{i\in I(\overline{\boldsymbol{x}})}\overline{\lambda}_i\nabla c_i(\overline{\boldsymbol{x}})-\sum_{i\in E}\overline{\lambda}_i\nabla c_i(\overline{\boldsymbol{x}})=\mathbf{0}$$

$$\lambda_0,\overline{\lambda}_i\geqslant 0,i\in I(\overline{\boldsymbol{x}})$$

由向量组 $\{\nabla c_i(\overline{\boldsymbol{x}})\ (i\in I(\overline{\boldsymbol{x}})),\nabla c_i(\overline{\boldsymbol{x}})(i\in E)\}$ 线性无关，必得出 $\lambda_0\neq 0$，如若不然，将得出上面的向量组线性相关的结论. 令

$$\lambda_i = \frac{\bar{\lambda}_i}{\lambda_0}, \qquad i \in I(\bar{\boldsymbol{x}})$$

$$\lambda_i = \frac{\bar{\lambda}_i}{\lambda_0}, \qquad i \in E$$

于是得到

$$\nabla f(\bar{\boldsymbol{x}}) - \sum_{i \in I(\bar{\boldsymbol{x}})} \lambda_i \nabla c_i(\bar{\boldsymbol{x}}) - \sum_{i \in E} \lambda_i \nabla c_i(\bar{\boldsymbol{x}}) = \mathbf{0}$$

$$\lambda_i \geqslant 0, i \in I(\bar{\boldsymbol{x}})$$

这里，与只有不等式约束的情形类似，当 $c_i(\boldsymbol{x})(i \in I$，且 $i \notin I(\bar{\boldsymbol{x}}))$ 在点 $\bar{\boldsymbol{x}}$ 处也可微时，令其相应的数 λ_i 等于零，于是可将上述 K－T 条件写成下列等价形式：

$$\begin{cases} \nabla f(\bar{\boldsymbol{x}}) - \sum_{i \in I} \lambda_i \nabla c_i(\bar{\boldsymbol{x}}) - \sum_{i \in E} \lambda_i \nabla c_i(\bar{\boldsymbol{x}}) = \mathbf{0} \\ \lambda_i c_i(\bar{\boldsymbol{x}}) = 0, \quad i \in I \\ \lambda_i \geqslant 0, \qquad i \in I \end{cases}$$

其中 $\lambda_i c_i(\bar{\boldsymbol{x}}) = 0 (i \in I)$ 仍称为互补松弛条件.

现在定义广义的拉格朗日函数

$$L(\boldsymbol{x}, \boldsymbol{\lambda}', \boldsymbol{\lambda}'') = f(\boldsymbol{x}) - \sum_{i \in I} \lambda_i c_i(\boldsymbol{x}) - \sum_{i \in E} \lambda_i c_i(\boldsymbol{x}),$$

由上面的讨论可知，在定理 4.2.8 的条件下，若 $\bar{\boldsymbol{x}}$ 为问题（4.2.1）的局部极小点，则存在乘子向量 $\bar{\boldsymbol{\lambda}}' \geqslant \mathbf{0}$ 和 $\bar{\boldsymbol{\lambda}}''$，使得

$$\nabla_x L(\bar{\boldsymbol{x}}, \bar{\boldsymbol{\lambda}}', \bar{\boldsymbol{\lambda}}'') = \mathbf{0}.$$

这样，K－T 乘子 $\bar{\boldsymbol{\lambda}}'$ 和 $\bar{\boldsymbol{\lambda}}''$ 也称为拉格朗日乘子.

这时，一般约束问题的 K－T 条件可以表达为

$$\begin{cases} \nabla_x L(\boldsymbol{x}, \boldsymbol{\lambda}', \boldsymbol{\lambda}'') = \mathbf{0} \\ c_i(\boldsymbol{x}) \geqslant 0, \qquad i \in I \\ c_i(\boldsymbol{x}) = 0, \qquad i \in E \\ \lambda_i c_i(\boldsymbol{x}) = 0, \qquad i \in I \\ \lambda_i \geqslant 0, \qquad i \in I \end{cases} \tag{4.2.28}$$

对于凸规划，上述 K－T 条件也是最优解的充分条件.

定理 4.2.9 设 $\bar{x}$ 是问题（4.2.1）的可行点，$f(\boldsymbol{x})$ 是凸函数，$c_i(\boldsymbol{x})(i\in I)$ 是凹函数，$c_i(\boldsymbol{x})(i\in E)$ 是线性函数，$I(\bar{\boldsymbol{x}})=\{i|c_i(\bar{\boldsymbol{x}})=0, i\in I\}$，且在 $\bar{\boldsymbol{x}}$ 处 K－T 条件成立，即存在 $\lambda_i\geqslant 0(i\in I(\bar{\boldsymbol{x}}))$ 及 $\lambda_i(i\in E)$，使得

$$\nabla f(\bar{\boldsymbol{x}})-\sum_{i\in I(\bar{\boldsymbol{x}})}\lambda_i\nabla c_i(\bar{\boldsymbol{x}})-\sum_{i\in E}\lambda_i\nabla c_i(\bar{\boldsymbol{x}})=0$$

则 $\bar{\boldsymbol{x}}$ 是全局极小点.

证明 由定理的假设易知，可行域 D 是凸集，又目标函数 $f(\boldsymbol{x})$ 是凸函数，因此该问题属于凸规划.

对任意点 $\boldsymbol{x}\in D$，由于 $f(\boldsymbol{x})$ 是凸函数，且在 $\bar{\boldsymbol{x}}\in D$ 处可微，所以根据定理 1.4.11，必有

$$f(\boldsymbol{x})\geqslant f(\bar{\boldsymbol{x}})+\nabla f(\bar{\boldsymbol{x}})^{\mathrm{T}}(\boldsymbol{x}-\bar{\boldsymbol{x}}) \tag{4.2.29}$$

由于 $c_i(\boldsymbol{x})(i\in I(\bar{\boldsymbol{x}}))$ 是凹函数且在 $\bar{\boldsymbol{x}}$ 处可微，必有

$$c_i(\boldsymbol{x})\leqslant c_i(\bar{\boldsymbol{x}})+\nabla c_i(\bar{\boldsymbol{x}})^{\mathrm{T}}(\boldsymbol{x}-\bar{\boldsymbol{x}})\quad i\in I(\bar{\boldsymbol{x}})$$

由于 $\boldsymbol{x}\in D, c_i(\boldsymbol{x})\geqslant 0\ (i\in I)$ 及 $c_i(\bar{\boldsymbol{x}})=0(i\in I(\bar{\boldsymbol{x}}))$，

由上式可知

$$\nabla c_i(\bar{\boldsymbol{x}})^{\mathrm{T}}(\boldsymbol{x}-\bar{\boldsymbol{x}})\geqslant 0,\quad i\in I(\bar{\boldsymbol{x}}) \tag{4.2.30}$$

由于 $c_i(\boldsymbol{x})(i\in E)$ 是线性函数，必有

$$c_i(\boldsymbol{x})=c_i(\bar{\boldsymbol{x}})+\nabla c_i(\bar{\boldsymbol{x}})^{\mathrm{T}}(\boldsymbol{x}-\bar{\boldsymbol{x}}) \tag{4.2.31}$$

又因为 $\boldsymbol{x}$ 和 $\bar{\boldsymbol{x}}$ 为可行点，满足

$$c_i(\boldsymbol{x})=c_i(\bar{\boldsymbol{x}})=0$$

由式（4.2.31）得到

$$\nabla c_i(\bar{\boldsymbol{x}})^{\mathrm{T}}(\boldsymbol{x}-\bar{\boldsymbol{x}})=0,\quad i\in E \tag{4.2.32}$$

由定理条件可以得到

$$\nabla f(\bar{\boldsymbol{x}})=\sum_{i\in E}\lambda_i\nabla c_i(\bar{\boldsymbol{x}})+\sum_{i\in I(\bar{\boldsymbol{x}})}\lambda_i\nabla c_i(\bar{\boldsymbol{x}}) \tag{4.2.33}$$

把式（4.2.33）代入式（4.2.29），并注意到式（4.2.30），式（4.2.32）以及 $\lambda_i\geqslant 0(i\in I(\bar{\boldsymbol{x}}))$，则得到

$$f(\boldsymbol{x})\geqslant f(\bar{\boldsymbol{x}}).$$

故 $\bar{\boldsymbol{x}}$ 为全局极小点.

例 4.2.5　求下列问题的最优解：

$$\min f(\boldsymbol{x}) = (x_1 - 2)^2 + (x_2 - 1)^2$$

$$\text{s.t.}\begin{cases} c_1(\boldsymbol{x}) = -x_1^{\ 2} + x_2 \geqslant 0 \\ c_2(\boldsymbol{x}) = -x_1 - x_2 + 2 \geqslant 0 \end{cases}$$

解　该问题的目标函数和约束函数的梯度分别为

$$\nabla f(\boldsymbol{x}) = (2(x_1 - 2), 2(x_2 - 1))^{\mathrm{T}}$$

$$\nabla c_1(\boldsymbol{x}) = (-2x_1, 1)^{\mathrm{T}}, \quad \nabla c_2(\boldsymbol{x}) = (-1, -1)^{\mathrm{T}}$$

根据式（4.2.28），最优解应满足下列关系式：

$$\begin{cases} 2(x_1 - 2) + 2\lambda_1 x_1 + \lambda_2 = 0 \\ 2(x_2 - 1) - \lambda_1 + \lambda_2 = 0 \\ \lambda_1(-x_1^{\ 2} + x_2) = 0 \\ \lambda_2(-x_1 - x_2 + 2) = 0 \\ -x_1^{\ 2} + x_2 \geqslant 0 \\ -x_1 - x_2 + 2 \geqslant 0 \\ \lambda_1 \geqslant 0 \\ \lambda_2 \geqslant 0 \end{cases}$$

求解上述问题，得

$$x_1 = 1, x_2 = 1, \lambda_1 = \frac{2}{3}, \lambda_2 = \frac{2}{3}$$

因此 $\bar{\boldsymbol{x}} = (1,1)^{\mathrm{T}}$ 为 K－T 点.

本例中，由于目标函数 $f(\boldsymbol{x})$ 是凸函数，约束函数 $c_1(\boldsymbol{x})$ 是凹函数，线性约束函数 $c_2(\boldsymbol{x})$ 也是凹函数，所以本例是凸规划，根据定理 4.2.9 知，K－T 点 $\bar{\boldsymbol{x}}$ 是该问题的全局极小点.

利用广义拉格朗日函数可以给出问题(4.2.1)的局部最优解的二阶充分条件.

定理 4.2.10　设 $\bar{\boldsymbol{x}}$ 为问题（4.2.1）的可行点，$f(\boldsymbol{x})$ 和 $c_i(\boldsymbol{x})(i \in E \cup I)$ 在点 $\bar{\boldsymbol{x}}$ 处具有连续的二阶偏导数，并且存在乘子 $\bar{\boldsymbol{\lambda}}' = (\bar{\lambda}'_{l+1}, \bar{\lambda}'_{l+2}, \cdots, \bar{\lambda}'_{l+m})^{\mathrm{T}}$ 和 $\bar{\boldsymbol{\lambda}}'' = (\bar{\lambda}''_1, \bar{\lambda}''_2, \cdots, \bar{\lambda}''_l)^{\mathrm{T}}$ 使条件（4.2.28）成立.

若对于任何满足

$$\begin{cases} z^{\mathrm{T}}\nabla c_i(\bar{x}) \geqslant 0, i\in I(\bar{x})\text{且}\bar{\lambda}_i' = 0 \\ z^{\mathrm{T}}\nabla c_i(\bar{x}) = 0, i\in I(\bar{x})\text{且}\bar{\lambda}_i' > 0 \\ z^{\mathrm{T}}\nabla c_i(\bar{x}) = 0, i\in E \end{cases} \tag{4.2.34}$$

的向量 $z\neq \mathbf{0}$，都有

$$z^{\mathrm{T}}\nabla_x^2 L(\bar{x},\bar{\boldsymbol{\lambda}}',\bar{\boldsymbol{\lambda}}'')z > 0 \tag{4.2.35}$$

则 $\bar{x}$ 为问题（4.2.1）的严格局部极小点.

证明 用反证法. 假设 $\bar{x}$ 不是严格局部极小点，则存在收敛于 $\bar{x}$ 的可行序列 $\{x^{(k)}\}$，使得

$$f(x^{(k)}) \leqslant f(\bar{x}) \tag{4.2.36}$$

令

$$z^{(k)} = \frac{x^{(k)}-\bar{x}}{\|x^{(k)}-\bar{x}\|} \tag{4.2.37}$$

由于 $\{z^{(k)}\}$ 是有界序列，因此有收敛子列，不妨仍设为 $\{z^{(k)}\}$，其极限记为 $z^{(0)}$. 将 $c_i(x)(i\in I)$ 在点 $\bar{x}$ 展开，再令 $x=x^{(k)}$，得到

$$c_i(x^{(k)}) = c_i(\bar{x}) + \nabla c_i(\bar{x})^{\mathrm{T}}(x^{(k)}-\bar{x}) + o(\|x^{(k)}-\bar{x}\|) \tag{4.2.38}$$

当 $i\in I(\bar{x})$ 时，$c_i(\bar{x})=0$. 又知 $x^{(k)}$ 是可行点，$c_i(x^{(k)})\geqslant 0$，于是由式（4.2.38）得

$$\nabla c_i(\bar{x})^{\mathrm{T}}(x^{(k)}-\bar{x}) + o(\|x^{(k)}-\bar{x}\|) \geqslant 0 \tag{4.2.39}$$

上式两端除以 $\|x^{(k)}-\bar{x}\|$，并令 $k\to\infty$，得

$$z^{(0)\mathrm{T}}\nabla c_i(\bar{x}) \geqslant 0,\quad i\in I(\bar{x}) \tag{4.2.40}$$

用类似方法不难得到

$$z^{(0)\mathrm{T}}\nabla c_i(\bar{x}) = 0,\quad i\in E \tag{4.2.41}$$

和

$$z^{(0)\mathrm{T}}\nabla f(\bar{x}) \leqslant 0 \tag{4.2.42}$$

下面分两种情况讨论.

（1）$z^{(0)}$ 不满足式（4.2.34）.

此时，由式（4.2.40）和式（4.2.34）可知. 存在 $i\in I(\bar{x})$，使 $\bar{\lambda}_i' \geqslant 0$，且

$z^{(0)\mathrm{T}}\nabla c_i(\bar{\boldsymbol{x}})>0$，从而由 K－T 条件（4.2.28）必推出下列结果.

$$\begin{aligned}z^{(0)\mathrm{T}}\nabla f(\bar{\boldsymbol{x}})&=z^{(0)\mathrm{T}}\left(\sum_{i\in I(\bar{\boldsymbol{x}})}\bar{\lambda}_i'\nabla c_i(\bar{\boldsymbol{x}})+\sum_{i\in E}\bar{\lambda}_i''\nabla c_i(\bar{\boldsymbol{x}})\right)\\&=\sum_{i\in I(\bar{\boldsymbol{x}})}\bar{\lambda}_i' z^{(0)\mathrm{T}}\nabla c_i(\bar{\boldsymbol{x}})>0\end{aligned}$$

此与式（4.2.42）矛盾.

（2）$z^{(0)}$ 满足式（4.2.34）.

这时，把广义拉格朗日函数 $L(\boldsymbol{x},\bar{\boldsymbol{\lambda}}',\bar{\boldsymbol{\lambda}}'')$ 在点 $\bar{\boldsymbol{x}}$ 处展开，并令 $\boldsymbol{x}=\boldsymbol{x}^{(k)}$，有

$$\begin{aligned}L(\boldsymbol{x}^{(k)},\bar{\boldsymbol{\lambda}}',\bar{\boldsymbol{\lambda}}'')=&L(\bar{\boldsymbol{x}},\bar{\boldsymbol{\lambda}}',\bar{\boldsymbol{\lambda}}'')+\nabla_x L(\bar{\boldsymbol{x}},\bar{\boldsymbol{\lambda}}',\bar{\boldsymbol{\lambda}}'')^{\mathrm{T}}(\boldsymbol{x}^{(k)}-\bar{\boldsymbol{x}})+\\&\frac{1}{2}(\boldsymbol{x}^{(k)}-\bar{\boldsymbol{x}})^{\mathrm{T}}\nabla_x^2 L(\bar{\boldsymbol{x}},\bar{\boldsymbol{\lambda}}',\bar{\boldsymbol{\lambda}}'')(\boldsymbol{x}^{(k)}-\bar{\boldsymbol{x}})+o(\|\boldsymbol{x}^{(k)}-\bar{\boldsymbol{x}}\|^2)\end{aligned}\tag{4.2.43}$$

因为 $\boldsymbol{x}^{(k)}$ 是可行点，$\bar{\boldsymbol{\lambda}}'\geqslant 0$，且由广义拉格朗日函数 $L(\boldsymbol{x},\bar{\boldsymbol{\lambda}}',\bar{\boldsymbol{\lambda}}'')$ 的定义，有

$$L(\boldsymbol{x}^{(k)},\bar{\boldsymbol{\lambda}}',\bar{\boldsymbol{\lambda}}'')=f(\boldsymbol{x}^{(k)})-\sum_{i\in I}\bar{\lambda}_i' c_i(\boldsymbol{x}^{(k)})-\sum_{i\in E}\bar{\lambda}_i'' c_i(\boldsymbol{x}^{(k)})$$

所以

$$L(\boldsymbol{x}^{(k)},\bar{\boldsymbol{\lambda}}',\bar{\boldsymbol{\lambda}}'')\leqslant f(\boldsymbol{x}^{(k)})\tag{4.2.44}$$

且

$$L(\bar{\boldsymbol{x}},\bar{\boldsymbol{\lambda}}',\bar{\boldsymbol{\lambda}}'')=f(\bar{\boldsymbol{x}})\tag{4.2.45}$$

又由假设，有

$$\nabla_x L(\bar{\boldsymbol{x}},\bar{\boldsymbol{\lambda}}',\bar{\boldsymbol{\lambda}}'')=\mathbf{0}\tag{4.2.46}$$

以及

$$f(\boldsymbol{x}^{(k)})\leqslant f(\bar{\boldsymbol{x}})\tag{4.2.47}$$

将式（4.2.44）至式（4.2.47）代入式（4.2.43），得

$$\frac{1}{2}(\boldsymbol{x}^{(k)}-\bar{\boldsymbol{x}})^{\mathrm{T}}\nabla_x^2 L(\bar{\boldsymbol{x}},\bar{\boldsymbol{\lambda}}',\bar{\boldsymbol{\lambda}}'')(\boldsymbol{x}^{(k)}-\bar{\boldsymbol{x}})+o(\|\boldsymbol{x}^{(k)}-\bar{\boldsymbol{x}}\|^2)\leqslant 0$$

上式两边除以 $\|\boldsymbol{x}^{(k)}-\bar{\boldsymbol{x}}\|^2$，并令 $k\to\infty$，得到

$$z^{(0)T}\nabla_x^2 L(\bar{\boldsymbol{x}},\bar{\boldsymbol{\lambda}}',\bar{\boldsymbol{\lambda}}'')z^{(0)}\leqslant 0$$

这与式（4.2.35）矛盾.

例 4.2.6 求解下列最优化问题：

$$\min f(\boldsymbol{x})=\sum_{i=1}^{n}\frac{c_i}{x_i}$$

$$\text{s.t.}\begin{cases}\sum_{i=1}^{n}a_ix_i-b=0\\ x_i\geqslant 0, \quad i=1,2,\cdots,n\end{cases} \tag{4.2.48}$$

其中常数$a_i>0$，$c_i>0$，$i=1,2,\cdots,n$，$b>0$.

解 问题（4.2.48）的广义拉格朗日函数为

$$L(\boldsymbol{x},\boldsymbol{\lambda}',\boldsymbol{\lambda}'')=\sum_{i=1}^{n}\frac{c_i}{x_i}-\sum_{i=1}^{n}\lambda_ix_i-\lambda_0\left(\sum_{i=1}^{n}a_ix_i-b\right)$$

因为

$$\frac{\partial L(\boldsymbol{x},\boldsymbol{\lambda}',\boldsymbol{\lambda}'')}{\partial x_i}=-\frac{c_i}{x_i^2}-\lambda_i-a_i\lambda_0, \quad i=1,2,\cdots,n$$

所以，问题（4.2.48）的K－T条件及约束条件为

$$\begin{cases}-\frac{c_i}{x_i^2}-\lambda_i-a_i\lambda_0=0, & i=1,2,\cdots,n\\ \lambda_ix_i=0, & i=1,2,\cdots,n\\ x_i\geqslant 0, & i=1,2,\cdots,n\\ \sum_{i=1}^{n}a_ix_i-b=0 & \\ \lambda_i\geqslant 0, & i=1,2,\cdots,n\end{cases} \tag{4.2.49}$$

由式（4.2.49）的第1式、第3式知$x_i>0\ (i=1,2,\cdots,n)$，从而由式（4.2.49）的第2式解得

$$\bar{\lambda}_i=0, \quad i=1,2,\cdots,n$$

于是，由式（4.2.49）的第1式知$\lambda_0<0$，且

$$a_i\lambda_0x_i^2+c_i=0, \quad i=1,2,\cdots,n$$

即得

$$x_i=\sqrt{\frac{c_i}{-a_i\lambda_0}}, \quad i=1,2,\cdots,n \tag{4.2.50}$$

将上式代入式（4.2.49）的第4式，得

$$\sum_{i=1}^{n} a_i \sqrt{\frac{c_i}{-a_i \lambda_0}} - b = 0$$

解得 $\bar{\lambda}_0 = -\dfrac{\left(\sum_{i=1}^{n}\sqrt{a_i c_i}\right)^2}{b^2}$，代入式（4.2.50），即有

$$\bar{x}_i = \frac{b}{\sum_{i=1}^{n}\sqrt{a_i c_i}}\sqrt{\frac{c_i}{a_i}}，\quad i = 1, 2, \cdots, n$$

所以，$\bar{\boldsymbol{x}} = (\bar{x}_1, \bar{x}_2, \cdots, \bar{x}_n)$ 是问题（4.2.48）的 K－T 点.

又由于 $L(\boldsymbol{x}, \bar{\boldsymbol{\lambda}}', \bar{\boldsymbol{\lambda}}'')$ 在点 $(\bar{\boldsymbol{x}}^{\mathrm{T}}, \bar{\boldsymbol{\lambda}}'^{\mathrm{T}}, \bar{\boldsymbol{\lambda}}''^{\mathrm{T}})^{\mathrm{T}}$ 处关于 $\boldsymbol{x}$ 的 Hesse 矩阵 $\nabla_{\boldsymbol{x}}^2 L(\bar{\boldsymbol{x}}, \bar{\boldsymbol{\lambda}}', \bar{\boldsymbol{\lambda}}'')$ 是一个 n 阶对角矩阵，其对角线上第 i 个元素为

$$\frac{2c_i}{\bar{x}_i^3} > 0，\quad i = 1, 2, \cdots, n$$

因此 $\nabla_{\boldsymbol{x}}^2 L(\bar{\boldsymbol{x}}, \bar{\boldsymbol{\lambda}}', \bar{\boldsymbol{\lambda}}'')$ 是正定矩阵，根据定理 4.2.10，$\bar{\boldsymbol{x}}$ 为问题（4.2.48）的严格局部极小点.

习　题

1. 求解下列无约束最优化问题.

（1）$\min f(\boldsymbol{x}) = \frac{1}{3}x_1^2 + \frac{1}{2}x_2^2$；

（2）$\min f(x) = 2x_1^2 - 2x_1x_2 + x_2^2 + 2x_1 - 2x_2$；

（3）$\min f(\boldsymbol{x}) = 2x_1^2 + 2x_1x_2 + 4x_1x_3 + 3x_2^2 + 2x_2x_3 + 5x_3^2 + 4x_1 - 2x_2 + 3x_3$.

2. 求解下列等式约束最优化问题.

（1）$\min f(\boldsymbol{x}) = x_1^2 + 4x_2^2 + 16x_3^2$

s.t. $x_1x_2 = 1$；

（2）$\min f(\boldsymbol{x}) = x_1^2 - x_2^2 - 4x_2$

s.t. $x_2 = 0$；

（3）$\min f(\boldsymbol{x}) = \sum_{i=1}^{n} x_i^p$

$$\text{s.t. } \sum_{i=1}^{n} x_i = a$$

其中 $p>1, a>0$.

3. 证明等式约束最优化问题

$$\min f(\boldsymbol{x}) = x_1^2 + x_2^2$$
$$\text{s.t. } (x_1-1)^3 - x_2^2 = 0$$

不存在局部最优解.

4. 验证点 $\bar{\boldsymbol{x}} = (3,1)^{\mathrm{T}}$ 是不等式约束问题

$$\min f(\boldsymbol{x}) = (x_1-7)^2 + (x_2-3)^2$$
$$\text{s.t.} \begin{cases} 10 - x_1^2 - x_2^2 \geqslant 0 \\ 4 - x_1 - x_2 \geqslant 0 \\ x_2 \geqslant 0 \end{cases}$$

的 Fritz John 点.

5. 给定约束最优化问题

$$\min f(\boldsymbol{x}) = (x_1-3)^2 + (x_2-2)^2$$
$$\text{s.t.} \begin{cases} x_1^2 + x_2^2 \leqslant 5 \\ x_1 + 2x_2 = 4 \\ x_1,\ x_2 \geqslant 0 \end{cases}$$

检验 $\bar{\boldsymbol{x}} = (2,1)^{\mathrm{T}}$ 是否为 K－T 点.

6. 给定约束最优化问题

$$\min f(\boldsymbol{x}) = 4x_1 - 3x_2$$
$$\text{s.t.} \begin{cases} 4 - x_1 - x_2 \geqslant 0 \\ x_2 + 7 \geqslant 0 \\ -(x_1-3)^2 + x_2 + 1 \geqslant 0 \end{cases}$$

求满足 K－T 必要条件的点.

7. 设 $f(\boldsymbol{x})$ 为可微函数，证明问题

$$\min f(\boldsymbol{x})$$
$$\text{s.t. } \boldsymbol{x} \geqslant \boldsymbol{0}$$

的 K－T 条件是
$$\begin{cases}\nabla f(\bar{\boldsymbol{x}})^{\mathrm{T}}\bar{\boldsymbol{x}}=0\\ \nabla f(\bar{\boldsymbol{x}})\geqslant \boldsymbol{0}\end{cases}$$
并说明这个条件的几何意义.

8. 设 $\boldsymbol{c}\in\mathbf{R}^n$ 为非零向量，求解不等式约束问题

$$\max f(\boldsymbol{x})=\boldsymbol{c}^{\mathrm{T}}\boldsymbol{x},\quad \boldsymbol{x}\in\mathbf{R}^n$$
$$\text{s.t.}\quad \boldsymbol{x}^{\mathrm{T}}\boldsymbol{x}\leqslant 1$$

9. 用 K－T 条件求解下列问题.

$$\min f(\boldsymbol{x})=x_1^2-x_2-3x_3$$
$$\text{s.t.}\begin{cases}-x_1-x_2-x_3\geqslant 0\\ x_1^2+2x_2-x_3=0\end{cases}$$

10. 求解下列问题.

$$\max f(\boldsymbol{x})=14x_1-x_1^2+6x_2-x_2^2+7$$
$$\text{s.t.}\begin{cases}x_1+x_2\leqslant 2\\ x_1+2x_2\leqslant 3\end{cases}$$

11. 考虑约束问题.

$$\min f(\boldsymbol{x})=\frac{1}{2}[(x_1-1)^2+x_2^2]$$
$$\text{s.t.}\quad -x_1+\beta x_2^2=0$$

讨论 β 取何值时，$\bar{\boldsymbol{x}}=(0,0)^{\mathrm{T}}$ 是局部最优解.

12. 用 K－T 条件证明不等式

$$\frac{1}{n}\sum_{i=1}^{n}x_i\geqslant\left(\prod_{i=1}^{n}x_i\right)^{\frac{1}{n}}$$

其中，$x_1,x_2,\cdots,x_n\geqslant 0$.

13. 求原点 $\boldsymbol{x}^{(0)}=(0,0)^{\mathrm{T}}$ 到凸集

$$D=\{\boldsymbol{x}\,|\,x_1+x_2\geqslant 4,\ \ 2x_1+x_2\geqslant 5\}$$

的最小距离.

14. 考虑约束问题

$$\min f(\boldsymbol{x})=x_1^2+2x_1+x_2^4$$

$$\text{s.t.}\quad x_1x_2 - x_1 = 0$$

（1）验证 $\bar{\boldsymbol{x}} = (0, 0)^{\mathrm{T}}$ 满足局部解的一阶必要条件.

（2）试问 $\bar{\boldsymbol{x}} = (0, 0)^{\mathrm{T}}$ 是否满足局部解的二阶充分条件？

（3）试问 $\bar{\boldsymbol{x}} = (0, 0)^{\mathrm{T}}$ 是否为约束问题的局部解或全局解？

15. 给定约束问题

$$\min f(\boldsymbol{x}) = \boldsymbol{c}^{\mathrm{T}}\boldsymbol{x}$$

$$\text{s.t.}\begin{cases}\boldsymbol{A}\boldsymbol{x} = \boldsymbol{0}\\ \boldsymbol{x}^{\mathrm{T}}\boldsymbol{x} \leqslant \gamma^2\end{cases}$$

其中，$\boldsymbol{A}$ 为 $m\times n$ 矩阵（$m<n$），$\boldsymbol{A}$ 的秩为 m，$\boldsymbol{c}\in \mathbf{R}^n$ 且 $\boldsymbol{c}\neq 0$，γ 是一个正数. 试求问题的最优解及目标函数最优值.

第 5 章　算　法

上一章讨论了最优性条件，理论上讲，可以用这些条件求非线性规划的最优解，但在实践中往往并不切实可行. 由于利用最优性条件求解一个问题时，一般需要解非线性方程组，这本身就是一个困难问题，况且有些问题导数还不存在，所以求解非线性规划一般采取数值计算的迭代方法. 本章介绍关于算法的一些概念，为以后各章对具体算法的研究做一些准备.

5.1　基本迭代格式

所谓迭代，就是从已知点 $\boldsymbol{x}^{(k)}$ 出发，按照某种规则求出后继点 $\boldsymbol{x}^{(k+1)}$，用 $k+1$ 代替 k，重复以上过程，这样就得到一个点列 $\{\boldsymbol{x}^{(k)}\}$. 把其中的规则称为迭代算法. 如果对于非线性最优化问题

$$\begin{aligned}&\min f(\boldsymbol{x})\\&\text{s.t.}\ \ \boldsymbol{x}\in D, D\subseteq \mathbf{R}^n\end{aligned}\tag{5.1.1}$$

有 $f(\boldsymbol{x}^{(k+1)})<f(\boldsymbol{x}^{(k)})$，则称算法为下降迭代算法，简称为下降算法.

设 $\boldsymbol{x}^{(k)}\in\mathbf{R}^n$ 是某种迭代算法的第 k 次迭代点，$\boldsymbol{x}^{(k+1)}$ 是第 $k+1$ 次迭代点，记

$$\Delta\boldsymbol{x}_k=\boldsymbol{x}^{(k+1)}-\boldsymbol{x}^{(k)}\tag{5.1.2}$$

则有

$$\boldsymbol{x}^{(k+1)}=\boldsymbol{x}^{(k)}+\Delta\boldsymbol{x}_k$$

由式（5.1.2）可知，$\Delta\boldsymbol{x}_k$ 是一个以 $\boldsymbol{x}^{(k)}$ 为起点，$\boldsymbol{x}^{(k+1)}$ 为终点的 n 维向量. 现记 $\boldsymbol{d}^{(k)}\in\mathbf{R}^n$，是与 $\Delta\boldsymbol{x}_k$ 同方向的向量，则必存在 $\alpha_k\geqslant 0$，使得 $\Delta\boldsymbol{x}_k=\alpha_k\boldsymbol{d}^{(k)}$，于是有

$$\boldsymbol{x}^{(k+1)}=\boldsymbol{x}^{(k)}+\alpha_k\boldsymbol{d}^{(k)} \tag{5.1.3}$$

式（5.1.3）就是求解非线性最优化问题（5.1.1）的基本迭代格式.

通常将式（5.1.3）中的$\boldsymbol{d}^{(k)}$称为迭代的第 k 轮搜索方向，α_k称为第 k 轮步长. 从式（5.1.3）基本迭代格式可以看出，求解非线性最优化问题的关键在于如何构造每一轮的搜索方向和确定步长.

对于无约束最优化问题，搜索方向通常取目标函数的下降方向. 但对于约束最优化问题，迭代一般在可行域内进行，搜索方向取可行下降方向. 每一种确定搜索方向的方法就决定了一种不同算法.

下面给出用基本迭代格式（5.1.3）求解非线性最优化问题（5.1.1）的一般步骤.

算法 5.1.1（一般下降算法）：

（1）给定初始点$\boldsymbol{x}^{(1)}$，精度要求$\varepsilon>0$，置$k=1$.

（2）若在点$\boldsymbol{x}^{(k)}$处满足某个终止准则，则停止计算，$\boldsymbol{x}^{(k)}$为问题的最优解；否则依据一定规则选择$\boldsymbol{x}^{(k)}$处的搜索方向$\boldsymbol{d}^{(k)}$.

（3）确定步长α_k，使目标函数值有某种意义的下降，通常是使

$$f(\boldsymbol{x}^{(k)}+\alpha_k\boldsymbol{d}^{(k)})<f(\boldsymbol{x}^{(k)}).$$

（4）令$\boldsymbol{x}^{(k+1)}=\boldsymbol{x}^{(k)}+\alpha_k\boldsymbol{d}^{(k)}$.

（5）置$k=k+1$，转步骤（2）.

5.2 算法的收敛性问题

5.2.1 算法的收敛性

前面讨论的下降算法是一类迭代方法，即从任意的初始点$\boldsymbol{x}^{(1)}$出发，构造出点列$\{\boldsymbol{x}^{(k)}\}$，并满足

$$f(\boldsymbol{x}^{(k+1)})<f(\boldsymbol{x}^{(k)}),\quad k=1,2,\cdots \tag{5.2.1}$$

但这个条件并不能保证序列$\{\boldsymbol{x}^{(k)}\}$达到或收敛到最优化问题的最优解. 因此，通常

要求算法具有下面的收敛性：当$\{\boldsymbol{x}^{(k)}\}$是有穷点列时，其最后一点是该问题的最优解；当$\{\boldsymbol{x}^{(k)}\}$是无穷点列时，它有极限点并收敛到问题的最优解.

所谓收敛，是指序列$\{\boldsymbol{x}^{(k)}\}$或它的一个子列（不妨仍记为$\{\boldsymbol{x}^{(k)}\}$）满足

$$\lim_{k\to\infty}\boldsymbol{x}^{(k)}=\boldsymbol{x}^* \tag{5.2.2}$$

这里$\boldsymbol{x}^*$是最优化问题的局部解.

但是，要获得式（5.2.2）这样强的结果通常是困难的，往往只能证明$\{\boldsymbol{x}^{(k)}\}$的任一聚点的稳定点，或者证明更弱的条件

$$\liminf_{k\to\infty}\|\nabla f(\boldsymbol{x}^{(k)})\|=0 \tag{5.2.3}$$

这种情况也称为收敛.

若对于某些算法来说，只有当初始点$\boldsymbol{x}^{(1)}$充分靠近极小点$\boldsymbol{x}^*$时，才能保证序列$\{\boldsymbol{x}^{(k)}\}$收敛到$\boldsymbol{x}^*$，则称这类算法为局部收敛. 反之，若对任意的初始点$\boldsymbol{x}^{(1)}$，产生的序列$\{\boldsymbol{x}^{(k)}\}$收敛到$\boldsymbol{x}^*$，则称这类算法为全局收敛.

5.2.2 收敛速率

评价一个迭代算法，不仅要求它是收敛的，而且希望由该算法产生的点列$\{\boldsymbol{x}^{(k)}\}$能以较快的速度收敛于最优解$\boldsymbol{x}^*$. 因此，算法的收敛速率是一个十分重要的问题. 一般用阶来度量算法收敛的速率.

定义 5.2.1 设序列$\{\boldsymbol{x}^{(k)}\}$收敛于$\boldsymbol{x}^*$，定义满足

$$0\leqslant\overline{\lim_{k\to\infty}}\frac{\|\boldsymbol{x}^{(k+1)}-\boldsymbol{x}^*\|}{\|\boldsymbol{x}^{(k)}-\boldsymbol{x}^*\|^p}=\beta<\infty \tag{5.2.4}$$

的非负数p的上确界为序列$\{\boldsymbol{x}^{(k)}\}$的收敛级.

若序列的收敛级为p，就称序列是p级收敛的.

若$p=1$，且$\beta<1$，则称序列是以收敛比β线性收敛的.

若$p>1$，或者$p=1$且$\beta=0$，则称序列是超线性收敛的.

例 5.2.1 考虑序列

$$\{a^k\},\quad 0<a<1$$

由于$a^k\to 0$以及

$$\lim_{k\to\infty}\frac{a^{k+1}}{a^k}=a<1$$

因此，序列 $\{a^k\}$ 以收敛比 a 线性收敛于零.

例 5.2.2 考虑序列

$$\{a^{2^k}\}，\quad 0<|a|<1$$

显然 $a^{2^k}\to 0$. 由于

$$\lim_{k\to\infty}\frac{a^{2^{k+1}}}{(a^{2^k})^2}=1$$

因此，序列 $\{a^{2^k}\}$ 是 2 级收敛的.

收敛序列的收敛级，取决于当 $k\to\infty$ 时该序列所具有的性质，它反映了序列收敛的快慢. 在某种意义上讲，收敛级 p 越大，序列收敛得越快. 当收敛级 p 相同时，收敛比 β 越小，序列收敛得越快.

定理 5.2.1 如果点列 $\{\boldsymbol{x}^{(k)}\}$ 超线性收敛于 $\boldsymbol{x}^*$，则

$$\lim_{k\to\infty}\frac{\|\boldsymbol{x}^{(k+1)}-\boldsymbol{x}^{(k)}\|}{\|\boldsymbol{x}^{(k)}-\boldsymbol{x}^*\|}=1$$

证明 因 $\{\boldsymbol{x}^{(k)}\}$ 超线性收敛于 $\boldsymbol{x}^*$，则有

$$\lim_{k\to\infty}\frac{\|\boldsymbol{x}^{(k+1)}-\boldsymbol{x}^*\|}{\|\boldsymbol{x}^{(k)}-\boldsymbol{x}^*\|}=0$$

又

$$\begin{aligned}\frac{\|\boldsymbol{x}^{(k+1)}-\boldsymbol{x}^*\|}{\|\boldsymbol{x}^{(k)}-\boldsymbol{x}^*\|}&=\frac{\|(\boldsymbol{x}^{(k+1)}-\boldsymbol{x}^{(k)})+(\boldsymbol{x}^{(k)}-\boldsymbol{x}^*)\|}{\|\boldsymbol{x}^{(k)}-\boldsymbol{x}^*\|}\\&\geqslant\left|\frac{\|\boldsymbol{x}^{(k+1)}-\boldsymbol{x}^{(k)}\|}{\|\boldsymbol{x}^{(k)}-\boldsymbol{x}^*\|}-\frac{\|\boldsymbol{x}^{(k)}-\boldsymbol{x}^*\|}{\|\boldsymbol{x}^{(k)}-\boldsymbol{x}^*\|}\right|\\&=\left|\frac{\|\boldsymbol{x}^{(k+1)}-\boldsymbol{x}^{(k)}\|}{\|\boldsymbol{x}^{(k)}-\boldsymbol{x}^*\|}-1\right|\end{aligned}$$

故

$$\lim_{k\to\infty}\frac{\|\boldsymbol{x}^{(k+1)}-\boldsymbol{x}^{(k)}\|}{\|\boldsymbol{x}^{(k)}-\boldsymbol{x}^*\|}=1$$

这个定理表明可以用 $\|\boldsymbol{x}^{(k+1)}-\boldsymbol{x}^{(k)}\|$ 来代替 $\|\boldsymbol{x}^{(k)}-\boldsymbol{x}^*\|$ 给出终止判断，并且这个估计随着 k 的增加而改善. 需要指出，该定理的逆不成立.

5.2.3 算法的二次终止性

上面谈到的收敛性和收敛速率能够较为准确地刻画出算法的优劣程度，但使用起来比较困难. 特别是证明一个算法是否收敛或具有什么样的收敛速率，需要很强的理论知识. 在这里给出一个较为简单的判断算法优劣的评价标准，即算法的二次终止性.

定义 5.2.2 若某个算法对于任意的正定二次函数，从任意的初始点出发，总能经过有限步迭代达到其极小点，则称该算法具有二次终止性.

用算法的二次终止性作为判断算法优劣的标准，主要原因是：

（1）正定二次目标函数具有某些好的性质，因此一个好的算法应该能够在有限步内达到其极小点.

（2）对于一个一般的目标函数，若在其极小点处的 Hesse 矩阵 $\nabla^2 f(\boldsymbol{x}^*)$ 正定，由泰勒展开式得到

$$\begin{aligned} f(\boldsymbol{x}) = & f(\boldsymbol{x}^*) + \nabla f(\boldsymbol{x}^*)^{\mathrm{T}}(\boldsymbol{x}-\boldsymbol{x}^*) + \\ & \frac{1}{2}(\boldsymbol{x}-\boldsymbol{x}^*)^{\mathrm{T}}\nabla^2 f(\boldsymbol{x}^*)(\boldsymbol{x}-\boldsymbol{x}^*) + o(\|\boldsymbol{x}-\boldsymbol{x}^*\|^2) \end{aligned} \tag{5.2.5}$$

即目标函数 $f(\boldsymbol{x})$ 在极小点附近与一个正定二次函数相近似，因此，对于正定二次函数好的算法，对于一般目标函数也应具有较好的性质.

因此，算法的二次终止性是一个很重要的性质，后面将要讲到的许多算法总是根据它而设计出来的.

5.3 算法的终止准则

迭代算法是一个取极限的过程，需要无限次迭代. 因此，为解决实际问题，需要规定一些实用的终止迭代过程的准则.

常用的终止准则有以下几种：

（1）当自变量的改变量充分小时，即

$$\|\boldsymbol{x}^{(k+1)} - \boldsymbol{x}^{(k)}\| < \varepsilon \tag{5.3.1}$$

或者

$$\frac{\| \boldsymbol{x}^{(k+1)} - \boldsymbol{x}^{(k)} \|}{\| \boldsymbol{x}^{(k)} \|} < \varepsilon \tag{5.3.2}$$

时，停止计算.

（2）当函数值的下降量充分小时，即

$$f(\boldsymbol{x}^{(k)}) - f(\boldsymbol{x}^{(k+1)}) < \varepsilon \tag{5.3.3}$$

或者

$$\frac{f(\boldsymbol{x}^{(k)}) - f(\boldsymbol{x}^{(k+1)})}{| f(\boldsymbol{x}^{(k)}) |} < \varepsilon \tag{5.3.4}$$

时，停止计算.

（3）在无约束最优化中，当梯度充分接近于零时，即

$$\| \nabla f(\boldsymbol{x}^{(k)}) \| < \varepsilon \tag{5.3.5}$$

时，停止计算.

在以上各式中，ε 是事先给定的充分小的正数. 除此以外，还可以根据收敛定理，参照上述终止准则，规定出其他的终止准则.

习 题

1. 求下列各序列的收敛级.

（1）$u^{(k)} = \dfrac{1}{k^2}$；　　　　（2）$u^{(k)} = \left(\dfrac{1}{k}\right)^k$.

2. 设 $a_0 = b$，考虑序列

$$a_{k+1} = \frac{1}{2}\left(a_k + \frac{b}{a_k}\right)$$

证明序列 $\{a_k\}$ 的极限为 $a^* = \sqrt{b}$，且是 2 级收敛.

第 6 章　一维搜索

从本章开始将研究非线性规划的具体算法，这一章讨论一维搜索，它不仅是求解一维非线性最优化问题的基本算法，也是多维非线性最优化算法的重要组成部分，它的选择是否恰当对一些算法的计算效果有重要影响.

6.1　一维搜索问题

6.1.1　一维搜索概念

在上一章中，已经给出了最优化问题

$$\min f(\boldsymbol{x}),\quad \boldsymbol{x}\in \mathbf{R}^n \tag{6.1.1}$$

的下降迭代算法的基本格式

$$\boldsymbol{x}^{(k+1)}=\boldsymbol{x}^{(k)}+\alpha_k\boldsymbol{d}^{(k)}$$

假设给定了搜索方向 $\boldsymbol{d}^{(k)}$，从点 $\boldsymbol{x}^{(k)}$ 出发沿方向 $\boldsymbol{d}^{(k)}$ 进行搜索，要确定步长 α_k，使

$$f(\boldsymbol{x}^{(k+1)})=f(\boldsymbol{x}^{(k)}+\alpha_k\boldsymbol{d}^{(k)})<f(\boldsymbol{x}^{(k)}) \tag{6.1.2}$$

记

$$\varphi(\alpha)=f(\boldsymbol{x}^{(k)}+\alpha\boldsymbol{d}^{(k)})$$

则式（6.1.2）等价于

$$\varphi(\alpha_k)<\varphi(0) \tag{6.1.3}$$

即确定步长 α_k 就是单变量函数 $\varphi(\alpha)$ 搜索问题，称为一维搜索或线性搜索.

通常，按对步长选取的不同原则，一维搜索分为以下两种类型：

（1）最优一维搜索.

如果求得的 α_k 使目标函数沿 $\boldsymbol{d}^{(k)}$ 方向达到极小，即使得

$$f(\boldsymbol{x}^{(k)}+\alpha_k\boldsymbol{d}^{(k)})=\min_{\alpha\geqslant 0} f(\boldsymbol{x}^{(k)}+\alpha\boldsymbol{d}^{(k)}) \tag{6.1.4}$$

或

$$\varphi(\alpha_k)=\min_{\alpha\geqslant 0}\varphi(\alpha) \tag{6.1.5}$$

则称这样的一维搜索为最优一维搜索，或称精确一维搜索，α_k 称为最优步长. 这类一维搜索在非线性最优化方法研究中具有基本的意义，在以后几章中经常要应用它. 最优一维搜索有时也简称为一维搜索.

（2）可接受一维搜索.

如果选取 α_k，使目标函数沿方向 $\boldsymbol{d}^{(k)}$ 取得适当的可接受的下降量，即使得下降量 $f(\boldsymbol{x}^{(k)})-f(\boldsymbol{x}^{(k)}+\alpha_k\boldsymbol{d}^{(k)})>0$ 是我们可接受的，则称这样的一维搜索为可接受一维搜索，或称非精确一维搜索.

6.1.2 搜索区间

一维搜索的主要结构是：首先确定搜索区间，再用某种方法缩小这个区间，从而得到所需的最优解.

定义 6.1.1 设 $\bar{\alpha}$ 是 $\varphi(\alpha)$ 的极小点. 若存在闭区间 $[a,b]$，使得 $\bar{\alpha}\in[a,b]$，则称 $[a,b]$ 是 $\varphi(\alpha)$ 的搜索区间.

确定搜索区间的一种简单的方法是进退法，其基本思路是从某一点出发，按一定的步长，确定函数值呈“高—低—高”的三点. 如果一个方向不成功，就退回来，再沿相反的方向寻找. 具体算法如下：

算法 6.1.1（确定搜索区间的进退法）：

（1）给定初始点 α_0，初始步长 $h_0>0$，置 $h=h_0$，$\alpha_1=\alpha_0$，计算 $\varphi(\alpha_1)$，并置 $k=0$.

（2）令 $\alpha_4=\alpha_1+h$，计算 $\varphi(\alpha_4)$，置 $k=k+1$.

（3）若 $\varphi(\alpha_4)<\varphi(\alpha_1)$，则转步骤（4）；否则转步骤（5）.

（4）令 $\alpha_2=\alpha_1$，$\alpha_1=\alpha_4$，$\varphi(\alpha_2)=\varphi(\alpha_1)$，$\varphi(\alpha_1)=\varphi(\alpha_4)$，置 $h=2h$，转步骤（2）.

（5）若$k=1$，则转步骤（6）；否则，转步骤（7）.

（6）置$h=-h$，$\alpha_2=\alpha_4$，$\varphi(\alpha_2)=\varphi(\alpha_4)$，转步骤（2）.

（7）令$\alpha_3=\alpha_2$，$\alpha_2=\alpha_1$，$\alpha_1=\alpha_4$，停止计算.

这样得到含有极小点的区间$[\alpha_1,\alpha_3]$或者$[\alpha_3,\alpha_1]$.

实际应用中，要注意选择步长h_0. 如果h_0取得太小，则迭代进展比较慢；如果h_0取得太大，则难以确定搜索区间. 为了获得合适的h_0，有时需要做多次的试探才能成功.

6.1.3　单峰函数

通过进退法能够确定出搜索区间，但仅仅知道搜索区间是不够的. 由于后面介绍的一维搜索算法还要求函数在搜索区间上是单峰函数（单谷函数）. 这里给出单峰函数的定义.

定义 6.1.2　设$\bar{\alpha}$是$\varphi(\alpha)$在$[a,b]$内的极小点，并且对任意的$\alpha_1,\alpha_2\in[a,b]$，$\alpha_1<\alpha_2$，有当$\alpha_2\leqslant\bar{\alpha}$时，$\varphi(\alpha_1)>\varphi(\alpha_2)$；当$\bar{\alpha}\leqslant\alpha_1$时，$\varphi(\alpha_2)>\varphi(\alpha_1)$，则称$\varphi(\alpha)$在$[a,b]$上是单峰函数，如图 6.1.1（a）所示.

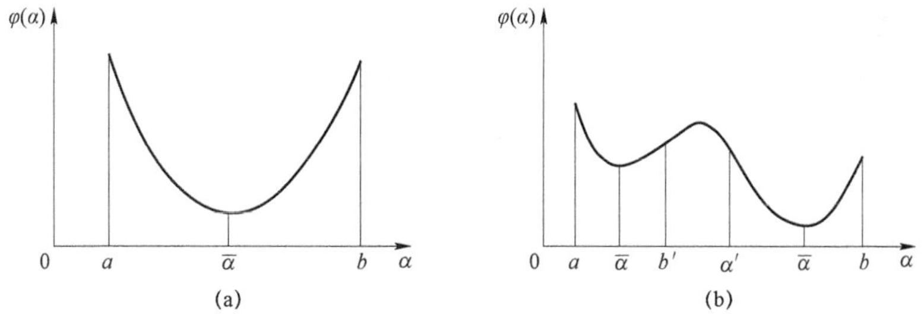

图 6.1.1　单峰函数和多峰函数

定理 6.1.1（单峰函数的性质）　设$\varphi(\alpha)$为$[a,b]$上的单峰函数，$\alpha_1,\alpha_2\in[a,b]$，且$\alpha_1<\alpha_2$，那么

（1）若$\varphi(\alpha_1)\leqslant\varphi(\alpha_2)$，则$[a,\alpha_2]$是$\varphi(\alpha)$的单峰区间；

（2）若$\varphi(\alpha_1)\geqslant\varphi(\alpha_2)$，则$[\alpha_1,b]$是$\varphi(\alpha)$的单峰区间.

证明　设$\bar{\alpha}$是$\varphi(\alpha)$在$[a,b]$内的极小点，要证（1），只要证$\bar{\alpha}\in[a,\alpha_2]$. 若不然，$\alpha_1<\alpha_2<\bar{\alpha}$，则由定义 6.1.2 知$\varphi(\alpha_1)\geqslant\varphi(\alpha_2)$，此与（1）中的条件

$\varphi(\alpha_1)\leqslant\varphi(\alpha_2)$矛盾．同理可证（2）．

6.2 试探法

试探法的基本思想是通过取一些试探点和进行函数值比较，使包含极小点的搜索区间不断减少，当区间长度缩短到一定程度时，区间上各点的函数值均接近极小值，因此任意一点都可以作为极小点的近似值．

6.2.1 0.618 法

0.618 法又称黄金分割法，是用于在单峰函数区间上求极小点的一种方法．下面推导 0.618 法的计算公式．

考虑一维问题

$$\min\varphi(\alpha),\ \alpha\in\mathbf{R} \tag{6.2.1}$$

假设$\varphi(\alpha)$在区间$[a,b]$上是单峰函数，极小点$\bar{\alpha}\in[a,b]$．

先在搜索区间$[a,b]$上确定两个试探点，其中，

左试探点为

$$\alpha_1=a+(1-\tau)(b-a) \tag{6.2.2}$$

右试探点为

$$\alpha_r=a+\tau(b-a) \tag{6.2.3}$$

其中，τ是一元二次方程

$$\tau^2+\tau-1=0 \tag{6.2.4}$$

的根：

$$\tau=\frac{\sqrt{5}-1}{2}\approx0.618$$

再分别计算这两个试探点的函数值

$$\varphi_1=\varphi(\alpha_1),\quad \varphi_r=\varphi(\alpha_r)$$

由单峰函数的性质知，若$\varphi_1<\varphi_r$，则区间$[\alpha_r,b]$内不可能有极小点，因此去掉区间$[\alpha_r,b]$，令$a'=a,b'=\alpha_r$，得到一个新的搜索区间$[a',b']$；若$\varphi_r>\varphi_r$，则

区间 $[a,\alpha_1]$ 内不可能有极小点，去掉区间 $[a,\alpha_1]$，令 $a'=\alpha_1, b'=b$，得到一个新的搜索区间 $[a', b']$.

类似上面的步骤，在区间 $[a', b']$ 内再计算两个新的试探点

$$\alpha_1'=a'+(1-\tau)(b'-a'), \tag{6.2.5}$$

$$\alpha_{\mathrm{r}}'=a'+\tau(b'-a'), \tag{6.2.6}$$

再比较函数值，从而确定新的搜索区间，如此下去……

在上述方法中，似乎每次迭代中都需要计算两个试探点及它们的函数值，其实不然.

下面对新的试探点做进一步分析：

（1）若 $\varphi_1<\varphi_{\mathrm{r}}$，则去掉区间 $[\alpha_{\mathrm{r}},b]$，那么新的右试探点为

$$\begin{aligned}\alpha_{\mathrm{r}}'&=a'+\tau(b'-a')=a+\tau(\alpha_{\mathrm{r}}-a)\\&=a+\tau^2(b-a)\end{aligned}$$

注意到 τ 是方程（6.2.4）的根，因此有

$$\alpha_{\mathrm{r}}'=a+\tau^2(b-a)=a+(1-\tau)(b-a)=\alpha_1$$

即为原区间的左试探点.

（2）若 $\varphi_1>\varphi_{\mathrm{r}}$，则去掉区间 $[a,\alpha_1]$，那么新的左试探点为

$$\begin{aligned}\alpha_1'&=a'+(1-\tau)(b'-a')=\alpha_1+(1-\tau)(b-\alpha_1)\\&=a+(1-\tau)(b-a)+\tau(1-\tau)(b-a)\\&=a+(1-\tau^2)(b-a)=a+\tau(b-a)=\alpha_{\mathrm{r}}\end{aligned}$$

即为原区间的右试探点.

通过上面分析可知，0.618 法除第一次需要计算两个试探点外，其余各步每次只需计算一个试探点和它的函数值，这大大提高了算法的效率. 因此就得到相应的算法.

算法 6.2.1（0.618 法）：

（1）置初始搜索区间 $[a,b]$，并置精度要求 ε，并计算左右试探点

$$\begin{aligned}\alpha_1&=a+(1-\tau)(b-a)\\\alpha_{\mathrm{r}}&=a+\tau(b-a)\end{aligned}$$

其中

$$\tau=\frac{\sqrt{5}-1}{2},$$

及相应的函数值

$$\varphi_1=\varphi(\alpha_1),\quad \varphi_r=\varphi(\alpha_r)$$

（2）如果$\varphi_1<\varphi_r$，则置

$$b=\alpha_r,\quad \alpha_r=\alpha_1,\quad \varphi_r=\varphi_1$$

并计算

$$\alpha_1=a+(1-\tau)(b-a),\quad \varphi_1=\varphi(\alpha_1)$$

否则，置

$$a=\alpha_1,\ \alpha_1=\alpha_r\quad \varphi_1=\varphi_r$$

并计算

$$\alpha_r=a+\tau(b-a),\ \varphi_r=\varphi(\alpha_r).$$

（3）如果$|b-a|\leqslant\varepsilon$，停止计算，极小点含于$[a,b]$；否则转步骤（2）.

容易验证，利用式（6.2.2）和式（6.2.3）计算试探点时，每次迭代搜索区间收缩比均为τ.

事实上，可以分别考虑下列两种情形：

（1）如果$\varphi_1<\varphi_r$，这时，令

$$a'=a,\ b'=\alpha_r$$

$$b'-a'=\alpha_r-a=a+\tau(b-a)-a=\tau(b-a) \tag{6.2.7}$$

（2）如果$\varphi_1>\varphi_r$，这时，令

$$a'=\alpha_1,\ b'=b$$

$$b'-a'=b-\alpha_1=b-[a+(1-\tau)(b-a)]=\tau(b-a) \tag{6.2.8}$$

式（6.2.7）和式（6.2.8）表明，不论属于哪种情形，迭代后的区间长度与迭代前的区间长度之比均为τ（常数）. 因此，经n次计算后，最终小区间的长度为$\tau^{n-1}(b-a)$，这里$b-a$为初始区间的长度. 由于每次迭代搜索区间的收缩比为τ，故 0.618 法的收敛速率是线性的，收敛比为

$$\tau=\frac{\sqrt{5}-1}{2}$$

例 6.2.1　用 0.618 法求解下列问题：

$$\min \varphi(\alpha) = 2\alpha^2 - \alpha - 1$$

初始区间 $[a,b] = [-1, 1]$，精度 $\varepsilon = 0.16$.

解　计算结果见表 6.2.1.

表 6.2.1　迭代 6 次的计算结果

迭代次数	a	b	α_l	α_r	φ_l	φ_r	$\lvert b-a \rvert$
1	−1	1	−0.236	0.236	−0.653	−1.125	2
2	−0.236	1	0.236	0.528	−1.125	−0.970	1.236
3	−0.236	0.528	0.056	0.236	−1.050	−1.125	0.764
4	0.056	0.528	0.236	0.348	−1.125	−1.106	0.472
5	0.056	0.348	0.168	0.236	−1.112	−1.125	0.292
6	0.168	0.348	0.236	0.279	−1.125	−1.123	0.180
7	0.168	0.279					0.111

经 6 次迭代达到精度要求，极小点 $\bar{\alpha} \in [0.168, 0.279]$，可取

$$\bar{\alpha} = \frac{1}{2}(0.168 + 0.279) \approx 0.23$$

作为近似解.

实际上，问题的最优解 $\alpha^* = 0.25$.

6.2.2　Fibonacci 法（斐波内奇法）

这种方法与 0.618 法类似，也是用于单峰函数区间上求极小点的一种方法. 但 Fibonacci 法与 0.618 法的主要区别之一在于区间长度缩短比率不是常数，而是由所谓的 Fibonacci 数来确定.

定义 6.2.1　设有数列 $\{F_k\}$，满足条件：

（1）$F_0 = F_1 = 1$；　　(6.2.9)

（2）$F_k = F_{k-2} + F_{k-1}$，$k = 2, 3, \cdots$　　(6.2.10)

则称 $\{F_k\}$ 为 Fibonacci 数列.

根据定义 6.2.1，可将 Fibonacci 数列列表，见表 6.2.2.

表 6.2.2 Fibonacci 数列

k	0	1	2	3	4	5	6	7	8	9	10	…
F_k	1	1	2	3	5	8	13	21	34	55	89	…

F_k 称为 Fibonacci 数，相应的试探方法称为 Fibonacci 方法或分数法.

现在讨论如何选取试探点. 由关系式（6.2.10）得到

$$\frac{F_{n-2}}{F_n}+\frac{F_{n-1}}{F_n}=1,\quad n=2,\ 3,\ \cdots \tag{6.2.11}$$

其中，n 是计算函数值的次数，需要事先给定，关于确定 n 的方法，将在后面给出.

首先在搜索区间 $[a,b]$ 上，选取左、右试探点：

$$\alpha_1=a+\frac{F_{n-2}}{F_n}(b-a) \tag{6.2.12}$$

$$\alpha_r=a+\frac{F_{n-1}}{F_n}(b-a) \tag{6.2.13}$$

再比较函数值 $\varphi(\alpha_1)$ 和 $\varphi(\alpha_r)$，重新确定搜索区间.

（1）若 $\varphi(\alpha_1)<\varphi(\alpha_r)$，去掉区间 $[\alpha_r,b]$，令

$$a'=a,\quad b'=\alpha_r,$$

再计算新的试探点

$$\begin{aligned}\alpha_r'&=a'+\frac{F_{n-2}}{F_{n-1}}(b'-a')=a+\frac{F_{n-2}}{F_{n-1}}(\alpha_r-a)\\&=a+\frac{F_{n-2}}{F_{n-1}}\frac{F_{n-1}}{F_n}(b-a)\\&=a+\frac{F_{n-2}}{F_n}(b-a)=\alpha_1\end{aligned}$$

和

$$\alpha_1'=a'+\frac{F_{n-3}}{F_{n-1}}(b'-a')$$

（2）若 $\varphi(\alpha_1)>\varphi(\alpha_r)$，去掉区间 $[a,\alpha_r]$，令 $a'=\alpha_1$, $b'=b$, 再计算新的试探点

$$\begin{aligned}\alpha_1' &= a' + \frac{F_{n-3}}{F_{n-1}}(b' - a') = \alpha_1 + \frac{F_{n-3}}{F_{n-1}}(b - \alpha_1) \\ &= a + \frac{F_{n-2}}{F_n}(b - a) + \frac{F_{n-3}}{F_{n-1}}\left(1 - \frac{F_{n-2}}{F_n}\right)(b - a) \\ &= a + \frac{F_{n-2}}{F_n}(b - a) + \frac{F_{n-3}}{F_n}(b - a) \\ &= a + \frac{F_{n-1}}{F_n}(b - a) = \alpha_{\mathrm{r}}\end{aligned}$$

和

$$\alpha_{\mathrm{r}}' = a' + \frac{F_{n-2}}{F_{n-1}}(b' - a')$$

因此，Fibonacci 法与 0.618 法一样，在计算过程中，也是第 1 次迭代需要计算两个试探点，以后每次迭代只需新算一个点，另一点取自上次迭代.

类似于 0.618 法的式（6.2.7）和式（6.2.8）推导过程，可以证明，Fibonacci 法迭代后的区间长度与迭代前的区间长度之比均为 F_{k-1}/F_k．因此，利用该比值，若计算 n 个试探点，最终的区间长度为

$$\frac{F_{n-1}}{F_n}\frac{F_{n-2}}{F_{n-1}}\cdots\frac{F_2}{F_3}\frac{F_1}{F_2}(b - a) = \frac{1}{F_n}(b - a) \tag{6.2.14}$$

由此可知，只需给定初始区间长度 $b-a$ 及精度要求（最终区间长度）ε，就可以求出计算函数值的次数 n．令

$$\frac{1}{F_n}(b - a) < \varepsilon$$

即

$$F_n > \frac{b - a}{\varepsilon} \tag{6.2.15}$$

先由式（6.2.15）求出 Fibonacci 数 F_n，再根据 F_n 确定计算函数值的次数 n.

运用 Fibonacci 法时，应注意下列问题：

由于第 1 次迭代计算两个试探点，以后每次计算一个，这样经过 $n-1$ 次迭代就计算完 n 个试探点．但是，由式（6.2.12）和式（6.2.13）知，当 $n=2$ 时，α_1 与 α_{r} 相重合．这说明在第 $n-1$ 次迭代中并没有选择新的试探点，而 α_1 和 α_{r} 中的一

个取自第 $n-2$ 次迭代中的试探点. 为了在第 $n-1$ 次迭代中能够缩短搜索区间, 可在第 $n-2$ 次迭代之后(这时已确定出 $\alpha_l=\alpha_r$), 在 α_l 或 α_r 的左边或右边取一点. 因此需要增加一个量 $\delta>0$, 称为辨别常数. 于是得到 Fibonacci 方法:

算法 6.2.2(Fibonacci 法):

(1) 给定初始区间 $[a,b]$ 和最终区间长度 ε. 求计算函数值的次数 n, 使 $F_n \geqslant (b-a)/\varepsilon$, 置辨别常数 $\delta>0$, 计算试探点

$$\alpha_l = a+\frac{F_{n-2}}{F_n}(b-a), \quad \alpha_r = a+\frac{F_{n-1}}{F_n}(b-a)$$

及相应的函数值

$$\varphi_l=\varphi(\alpha_l), \quad \varphi_r=\varphi(\alpha_r)$$

(2) 置 $n=n-1$.

(3) 如果 $\varphi_l<\varphi_r$, 则置

$$b=\alpha_r, \quad \alpha_r=\alpha_l, \quad \varphi_r=\varphi_l$$

若 $n>2$, 则计算

$$\alpha_l = a+\frac{F_{n-2}}{F_n}(b-a), \quad \varphi_l=\varphi(\alpha_l)$$

否则计算

$$\alpha_l=\alpha_r-\delta, \quad \varphi_l=\varphi(\alpha_l)$$

(4) 如果 $\varphi_l \geqslant \varphi_r$, 置

$$a=\alpha_l, \quad \alpha_l=\alpha_r, \quad \varphi_l=\varphi_r$$

若 $n>2$, 则计算

$$\alpha_r = a+\frac{F_{n-1}}{F_n}(b-a), \quad \varphi_r=\varphi(\alpha_r)$$

否则计算

$$\alpha_r=\alpha_l+\delta, \quad \varphi_r=\varphi(\alpha_r)$$

(5) 若 $n=1$, 停止计算.

极小点含于 $[a,b]$ 内, 否则转步骤(2).

例 6.2.2 用 Fibonacci 法求解例 6.2.1.

解 初始区间仍取[−1，1]，要求最终区间长度$\varepsilon \leqslant 0.16$，辨别常数$\delta = 0.01$.由于

$$F_n \geqslant \frac{b-a}{\varepsilon} = 12.5$$

因此取$n = 6$.

计算结果见表 6.2.3.

表 6.2.3 Fibonacci 法求解过程

迭代次数	a	b	α_l	α_r	φ_l	φ_r
1	−1	1	−0.230 77	0.230 77	−0.662 72	−1.124 26
2	−0.230 77	1	0.230 77	0.538 46	−1.124 26	−0.958 58
3	−0.230 77	0.538 46	0.076 92	0.230 77	−1.065 09	−1.124 26
4	0.076 92	0.538 46	0.230 77	0.384 61	−1.124 26	−1.088 76
5	0.076 92	0.384 61	0.230 77	0.230 77	−1.124 26	−1.124 26
6	0.230 77	0.384 61	0.230 77	0.240 77	−1.124 26	−1.124 83

极小点$\bar{\alpha} \in [0.230\,77, 0.384\,61]$.

6.2.3 Fibonacci 法与 0.618 法的关系

这两种方法存在内在联系，0.618 法可以作为 Fibonacci 法的极限形式.

Fibonacci 数的递推关系是

$$F_k = F_{k-2} + F_{k-1} \tag{6.2.16}$$

令$F_k = r^k$，代入式（6.2.16）得到

$$r^2 - r - 1 = 0$$

它的两个根为

$$r_1 = \frac{1+\sqrt{5}}{2}, \quad r_2 = \frac{1-\sqrt{5}}{2}$$

因此，差分方程（6.2.16）的通解有如下的形式：

$$F_k = c_1 r_1^k + c_2 r_2^k \tag{6.2.17}$$

由条件 $F_0=F_1=1$ 得 $\begin{cases} c_1+c_2=1 \\ c_1r_1+c_2r_2=1 \end{cases}$

其方程组的解为

$$c_1=\frac{1}{\sqrt{5}}r_1,\quad c_2=\frac{-1}{\sqrt{5}}r_2,$$

代入式（6.2.17），得

$$F_k=\frac{1}{\sqrt{5}}\left\{\left(\frac{1+\sqrt{5}}{2}\right)^{k+1}-\left(\frac{1-\sqrt{5}}{2}\right)^{k+1}\right\} \tag{6.2.18}$$

于是

$$\lim_{n\to\infty}\frac{F_{n-1}}{F_n}=\lim_{n\to\infty}\frac{c_1r_1^{n-1}+c_2r_2^{n-1}}{c_1r_1^n+c_2r_2^n}=\frac{1}{r_1}\approx 0.618$$

这个极限值正是 0.618 法中的参数.

从理论上讲，Fibonacci 法的精度高于 0.618 法. 现在我们把两种方法得到的最终区间的长度加以比较. 设计算函数值的次数均为 n，即都进行 $n-1$ 次迭代，初始区间都是 $[a,b]$.

用 0.618 法时，最终区间长度为

$$d_G=\tau^{n-1}(b-a) \tag{6.2.19}$$

用 Fibonacci 法时，最终区间长度为

$$d_F=\frac{1}{F_n}(b-a) \tag{6.2.20}$$

由式（6.2.19）和式（6.2.20）可知

$$\frac{d_G}{d_F}=\tau^{n-1}F_n=\frac{1}{r_1^{n-1}}\cdot\frac{1}{\sqrt{5}}\left\{r_1^{n+1}-\left(-\frac{1}{r_1}\right)^{n+1}\right\}$$

当 $n\gg 1$ 时，由于

$$r_1=\frac{1+\sqrt{5}}{2}\approx 1.618>1$$

所以，上式括号内第二项可以忽略. 这样，有

$$\frac{d_G}{d_F}\approx\frac{r_1^2}{\sqrt{5}}=\frac{3\sqrt{5}+5}{10}\approx 1.17$$

由此可知，用 0.618 法得到的最终区间大约比使用 Fibonacci 法长 17%. 例 6.2.1

和例 6.2.2 的计算结果也正是这样，经 6 次迭代，得到

$$d_G = 0.348 - 0.168 = 0.18$$

$$d_F = 0.384\,61 - 0.230\,77 = 0.153\,84$$

$$\frac{d_G}{d_F} = \frac{0.18}{0.153\,84} \approx 1.17$$

Fibonacci 法的缺点是要事先知道计算函数值的次数．比较起来，0.618 法更简单，它不需要事先知道计算次数，而且收敛速率与 Fibonacci 法比较接近，当 $n \geqslant 7$ 时，

$$\frac{F_{n-1}}{F_n} \approx 0.618,$$

因此，在解决实际问题时，一般采用 0.618 法．

6.2.4　二分法

这里略提一下二分法，它是一种最简单的试探法．其基本思想是通过计算函数导数值来缩短搜索区间．

二分法本质上是求方程 $\varphi'(\alpha) = 0$ 的根．

设初始区间为 $[a_1, b_1]$，迭代第 k 次时的搜索区间为 $[a_k, b_k]$，且满足

$$\varphi'(a_k) \leqslant 0, \quad \varphi'(b_k) \geqslant 0$$

取

$$\alpha_k = \frac{1}{2}(a_k + b_k)$$

若 $\varphi'(\alpha_k) \geqslant 0$，则令 $a_{k+1} = a_k$， $b_{k+1} = \alpha_k$；

若 $\varphi'(\alpha_k) \leqslant 0$，则令 $a_{k+1} = \alpha_k$， $b_{k+1} = b_k$．

从而得到新的搜索区间 $[a_{k+1}, b_{k+1}]$，依次进行下去，直到搜索区间长度达到精度要求．

二分法每次迭代都将区间缩短一半，故二分法的收敛速率也是线性的，收敛比为 $\frac{1}{2}$．

6.3 函数逼近法

函数逼近法也称插值法，是一类重要的一维搜索方法．它的基本思想是根据目标函数$\varphi(\alpha)$在某些点的信息，构造一个与它近似的多项式函数$\hat{\varphi}(\alpha)$（通常不超过三次），逐步用$\hat{\varphi}(\alpha)$的极小点来逼近$\varphi(\alpha)$的极小点．当函数具有比较好的解析性质时，函数逼近法比试探法（如 0.618 法或 Fibonacci 法）效果更好．

6.3.1 牛顿法

牛顿法的基本思想是在极小点附近用二阶泰勒多项式近似目标函数，进而求出极小点的估计值．

考虑一维问题

$$\min \varphi(\alpha), \quad \alpha \in \mathbf{R} \tag{6.3.1}$$

令

$$\hat{\varphi}(\alpha)=\varphi(\alpha_k)+\varphi'(\alpha_k)(\alpha-\alpha_k)+\frac{1}{2}\varphi''(\alpha_k)(\alpha-\alpha_k)^2$$

又令

$$\hat{\varphi}'(\alpha)=\varphi'(\alpha_k)+\varphi''(\alpha_k)(\alpha-\alpha_k)=0$$

得到$\hat{\varphi}(\alpha)$的稳定点，记作α_{k+1}，则

$$\alpha_{k+1}=\alpha_k-\frac{\varphi'(\alpha_k)}{\varphi''(\alpha_k)} \tag{6.3.2}$$

在点α_k附近，$\varphi(\alpha)\approx\hat{\varphi}(\alpha)$，因此可用函数$\hat{\varphi}(\alpha)$的极小点作为目标函数$\varphi(\alpha)$的极小点的估计．如果$\alpha_k$是$\varphi(\alpha)$的极小点的一个估计，那么利用式(6.3.2)可以得到极小点的一个进一步的估计．这样，利用迭代公式（6.3.2）可以得到一个点列$\{\alpha_k\}$．可以证明，在一定条件下，这个点列收敛于问题（6.3.1）的最优解，而且是二级收敛．

定理 6.3.1 设$\varphi(\alpha)$存在三阶连续导数，$\bar{\alpha}$满足

$$\varphi'(\bar{\alpha})=0, \quad \varphi''(\bar{\alpha})\neq 0$$

则当初始点α_0充分接近$\bar{\alpha}$时，由牛顿法产生的点列$\{\alpha_k\}$至少二阶收敛于$\bar{\alpha}$.

证明　设$\alpha_k \neq \bar{\alpha}$，$k=1,2,\cdots$

注意到$\varphi'(\bar{\alpha})=0$，由牛顿迭代公式（6.3.2）有

$$
\begin{aligned}
|\alpha_{k+1}-\bar{\alpha}| &= \left|\alpha_k - \frac{\varphi'(\alpha_k)}{\varphi''(\alpha_k)} - \bar{\alpha}\right| \\
&= \frac{1}{|\varphi''(\alpha_k)|}|\alpha_k\varphi''(\alpha_k)-\varphi'(\alpha_k)-\bar{\alpha}\varphi''(\alpha_k)| \\
&= \frac{1}{|\varphi''(\alpha_k)|}|\varphi'(\bar{\alpha})-[\varphi'(\alpha_k)+\varphi''(\alpha_k)(\bar{\alpha}-\alpha_k)]| \\
&= \frac{1}{|\varphi''(\alpha_k)|}\frac{1}{2}(\bar{\alpha}-\alpha_k)^2|\varphi'''(\xi_k)| \qquad (6.3.3)
\end{aligned}
$$

其中，ξ_k介于$\bar{\alpha}$与α_k之间.

因为$\varphi''(\alpha)$, $\varphi'''(\alpha)$连续，且$\varphi''(\bar{\alpha})\neq 0$，因此，当$\alpha_k$充分接近于$\bar{\alpha}$时，必有$M_1>0, M_2>0$，使得在包含$\bar{\alpha}$和$\alpha_k$的闭区间的每点$\alpha$上，都有

$$|\varphi''(\alpha)|\geqslant M_1,\quad |\varphi'''(\alpha)|\leqslant M_2$$

从而由式（6.3.3）知

$$|\alpha_{k+1}-\bar{\alpha}|\leqslant \frac{M_2}{2M_1}(\alpha_k-\bar{\alpha})^2 \qquad (6.3.4)$$

取初始点α_0充分接近于$\bar{\alpha}$，使得

$$\frac{M_2}{M_1}|\alpha_0-\bar{\alpha}|<1$$

于是有

$$\{\alpha_k\}\subset\Delta=\{\alpha \,|\, |\alpha-\bar{\alpha}|\leqslant|\alpha_0-\bar{\alpha}|\}$$

且

$$|\alpha_{k+1}-\bar{\alpha}|<\frac{1}{2}|\alpha_k-\bar{\alpha}|$$

故易知

$$\lim_{k\to\infty}|\alpha_k-\bar{\alpha}|=0$$

即

$$\lim_{k\to\infty}\alpha_k=\bar{\alpha}$$

且由式（6.3.4）知，$\{\alpha_k\}$收敛阶为2.

算法 6.3.1（牛顿法）：

（1）给定初始点α_0，允许误差$\varepsilon>0$，置$k=0$.

（2）若$|\varphi'(\alpha_k)|<\varepsilon$，则停止迭代，得到点$\alpha_k$. 否则，转步骤（3）.

（3）计算点α_{k+1}，

$$\alpha_{k+1}=\alpha_k-\frac{\varphi'(\alpha_k)}{\varphi''(\alpha_k)}$$

（4）置$k=k+1$，转步骤（2）.

运用牛顿法时，初始点选择十分重要. 如果初始点靠近极小点，则可能很快收敛；如果初始点远离极小点，迭代产生的点列可能不收敛于极小点.

6.3.2 割线法

割线法的基本思想是用割线逼近目标函数$\varphi(\alpha)$的导函数的曲线

$$y=\varphi'(\alpha)$$

把割线的零点作为目标函数的稳定点的估计.

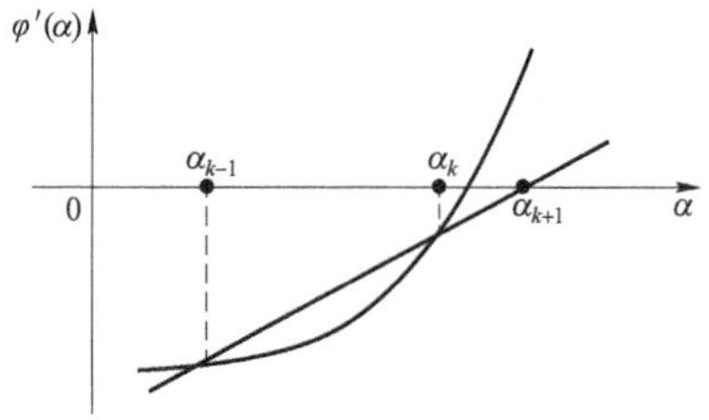

图 6.3.1 割线法

如图 6.3.1 所示，区间$[\alpha_{k-1},\alpha_k]$上的割线方程为

$$y-\varphi'(\alpha_k)=\frac{\varphi'(\alpha_k)-\varphi'(\alpha_{k-1})}{\alpha_k-\alpha_{k-1}}(\alpha-\alpha_k)$$

令$y=0$，得到割线方法的迭代公式

$$\alpha_{k+1}=\alpha_k-\frac{\alpha_k-\alpha_{k-1}}{\varphi'(\alpha_k)-\varphi'(\alpha_{k-1})}\varphi'(\alpha_k) \tag{6.3.5}$$

用式（6.3.5）进行迭代，得到点列$\{\alpha_k\}$，可以证明，在一定的条件下，这个点列收敛于最优解.

定理 6.3.2　设 $\varphi(\alpha)$ 存在连续三阶导数，$\bar{\alpha}$ 满足 $\varphi'(\bar{\alpha})=0$，$\varphi''(\bar{\alpha})\neq 0$．若 α_1 和 α_2 充分接近 $\bar{\alpha}$，则割线法产生的点列 $\{\alpha_k\}$ 收敛于 $\bar{\alpha}$，且收敛级为 1.618.

证明　设 $\Delta=\left\{\alpha \mid |\alpha-\bar{\alpha}| \leqslant \delta\right\}$ 是包含 $\bar{\alpha}$ 的某个充分小的闭区间，使得对每一个 $\alpha\in\Delta$，有

$$\varphi''(\alpha)\neq 0$$

任取 $\alpha_1,\alpha_2\in\Delta$．

以 $\alpha_k,\alpha_{k-1}\in\Delta$ 为节点构造插值多项式

$$\psi(\alpha)=\varphi'(\alpha_k)+\frac{\varphi'(\alpha_k)-\varphi'(\alpha_{k-1})}{\alpha_k-\alpha_{k-1}}(\alpha-\alpha_k) \tag{6.3.6}$$

插值余项为

$$\varphi'(\alpha)-\psi(\alpha)=\frac{1}{2}\varphi'''(\xi_1)(\alpha-\alpha_k)(\alpha-\alpha_{k-1}) \tag{6.3.7}$$

其中，$\xi_1\in\Delta$．

由于 $\varphi'(\bar{\alpha})=0$，因此由式（6.3.7）得到

$$\psi(\bar{\alpha})=-\frac{1}{2}\varphi'''(\xi_1)e_k e_{k-1} \tag{6.3.8}$$

其中，$e_k=\alpha_k-\bar{\alpha}$，$e_{k-1}=\alpha_{k-1}-\bar{\alpha}$．

另一方面，由式（6.3.5）知 $\psi(\alpha_{k+1})=0$，由式（6.3.6）知

$$\psi'(\alpha)=\frac{\varphi'(\alpha_k)-\varphi'(\alpha_{k-1})}{\alpha_k-\alpha_{k-1}}$$

因此有

$$\begin{aligned}
\psi(\bar{\alpha})&=\psi(\bar{\alpha})-\psi(\alpha_{k+1})\\
&=\psi'(\xi_2)(\bar{\alpha}-\alpha_{k+1})\\
&=\frac{\varphi'(\alpha_k)-\varphi'(\alpha_{k-1})}{\alpha_k-\alpha_{k-1}}(\bar{\alpha}-\alpha_{k+1})\\
&=-\varphi''(\xi_3)\left(\alpha_{k+1}-\bar{\alpha}\right)\\
&=-\varphi''(\xi_3)e_{k+1}
\end{aligned} \tag{6.3.9}$$

其中，$e_{k+1}=\alpha_{k+1}-\bar{\alpha}$，$\xi_3$ 在 α_k 和 α_{k-1} 之间，且

$$\varphi''(\xi_3) \neq 0$$

由式（6.3.8）和式（6.3.9）得到

$$e_{k+1} = \frac{1}{2}\frac{\varphi'''(\xi_1)}{\varphi''(\xi_3)}e_k e_{k-1} \tag{6.3.10}$$

上式两端取绝对值，则有

$$|e_{k+1}| = \frac{|\varphi'''(\xi_1)|}{2|\varphi''(\xi_3)|}|e_k| \quad |e_{k-1}| \tag{6.3.11}$$

令

$$M = \frac{\max\limits_{\alpha\in\Delta}|\varphi'''(\alpha)|}{2\min\limits_{\alpha\in\Delta}|\varphi''(\alpha)|},$$

由式（6.3.11）得到

$$|e_{k+1}| \leqslant M|e_k| \quad |e_{k-1}| \tag{6.3.12}$$

取充分小的 δ，使得

$$M\delta < 1 \tag{6.3.13}$$

则有

$$|e_{k+1}| \leqslant M\delta\delta < \delta$$

这样，由 α_k，$\alpha_{k-1}\in\Delta$ 必推出 $\alpha_{k+1}\in\Delta$，进而由 α_1，$\alpha_2\in\Delta$ 推知所有 $\alpha_k\in\Delta$，且由式（6.3.12）知 $\{\alpha_k\}$ 收敛于 $\bar{\alpha}$.

下面来讨论点列 $\{\alpha_k\}$ 的收敛速率. 我们考虑 k 取得充分大的情形. 这时，根据式（6.3.11），有

$$|e_{k+1}| \approx \bar{M}|e_k| \quad |e_{k-1}|, \tag{6.3.14}$$

其中

$$\bar{M} = \frac{|\varphi'''(\bar{\alpha})|}{2|\varphi''(\bar{\alpha})|}$$

令

$$|e_k| = a^{y_k}\Big/\bar{M} \tag{6.3.15}$$

代入式（6.3.14），有

$$y_{k+1} = y_k + y_{k-1} \tag{6.3.16}$$

它是 Fibonacci 数列所满足的方程．这个差分方程的特征方程是 $r^2 - r - 1 = 0$，它的两个特征根为

$$r_1 = \frac{1+\sqrt{5}}{2} \approx 1.618,\quad r_2 = \frac{1-\sqrt{5}}{2} \approx -0.618$$

这样，有

$$y_k = c_1 r_1^k + c_2 r_2^k \tag{6.3.17}$$

其中，c_1 和 c_2 是待定的常数，于是，我们得到

$$|e_k| = \frac{1}{\bar{M}} a^{c_1 r_1^k + c_2 r_2^k} \approx \frac{1}{\bar{M}} a^{c_1 r_1^k},\quad k \gg 1$$

$$|e_{k+1}| \approx \frac{1}{\bar{M}} a^{c_1 r_1^{k+1}},\quad k \gg 1$$

从而

$$\frac{|e_{k+1}|}{|e_k|^{r_1}} \approx \bar{M}^{r_1 - 1} \tag{6.3.18}$$

由此可知，割线法的收敛级为 $r_1 \approx 1.618$.

仿照牛顿法的算法步骤可以给出割线法的算法步骤.

割线法与牛顿法相比，收敛速率较慢，但不需要计算二阶导数．它的缺点与牛顿法有类似之处，都不具有全局收敛性，如果初始点选择得不好，可能不收敛．为了克服割线法的一些缺点，可以做一些改进，参见文献[5].

6.3.3　抛物线法

抛物线法的基本思想是在极小点附近用二次三项式 $\hat{\varphi}(\alpha)$ 逼近目标函数 $\varphi(\alpha)$.

令 $\hat{\varphi}(\alpha)$ 与 $\varphi(\alpha)$ 在三点 $\alpha_1 < \alpha_2 < \alpha_3$ 处有相同的函数值，并假设 $\varphi(\alpha_1) > \varphi(\alpha_2)$，$\varphi(\alpha_2) < \varphi(\alpha_3)$．即三点满足“两端高中间低”.这个条件是为了保证构造的函数 $\hat{\varphi}(\alpha)$ 在区间 $[\alpha_1, \alpha_3]$ 内有极小点.

记 $\varphi_1 = \varphi(\alpha_1)$，$\varphi_2 = \varphi(\alpha_2)$，$\varphi_3 = \varphi(\alpha_3)$

由数值分析知识，可得到过三个点 (α_1, φ_1)、(α_2, φ_2)、(α_3, φ_3) 的二次插值

公式为

$$\hat{\varphi}(\alpha)=\varphi_1\frac{(\alpha-\alpha_2)(\alpha-\alpha_3)}{(\alpha_1-\alpha_2)(\alpha_1-\alpha_3)}+\varphi_2\frac{(\alpha-\alpha_1)(\alpha-\alpha_3)}{(\alpha_2-\alpha_1)(\alpha_2-\alpha_3)}+\varphi_3\frac{(\alpha-\alpha_1)(\alpha-\alpha_2)}{(\alpha_3-\alpha_1)(\alpha_3-\alpha_2)} \tag{6.3.19}$$

对式（6.3.19）求导数，并求解方程

$$\hat{\varphi}'(\alpha)=0$$

得到$\hat{\varphi}(\alpha)$的极小点

$$\alpha=\frac{\varphi_1(\alpha_2^2-\alpha_3^2)+\varphi_2(\alpha_3^2-\alpha_1^2)+\varphi_3(\alpha_1^2-\alpha_2^2)}{2[\varphi_1(\alpha_2-\alpha_3)+\varphi_2(\alpha_3-\alpha_1)+\varphi_3(\alpha_1-\alpha_2)]} \tag{6.3.20}$$

用α作为$\bar{\alpha}$的估计值，并计算α处的函数值$\varphi=\varphi(\alpha)$.

第一次的近似结果往往不够理想，需要做进一步的近似. 现已得到四个点(α_1, φ_1)、(α_2, φ_2)、(α_3, φ_3)和(α, φ)，如何选取三个点？仍然按照最初的原则，选取满足“两端高中间低”的三个点，这样就得到了相应的算法.

算法 6.3.2（抛物线法）:

（1）取初始点$\alpha_1<\alpha_2<\alpha_3$，计算$\varphi_i=\varphi(\alpha_i)$，$i=1,2,3$，并且满足$\varphi_1>\varphi_2$，$\varphi_3>\varphi_2$，置精度要求$\varepsilon$.

（2）计算

$$A=2[\varphi_1(\alpha_2-\alpha_3)+\varphi_2(\alpha_3-\alpha_1)+\varphi_3(\alpha_1-\alpha_2)],$$

若$A=0$，则置$\alpha=\alpha_2$，$\varphi=\varphi_2$，停止计算（输出α, φ的信息）.

（3）计算

$$\alpha=[\varphi_1(\alpha_2^2-\alpha_3^2)+\varphi_2(\alpha_3^2-\alpha_1^2)+\varphi_3(\alpha_1^2-\alpha_2^2)]/A$$

若$\alpha<\alpha_1$或$\alpha>\alpha_3$（$\alpha\notin(\alpha_1,\alpha_3)$），则置$\alpha=\alpha_2$，$\varphi=\varphi_2$，停止计算（输出$\alpha$, φ的信息）.

（4）计算$\varphi=\varphi(\alpha)$，若$|\alpha-\alpha_2|<\varepsilon$，则停止计算（$\alpha$作为极小点）.

（5）如果$\alpha\in(\alpha_2,\alpha_3)$，则:

$\begin{cases}若\varphi<\varphi_2，则置\alpha_1=\alpha_2，\varphi_1=\varphi_2，\alpha_2=\alpha，\varphi_2=\varphi; \\ 否则置\alpha_3=\alpha，\varphi_3=\varphi.\end{cases}$

否则（$\alpha\in(\alpha_1, \alpha_2)$）：

$\begin{cases}若\varphi<\varphi_2，则置\alpha_3=\alpha_2，\varphi_3=\varphi_2，\alpha_2=\alpha，\varphi_2=\varphi; \\ 否则置\alpha_1=\alpha，\varphi_1=\varphi\end{cases}$

（6）转步骤（2）.

例 6.3.1　用抛物线法求解

$$\min\varphi(\alpha)=\alpha^3-2\alpha+1$$

取初始点$\alpha_1=0$，$\alpha_2=1$，$\alpha_3=3$，$\varepsilon=10^{-2}$.

解　计算$\varphi_1=1$，$\varphi_2=0$，$\varphi_3=22$，

满足$\varphi_1>\varphi_2$，$\varphi_3>\varphi_2$，

求解过程见表 6.3.1.

表 6.3.1　求解过程

迭代次数	α_1	α_2	α_3	φ_1	φ_2	φ_3	α	φ	$\lvert\alpha_2-\alpha\rvert$
1	0	1	3	1	0	22	0.625	−0.006	0.375
2	0	0.625	1	1	−0.006	0	0.808	−0.089	0.183
3	0.625	0.808	1	−0.006	−0.089	0	0.815	−0.089	0.007

6.3.4　三次插值法

这里介绍二点三次插值方法．首先选取两个初始点α_1和α_2（$\alpha_1<\alpha_2$），使得$\varphi'(\alpha_1)<0$及$\varphi'(\alpha_2)>0$，这样，在区间（α_1，α_2）内存在极小点．然后利用在这两点的函数值和导数构造一个三次多项式$\hat{\varphi}(\alpha)$，使它与$\varphi(\alpha)$在α_1及α_2有相同的函数值及相同的导数，用这样的$\hat{\varphi}(\alpha)$逼近目标函数$\varphi(\alpha)$，进而用$\hat{\varphi}(\alpha)$的极小点估计$\varphi(\alpha)$的极小点．

已知两点α_1，α_2处的函数值$\varphi_i=\varphi(\alpha_i)$ $(i=1,2)$和它们的导数值$\varphi'(\alpha_i)(i=1,2)$，由 Himiter 插值公式可以构造出一个三次插值多项式$\hat{\varphi}(\alpha)$，由方程$\hat{\varphi}'(\alpha)=0$得到$\hat{\varphi}(\alpha)$的极小点．

$$\alpha=\alpha_1+(\alpha_2-\alpha_1)\left(1-\frac{\varphi_2'+w+z}{\varphi_2'-\varphi_1'+2w}\right) \tag{6.3.21}$$

其中

$$z=\frac{3(\varphi_2-\varphi_1)}{\alpha_2-\alpha_1}-\varphi_1'-\varphi_2'$$

$$w=\operatorname{sgn}(\alpha_2-\alpha_1)\cdot\sqrt{z^2-\varphi_1'\cdot\varphi_2'}$$

于是给出相应的算法.

算法 6.3.3（两点三次插值法）：

（1）置初始点α_1，初始步长h和步长缩减因子ρ，置精度要求ε，并计算

$$\varphi_1=\varphi(\alpha_1),\quad \varphi_1'=\varphi'(\alpha_1).$$

（2）如果$\varphi_1'>0$，则置$h=-|h|$；否则置$h=|h|$.

（3）置$\alpha_2=\alpha_1+h$，并计算$\varphi_2=\varphi(\alpha_2)$，$\varphi_2'=\varphi'(\alpha_2)$.

（4）如果$\varphi_1'\varphi_2'>0$，则置

$$h=2h,\quad \alpha_1=\alpha_2,\quad \varphi_1=\varphi_2,\quad \varphi_1'=\varphi_2'$$

转步骤（3）；否则转步骤（5）.

（5）计算

$$z=\frac{3(\varphi_2-\varphi_1)}{\alpha_2-\alpha_1}-\varphi_1'-\varphi_2'$$

$$w=\operatorname{sgn}(\alpha_2-\alpha_1)\sqrt{z^2-\varphi_1'\cdot\varphi_2'}$$

$$\alpha=\alpha_1+(\alpha_2-\alpha_1)\left(1-\frac{\varphi_2'+w+z}{\varphi_2'-\varphi_1'+2w}\right)$$

和

$$\varphi=\varphi(\alpha),\quad \varphi'=\varphi'(\alpha)$$

（6）如果$|\varphi'|<\varepsilon$，则停止计算（α作为问题的极小点）；否则，置

$$h=\rho h,\quad \alpha_1=\alpha,\quad \varphi_1=\varphi,\quad \varphi_1'=\varphi'$$

转步骤（2）.

在算法中，通常取$h=1$，$\rho=\frac{1}{10}$.

6.4　非精确一维搜索方法

在前面两节中所介绍的方法是试图求一维问题 $\min\limits_{\alpha\geqslant 0}\varphi(\alpha)$ 的极小点，而从无约束问题的整体来看，有时并不要求一定得到极小点，而只需要有一定的下降量即可．这样做的优点是减少每次的一维搜索时间，使整体效果最好，这就是为什么要讨论非精确的一维搜索方法．

非精确一维搜索的基本思想是求 μ，使得 $\varphi(\mu)<\varphi(0)$，但不希望 μ 值过大，过大会引起点列 $\{\boldsymbol{x}^{(k)}\}$ 产生大幅度的摆动，也不希望 μ 值过小，过小会使点列 $\{\boldsymbol{x}^{(k)}\}$ 在未达到 $\boldsymbol{x}^*$ 之前进展缓慢．

6.4.1　Goldstein 方法

Goldstein 方法是 Goldstein 在 1967 年提出来的，预先指定两个参数 β_1 和 β_2（精度要求），满足 $0<\beta_1<\beta_2<1$，用下面两个不等式来限定步长 μ，即

$$\varphi(\mu)\leqslant\varphi(0)+\mu\beta_1\varphi'(0) \tag{6.4.1}$$

$$\varphi(\mu)\geqslant\varphi(0)+\mu\beta_2\varphi'(0) \tag{6.4.2}$$

式（6.4.1）和式（6.4.2）的几何意义如图 6.4.1 所示．

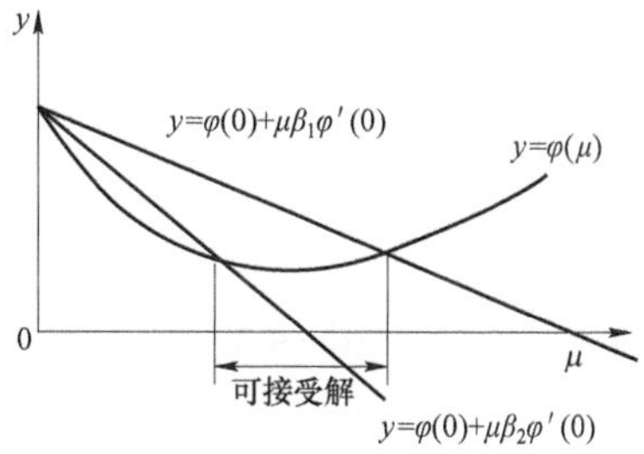

图 6.4.1

从图来看，μ 值在 $y=\varphi(\mu)$ 图形夹于直线 $y=\varphi(0)+\beta_1\varphi'(0)\mu$ 和直线 $y=\varphi(0)+\beta_2\varphi'(0)\mu$ 之间，直线 $y=\varphi(0)+\beta_1\varphi'(0)\mu$ 控制 μ 值不要过大，而直线 $y=\varphi(0)+\beta_2\varphi'(0)\mu$ 是控制 μ 值不要过小．由此得到相应的算法．

算法 6.4.1（Goldstein 方法）：

（1）取初始试探点 μ，置 $\mu_{\min}=0$，$\mu_{\max}=+\infty$（充分大的数）．置精度要求 $0<\beta_1<\beta_2<1$．

（2）如果 $\varphi(\mu)>\varphi(0)+\beta_1\varphi'(0)\mu$，则置 $\mu_{\max}=\mu$；否则，如果 $\varphi(\mu)\geqslant\varphi(0)+\beta_2\varphi'(0)\mu$，则停止计算（$\mu$ 作为非精确一维搜索步长）；

否则，置 $\mu_{\min}=\mu$.

（3）如果 $\mu_{\max}<+\infty$（有限），则置 $\mu=\frac{1}{2}(\mu_{\min}+\mu_{\max})$；否则，置 $\mu=2\mu_{\min}$.

（4）转步骤（2）.

6.4.2 Armijo 方法

Armijo 方法是 Goldstein 方法的一种变形，是 Armijo 在 1969 年提出来的.

预先取定一大于 1 的数 M 和 $0<\beta_1<1$，μ 的选取使得

$$\varphi(\mu)\leqslant\varphi(0)+\mu\beta_1\varphi'(0) \tag{6.4.3}$$

成立，而 $M\mu$ 不成立. 通常 M 在 2 到 10 之间.

6.4.3 Wolfe－Powell 方法

Wolfe－Powell 方法是在 1969 年到 1976 年期间，由 Wolfe 和 Powell 提出的，预先指定参数 β_1 和 β_2，且 $0<\beta_1<\beta_2<1$，使得步长 μ 满足

$$\varphi(\mu)\leqslant\varphi(0)+\beta_1\varphi'(0)\mu \tag{6.4.4}$$

$$\varphi'(\mu)\geqslant\beta_2\varphi'(0) \tag{6.4.5}$$

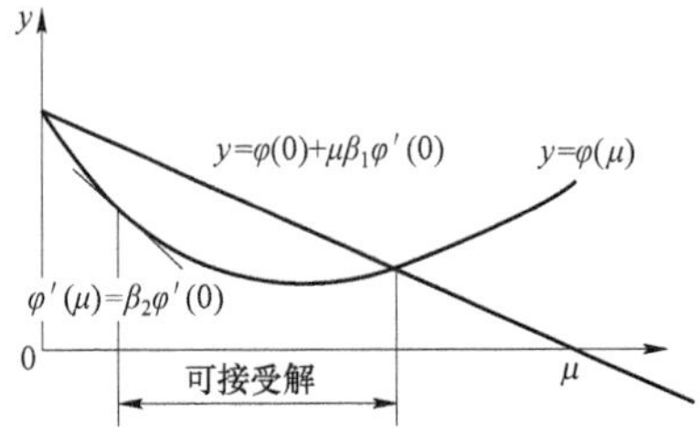

图 6.4.2

式（6.4.5）有时写成

$$|\varphi'(\mu)|\leqslant\beta_2|\varphi'(0)| \tag{6.4.6}$$

Wolfe－Powell 方法的优点是：在可接受解中包含了最优解 α^*，而 Goldstein 方法却不能保证这一点. Wolfe－Powell 方法的几何意义如图 6.4.2 所示.

习 题

1. 考虑问题

$$\min\varphi(\alpha)=\alpha^3-2\alpha+1$$

取初始点 $\alpha_0=0$，设初始步长 $h_0=1$. 用确定搜索区间的进退法求搜索区间.

2. 用 0.618 法求解下列问题：

$$\min \varphi(\alpha)=(\alpha^2-1)^2$$

在区间 $[0,2]$ 内的一个解，取精度要求 $\varepsilon=0.1$.

3. 用 Fibonacci 法求解下列问题：

$$\min \varphi(\alpha)=\mathrm{e}^{-\alpha}+\alpha^2$$

要求最终区间长度 $L\leqslant 0.2$，取初始区间为 $[0,1]$.

4. 考虑下列问题：

$$\min \varphi(\alpha)=3\alpha^4-4\alpha^3-12\alpha^2$$

（1）用牛顿法迭代 3 次，取初始点 $\alpha_0=-1.2$；

（2）用割线法迭代 3 次，取初始点 $\alpha_1=-1.2, \alpha_2=-0.8$；

（3）用抛物线法迭代 3 次，取初始点 $\alpha_1=-1.2, \alpha_2=-1.1, \alpha_3=-0.8$.

5. 用三次插值法求解

$$\min \varphi(\alpha)=\alpha^4+2\alpha+4$$

取初始点 $\alpha_1=-1$，步长 $h=1$，缩减因子 $\rho=\dfrac{1}{10}$，迭代两次.

6. 设 $f(\boldsymbol{x})=\dfrac{1}{2}\boldsymbol{x}^{\mathrm{T}}\boldsymbol{G}\boldsymbol{x}+\boldsymbol{r}^{\mathrm{T}}\boldsymbol{x}+\delta$

是正定二次函数，证明：一维问题

$$\min \varphi(\alpha)=f(\boldsymbol{x}^{(k)}+\alpha\boldsymbol{d}^{(k)})$$

的最优步长为

$$\alpha_k=-\frac{\nabla f(\boldsymbol{x}^{(k)})^{\mathrm{T}}\boldsymbol{d}^{(k)}}{\boldsymbol{d}^{(k)\mathrm{T}}\boldsymbol{G}\boldsymbol{d}^{(k)}}$$

7. 写出 Armijo 方法的计算步骤.

8. 写出 Wolfe – Powell 方法的计算步骤.

第 7 章　使用导数的最优化方法

本章和下一章研究无约束问题最优化方法．一般来说，无约束问题的求解是通过一系列一维搜索来实现的，因此怎样选择搜索方向是求解无约束问题的核心问题，搜索方向的不同选择，形成不同的最优化方法．

无约束问题的算法大致分为两类：一类在计算过程中要用到目标函数的导数，这类方法在本章介绍；另一类仅用到目标函数值，不必计算导数，这类方法称为直接方法，将在下一章讨论．

7.1　最速下降法

考虑无约束最优化问题

$$\min f(\boldsymbol{x}),\quad \boldsymbol{x}\in\mathbf{R}^n \tag{7.1.1}$$

其中函数 $f(\boldsymbol{x})$ 具有一阶连续偏导数．

在处理这类问题时，人们总希望从某一点出发，选择一个使目标函数值下降最快的方向，沿该方向进行搜索，以便尽快达到极小点．由 1.3 节知道，这个方向就是该点处的负梯度方向，即最速下降方向．

对于问题（7.1.1），假设第 k 次迭代点为 $\boldsymbol{x}^{(k)}$，且 $\nabla f(\boldsymbol{x}^{(k)})\neq\mathbf{0}$，取搜索方向

$$\boldsymbol{d}^{(k)}=-\nabla f(\boldsymbol{x}^{(k)})$$

为使目标函数值在 $\boldsymbol{x}^{(k)}$ 处获得最快的下降，可沿 $\boldsymbol{d}^{(k)}$ 方向进行一维搜索．取步长 α_k 为最优步长，使得

$$f(\boldsymbol{x}^{(k)}+\alpha_k\boldsymbol{d}^{(k)})=\min_{\alpha\geqslant 0} f(\boldsymbol{x}^{(k)}+\alpha\boldsymbol{d}^{(k)})$$

得到第 $k+1$ 次迭代点

$$\boldsymbol{x}^{(k+1)} = \boldsymbol{x}^{(k)} + \alpha_k \boldsymbol{d}^{(k)}$$

于是得到迭代点序列$\{\boldsymbol{x}^{(k)}\}$．如果$\nabla f(\boldsymbol{x}^{(k)}) = \boldsymbol{0}$，则$\boldsymbol{x}^{(k)}$是$f(\boldsymbol{x})$的稳定点，这时可终止迭代.

由于这种方法的每一次迭代都是沿着最速下降方向进行搜索，所以称为最速下降法.

算法 7.1.1（最速下降法）

（1）给定初始点$\boldsymbol{x}^{(1)}$，允许误差$\varepsilon > 0$，置$k=1$.

（2）计算搜索方向

$$\boldsymbol{d}^{(k)} = -\nabla f(\boldsymbol{x}^{(k)})$$

（3）若$\|\nabla f(\boldsymbol{x}^{(k)})\| \leqslant \varepsilon$，则停止计算；否则，从$\boldsymbol{x}^{(k)}$出发，沿$\boldsymbol{d}^{(k)}$方向进行一维搜索，求$\alpha_k$，使得

$$f(\boldsymbol{x}^{(k)} + \alpha_k \boldsymbol{d}^{(k)}) = \min_{\alpha \geqslant 0} f(\boldsymbol{x}^{(k)} + \alpha \boldsymbol{d}^{(k)})$$

（4）令$\boldsymbol{x}^{(k+1)} = \boldsymbol{x}^{(k)} + \alpha_k \boldsymbol{d}^{(k)}$.

（5）置$k = k+1$，转步骤（2）.

这里要特别指出，在不同尺度下最速下降方向是不同的，这里定义的最速下降方向是在欧氏度量意义下的最速下降方向，以后没有特殊说明，均指欧氏度量意义下的最速下降方向.

例 7.1.1　用最速下降法求解问题

$$\min f(\boldsymbol{x}) = 2x_1^2 + x_2^2$$

取初始点$\boldsymbol{x}^{(1)} = (1,1)^{\mathrm{T}}$，$\varepsilon = \dfrac{1}{10}$.

解　第 1 次迭代.

$$\nabla f(\boldsymbol{x}) = (4x_1, 2x_2)^{\mathrm{T}}$$

取

$$\boldsymbol{d}^{(1)} = -\nabla f(\boldsymbol{x}^{(1)}) = (-4, -2)^{\mathrm{T}}$$

$$\|\nabla f(\boldsymbol{x}^{(1)})\| = \sqrt{16+4} = 2\sqrt{5} > \frac{1}{10}$$

从$\boldsymbol{x}^{(1)}$出发，沿方向$\boldsymbol{d}^{(1)}$进行一维搜索，即求

$$\min_{\alpha\geqslant 0}\varphi(\alpha)=f(\boldsymbol{x}^{(1)}+\alpha\boldsymbol{d}^{(1)})=2(1-4\alpha)^2+(1-2\alpha)^2$$

令
$$\varphi'(\alpha)=-16(1-4\alpha)-4(1-2\alpha)=0$$

解得
$$\alpha_1=\frac{5}{18}$$

故
$$\boldsymbol{x}^{(2)}=\boldsymbol{x}^{(1)}+\alpha_1\boldsymbol{d}^{(1)}=\left(-\frac{1}{9},\frac{4}{9}\right)^{\mathrm{T}}$$

第 2 次迭代.

取
$$\boldsymbol{d}^{(2)}=-\nabla f(\boldsymbol{x}^{(2)})=\left(\frac{4}{9},-\frac{8}{9}\right)^{\mathrm{T}}$$

$$\|\nabla f(\boldsymbol{x}^{(2)})\|=\sqrt{\left(\frac{4}{9}\right)^2+\left(-\frac{8}{9}\right)^2}=\frac{4}{5}\sqrt{5}>\frac{1}{10}$$

从 $\boldsymbol{x}^{(2)}$ 出发，沿方向 $\boldsymbol{d}^{(2)}$ 进行一维搜索，即求

$$\min_{\alpha\geqslant 0}\varphi(\alpha)=f(\boldsymbol{x}^{(2)}+\alpha\boldsymbol{d}^{(2)})=\frac{2}{81}(-1+4\alpha)^2+\frac{16}{81}(1-2\alpha)^2$$

令
$$\varphi'(\alpha)=\frac{16}{81}(-1+4\alpha)-\frac{64}{81}(1-2\alpha)=0$$

得到
$$\alpha_2=\frac{5}{12}$$

$$\boldsymbol{x}^{(3)}=\boldsymbol{x}^{(2)}+\alpha_2\boldsymbol{d}^{(2)}=\left(\frac{2}{27},\frac{2}{27}\right)^{\mathrm{T}}$$

第 3 次迭代.

取
$$\boldsymbol{d}^{(3)}=-\nabla f(\boldsymbol{x}^{(3)})=\frac{4}{27}(-2,-1)^{\mathrm{T}}$$

$$\|\nabla f(\boldsymbol{x}^{(3)})\|=\frac{4}{27}\sqrt{5}>\frac{1}{10}$$

从 $\boldsymbol{x}^{(3)}$ 出发，沿方向 $\boldsymbol{d}^{(3)}$ 进行一维搜索，即求

$$\min_{\alpha\geqslant 0}\varphi(\alpha)=f(\boldsymbol{x}^{(3)}+\alpha\boldsymbol{d}^{(3)})=\frac{8}{27^2}(1-4\alpha)^2+\frac{4}{27^2}(1-2\alpha)^2$$

令
$$\varphi'(\alpha)=0$$

解得
$$\alpha_3=\frac{5}{18}$$

$$x^{(4)}=x^{(3)}+\alpha_3 d^{(3)}=\frac{2}{243}(-1,4)^{\mathrm{T}}$$

由于
$$\|\nabla f(x^{(4)})\|=\frac{8}{243}\sqrt{5}<\frac{1}{10}$$

故已经满足精度要求，得到近似解

$$\bar{x}=\frac{2}{243}(-1,4)^{\mathrm{T}}$$

实际上，问题的最优解 $x^*=(0,0)^{\mathrm{T}}$.

例 7.1.2　用最速下降法求解问题

$$\min f(x)=\frac{x_1^2}{a}+\frac{x_2^2}{b},\ a>0,b>0$$

取初始点 $x^{(1)}=(a,b)^{\mathrm{T}}$.

解　由于

$$\nabla f(x)=\left(\frac{2}{a}x_1,\ \frac{2}{b}x_2\right)^{\mathrm{T}}$$

所以，$\nabla f(x^{(1)})=(2,\ 2)^{\mathrm{T}}$，取

$$d^{(1)}=-\nabla f(x^{(1)})=(-2,\ -2)^{\mathrm{T}}$$

作一维搜索，即求

$$\min_{\alpha\geqslant 0}\varphi(\alpha)=f(x^{(1)}+\alpha d^{(1)})=\frac{(a-2\alpha)^2}{a}+\frac{(b-2\alpha)^2}{b}$$

对 $\varphi(\alpha)$ 求导数，得到

$$\varphi'(\alpha)=-4\left(1-\frac{2}{a}\alpha\right)-4\left(1-\frac{2}{b}\alpha\right)$$

解方程 $\varphi'(\alpha)=0$，得最优步长

$$\alpha_1=\frac{ab}{a+b}$$

故

$$\begin{aligned}x^{(2)}&=x^{(1)}+\alpha_1 d^{(1)}\\&=(a,b)^{\mathrm{T}}+\frac{ab}{a+b}(-2,-2)^{\mathrm{T}}\\&=\left[\frac{a(a-b)}{a+b},\ \frac{b(b-a)}{a+b}\right]^{\mathrm{T}}\end{aligned}$$

若 $a=b$，则 $\boldsymbol{x}^{(2)}=(0,0)^{\mathrm{T}}$，$\nabla f(\boldsymbol{x}^{2})=(0,0)^{\mathrm{T}}$，停止计算，$\boldsymbol{x}^{(2)}$ 为无约束问题的最优解.

若 $a\neq b$，则再进行一次迭代，得到

$$\boldsymbol{x}^{(3)}=\left[\frac{a(a-b)^2}{(a+b)^2},\ \frac{b(b-a)^2}{(a+b)^2}\right]^{\mathrm{T}}$$

如此下去，可得到

$$\boldsymbol{x}^{(k+1)}=\left[\frac{a(a-b)^k}{(a+b)^k},\ \frac{b(b-a)^k}{(a+b)^k}\right]^{\mathrm{T}}$$

当 $k\to\infty$ 时，$\boldsymbol{x}^{(k)}\to(0,0)^{\mathrm{T}}$，得到无约束问题的最优解.

由例 7.1.2 可知，当 $a\neq b$ 时，最速下降法不可能在有限步内达到极小点，即最速下降法不具有二次终止性.

最速下降法在一定条件下是收敛的.

定理 7.1.1 设 $f(\boldsymbol{x})$ 具有一阶连续偏导数，$\boldsymbol{x}^{(1)}\in\mathbf{R}^n$. 假设水平集 $D=\{\boldsymbol{x}\in\mathbf{R}^n \mid f(\boldsymbol{x})\leqslant f(\boldsymbol{x}^{(1)})\}$ 有界，则由最速下降法产生的迭代点列 $\{\boldsymbol{x}^{(k)}\}$ 必存在聚点，且任何聚点 $\bar{\boldsymbol{x}}$ 满足

$$\nabla f(\bar{\boldsymbol{x}})=\mathbf{0}$$

证明 由于 $\boldsymbol{d}^{(k)}=-\nabla f(\boldsymbol{x}^{(k)})\neq 0$，$k=1,2,\cdots$

从而由 $f(\boldsymbol{x})$ 在点 $\boldsymbol{x}^{(k)}$ 处的泰勒公式

$$f(\boldsymbol{x}^{(k)}+\alpha\boldsymbol{d}^{(k)})=f(\boldsymbol{x}^{(k)})+\alpha\nabla f(\boldsymbol{x}^{(k)})^{\mathrm{T}}\boldsymbol{d}^{(k)}+o(\alpha\|\boldsymbol{d}^{(k)}\|)$$

知，对充分小的 $\alpha>0$，有

$$f(\boldsymbol{x}^{(k)}+\alpha\boldsymbol{d}^{(k)})=f(\boldsymbol{x}^{(k)})-\alpha\|\nabla f(\boldsymbol{x}^{(k)})\|^2+o(\alpha\|\boldsymbol{d}^{(k)}\|)<f(\boldsymbol{x}^{(k)})$$

故
$$f(\boldsymbol{x}^{(k+1)})=f(\boldsymbol{x}^{(k)}+\alpha_k\boldsymbol{d}^{(k)})=\min_{\alpha\geqslant 0}f(\boldsymbol{x}^{(k)}+\alpha\boldsymbol{d}^{(k)})<f(\boldsymbol{x}^{(k)})$$

因此
$$f(\boldsymbol{x}^{(k+1)})<f(\boldsymbol{x}^{(1)}),\quad k=1,2,\cdots$$

数列 $\{f(\boldsymbol{x}^{(k)})\}$ 是单调减小的，且

$$\{\boldsymbol{x}^{(k)}\}\subseteq D$$

又因水平集 D 为有界闭集，故连续函数 $f(\boldsymbol{x})$ 在 D 上有界．于是，$\{f(\boldsymbol{x}^{(k)})\}$ 存在极限，记

$$\lim_{k\to\infty} f(\boldsymbol{x}^{(k)}) = \overline{f}$$

根据 Bolzano – Weierstrass 定理，有界点列 $\{\boldsymbol{x}^{(k)}\}$ 必有极限，即 $\{\boldsymbol{x}^{(k)}\}$ 中存在收敛子列 $\{\boldsymbol{x}^{(k_m)}\}$，记

$$\lim_{k_m\to\infty} \boldsymbol{x}^{(k_m)} = \overline{\boldsymbol{x}}$$

由 $f(\boldsymbol{x})$ 的连续性知

$$f = \lim_{k_m\to\infty} f(\boldsymbol{x}^{(k_m)}) = f(\lim_{k_m\to\infty} \boldsymbol{x}^{(k_m)}) = f(\overline{\boldsymbol{x}}) \tag{7.1.2}$$

现在用反证法证明 $\nabla f(\overline{\boldsymbol{x}}) = \boldsymbol{0}$.

假设 $\nabla f(\overline{\boldsymbol{x}}) \neq \boldsymbol{0}$，对充分小的 $\alpha > 0$，有

$$f(\overline{\boldsymbol{x}} - \alpha\nabla f(\overline{\boldsymbol{x}})) < f(\overline{\boldsymbol{x}})$$

由于　　$f(\boldsymbol{x}^{(k+1)}) = f(\boldsymbol{x}^{(k)} + \alpha_k \boldsymbol{d}^{(k)}) \leqslant f(\boldsymbol{x}^{(k)} + \alpha \boldsymbol{d}^{(k)})$，$k = 1, 2, \cdots$

所以　　$f(\boldsymbol{x}^{(k_m+1)}) \leqslant f(\boldsymbol{x}^{(k_m)} - \alpha\nabla f(\boldsymbol{x}^{(k_m)}))$，$m = 1, 2, \cdots$

注意到 $f(\boldsymbol{x})$ 及其偏导数连续，故令 $m \to \infty$，有

$$\overline{f} \leqslant f(\overline{\boldsymbol{x}} - \alpha\nabla f(\overline{\boldsymbol{x}})) < f(\overline{\boldsymbol{x}})$$

此与式（7.1.2）矛盾，故 $\nabla f(\overline{\boldsymbol{x}}) = \boldsymbol{0}$.

最速下降法产生的点列是线性收敛的，而且收敛性质与极小点处 Hesse 矩阵 $\nabla^2 f(\overline{\boldsymbol{x}})$ 的特征值有关. 文献［12］给出下列定理.

定理 7.1.2　设 $f(\boldsymbol{x})$ 存在连续二阶偏导数，$\overline{\boldsymbol{x}}$ 是局部极小点，Hesse 矩阵 $\nabla^2 f(\overline{\boldsymbol{x}})$ 的最小特征值 $a > 0$，最大特征值为 A，算法产生的点列 $\{\boldsymbol{x}^{(k)}\}$ 收敛于点 $\overline{\boldsymbol{x}}$，则目标函数值的序列 $\{f(\boldsymbol{x}^{(k)})\}$ 以不大于

$$\left(\frac{A-a}{A+a}\right)^2$$

的收敛比线性地收敛于 $f(\overline{\boldsymbol{x}})$，

最速下降法的搜索方向具有如下性质.

定理 7.1.3　若一维搜索是精确的，则最速下降法产生的相邻两次的搜索方向是正交的，即

$$< \boldsymbol{d}^{(k+1)}, \boldsymbol{d}^{(k)} > = 0，\quad k = 1, 2, \cdots$$

证明 令
$$\varphi(\alpha)=f(\boldsymbol{x}^{(k)}+\alpha\boldsymbol{d}^{(k)})$$
则
$$\varphi'(\alpha)=\left\langle\nabla f(\boldsymbol{x}^{(k)}+\alpha\boldsymbol{d}^{(k)}),\boldsymbol{d}^{(k)}\right\rangle$$
由于一维搜索是精确的，故有
$$\begin{aligned}0=\varphi'(\alpha_k)&=\left\langle\nabla f(\boldsymbol{x}^{(k)}+\alpha_k\boldsymbol{d}^{(k)}),\boldsymbol{d}^{(k)}\right\rangle\\&=\left\langle\nabla f(\boldsymbol{x}^{(k+1)}),\boldsymbol{d}^{(k)}\right\rangle\\&=-\left\langle\boldsymbol{d}^{(k+1)},\boldsymbol{d}^{(k)}\right\rangle\end{aligned}$$
即 $\boldsymbol{d}^{(k+1)}$ 与 $\boldsymbol{d}^{(k)}$ 正交.

定理 7.1.3 表明，最速下降法相邻的两次迭代的前进方向是相互垂直的，整个行进路径呈锯齿形. 因此，最速下降方向反映了目标函数的一种局部性质. 从局部看，最速下降方向确是函数值下降最快的方向，选择这样的方向进行搜索是有利的. 但从全局看，由于锯齿现象的影响，即使向着极小点移近不太大的距离，也要经历不小的弯路，使收敛速率大为减慢，最速下降法并不是收敛最快的方法，相反，从全局看，它的收敛是比较慢的.

7.2 牛顿法

7.2.1 牛顿法

上一章介绍了一维搜索的牛顿法，这里把它加以推广，给出求解一般无约束问题的牛顿法.

设 $f(\boldsymbol{x})$ 是二次可微函数，现将 $f(\boldsymbol{x})$ 在迭代点 $\boldsymbol{x}^{(k)}$ 处泰勒展开，并取二阶近似
$$f(\boldsymbol{x})\approx\varphi(\boldsymbol{x})=f(\boldsymbol{x}^{(k)})+\nabla f(\boldsymbol{x}^{(k)})^{\mathrm{T}}(\boldsymbol{x}-\boldsymbol{x}^{(k)})+\frac{1}{2}(\boldsymbol{x}-\boldsymbol{x}^{(k)})^{\mathrm{T}}\nabla^2 f(\boldsymbol{x}^{(k)})(\boldsymbol{x}-\boldsymbol{x}^{(k)})$$
为求 $\varphi(\boldsymbol{x})$ 的稳定点，令
$$\nabla\varphi(\boldsymbol{x})=\boldsymbol{0}$$
即

$$\nabla f(\boldsymbol{x}^{(k)})+\nabla^2 f(\boldsymbol{x}^{(k)})(\boldsymbol{x}-\boldsymbol{x}^{(k)})=\boldsymbol{0} \tag{7.2.1}$$

若 $\nabla^2 f(\boldsymbol{x}^{(k)})$ 可逆，由式（7.2.1）得到迭代公式

$$\boldsymbol{x}^{(k+1)}=\boldsymbol{x}^{(k)}-[\nabla^2 f(\boldsymbol{x}^{(k)})]^{-1}\nabla f(\boldsymbol{x}^{(k)}) \tag{7.2.2}$$

式（7.2.2）称为牛顿迭代公式，其中

$$\boldsymbol{d}^{(k)}=-[\nabla^2 f(\boldsymbol{x}^{(k)})]^{-1}\nabla f(\boldsymbol{x}^{(k)}) \tag{7.2.3}$$

称为牛顿方向.

如果 $\nabla^2 f(\boldsymbol{x}^{(k)})$ 正定，$[\nabla^2 f(\boldsymbol{x}^{(k)})]^{-1}$ 也正定，从而

$$\nabla f(\boldsymbol{x}^{(k)})^{\mathrm{T}}\boldsymbol{d}^{(k)}=-\nabla f(\boldsymbol{x}^{(k)})^{\mathrm{T}}[\nabla^2 f(\boldsymbol{x}^{(k)})]^{-1}\nabla f(\boldsymbol{x}^{(k)})<0$$

所以由定理 4.1.1 和定义 4.2.2 知，$\boldsymbol{d}^{(k)}$ 为 $f(\boldsymbol{x})$ 在点 $\boldsymbol{x}^{(k)}$ 处的下降方向.

根据上述推导过程，我们给出如下算法.

算法 7.2.1（牛顿法）：

（1）取初始点 $\boldsymbol{x}^{(1)}$，允许误差 $\varepsilon>0$，置 $k=1$.

（2）计算 $\nabla f(\boldsymbol{x}^{(k)})$ 和 $\nabla^2 f(\boldsymbol{x}^{(k)})$.

（3）如果 $\|\nabla f(\boldsymbol{x}^{(k)})\|\leqslant\varepsilon$，则停止迭代；否则，令

$$\boldsymbol{d}^{(k)}=-[\nabla^2 f(\boldsymbol{x}^{(k)})]^{-1}\nabla f(\boldsymbol{x}^{(k)})$$

（4）置 $\boldsymbol{x}^{(k+1)}=\boldsymbol{x}^{(k)}+\boldsymbol{d}^{(k)}$.

（5）置 $k=k+1$，转步骤（2）.

下面的定理证明了牛顿法的局部收敛性和二阶收敛速率.

定理 7.2.1　设 $f(\boldsymbol{x})$ 二阶连续可微，$\bar{\boldsymbol{x}}$ 满足 $\nabla f(\bar{\boldsymbol{x}})=\boldsymbol{0}$，且 $\nabla^2 f(\bar{\boldsymbol{x}})$ 正定. 假定 $f(\boldsymbol{x})$ 的 Hesse 矩阵 $G(\boldsymbol{x})$ 满足 Lipschitz 条件，则当初始点 $\boldsymbol{x}^{(1)}$ 充分靠近 $\bar{\boldsymbol{x}}$ 时，迭代点列 $\{\boldsymbol{x}^{(k)}\}$ 收敛于 $\bar{\boldsymbol{x}}$，并且具有二阶收敛速率.

证明　设 $\boldsymbol{h}^{(k)}=\boldsymbol{x}^{(k)}-\bar{\boldsymbol{x}}$，$g(\boldsymbol{x})=\nabla f(\boldsymbol{x})$，$G(\boldsymbol{x})=\nabla^2 f(\boldsymbol{x})$，由于 $f(\boldsymbol{x})$ 二阶连续可微，且 $G(\boldsymbol{x})$ 满足 Lipschitz 条件，故利用泰勒公式得到

$$g(\boldsymbol{x}^{(k)}+\boldsymbol{h})=\boldsymbol{g}_k+\boldsymbol{G}_k\boldsymbol{h}+o(\|\boldsymbol{h}\|^2)$$

令 $\boldsymbol{h}=-\boldsymbol{h}^{(k)}$，得

$$\boldsymbol{0}=g(\bar{\boldsymbol{x}})=\boldsymbol{g}_k-\boldsymbol{G}_k\boldsymbol{h}^{(k)}+o(\|\boldsymbol{h}^{(k)}\|^2)$$

由于$\bar{\boldsymbol{G}}=\nabla^2 f(\bar{\boldsymbol{x}})$正定，故当$\boldsymbol{x}^{(k)}$充分靠近$\bar{\boldsymbol{x}}$时，$\boldsymbol{G}_k$也正定，且$\left\|\boldsymbol{G}_k^{-1}\right\|$有界，用$\boldsymbol{G}_k^{-1}$乘以上式两边，得

$$\begin{aligned}\mathbf{0}&=\boldsymbol{G}_k^{-1}\boldsymbol{g}_k-\boldsymbol{h}^{(k)}+o(\left\|\boldsymbol{h}^{(k)}\right\|^2)\\&=-\boldsymbol{h}^{(k+1)}+o(\left\|\boldsymbol{h}^{(k)}\right\|^2)\end{aligned}$$

即
$$\boldsymbol{h}^{(k+1)}=o(\left\|\boldsymbol{h}^{(k)}\right\|^2)$$

由$o(\bullet)$的定义，存在常数c，使得

$$\left\|\boldsymbol{h}^{(k+1)}\right\|\leqslant c\left\|\boldsymbol{h}^{(k)}\right\|^2 \tag{7.2.4}$$

若$\boldsymbol{x}^{(k)}$充分靠近$\bar{\boldsymbol{x}}$，使得

$$\boldsymbol{x}^{(k)}\in X=\left\{\boldsymbol{x}\middle|\ \|\boldsymbol{h}\|=\|\boldsymbol{x}-\bar{\boldsymbol{x}}\|\leqslant\gamma/c,\gamma\in(0,1)\right\}$$

则由式（7.2.4），有

$$\left\|\boldsymbol{h}^{(k+1)}\right\|\leqslant\gamma\left\|\boldsymbol{h}^{(k)}\right\|\leqslant\gamma^2/c<\gamma/c \tag{7.2.5}$$

这表明$\boldsymbol{x}^{(k+1)}$也在这个邻域X中，由归纳法，迭代对所有k有定义．由于

$$\left\|\boldsymbol{h}^{(k+1)}\right\|\leqslant\gamma\left\|\boldsymbol{h}^{(k)}\right\|\leqslant\gamma^2\left\|\boldsymbol{h}^{(k-1)}\right\|\leqslant\cdots\leqslant\gamma^k\left\|\boldsymbol{h}^{(1)}\right\|$$

令$k\to\infty$，得
$$\left\|\boldsymbol{h}^{(k)}\right\|\to 0$$

即
$$\lim_{k\to\infty}\boldsymbol{x}^{(k)}=\bar{\boldsymbol{x}}$$

所以迭代点列$\{\boldsymbol{x}^{(k)}\}$收敛，式（7.2.4）表明收敛速率是二阶的．

由定理 7.2.1 可知，牛顿法收敛速率是很快的，至少二阶收敛．同时，牛顿法具有二次终止性．事实上，设

$$f(\boldsymbol{x})=\frac{1}{2}\boldsymbol{x}^{\mathrm{T}}\boldsymbol{G}\boldsymbol{x}+\boldsymbol{r}^{\mathrm{T}}\boldsymbol{x}+\delta$$

任取$\boldsymbol{x}^{(1)}$，则
$$\nabla f(\boldsymbol{x}^{(1)})=\boldsymbol{G}\boldsymbol{x}^{(1)}+\boldsymbol{r}$$
$$\nabla^2 f(\boldsymbol{x}^{(1)})=\boldsymbol{G}$$

$$\begin{aligned}\boldsymbol{x}^{(2)}&=\boldsymbol{x}^{(1)}-[\nabla^2 f(\boldsymbol{x}^{(1)})]^{-1}\nabla f(\boldsymbol{x}^{(1)})\\&=\boldsymbol{x}^{(1)}-\boldsymbol{G}^{-1}\nabla f(\boldsymbol{x}^{(1)})\\&=\boldsymbol{x}^{(1)}-\boldsymbol{G}^{-1}(\boldsymbol{G}\boldsymbol{x}^{(1)}+\boldsymbol{r})\\&=-\boldsymbol{G}^{-1}r=\bar{\boldsymbol{x}}\end{aligned}$$

即算法一步达到极小点.

例 7.2.1　用牛顿法求解

$$\min f(\boldsymbol{x}) = 4x_1^2 + x_2^2 - x_1^2 x_2$$

取初始点 $\boldsymbol{x}^{(1)} = (1,1)^{\mathrm{T}}$，允许误差 $\varepsilon = 10^{-3}$.

解　第 1 次迭代

$$\nabla f(\boldsymbol{x}) = (8x_1 - 2x_1x_2, 2x_2 - x_1{}^2)^{\mathrm{T}}$$

$$\nabla^2 f(\boldsymbol{x}) = \begin{pmatrix} 8-2x_2 & -2x_1 \\ -2x_1 & 2 \end{pmatrix}$$

取 $\boldsymbol{x}^{(1)} = (1,1)^{\mathrm{T}}$，得到

$$\nabla f(\boldsymbol{x}^{(1)}) = (6,1)^{\mathrm{T}}$$

$$\nabla^2 f(\boldsymbol{x}^{(1)}) = \begin{pmatrix} 6 & -2 \\ -2 & 2 \end{pmatrix},\quad [\nabla^2 f(\boldsymbol{x}^{(1)})]^{-1} = \begin{pmatrix} \frac{1}{4} & \frac{1}{4} \\ \frac{1}{4} & \frac{3}{4} \end{pmatrix}$$

$$\boldsymbol{d}^{(1)} = -[\nabla^2 f(\boldsymbol{x}^{(1)})]^{-1} \nabla f(\boldsymbol{x}^{(1)}) = (-1.75, -2.25)^{\mathrm{T}}$$

所以

$$\boldsymbol{x}^{(2)} = \boldsymbol{x}^{(1)} + \boldsymbol{d}^{(1)} = (-0.75, -1.25)^{\mathrm{T}}$$

再进行第 2 次迭代. 经过 5 次迭代，$\boldsymbol{x}^{(k)}$ 收敛到问题的极小点 $\bar{\boldsymbol{x}} = (0,0)^{\mathrm{T}}$，计算结果见表 7.2.1.

表 7.2.1　计算过程

k	$\boldsymbol{x}^{(k)}$	$f(\boldsymbol{x}^{(k)})$	$\nabla f(\boldsymbol{x}^{(k)})$	$\lVert\nabla f(\boldsymbol{x}^{(k)})\rVert$	$\nabla^2 f(\boldsymbol{x}^{(k)})$	
1	1.000 0 1.000 0	4.000 0	6.000 0 1.000 0	6.082 8	6.000 0 −2.000 0	−2.000 0 2.000 0
2	−0.750 0 −1.250 0	4.515 6	−7.875 0 −3.062 5	8.449 5	10.500 0 1.500 0	1.500 0 2.000 0
3	−0.155 0 −0.165 0	0.127 3	−1.291 1 −0.354 0	1.338 8	8.330 0 0.310 0	0.310 0 2.000 0
4	−0.005 7 −0.011 1	0.000 3	−0.045 9 −0.022 3	0.051 1	8.022 2 0.011 5	0.011 5 2.000 0
5	−0.000 0 −0.000 0	0.000 0	−0.000 1 −0.000 0	0.000 1	8.000 0 0.000 0	0.000 0 2.000 0

值得注意的是，用牛顿法求解无约束问题，可能会出现在某步迭代时目标函数值上升，即存在k，使得$f(\boldsymbol{x}^{(k+1)})>f(\boldsymbol{x}^{(k)})$.如在例 7.2.1 中，从$\boldsymbol{x}^{(1)}$出发，沿$\boldsymbol{d}^{(1)}$方向进行搜索得到$\boldsymbol{x}^{(2)}$，出现了$f(\boldsymbol{x}^{(2)})>f(\boldsymbol{x}^{(1)})$.因此，人们对牛顿法进行修正，提出了阻尼牛顿法.

7.2.2 阻尼牛顿法

为了避免函数值上升，阻尼牛顿法增加了一维搜索策略，即将$\boldsymbol{d}^{(k)}$仅作为搜索方向，而不是作为增量，由此得到如下算法.

算法 7.2.2（阻尼牛顿法）：

（1）取初始点$\boldsymbol{x}^{(1)}$，允许误差$\varepsilon>0$，置$k=1$.

（2）计算$\nabla f(\boldsymbol{x}^{(k)})$和$\nabla^2 f(\boldsymbol{x}^{(k)})$.

（3）如果$\left\|\nabla f(\boldsymbol{x}^{(k)})\right\|\leqslant\varepsilon$，则停止计算；否则，令

$$\boldsymbol{d}^{(k)}=-[\nabla^2 f(\boldsymbol{x}^{(k)})]^{-1}\nabla f(\boldsymbol{x}^{(k)})$$

（4）从$\boldsymbol{x}^{(k)}$出发，沿方向$\boldsymbol{d}^{(k)}$作一维搜索

$$\min_{\alpha\geqslant 0} f(\boldsymbol{x}^{(k)}+\alpha\boldsymbol{d}^{(k)})=f(\boldsymbol{x}^{(k)}+\alpha_k\boldsymbol{d}^{(k)})$$

令

$$\boldsymbol{x}^{(k+1)}=\boldsymbol{x}^{(k)}+\alpha_k\boldsymbol{d}^{(k)}$$

（5）置$k=k+1$，转步骤（2）.

由于阻尼牛顿法含有一维搜索，所以每次迭代目标函数值一般有所下降（绝对不含上升）. 可以证明，阻尼牛顿法在适当的条件下具有全局收敛性，且为二级收敛.

例 7.2.2 用阻尼牛顿法求解

$$\min f(\boldsymbol{x})=(1-x_1)^2+2(x_2-x_1{}^2)^2$$

取初始点$\boldsymbol{x}^{(1)}=(0,0)^{\mathrm{T}}$，允许误差$\varepsilon=0.1$.

解 第 1 次迭代

由于$\nabla f(\boldsymbol{x})=[-2(1-x_1)-8(x_2-x_1{}^2)x_1,4(x_2-x_1{}^2)]^{\mathrm{T}}$

$$\nabla^2 f(\boldsymbol{x})=\begin{pmatrix}16x_1{}^2-8(x_2-x_1{}^2)+2 & -8x_1\\ -8x_1 & 4\end{pmatrix}$$

故
$$\nabla f(\boldsymbol{x}^{(1)})=(-2,0)^{\mathrm{T}},\quad \|\nabla f(\boldsymbol{x}^{(1)})\|=2>\varepsilon$$

$$\nabla^2 f(\boldsymbol{x}^{(1)})=\begin{pmatrix}2&0\\0&4\end{pmatrix},\quad [\nabla^2 f(\boldsymbol{x}^{(1)})]^{-1}=\begin{pmatrix}\frac{1}{2}&0\\0&\frac{1}{4}\end{pmatrix}$$

于是
$$\begin{aligned}\boldsymbol{d}^{(1)}&=-[\nabla^2 f(\boldsymbol{x}^{(1)})]^{-1}\nabla f(\boldsymbol{x}^{(1)})\\&=(1,0)^{\mathrm{T}}\end{aligned}$$

从 $\boldsymbol{x}^{(1)}$ 出发，沿 $\boldsymbol{d}^{(1)}$ 方向作一维搜索，即求

$$\min_{\alpha\geqslant 0} f(\boldsymbol{x}^{(1)}+\alpha\boldsymbol{d}^{(1)})=\min_{\alpha\geqslant 0}(1-\alpha)^2+2\alpha^4$$

的最优解，得到 $\alpha_1=\dfrac{1}{2}$，令

$$\boldsymbol{x}^{(2)}=\boldsymbol{x}^{(1)}+\alpha_1\boldsymbol{d}^{(1)}=\left(\frac{1}{2},0\right)^{\mathrm{T}}$$

第 2 次迭代

$$\nabla f(\boldsymbol{x}^{(2)})=(0,-1)^{\mathrm{T}},\quad \|\nabla f(\boldsymbol{x}^{(2)})\|=1>\varepsilon$$

$$\nabla^2 f(\boldsymbol{x}^{(2)})=\begin{pmatrix}8&-4\\-4&4\end{pmatrix},\quad [\nabla^2 f(\boldsymbol{x}^{(2)})]^{-1}=\frac{1}{4}\begin{pmatrix}1&1\\1&2\end{pmatrix}$$

于是
$$\boldsymbol{d}^{(2)}=-[\nabla^2 f(\boldsymbol{x}^{(2)})]^{-1}\nabla f(\boldsymbol{x}^{(2)})=\left(\frac{1}{4},\frac{1}{2}\right)^{\mathrm{T}}$$

从 $\boldsymbol{x}^{(2)}$ 出发，沿 $\boldsymbol{d}^{(2)}$ 方向作一维搜索，即求

$$\min_{\alpha\geqslant 0} f(\boldsymbol{x}^{(2)}+\alpha\boldsymbol{d}^{(2)})=\min_{\alpha\geqslant 0}\frac{1}{128}[8(2-\alpha)^2+(2-\alpha)^4]$$

的最优解，得到 $\alpha_2=2$，令

$$\boldsymbol{x}^{(3)}=\boldsymbol{x}^{(2)}+\alpha_2\boldsymbol{d}^{(2)}=(1,1)^{\mathrm{T}}$$

此时
$$\nabla f(\boldsymbol{x}^{(3)})=(0,0)^{\mathrm{T}},\quad \|\nabla f(\boldsymbol{x}^{(3)})\|=0<\varepsilon$$

因此最优解 $\bar{\boldsymbol{x}}=\boldsymbol{x}^{(3)}=(1,1)^{\mathrm{T}}$.

7.2.3　牛顿法的进一步修正

牛顿法和阻尼牛顿法有共同缺点．一是可能出现 Hesse 矩阵奇异的情形，因

此不能确定后续点；二是即使$\nabla^2 f(\boldsymbol{x})$非奇异，也未必正定，因而牛顿方向不一定是下降方向，这就可能导致算法失效．为避免 Hesse 矩阵非正定问题，人们做了不少工作．下面简单介绍修正牛顿方法的一般策略．

我们考虑式（7.2.1），记$\boldsymbol{d}^{(k)}=\boldsymbol{x}-\boldsymbol{x}^{(k)}$, 由此得到

$$\nabla^2 f(\boldsymbol{x}^{(k)})\boldsymbol{d}^{(k)}=-\nabla f(\boldsymbol{x}^{(k)}) \tag{7.2.6}$$

解决 Hesse 矩阵$\nabla^2 f(\boldsymbol{x}^{(k)})$非正定问题的基本思想是修正$\nabla^2 f(\boldsymbol{x}^{(k)})$，构造一个对称正定矩阵$\boldsymbol{G}_k$，在方程（7.2.6）中，用$\boldsymbol{G}_k$取代矩阵$\nabla^2 f(\boldsymbol{x}^{(k)})$，从而得到方程

$$\boldsymbol{G}_k\boldsymbol{d}^{(k)}=-\nabla f(\boldsymbol{x}^{(k)}) \tag{7.2.7}$$

解此方程，得到在点$\boldsymbol{x}^{(k)}$处的下降方向

$$\boldsymbol{d}^{(k)}=-\boldsymbol{G}_k^{-1}\nabla f(\boldsymbol{x}^{(k)}) \tag{7.2.8}$$

再沿此方向作一维搜索．

构造矩阵$\boldsymbol{G}_k$的方法之一是令

$$\boldsymbol{G}_k=\nabla^2 f(\boldsymbol{x}^{(k)})+\varepsilon_k\boldsymbol{I} \tag{7.2.9}$$

其中，$\boldsymbol{I}$是n阶单位矩阵，ε_k是一个适当的正数．根据$\boldsymbol{G}_k$的定义，只要ε_k选择得合适，$\boldsymbol{G}_k$就是对称正定矩阵．事实上，如果α_k是$\nabla^2 f(\boldsymbol{x}^{(k)})$的特征值，那么$\alpha_k+\varepsilon_k$就是$\boldsymbol{G}_k$的特征值，只要$\varepsilon_k>0$取得足够大，$\boldsymbol{G}_k$的特征值便均为正数，从而保证了$\boldsymbol{G}_k$的正定性．

值得注意的是，当$\boldsymbol{x}^{(k)}$为鞍点时，有$\nabla f(\boldsymbol{x}^{(k)})=\boldsymbol{0}$及$\nabla^2 f(\boldsymbol{x}^{(k)})$不定，因此式（7.2.7）不能使用．这时，$\boldsymbol{d}^{(k)}$可取为负曲率方向，即满足

$$(\boldsymbol{d}^{(k)})^{\mathrm{T}}\nabla^2 f(\boldsymbol{x}^{(k)})\boldsymbol{d}^{(k)}<0$$

的方向．当$\nabla^2 f(\boldsymbol{x}^{(k)})$不定时，这样的方向必定存在，而且沿此方向进行一维搜索必能使目标函数值下降．

其他修正算法可参见相关文献［7］，［8］．

可以证明，修正牛顿法是收敛的．

7.3　共轭梯度法

共轭梯度法最初由 Hestenes 和 Stiefel 于 1952 年为求解线性方程组而提出，后来，人们把这种方法用于求解无约束最优化问题．该方法仅需利用一阶导数信息，但克服了最速下降法收敛慢的缺点，又避免了存储和计算牛顿法所需要的二阶导数信息．因此共轭梯度法是一种重要的最优化方法．

7.3.1　共轭方向

共轭梯度法是基于共轭方向的一种算法，为此先引入共轭方向的概念．

定义 7.3.1　设 $\boldsymbol{G}$ 是 n 阶对称正定矩阵，若 $\mathbf{R}^n$ 中的两个方向 $\boldsymbol{d}^{(1)}$ 和 $\boldsymbol{d}^{(2)}$ 满足

$$(\boldsymbol{d}^{(1)})^{\mathrm{T}}\boldsymbol{G}\boldsymbol{d}^{(2)}=0 \tag{7.3.1}$$

则称这两个方向关于 $\boldsymbol{G}$ 共轭．

若 $\boldsymbol{d}^{(1)},\boldsymbol{d}^{(2)},\cdots,\boldsymbol{d}^{(k)}$ 是 $\mathbf{R}^n$ 中 k 个方向，它们两两关于 $\boldsymbol{G}$ 共轭，即满足

$$(\boldsymbol{d}^{(i)})^{\mathrm{T}}\boldsymbol{G}\boldsymbol{d}^{(j)}=0,\quad i\neq j,\quad i,j=1,2,\cdots,k \tag{7.3.2}$$

则称这组方向是 $\boldsymbol{G}$ 共轭的，或称它们为 $\boldsymbol{G}$ 的 k 个共轭方向．

在上述定义中，如果 $\boldsymbol{G}$ 是单位矩阵，则两个方向关于 $\boldsymbol{G}$ 共轭等价于两个方向正交．因此共轭是正交概念的推广．

下面给出共轭方向的一些重要性质．

定理 7.3.1　设 $\boldsymbol{G}$ 是 n 阶对称正定矩阵，$\boldsymbol{d}^{(1)},\boldsymbol{d}^{(2)},\cdots,\boldsymbol{d}^{(k)}$ 是 k 个 $\boldsymbol{G}$ 共轭的非零向量，则这个向量组线性无关．

证明　设存在数 $\alpha_1,\alpha_2,\cdots,\alpha_k$，使得

$$\sum_{j=1}^{k}\alpha_j\boldsymbol{d}^{(j)}=\mathbf{0} \tag{7.3.3}$$

两端左乘 $(\boldsymbol{d}^{(i)})^{\mathrm{T}}\boldsymbol{G}$，根据向量组关于 $\boldsymbol{G}$ 共轭的假设，得到

$$\alpha_i(\boldsymbol{d}^{(i)})^{\mathrm{T}}\boldsymbol{G}\boldsymbol{d}^{(i)}=0 \tag{7.3.4}$$

由于 $\boldsymbol{G}$ 是正定矩阵，$\boldsymbol{d}^{(i)}$ 是非零向量，所以在式（7.3.4）中，$(\boldsymbol{d}^{(i)})^{\mathrm{T}}\boldsymbol{G}\boldsymbol{d}^{(i)}>0$，从而得出

$$\alpha_i = 0, \quad i = 1,2,\cdots,k$$

因此 $\boldsymbol{d}^{(1)},\boldsymbol{d}^{(2)},\cdots,\boldsymbol{d}^{(k)}$ 线性无关.

根据向量组共轭的概念和定理 7.3.1，能够证明下列重要定理.

定理 7.3.2（扩展子空间定理） 设有函数

$$f(\boldsymbol{x}) = \frac{1}{2}\boldsymbol{x}^{\mathrm{T}}\boldsymbol{G}\boldsymbol{x} + \boldsymbol{r}^{\mathrm{T}}\boldsymbol{x} + \delta$$

其中，$\boldsymbol{G}$ 是 n 阶对称正定矩阵；$\boldsymbol{d}^{(1)},\boldsymbol{d}^{(2)},\cdots,\boldsymbol{d}^{(k)}$ 是 $\boldsymbol{G}$ 共轭的非零向量. 以任意的 $\boldsymbol{x}^{(1)}$ 为初始点，依次沿 $\boldsymbol{d}^{(1)},\boldsymbol{d}^{(2)},\cdots,\boldsymbol{d}^{(k)}$ 进行一维搜索，得到点 $\boldsymbol{x}^{(2)},\boldsymbol{x}^{(3)},\cdots,\boldsymbol{x}^{(k+1)}$，则 $\boldsymbol{x}^{(k+1)}$ 是函数 $f(\boldsymbol{x})$ 在线性流形

$$X_k = \left\{\boldsymbol{x} \middle| \boldsymbol{x} = \boldsymbol{x}^{(1)} + \sum_{i=1}^{k}\alpha_i \boldsymbol{d}^{(i)}, -\infty < \alpha_i < +\infty \right\}$$

上的唯一极小点. 特别地，当 $k = n$ 时， $\boldsymbol{x}^{(n+1)}$ 是函数 $f(\boldsymbol{x})$ 在 $\mathbf{R}^n$ 上的唯一极小点.

证明 由于 $f(\boldsymbol{x})$ 是严格凸函数，所以要证明 $\boldsymbol{x}^{(k+1)}$ 是函数 $f(\boldsymbol{x})$ 在线性流形 X_k 上的唯一极小点，只要证明

$$(\boldsymbol{d}^{(i)})^{\mathrm{T}}\nabla f(\boldsymbol{x}^{(k+1)}) = 0, \quad i = 1,2,\cdots,k \tag{7.3.5}$$

为书写方便，我们用 $\boldsymbol{g}_j$ 表示函数 $f(\boldsymbol{x})$ 在 $\boldsymbol{x}^{(j)}$ 处的梯度，即

$$\boldsymbol{g}_j = \nabla f(\boldsymbol{x}^{(j)}) \tag{7.3.6}$$

现证明

$$(\boldsymbol{d}^{(i)})^{\mathrm{T}}\boldsymbol{g}_{k+1} = 0, \quad i = 1,2,\cdots,k \tag{7.3.7}$$

对 k 使用数法归纳法，当 $k = 1$ 时，由一维搜索定义知

$$(\boldsymbol{d}^{(1)})^{\mathrm{T}}\boldsymbol{g}_2 = 0$$

假设 $k = m < n$ 时，式（7.3.7）成立，即

$$(\boldsymbol{d}^{(i)})^{\mathrm{T}}\boldsymbol{g}_{m+1} = 0$$

则我们来证明 $k = m+1$ 时式（7.3.7）成立，即证明

$$(\boldsymbol{d}^{(i)})^{\mathrm{T}}\boldsymbol{g}_{m+2} = 0$$

由二次函数梯度的表达式和 $\boldsymbol{x}^{(k+1)}$ 的定义，有

$$\begin{aligned}\boldsymbol{g}_{m+2} &= \boldsymbol{G}\boldsymbol{x}^{(m+2)} + \boldsymbol{r} = \boldsymbol{G}(\boldsymbol{x}^{(m+1)} + \alpha_{m+1}\boldsymbol{d}^{(m+1)}) + \boldsymbol{r} \\ &= \boldsymbol{g}_{m+1} + \alpha_{m+1}\boldsymbol{G}\boldsymbol{d}^{(m+1)}\end{aligned} \tag{7.3.8}$$

$$(\boldsymbol{d}^{(i)})^{\mathrm{T}}\boldsymbol{g}_{m+2}=(\boldsymbol{d}^{(i)})^{\mathrm{T}}\boldsymbol{g}_{m+1}+\alpha_{m+1}(\boldsymbol{d}^{(i)})^{\mathrm{T}}\boldsymbol{G}\boldsymbol{d}^{(m+1)} \tag{7.3.9}$$

当$i=m+1$时，由一维搜索定义知

$$(\boldsymbol{d}^{(m+1)})^{\mathrm{T}}\boldsymbol{g}_{m+2}=0 \tag{7.3.10}$$

当$1\leqslant i<m+1$时，由归纳法假设，有

$$(\boldsymbol{d}^{(i)})^{\mathrm{T}}\boldsymbol{g}_{m+1}=0 \tag{7.3.11}$$

由于$\boldsymbol{d}^{(1)},\boldsymbol{d}^{(2)},\cdots,\boldsymbol{d}^{(m+1)}$关于$\boldsymbol{G}$共轭，所以有

$$(\boldsymbol{d}^{(i)})^{\mathrm{T}}\boldsymbol{G}\boldsymbol{d}^{(m+1)}=0 \tag{7.3.12}$$

由式（7.3.9）至式（7.3.12）可知

$$(\boldsymbol{d}^{(i)})^{\mathrm{T}}\boldsymbol{g}_{m+2}=0$$

根据以上证明，$\boldsymbol{x}^{(k+1)}$是函数$f(\boldsymbol{x})$在线性流形X_k上的极小点．由于$f(\boldsymbol{x})$是严格凸函数，所以$\boldsymbol{x}^{(k+1)}$必是此流形上的唯一极小点．

当$k=n$时，$\boldsymbol{d}^{(1)},\boldsymbol{d}^{(2)},\cdots,\boldsymbol{d}^{(n)}$是$\mathbf{R}^n$的一组基，此时必有$\boldsymbol{g}_{n+1}=\boldsymbol{0}$．如果$\boldsymbol{g}_{n+1}\neq\boldsymbol{0}$，则有

$$\boldsymbol{g}_{n+1}=\lambda_1\boldsymbol{d}^{(1)}+\lambda_2\boldsymbol{d}^{(2)}+\cdots+\lambda_n\boldsymbol{d}^{(n)} \tag{7.3.13}$$

等号两端左乘$\boldsymbol{g}_{n+1}^{\mathrm{T}}$，则等号左端大于零，等号右端等于零．这是不可能的．由于$\boldsymbol{g}_{n+1}=\boldsymbol{0}$，因此$\boldsymbol{x}^{(n+1)}$是函数$f(\boldsymbol{x})$在$\mathbf{R}^n$上的唯一极小点．

推论　在定理 7.3.2 的条件下，必有

$$\nabla f(\boldsymbol{x}^{(k+1)})^{\mathrm{T}}\boldsymbol{d}^{(i)}=0,\ \ i=1,2,\cdots,k$$

上述定理表明，对于二次凸函数，若沿一组共轭方向（非零向量）搜索，经有限步迭代必达到极小点．这是一种很好的性质．下面将根据这种性质构造具有二次终止性的算法．

7.3.2　共轭梯度法

共轭梯度法的基本思想是把共轭性与最速下降方法相结合，利用已知点处的梯度构造一组共轭方向，并沿这组方向进行搜索，求出目标函数的极小点．

首先讨论对于二次凸函数的共轭梯度法，然后再把这种方法推广到极小化一般函数的情形．

考虑问题

$$\min f(\boldsymbol{x})=\frac{1}{2}\boldsymbol{x}^{\mathrm{T}}\boldsymbol{G}\boldsymbol{x}+\boldsymbol{r}^{\mathrm{T}}\boldsymbol{x}+\delta \tag{7.3.14}$$

其中，$\boldsymbol{G}$ 是 n 阶对称正定矩阵.

具体求解方法如下：

任取初始点 $\boldsymbol{x}^{(1)}$，若 $\nabla f(\boldsymbol{x}^{(1)})=\boldsymbol{0}$，则停止计算，$\boldsymbol{x}^{(1)}$ 作为无约束问题（7.3.14）的极小点. 当 $\nabla f(\boldsymbol{x}^{(1)})\neq\boldsymbol{0}$ 时，令

$$\boldsymbol{d}^{(1)}=-\nabla f(\boldsymbol{x}^{(1)}) \tag{7.3.15}$$

然后沿 $\boldsymbol{d}^{(1)}$ 方向进行一维搜索，得到点 $\boldsymbol{x}^{(2)}$. 当 $\nabla f(\boldsymbol{x}^{(2)})\neq\boldsymbol{0}$ 时，令

$$\boldsymbol{d}^{(2)}=-\nabla f(\boldsymbol{x}^{(2)})+\beta_1^{(2)}\boldsymbol{d}^{(1)} \tag{7.3.16}$$

并且使 $\boldsymbol{d}^{(1)}$, $\boldsymbol{d}^{(2)}$ 满足共轭条件，即

$$(\boldsymbol{d}^{(1)})^{\mathrm{T}}\boldsymbol{G}\boldsymbol{d}^{(2)}=0 \tag{7.3.17}$$

将式（7.3.16）代入式（7.3.17），可得到 $\beta_1^{(2)}$ 的表达式

$$\beta_1^{(2)}=\frac{(\boldsymbol{d}^{(1)})^{\mathrm{T}}\boldsymbol{G}\nabla f(\boldsymbol{x}^{(2)})}{(\boldsymbol{d}^{(1)})^{\mathrm{T}}\boldsymbol{G}\boldsymbol{d}^{(1)}} \tag{7.3.18}$$

将式（7.3.18）得到的 $\beta_1^{(2)}$ 代入式（7.3.16），这样得到的 $\boldsymbol{d}^{(2)}$ 与 $\boldsymbol{d}^{(1)}$ 关于 $\boldsymbol{G}$ 共轭. 再从 $\boldsymbol{x}^{(2)}$ 出发，沿 $\boldsymbol{d}^{(2)}$ 作一维搜索，得到 $\boldsymbol{x}^{(3)}$. 如此下去，假设在 $\boldsymbol{x}^{(k)}$ 处，$\nabla f(\boldsymbol{x}^{(k)})\neq\boldsymbol{0}$，构造 $\boldsymbol{x}^{(k)}$ 处的搜索方向 $\boldsymbol{d}^{(k)}$ 如下：

$$\boldsymbol{d}^{(k)}=-\nabla f(\boldsymbol{x}^{(k)})+\beta_1^{(k)}\boldsymbol{d}^{(1)}+\beta_2^{(k)}\boldsymbol{d}^{(2)}+\cdots+\beta_{k-1}^{(k)}\boldsymbol{d}^{(k-1)} \tag{7.3.19}$$

下面来确定系数 $\beta_i^{(k)}(i=1,2,\cdots,k-1)$. 由于要求构造的搜索方向是关于 $\boldsymbol{G}$ 共轭的，即满足

$$\begin{aligned}0&=(\boldsymbol{d}^{(i)})^{\mathrm{T}}\boldsymbol{G}\boldsymbol{d}^{(k)}\\&=-(\boldsymbol{d}^{(i)})^{\mathrm{T}}\boldsymbol{G}\nabla f(\boldsymbol{x}^{(k)})+\sum_{j=1}^{k-1}\beta_j^{(k)}(\boldsymbol{d}^{(i)})^{\mathrm{T}}\boldsymbol{G}\boldsymbol{d}^{(j)}\\&=-(\boldsymbol{d}^{(i)})^{\mathrm{T}}\boldsymbol{G}\nabla f(\boldsymbol{x}^{(k)})+\beta_i^{(k)}(\boldsymbol{d}^{(i)})^{\mathrm{T}}\boldsymbol{G}\boldsymbol{d}^{(i)},\quad i=1,2,\cdots,k-1\end{aligned}$$

所以

$$\beta_i^{(k)}=\frac{(\boldsymbol{d}^{(i)})^{\mathrm{T}}\boldsymbol{G}\nabla f(\boldsymbol{x}^{(k)})}{(\boldsymbol{d}^{(i)})^{\mathrm{T}}\boldsymbol{G}\boldsymbol{d}^{(i)}},\quad i=1,2,\cdots,k-1 \tag{7.3.20}$$

将式（7.3.20）代入式（7.3.19），这样得到的 $\boldsymbol{d}^{(k)}$ 与 $\boldsymbol{d}^{(1)},\boldsymbol{d}^{(2)},\cdots,\boldsymbol{d}^{(k-1)}$ 关于 $\boldsymbol{G}$ 共轭. 又由推导过程可知，前面已得到的搜索方向 $\boldsymbol{d}^{(1)},\boldsymbol{d}^{(2)},\cdots,\boldsymbol{d}^{(k-1)}$ 已是 $\boldsymbol{G}$ 的 $k-1$

个共轭方向，所以$\boldsymbol{d}^{(1)},\boldsymbol{d}^{(2)},\cdots,\boldsymbol{d}^{(k)}$是$\boldsymbol{G}$的$k$个共轭方向.

由扩展子空间定理 7.3.2，当$k=n$时，得到n个非零的$\boldsymbol{G}$共轭方向，$\boldsymbol{x}^{(n+1)}$为整个空间上的唯一极小点.

下面利用正定二次函数的性质，对式（7.3.19）和式（7.3.20）进行化简.

由于构造的搜索方向是非零的$\boldsymbol{G}$共轭方向，由定理 7.3.2 的推论，得到

$$\nabla f(x^{(k)})^{\mathrm{T}}\boldsymbol{d}^{(i)}=0\text{，}\quad i=1,2,\cdots,k-1$$

结合式（7.3.19），有

$$\begin{aligned}&\nabla f(\boldsymbol{x}^{(k)})^{\mathrm{T}}\nabla f(\boldsymbol{x}^{(i)})\\&=\nabla f(\boldsymbol{x}^{(k)})^{\mathrm{T}}(-\boldsymbol{d}^{(i)}+\beta_1^{(i)}\boldsymbol{d}^{(1)}+\cdots+\beta_{i-1}^{(i)}\boldsymbol{d}^{(i-1)})\\&=0,\ \ i=1,2,\cdots,k-1\end{aligned}\tag{7.3.21}$$

下面计算$\beta_i^{(k)}(i=1,2,\cdots,k-2)$，为方便起见，引进记号

$$\boldsymbol{s}^{(i)}=\boldsymbol{x}^{(i+1)}-\boldsymbol{x}^{(i)}=\alpha_i\boldsymbol{d}^{(i)}\tag{7.3.22}$$

所以

$$\boldsymbol{G}\boldsymbol{s}^{(i)}=\boldsymbol{G}\boldsymbol{x}^{(i+1)}-\boldsymbol{G}\boldsymbol{x}^{(i)}=\nabla f(\boldsymbol{x}^{(i+1)})-\nabla f(\boldsymbol{x}^{(i)})\tag{7.3.23}$$

并由式（7.3.21），有

$$\begin{aligned}&(\boldsymbol{d}^{(i)})^{\mathrm{T}}\boldsymbol{G}\nabla f(\boldsymbol{x}^{(k)})=\nabla f(\boldsymbol{x}^{(k)})^{\mathrm{T}}\boldsymbol{G}\boldsymbol{d}^{(i)}\\&=\frac{1}{\alpha_i}\nabla f(\boldsymbol{x}^{(k)})^{\mathrm{T}}\boldsymbol{G}\boldsymbol{s}^{(i)}\\&=\frac{1}{\alpha_i}\nabla f(\boldsymbol{x}^{(k)})^{\mathrm{T}}[\nabla f(\boldsymbol{x}^{(i+1)})-\nabla f(\boldsymbol{x}^{(i)})]\\&=0,\ \ i=1,2,\cdots,k-2\end{aligned}\tag{7.3.24}$$

因此，式（7.3.20）简化为

$$\beta_i^{(k)}=0,\ \ i=1,2,\cdots,k-2\tag{7.3.25}$$

故式（7.3.19）可以写成

$$\boldsymbol{d}^{(k)}=-\nabla f(\boldsymbol{x}^{(k)})+\beta_{k-1}\boldsymbol{d}^{(k-1)}\tag{7.3.26}$$

（此时可不要β_{k-1}的上标）其中

$$\beta_{k-1}=\frac{(\boldsymbol{d}^{(k-1)})^{\mathrm{T}}\boldsymbol{G}\nabla f(\boldsymbol{x}^{(k)})}{(\boldsymbol{d}^{(k-1)})^{\mathrm{T}}\boldsymbol{G}\boldsymbol{d}^{(k-1)}}\tag{7.3.27}$$

再化简β_{k-1}，类似于式（7.3.24）的推导过程，可以得到

$$
\begin{aligned}
&(\boldsymbol{d}^{(k-1)})^{\mathrm{T}}\boldsymbol{G}\nabla f(\boldsymbol{x}^{(k)})\\
&=\frac{1}{\alpha_{k-1}}\nabla f(\boldsymbol{x}^{(k)})^{\mathrm{T}}[\nabla f(\boldsymbol{x}^{(k)})-\nabla f(\boldsymbol{x}^{(k-1)})]
\end{aligned}
\tag{7.3.28}
$$

和

$$
\begin{aligned}
&(\boldsymbol{d}^{(k-1)})^{\mathrm{T}}\boldsymbol{G}\boldsymbol{d}^{(k-1)}\\
&=\frac{1}{\alpha_{k-1}}(\boldsymbol{d}^{(k-1)})^{\mathrm{T}}[\nabla f(\boldsymbol{x}^{(k)})-\nabla f(\boldsymbol{x}^{(k-1)})]
\end{aligned}
\tag{7.3.29}
$$

注意到定理 7.3.2 的推论和式（7.3.26），有

$$
\begin{aligned}
&(\boldsymbol{d}^{(k-1)})^{\mathrm{T}}[\nabla f(\boldsymbol{x}^{(k)})-\nabla f(\boldsymbol{x}^{(k-1)})]\\
&=-(\boldsymbol{d}^{(k-1)})^{\mathrm{T}}\nabla f(\boldsymbol{x}^{(k-1)})\\
&=[\nabla f(\boldsymbol{x}^{(k-1)})-\beta_{k-2}\boldsymbol{d}^{(k-2)}]^{\mathrm{T}}\nabla f(\boldsymbol{x}^{(k-1)})\\
&=\nabla f(\boldsymbol{x}^{(k-1)})^{\mathrm{T}}\nabla f(\boldsymbol{x}^{(k-1)})
\end{aligned}
\tag{7.3.30}
$$

结合式（7.3.28）、式（7.3.29）和式（7.3.30），得到

$$
\beta_{k-1}=\frac{\nabla f(\boldsymbol{x}^{(k)})^{\mathrm{T}}[\nabla f(\boldsymbol{x}^{(k)})-\nabla f(\boldsymbol{x}^{(k-1)})]}{\nabla f(\boldsymbol{x}^{(k-1)})^{\mathrm{T}}\nabla f(\boldsymbol{x}^{(k-1)})}
\tag{7.3.31}
$$

由式（7.3.21）知，$\nabla f(\boldsymbol{x}^{(k)})^{\mathrm{T}}\nabla f(\boldsymbol{x}^{(k-1)})=0$，故式（7.3.31）还可以写成

$$
\beta_{k-1}=\frac{\left\|\nabla f(\boldsymbol{x}^{(k)})\right\|^2}{\left\|\nabla f(\boldsymbol{x}^{(k-1)})\right\|^2}
\tag{7.3.32}
$$

这样就得到了用于二次凸函数的共轭梯度法，其搜索方向构造如下：

$$
\begin{cases}
\boldsymbol{d}^{(1)}=-\nabla f(\boldsymbol{x}^{(1)})\\
\boldsymbol{d}^{(k)}=-\nabla f(\boldsymbol{x}^{(k)})+\beta_{k-1}\boldsymbol{d}^{(k-1)}
\end{cases}
\tag{7.3.33}
$$

由式(7.3.31)和式(7.3.33)构造的计算公式称为 PRP(Polak－Ribiere－Polyak，1969 年）公式，相应的方法称为 PRP 算法．由式（7.3.32）和式（7.3.33）构造的公式称为 FR（Fletcher－Reeves，1964 年）公式，相应的方法称为 FR 算法．

算法 7.3.1（FR 算法或 PRP 算法）：

（1）取初始点 $\boldsymbol{x}^{(1)}$，置 $k=1$．

（2）计算 $\nabla f(\boldsymbol{x}^{(k)})$，若 $\left\|\nabla f(\boldsymbol{x}^{(k)})\right\|=0$, 则停止计算，得点 $\bar{\boldsymbol{x}}=\boldsymbol{x}^{(k)}$；否则，进行下一步．

（3）构造搜索方向，令

$$
\boldsymbol{d}^{(k)}=-\nabla f(\boldsymbol{x}^{(k)})+\beta_{k-1}\boldsymbol{d}^{(k-1)}
$$

其中
$$\beta_{k-1}=\begin{cases}0, & k=1\\ \dfrac{\left\|\nabla f(\boldsymbol{x}^{(k)})\right\|^2}{\left\|\nabla f(\boldsymbol{x}^{(k-1)})\right\|^2}, & k>1\end{cases}$$

或
$$\beta_{k-1}=\begin{cases}0, & k=1\\ \dfrac{\nabla f(\boldsymbol{x}^{(k)})^{\mathrm{T}}(\nabla f(\boldsymbol{x}^{(k)})-\nabla f(\boldsymbol{x}^{(k-1)}))}{\nabla f(\boldsymbol{x}^{(k-1)})^{\mathrm{T}}\nabla f(\boldsymbol{x}^{(k-1)})}, & k>1\end{cases}$$

（4）一维搜索，求解一维问题
$$\min\varphi(\alpha)=f(\boldsymbol{x}^{(k)}+\alpha\boldsymbol{d}^{(k)})$$
得 α_k，置
$$\boldsymbol{x}^{(k+1)}=\boldsymbol{x}^{(k)}+\alpha_k\boldsymbol{d}^{(k)}$$

（5）若 $k=n$，则停止计算，得点 $\overline{\boldsymbol{x}}=\boldsymbol{x}^{(k+1)}$；否则，置 $k=k+1$，返回步骤（2）.

例 7.3.1　用共轭梯度法（FR 算法）求解无约束问题
$$\min f(\boldsymbol{x})=\frac{3}{2}x_1^{\ 2}+\frac{1}{2}x_2^{\ 2}-x_1x_2-2x_1$$
取初始点
$$\boldsymbol{x}^{(1)}=(0,0)^{\mathrm{T}}$$

解

$$\nabla f(\boldsymbol{x})=(3x_1-x_2-2,x_2-x_1)^{\mathrm{T}}$$
$$\nabla^2 f(\boldsymbol{x})=\begin{pmatrix}3 & -1\\ -1 & 1\end{pmatrix}=\boldsymbol{G}$$
由第六章习题 6 结论，一维搜索的最优步长为
$$\alpha_k=-\frac{\nabla f(\boldsymbol{x}^{(k)})^{\mathrm{T}}\boldsymbol{d}^{(k)}}{(\boldsymbol{d}^{(k)})^{\mathrm{T}}\boldsymbol{G}\boldsymbol{d}^{(k)}}$$

第 1 次迭代，取 $\boldsymbol{x}^{(1)}=(0,0)^{\mathrm{T}}$，令
$$\boldsymbol{d}^{(1)}=-\nabla f(\boldsymbol{x}^{(1)})=(2,0)^{\mathrm{T}}$$
从 $\boldsymbol{x}^{(1)}$ 出发，沿方向 $\boldsymbol{d}^{(1)}$ 作一维搜索，得
$$\alpha_1=-\frac{\nabla f(\boldsymbol{x}^{(1)})^{\mathrm{T}}\boldsymbol{d}^{(1)}}{(\boldsymbol{d}^{(1)})^{\mathrm{T}}\boldsymbol{G}\boldsymbol{d}^{(1)}}=-\frac{(-2,0)\begin{pmatrix}2\\0\end{pmatrix}}{(2,0)\begin{pmatrix}3 & -1\\ -1 & 1\end{pmatrix}\begin{pmatrix}2\\0\end{pmatrix}}=\frac{1}{3}$$
$$\boldsymbol{x}^{(2)}=\boldsymbol{x}^{(1)}+\alpha_1\boldsymbol{d}^{(1)}=(0,0)^{\mathrm{T}}+\frac{1}{3}(2,0)^{\mathrm{T}}=\left(\frac{2}{3},0\right)^{\mathrm{T}}$$

第 2 次迭代，在点 $\boldsymbol{x}^{(2)}$ 处，有

$$\nabla f(\boldsymbol{x}^{(2)})=\left(0,-\frac{2}{3}\right)^{\mathrm{T}}$$

$$\beta_1=\frac{\left\|\nabla f(\boldsymbol{x}^{(2)})\right\|^2}{\left\|\nabla f(\boldsymbol{x}^{(1)})\right\|^2}=\frac{\left(\frac{2}{3}\right)^2}{2^2}=\frac{1}{9}$$

令

$$\begin{aligned}\boldsymbol{d}^{(2)}&=-\nabla f(\boldsymbol{x}^{(2)})+\beta_1\boldsymbol{d}^{(1)}\\&=\left(0,\frac{2}{3}\right)^{\mathrm{T}}+\frac{1}{9}(2,0)^{\mathrm{T}}\\&=\left(\frac{2}{9},\frac{2}{3}\right)^{\mathrm{T}}\end{aligned}$$

从 $\boldsymbol{x}^{(2)}$ 出发，沿方向 $\boldsymbol{d}^{(2)}$ 作一维搜索，得

$$\alpha_2=-\frac{\nabla f(\boldsymbol{x}^{(2)})^{\mathrm{T}}\boldsymbol{d}^{(2)}}{(\boldsymbol{d}^{(2)})^{\mathrm{T}}\boldsymbol{G}\boldsymbol{d}^{(2)}}=\frac{3}{2}$$

$$\boldsymbol{x}^{(3)}=\boldsymbol{x}^{(2)}+\alpha_2\boldsymbol{d}^{(2)}=\left(\frac{2}{3},0\right)^{\mathrm{T}}+\frac{3}{2}\left(\frac{2}{9},\frac{2}{3}\right)^{\mathrm{T}}=(1,1)^{\mathrm{T}}$$

显然

$$\nabla f(\boldsymbol{x}^{(3)})=(0,0)^{\mathrm{T}},\left\|\nabla f(\boldsymbol{x}^{(3)})\right\|=0$$

所以 $\boldsymbol{x}^{(3)}=(1,1)^{\mathrm{T}}$ 为最优解.

7.3.3 用于一般函数的共轭梯度法

前面介绍了用于二次函数的共轭梯度法，现在将这种方法加以推广，用于极小化任意函数 $f(\boldsymbol{x})$，推广后的共轭梯度法与原来方法的主要不同是，凡用到矩阵 $\boldsymbol{G}$ 之处，需要用现行点处的 Hesse 矩阵 $\nabla^2 f(\boldsymbol{x}^{(k)})$. 此外，用这种方法求任意函数的极小点，一般来说，用有限步迭代是达不到的. 迭代的延续可以采取不同的方案. 一种是直接延续，即总是用式（7.3.26）构造搜索方向；一种是把 n 步作为一轮，每搜索一轮之后，取一次最速下降方向，开始下一轮. 后一种策略称为“重新开始”或“重置”，每 n 次迭代后以最速下降方向重新开始的共轭梯度法，有时称为传统的共轭梯度法.

下面给出用于一般函数的共轭梯度法.

算法 7.3.2（FR 算法或 PRP 算法）：

（1）给定初始点 $\boldsymbol{x}^{(1)}$，允许误差 $\varepsilon>0$，置

$$\boldsymbol{y}^{(1)}=\boldsymbol{x}^{(1)},\boldsymbol{d}^{(1)}=-\nabla f(\boldsymbol{y}^{(1)}),\quad k=j=1$$

（2）若 $\left\|\nabla f(\boldsymbol{y}^{(j)})\right\|\leqslant\varepsilon$，则停止计算；否则，作一维搜索，求 α_j 满足

$$f(\boldsymbol{y}^{(j)}+\alpha_j\boldsymbol{d}^{(j)})=\min_{\alpha\geqslant 0} f(\boldsymbol{y}^{(j)}+\alpha\boldsymbol{d}^{(j)})$$

令

$$\boldsymbol{y}^{(j+1)}=\boldsymbol{y}^{(j)}+\alpha_j\boldsymbol{d}^{(j)}$$

（3）如果 $j<n$，则进行步骤（4）；否则，进行步骤（5）.

（4）令

$$\boldsymbol{d}^{(j+1)}=-\nabla f(\boldsymbol{y}^{(j+1)})+\beta_j\boldsymbol{d}^{(j)}$$

其中

$$\beta_j=\frac{\left\|\nabla f(\boldsymbol{y}^{(j+1)})\right\|^2}{\left\|\nabla f(\boldsymbol{y}^{(j)})\right\|^2}$$

或

$$\beta_j=\frac{\nabla f(\boldsymbol{y}^{(j+1)})^{\mathrm{T}}[\nabla f(\boldsymbol{y}^{(j+1)})-\nabla f(\boldsymbol{y}^{(j)})]}{\nabla f(\boldsymbol{y}^{(j)})^{\mathrm{T}}\nabla f(\boldsymbol{y}^{(j)})}$$

置 $j=j+1$，转步骤（2）.

（5）令 $\boldsymbol{x}^{(k+1)}=\boldsymbol{y}^{(n+1)},\boldsymbol{y}^{(1)}=\boldsymbol{x}^{(k+1)},\boldsymbol{d}^{(1)}=-\nabla f(\boldsymbol{y}^{(1)})$，置 $j=1$，$k=k+1$，转步骤（2）.

这里还应指出，在共轭梯度法中，可以采用不同的公式计算因子 β_j．除了式（7.3.31）和式（7.3.32）外，还有以下两种常见的形式：

$$\beta_j=\frac{\nabla f(\boldsymbol{x}^{(j+1)})^{\mathrm{T}}[\nabla f(\boldsymbol{x}^{(j+1)})-\nabla f(\boldsymbol{x}^{(j)})]}{(\boldsymbol{d}^{(j)})^{\mathrm{T}}[\nabla f(\boldsymbol{x}^{(j+1)})-\nabla f(\boldsymbol{x}^{(j)})]}\tag{7.3.34}$$

$$\beta_j=\frac{(\boldsymbol{d}^{(j)})^{\mathrm{T}}\nabla^2 f(\boldsymbol{x}^{(j+1)})\nabla f(\boldsymbol{x}^{(j+1)})}{(\boldsymbol{d}^{(j)})^{\mathrm{T}}\nabla^2 f(\boldsymbol{x}^{(j+1)})\boldsymbol{d}^{(j)}}\tag{7.3.35}$$

式（7.3.34）是由 Sorenson 和 Wolfe 提出的，式（7.3.35）由 Daniel 提出．当极小化正定二次函数初始搜索方向取负梯度时，式（7.3.31）、式（7.3.32）以及式（7.3.34）和式（7.3.35）四个公式是等价的．但是，用于一般函数时，得到的搜索方向是不同的．有人认为 PRP 方法优于 FR 法，但据一些人的计算结果，几种方法彼此差别并不是很大，难以给出绝对的比较结论．

7.3.4 共轭梯度法的基本性质

共轭梯度法产生的搜索方向是下降方向.

定理 7.3.3 设 $f(\boldsymbol{x})$ 具有连续的一阶偏导数，并假设一维搜索是精确的. 若 $\nabla f(\boldsymbol{x}^{(k)})\neq\boldsymbol{0}$，则搜索方向 $\boldsymbol{d}^{(k)}$ 是 $\boldsymbol{x}^{(k)}$ 处的下降方向.

证明 只需证明 $\nabla f(\boldsymbol{x}^{(k)})^{\mathrm{T}}\boldsymbol{d}^{(k)}<0$.

由式（7.3.26）有

$$\begin{aligned}\nabla f(\boldsymbol{x}^{(k)})^{\mathrm{T}}\boldsymbol{d}^{(k)}&=\nabla f(\boldsymbol{x}^{(k)})^{\mathrm{T}}[-\nabla f(\boldsymbol{x}^{(k)})+\beta_{k-1}\boldsymbol{d}^{(k-1)}]\\&=-\nabla f(\boldsymbol{x}^{(k)})^{\mathrm{T}}\nabla f(\boldsymbol{x}^{(k)})+\beta_{k-1}\nabla f(\boldsymbol{x}^{(k)})^{\mathrm{T}}\boldsymbol{d}^{(k-1)}\end{aligned}$$

根据定理 7.3.2 推论，知

$$\nabla f(\boldsymbol{x}^{(k)})^{\mathrm{T}}\boldsymbol{d}^{(k-1)}=0$$

所以

$$\nabla f(\boldsymbol{x}^{(k)})^{\mathrm{T}}\boldsymbol{d}^{(k)}=-\left\|\nabla f(\boldsymbol{x}^{(k)})\right\|^2<0$$

定理 7.3.4 若一维搜索是精确的，则共轭梯度法具有二次终止性.

证明 考虑用共轭梯度法求解正定二次函数，若 $\nabla f(\boldsymbol{x}^{(k)})=\boldsymbol{0}$ $(k\leqslant n)$，则 $\boldsymbol{x}^{(k)}$ 为无约束问题的最优解；否则由算法得到的搜索方向 $\boldsymbol{d}^{(1)},\boldsymbol{d}^{(2)},\cdots,\boldsymbol{d}^{(n)}$ 是共轭的，由扩展子空间定理知，$\boldsymbol{x}^{(n+1)}$ 是无约束问题的最优解.

定理 7.3.4 表明，共轭梯度法具有二次终止性，即对正定二次函数经有限步迭代必达到极小点. 对于一般函数，共轭梯度法在一定条件下是收敛的，关于共轭梯度法的收敛速率，Crowder 和 Wolfe 证明，一般来说，共轭梯度法的收敛速率不慢于最速下降法. 他们也证明了，不用标准初始方向 $\boldsymbol{d}^{(1)}=-\nabla f(\boldsymbol{x}^{(1)})$ 时，共轭梯度法的收敛速率可能如线性速率那样慢.

7.4 拟牛顿法

7.2 节介绍了牛顿法，它的优点是收敛很快. 但是，运用牛顿法需要计算二阶偏导数，而且目标函数的 Hesse 矩阵可能非正定. 为了克服牛顿法的缺点，人们提出了拟牛顿法. 经理论证明和实践检验，拟牛顿法已经成为一类公认的比较有效的算法.

7.4.1　拟牛顿条件

拟牛顿法的基本思想是用不包含二阶导数的矩阵近似牛顿法中的 Hesse 矩阵的逆矩阵，由于构造近似矩阵的方法不同，因而出现不同的拟牛顿法. 下面分析怎样构造近似矩阵并用它取代牛顿法中的 Hesse 矩阵的逆.

前面已经给出阻尼牛顿法的迭代公式，即

$$\boldsymbol{x}^{(k+1)} = \boldsymbol{x}^{(k)} + \alpha_k \boldsymbol{d}^{(k)} \tag{7.4.1}$$

其中，$\boldsymbol{d}^{(k)}$ 是在点 $\boldsymbol{x}^{(k)}$ 处的牛顿方向，

$$\boldsymbol{d}^{(k)} = -\nabla^2 f(\boldsymbol{x}^{(k)})^{-1}\nabla f(\boldsymbol{x}^{(k)}) \tag{7.4.2}$$

α_k 是从 $\boldsymbol{x}^{(k)}$ 出发沿牛顿方向搜索的最优步长.

为构造 $\nabla^2 f(\boldsymbol{x}^{(k)})^{-1}$ 的近似矩阵 $\boldsymbol{H}^{(k)}$，先研究 Hesse 矩阵的性质.

考虑 $\nabla f(\boldsymbol{x})$ 在 $\boldsymbol{x}^{(k+1)}$ 处的泰勒展开

$$\nabla f(\boldsymbol{x}) \approx \nabla f(\boldsymbol{x}^{(k+1)}) + \nabla^2 f(\boldsymbol{x}^{(k+1)})(\boldsymbol{x} - \boldsymbol{x}^{(k+1)}) \tag{7.4.3}$$

取 $\boldsymbol{x} = \boldsymbol{x}^{(k)}$，得到

$$\nabla f(\boldsymbol{x}^{(k+1)}) - \nabla f(\boldsymbol{x}^{(k)}) \approx \nabla^2 f(\boldsymbol{x}^{(k+1)})(\boldsymbol{x}^{(k+1)} - \boldsymbol{x}^{(k)}) \tag{7.4.4}$$

记

$$\boldsymbol{s}^{(k)} = \boldsymbol{x}^{(k+1)} - \boldsymbol{x}^{(k)}$$

$$\boldsymbol{y}^{(k)} = \nabla f(\boldsymbol{x}^{(k+1)}) - \nabla f(\boldsymbol{x}^{(k)})$$

所以式（7.4.4）改写为

$$\nabla^2 f(\boldsymbol{x}^{(k+1)})\boldsymbol{s}^{(k)} \approx \boldsymbol{y}^{(k)} \tag{7.4.5}$$

又设 Hesse 矩阵 $\nabla^2 f(\boldsymbol{x}^{(k+1)})$ 可逆，则

$$\boldsymbol{s}^{(k)} \approx \nabla^2 f(\boldsymbol{x}^{(k+1)})^{-1}\boldsymbol{y}^{(k)} \tag{7.4.6}$$

显然，对于二次函数 $f(\boldsymbol{x})$，上述关系式（7.4.6）精确成立. 现在，要求在拟牛顿法中构造出的 Hesse 矩阵的逆近似矩阵 $\boldsymbol{H}^{(k+1)}$ 满足这种关系，即

$$\boldsymbol{s}^{(k)} = \boldsymbol{H}^{(k+1)}\boldsymbol{y}^{(k)} \tag{7.4.7}$$

通常把上述关系式（7.4.7）称为拟牛顿条件或拟牛顿方程.

7.4.2 对称秩 1 校正

当$\nabla^2 f(\boldsymbol{x}^{(k)})^{-1}$是$n$阶对称正定矩阵时，满足拟牛顿条件的矩阵$\boldsymbol{H}^{(k)}$也应是$n$阶对称正定矩阵．构造这样的近似矩阵的一般方法是，初始矩阵$\boldsymbol{H}^{(1)}$取为任意一个n阶对称正定矩阵，通常选择为n阶单位矩阵 $\boldsymbol{I}$，然后通过修正$\boldsymbol{H}^{(k)}$给出$\boldsymbol{H}^{(k+1)}$，令

$$\boldsymbol{H}^{(k+1)}=\boldsymbol{H}^{(k)}+\Delta\boldsymbol{H}^{(k)} \tag{7.4.8}$$

其中，$\Delta\boldsymbol{H}^{(k)}$是一个低秩矩阵，称为校正矩阵．

在秩 1 校正情形，令

$$\Delta\boldsymbol{H}^{(k)}=\boldsymbol{u}\boldsymbol{v}^{\mathrm{T}} \tag{7.4.9}$$

其中，$\boldsymbol{u},\boldsymbol{v}$为$n$维列向量．这样定义的$\Delta\boldsymbol{H}^{(k)}$是秩为 1 的对称矩阵．

$$\boldsymbol{H}^{(k+1)}=\boldsymbol{H}^{(k)}+\boldsymbol{u}\boldsymbol{v}^{\mathrm{T}} \tag{7.4.10}$$

将式（7.4.10）代入拟牛顿条件（7.4.7），得到

$$\boldsymbol{s}^{(k)}=\boldsymbol{H}^{(k)}\boldsymbol{y}^{(k)}+(\boldsymbol{v}^{\mathrm{T}}\boldsymbol{y}^{(k)})\boldsymbol{u} \tag{7.4.11}$$

所以

$$\boldsymbol{s}^{(k)}-\boldsymbol{H}^{(k)}\boldsymbol{y}^{(k)}=(\boldsymbol{v}^{\mathrm{T}}\boldsymbol{y}^{(k)})\boldsymbol{u} \tag{7.4.12}$$

只需取

$$\boldsymbol{u}=\boldsymbol{s}^{(k)}-\boldsymbol{H}^{(k)}\boldsymbol{y}^{(k)}$$

$\boldsymbol{v}$满足

$$\boldsymbol{v}^{\mathrm{T}}\boldsymbol{y}^{(k)}=1 \tag{7.4.13}$$

则式（7.4.12）成立，由于 Hesse 矩阵是对称的，故要求 Hesse 矩阵的逆近似矩阵也是对称的，即$\Delta\boldsymbol{H}^{(k)}$是对称的．因此只需$\boldsymbol{v}$与$\boldsymbol{u}$共线，即

$$\boldsymbol{v}=\lambda\boldsymbol{u}=\lambda(\boldsymbol{s}^{(k)}-\boldsymbol{H}^{(k)}\boldsymbol{y}^{(k)}) \tag{7.4.14}$$

将式（7.4.14）代入式（7.4.13），得到

$$1=\lambda(\boldsymbol{s}^{(k)}-\boldsymbol{H}^{(k)}\boldsymbol{y}^{(k)})^{\mathrm{T}}\boldsymbol{y}^{(k)}$$

所以

$$\lambda=\frac{1}{(\boldsymbol{s}^{(k)}-\boldsymbol{H}^{(k)}\boldsymbol{y}^{(k)})^{\mathrm{T}}\boldsymbol{y}^{(k)}} \tag{7.4.15}$$

结合式（7.4.14）和式（7.4.10），得到

$$\boldsymbol{H}^{(k+1)}=\boldsymbol{H}^{(k)}+\frac{(\boldsymbol{s}^{(k)}-\boldsymbol{H}^{(k)}\boldsymbol{y}^{(k)})(\boldsymbol{s}^{(k)}-\boldsymbol{H}^{(k)}\boldsymbol{y}^{(k)})^{\mathrm{T}}}{(\boldsymbol{s}^{(k)}-\boldsymbol{H}^{(k)}\boldsymbol{y}^{(k)})^{\mathrm{T}}\boldsymbol{y}^{(k)}} \tag{7.4.16}$$

称式（7.4.16）为对 $\boldsymbol{H}^{(k)}$ 的对称秩 1 校正公式.

利用秩 1 校正极小化函数 $f(\boldsymbol{x})$ 时，在第 k 次迭代中，令搜索方向

$$\boldsymbol{d}^{(k)}=-\boldsymbol{H}^{(k)}\nabla f(\boldsymbol{x}^{(k)}) \tag{7.4.17}$$

然后沿 $\boldsymbol{d}^{(k)}$ 方向搜索，求步长 α_k，满足

$$f(\boldsymbol{x}^{(k)}+\alpha_k\boldsymbol{d}^{(k)})=\min_{\alpha\geqslant 0} f(\boldsymbol{x}^{(k)}+\alpha\boldsymbol{d}^{(k)})$$

从而确定出后续点

$$\boldsymbol{x}^{(k+1)}=\boldsymbol{x}^{(k)}+\alpha_k\boldsymbol{d}^{(k)} \tag{7.4.18}$$

求出点 $\boldsymbol{x}^{(k+1)}$ 处的梯度 $\nabla f(\boldsymbol{x}^{(k+1)})$ 以及 $\boldsymbol{s}^{(k)}$ 和 $\boldsymbol{y}^{(k)}$，再利用式（7.4.16）计算 $\boldsymbol{H}^{(k+1)}$，并用式（7.4.17）求出从点 $\boldsymbol{x}^{(k+1)}$ 出发的搜索方向 $\boldsymbol{d}^{(k+1)}$. 以此类推，直至 $\left\|\nabla f(\boldsymbol{x}^{(k)})\right\|\leqslant\varepsilon$，其中 ε 是事先给定的允许误差.

上述方法在一定条件下是收敛的，并且具有二次终止性. 这里不加证明，可参见文献 [7]，[13].

运用秩 1 校正，也存在一些困难. 因为仅当

$$(\boldsymbol{s}^{(k)}-\boldsymbol{H}^{(k)}\boldsymbol{y}^{(k)})^{\mathrm{T}}\boldsymbol{y}^{(k)}>0$$

时，秩 1 校正才具有正定性. 而这个条件往往很难保证，即使

$$(\boldsymbol{s}^{(k)}-\boldsymbol{H}^{(k)}\boldsymbol{y}^{(k)})^{\mathrm{T}}\boldsymbol{y}^{(k)}>0$$

由于舍入误差的影响，可能导致 $\Delta\boldsymbol{H}^{(k)}$ 无界，从而产生数值计算上的困难，这使得秩 1 校正在应用中受到限制.

7.4.3　DFP 校正

设对称秩 2 校正为

$$\boldsymbol{H}^{(k+1)}=\boldsymbol{H}^{(k)}+\alpha\boldsymbol{u}\boldsymbol{u}^{\mathrm{T}}+\beta\boldsymbol{v}\boldsymbol{v}^{\mathrm{T}} \tag{7.4.19}$$

令拟牛顿条件（7.4.7）满足，则

$$\boldsymbol{H}^{(k)}\boldsymbol{y}^{(k)}+\alpha\boldsymbol{u}\boldsymbol{u}^{\mathrm{T}}\boldsymbol{y}^{(k)}+\beta\boldsymbol{v}\boldsymbol{v}^{\mathrm{T}}\boldsymbol{y}^{(k)}=\boldsymbol{s}^{(k)}$$

这里 $\boldsymbol{u}$ 和 $\boldsymbol{v}$ 并不唯一确定，但 $\boldsymbol{u}$ 和 $\boldsymbol{v}$ 明显的选择是

$$\boldsymbol{u}=\boldsymbol{s}^{(k)}, \quad \boldsymbol{v}=\boldsymbol{H}^{(k)}\boldsymbol{y}^{(k)}$$

于是

$$\alpha\boldsymbol{u}^{\mathrm{T}}\boldsymbol{y}^{(k)}=1, \quad \beta\boldsymbol{v}^{\mathrm{T}}\boldsymbol{y}^{(k)}=-1$$

从而确定出

$$\alpha=\frac{1}{\boldsymbol{u}^{\mathrm{T}}\boldsymbol{y}^{(k)}}=\frac{1}{(\boldsymbol{s}^{(k)})^{\mathrm{T}}\boldsymbol{y}^{(k)}}$$

$$\beta=\frac{-1}{\boldsymbol{v}^{\mathrm{T}}\boldsymbol{y}^{(k)}}=\frac{-1}{(\boldsymbol{y}^{(k)})^{\mathrm{T}}\boldsymbol{H}^{(k)}\boldsymbol{y}^{(k)}}$$

因此

$$\boldsymbol{H}^{(k+1)}=\boldsymbol{H}^{(k)}+\frac{\boldsymbol{s}^{(k)}(\boldsymbol{s}^{(k)})^{\mathrm{T}}}{(\boldsymbol{s}^{(k)})^{\mathrm{T}}\boldsymbol{y}^{(k)}}-\frac{\boldsymbol{H}^{(k)}\boldsymbol{y}^{(k)}(\boldsymbol{y}^{(k)})^{\mathrm{T}}\boldsymbol{H}^{(k)}}{(\boldsymbol{y}^{(k)})^{\mathrm{T}}\boldsymbol{H}^{(k)}\boldsymbol{y}^{(k)}} \tag{7.4.20}$$

称式（7.4.20）为对 $\boldsymbol{H}^{(k)}$ 的对称秩 2 校正公式．它是由 Davidon 于 1959 年提出，后来由 Fletcher 和 Powell 在 1963 年发展的，也称 DFP 校正公式，相应的算法称为 DFP 算法．

算法 7.4.1（DFP 算法）：

（1）给定初始点 $\boldsymbol{x}^{(1)}$，置 $\boldsymbol{H}^{(1)}=\boldsymbol{I}_n$（单位矩阵），允许误差 $\varepsilon>0$，置 $k=1$．

（2）若 $\left\|\nabla f(\boldsymbol{x}^{(k)})\right\|\leqslant\varepsilon$，则停止迭代，得到点 $\bar{\boldsymbol{x}}=\boldsymbol{x}^{(k)}$；否则，令

$$\boldsymbol{d}^{(k)}=-\boldsymbol{H}^{(k)}\nabla f(\boldsymbol{x}^{(k)})$$

（3）从 $\boldsymbol{x}^{(k)}$ 出发，沿方向 $\boldsymbol{d}^{(k)}$ 进行一维搜索，求步长 α_k，满足

$$f(\boldsymbol{x}^{(k)}+\alpha_k\boldsymbol{d}^{(k)})=\min_{\alpha\geqslant 0} f(\boldsymbol{x}^{(k)}+\alpha\boldsymbol{d}^{(k)})$$

置

$$\boldsymbol{x}^{(k+1)}=\boldsymbol{x}^{(k)}+\alpha_k\boldsymbol{d}^{(k)}$$

（4）校正 $\boldsymbol{H}^{(k)}$，记

$$\boldsymbol{s}^{(k)}=\boldsymbol{x}^{(k+1)}-\boldsymbol{x}^{(k)}, \quad \boldsymbol{y}^{(k)}=\nabla f(\boldsymbol{x}^{(k+1)})-\nabla f(\boldsymbol{x}^{(k)})$$

置

$$\boldsymbol{H}^{(k+1)}=\boldsymbol{H}^{(k)}-\frac{\boldsymbol{H}^{(k)}\boldsymbol{y}^{(k)}(\boldsymbol{y}^{(k)})^{\mathrm{T}}\boldsymbol{H}^{(k)}}{(\boldsymbol{y}^{(k)})^{\mathrm{T}}\boldsymbol{H}^{(k)}\boldsymbol{y}^{(k)}}+\frac{\boldsymbol{s}^{(k)}(\boldsymbol{s}^{(k)})^{\mathrm{T}}}{(\boldsymbol{s}^{(k)})^{\mathrm{T}}\boldsymbol{y}^{(k)}}$$

（5）置 $k=k+1$，转步骤（2）．

例 7.4.1 用 DFP 方法求解下列问题：

$$\min f(\boldsymbol{x})=2x_1^2+x_2^2-4x_1+2$$

取初始点 $\boldsymbol{x}^{(1)}=(2,1)^{\mathrm{T}}$．

解　$\nabla f(\boldsymbol{x})=[4(x_1-1),2x_2]^{\mathrm{T}}$，$\boldsymbol{H}^{(1)}=\begin{pmatrix}1 & 0\\ 0 & 1\end{pmatrix}$

第 1 次迭代，取 $\boldsymbol{x}^{(1)}=(2,1)^{\mathrm{T}}$，

$$\nabla f(\boldsymbol{x}^{(1)})=(4,2)^{\mathrm{T}}$$

令搜索方向

$$\boldsymbol{d}^{(1)}=-\boldsymbol{H}^{(1)}\nabla f(\boldsymbol{x}^{(1)})=(-4,-2)^{\mathrm{T}}$$

从 $\boldsymbol{x}^{(1)}$ 出发，沿方向 $\boldsymbol{d}^{(1)}$ 作一维搜索

$$\min_{\alpha\geqslant 0} f(\boldsymbol{x}^{(1)}+\alpha\boldsymbol{d}^{(1)})=\min_{\alpha\geqslant 0}(36\alpha^2-20\alpha+3)$$

得到

$$\alpha_1=\frac{5}{18}$$

令

$$\boldsymbol{x}^{(2)}=\boldsymbol{x}^{(1)}+\alpha_1\boldsymbol{d}^{(1)}=(2,1)^{\mathrm{T}}+\frac{5}{18}(-4,-2)^{\mathrm{T}}$$

$$=\left(\frac{8}{9},\frac{4}{9}\right)^{\mathrm{T}}$$

$$\nabla f(\boldsymbol{x}^{(2)})=\left(4\left(\frac{8}{9}-1\right),2\times\frac{4}{9}\right)^{\mathrm{T}}=\left(-\frac{4}{9},\frac{8}{9}\right)^{\mathrm{T}}$$

第 2 次迭代.

$$\boldsymbol{s}^{(1)}=\boldsymbol{x}^{(2)}-\boldsymbol{x}^{(1)}=\left(-\frac{10}{9},-\frac{5}{9}\right)^{\mathrm{T}}$$

$$\boldsymbol{y}^{(1)}=\nabla f(\boldsymbol{x}^{(2)})-\nabla f(\boldsymbol{x}^{(1)})=\left(-\frac{40}{9},-\frac{10}{9}\right)^{\mathrm{T}}$$

计算矩阵

$$\boldsymbol{H}^{(2)}=\boldsymbol{H}^{(1)}+\frac{\boldsymbol{s}^{(1)}(\boldsymbol{s}^{(1)})^{\mathrm{T}}}{(\boldsymbol{s}^{(1)})^{\mathrm{T}}\boldsymbol{y}^{(1)}}-\frac{\boldsymbol{H}^{(1)}\boldsymbol{y}^{(1)}(\boldsymbol{y}^{(1)})^{\mathrm{T}}\boldsymbol{H}^{(1)}}{(\boldsymbol{y}^{(1)})^{\mathrm{T}}\boldsymbol{H}^{(1)}\boldsymbol{y}^{(1)}}$$

$$=\begin{pmatrix}1 & 0\\ 0 & 1\end{pmatrix}+\frac{1}{18}\begin{pmatrix}4 & 2\\ 2 & 1\end{pmatrix}-\frac{1}{17}\begin{pmatrix}16 & 4\\ 4 & 1\end{pmatrix}$$

$$=\frac{1}{306}\begin{pmatrix}86 & -38\\ -38 & 305\end{pmatrix}$$

令

$$\boldsymbol{d}^{(2)}=-\boldsymbol{H}^{(2)}\nabla f(\boldsymbol{x}^{(2)})=-\frac{1}{306}\begin{pmatrix}86 & -38\\ -38 & 305\end{pmatrix}\left(-\frac{4}{9},\frac{8}{9}\right)^{\mathrm{T}}$$

$$=\frac{12}{51}(1,-4)^{\mathrm{T}}$$

从 $\boldsymbol{x}^{(2)}$ 出发，沿方向 $\boldsymbol{d}^{(2)}$ 搜索

$$\min_{\alpha\geqslant 0} f(\boldsymbol{x}^{(2)}+\alpha\boldsymbol{d}^{(2)})=\min_{\alpha\geqslant 0}\left(\frac{288}{289}\alpha^2-\frac{48}{51}\alpha+\frac{2}{9}\right)$$

得到
$$\alpha_2=\frac{17}{36}$$

令

$$\begin{aligned}\boldsymbol{x}^{(3)}=\boldsymbol{x}^{(2)}+\alpha_2\boldsymbol{d}^{(2)}&=\left(\frac{8}{9},\frac{4}{9}\right)^{\mathrm{T}}+\frac{17}{36}\times\frac{12}{51}(1,-4)^{\mathrm{T}}\\&=(1,0)^{\mathrm{T}}\end{aligned}$$

这时有
$$\nabla f(\boldsymbol{x}^{(3)})=(0,0)^{\mathrm{T}},\quad \left\|\nabla f(\boldsymbol{x}^{(3)})\right\|=0$$

因此得到最优解
$$\bar{\boldsymbol{x}}=\boldsymbol{x}^{(3)}=(1,0)^{\mathrm{T}}$$

7.4.4 DFP 算法的基本性质

DFP 校正公式是典型的拟牛顿校正公式，它有很多重要性质，这里我们将介绍下面几个基本性质.

定理 7.4.1（DFP 公式的正定性） 设矩阵 $\boldsymbol{H}^{(k)}$ 是正定对称矩阵，且 $(\boldsymbol{s}^{(k)})^{\mathrm{T}}\boldsymbol{y}^{(k)}>0$，则由 DFP 公式构造的 $\boldsymbol{H}^{(k+1)}$ 是正定对称的.

证明 根据 $\boldsymbol{H}^{(k+1)}$ 的定义，对称性是显然的. 下面证明它是正定的.

由 $(\boldsymbol{s}^{(k)})^{\mathrm{T}}\boldsymbol{y}^{(k)}>0$，知 $\boldsymbol{y}^{(k)}\neq\boldsymbol{0}$，再由 $\boldsymbol{H}^{(k)}$ 的正定性，得到

$$(\boldsymbol{y}^{(k)})^{\mathrm{T}}\boldsymbol{H}^{(k)}\boldsymbol{y}^{(k)}>0 \tag{7.4.21}$$

因此 DFP 公式（7.4.20）有意义. 对任意的 $\boldsymbol{x}\in\mathbf{R}^n$，考虑

$$\begin{aligned}\boldsymbol{x}^{\mathrm{T}}\boldsymbol{H}^{(k+1)}\boldsymbol{x}&=\boldsymbol{x}^{\mathrm{T}}\boldsymbol{H}^{(k)}\boldsymbol{x}+\frac{(\boldsymbol{x}^{\mathrm{T}}\boldsymbol{s}^{(k)})^2}{(\boldsymbol{s}^{(k)})^{\mathrm{T}}\boldsymbol{y}^{(k)}}-\frac{(\boldsymbol{x}^{\mathrm{T}}\boldsymbol{H}^{(k)}\boldsymbol{y}^{(k)})^2}{(\boldsymbol{y}^{(k)})^{\mathrm{T}}\boldsymbol{H}^{(k)}\boldsymbol{y}^{(k)}}\\&=\frac{(\boldsymbol{x}^{\mathrm{T}}\boldsymbol{H}^{(k)}\boldsymbol{x})[(\boldsymbol{y}^{(k)})^{\mathrm{T}}\boldsymbol{H}^{(k)}\boldsymbol{y}^{(k)}]-(\boldsymbol{x}^{\mathrm{T}}\boldsymbol{H}^{(k)}\boldsymbol{y}^{(k)})^2}{(\boldsymbol{y}^{(k)})^{\mathrm{T}}\boldsymbol{H}^{(k)}\boldsymbol{y}^{(k)}}+\\&\quad\frac{(\boldsymbol{x}^{\mathrm{T}}\boldsymbol{s}^{(k)})^2}{(\boldsymbol{s}^{(k)})^{\mathrm{T}}\boldsymbol{y}^{(k)}}\end{aligned} \tag{7.4.22}$$

由广义柯西－施瓦茨不等式（见本章习题 15），知

$$(\boldsymbol{x}^{\mathrm{T}}\boldsymbol{H}^{(k)}\boldsymbol{x})[(\boldsymbol{y}^{(k)})^{\mathrm{T}}\boldsymbol{H}^{(k)}\boldsymbol{y}^{(k)}]\geqslant(\boldsymbol{x}^{\mathrm{T}}\boldsymbol{H}^{(k)}\boldsymbol{y}^{(k)})^2 \tag{7.4.23}$$

且等号成立的充要条件是：$\boldsymbol{x}$ 与 $\boldsymbol{y}^{(k)}$ 共线，即存在 $\lambda \neq 0$，使得 $\boldsymbol{x}=\lambda \boldsymbol{y}^{(k)}$.

当 $\boldsymbol{x}=\lambda \boldsymbol{y}^{(k)}$ 时，式（7.4.22）等式右端的第一项为 0，而第二项大于 0；当 $\boldsymbol{x} \neq \lambda \boldsymbol{y}^{(k)}$ 时，第一项大于 0，而第二项大于等于 0. 因此 $\boldsymbol{x}^{\mathrm{T}} \boldsymbol{H}^{(k+1)} \boldsymbol{x}>0$, 即 $\boldsymbol{H}^{(k+1)}$ 是正定的.

推论 设 $\boldsymbol{H}^{(k)}$ 是正定对称矩阵，且一维搜索是精确的. 若 $\boldsymbol{d}^{(k)}$ 是下降方向，则由 DFP 公式构造的 $\boldsymbol{H}^{(k+1)}$ 是正定对称的.

证明 只需证明 $(\boldsymbol{s}^{(k)})^{\mathrm{T}} \boldsymbol{y}^{(k)}>0$.

由于一维搜索是精确的，有

$$(\boldsymbol{s}^{(k)})^{\mathrm{T}} \nabla f(\boldsymbol{x}^{(k+1)})=0, \quad \alpha_k>0$$

故

$$\begin{aligned}(\boldsymbol{s}^{(k)})^{\mathrm{T}} \boldsymbol{y}^{(k)} &=(\boldsymbol{s}^{(k)})^{\mathrm{T}}[\nabla f(\boldsymbol{x}^{(k+1)})-\nabla f(\boldsymbol{x}^{(k)})] \\ &=-(\boldsymbol{s}^{(k)})^{\mathrm{T}} \nabla f(\boldsymbol{x}^{(k)})=-\alpha_k(\boldsymbol{d}^{(k)})^{\mathrm{T}} \nabla f(\boldsymbol{x}^{(k)})\end{aligned}$$

又 $\boldsymbol{d}^{(k)}$ 是下降方向，即

$$(\boldsymbol{d}^{(k)})^{\mathrm{T}} \nabla f(\boldsymbol{x}^{(k)})<0$$

所以

$$(\boldsymbol{s}^{(k)})^{\mathrm{T}} \boldsymbol{y}^{(k)}=-\alpha_k(\boldsymbol{d}^{(k)})^{\mathrm{T}} \nabla f(\boldsymbol{x}^{(k)})>0$$

定理 7.4.2（DFP 算法的下降性） 设初始矩阵 $\boldsymbol{H}^{(1)}$ 是正定对称的，且一维搜索是精确的. 若 $\nabla f(\boldsymbol{x}^{(k)}) \neq \mathbf{0}$，则算法产生的搜索方向 $\boldsymbol{d}^{(k)}$ 是下降方向.

证明 用数学归纳法证明

（1）$\boldsymbol{H}^{(k)}$ 是正定的；

（2）$\nabla f(\boldsymbol{x}^{(k)})^{\mathrm{T}} \boldsymbol{d}^{(k)}<0$

当 $k=1$ 时，由条件知 $\boldsymbol{H}^{(1)}$ 正定，因此

$$\nabla f(\boldsymbol{x}^{(1)})^{\mathrm{T}} \boldsymbol{d}^{(1)}=-\nabla f(\boldsymbol{x}^{(1)})^{\mathrm{T}} \boldsymbol{H}^{(1)} \nabla f(\boldsymbol{x}^{(1)})<0$$

假设当 $k=m$ 时，命题成立，即 $\boldsymbol{H}^{(m)}$ 正定，$\nabla f(\boldsymbol{x}^{(m)})^{\mathrm{T}} \boldsymbol{d}^{(m)}<0$，由定理 7.4.1 的推论得到，$\boldsymbol{H}^{(m+1)}$ 是正定对称矩阵，因此有

$$\nabla f(\boldsymbol{x}^{(m+1)})^{\mathrm{T}} \boldsymbol{d}^{(m+1)}=-\nabla f(\boldsymbol{x}^{(m+1)})^{\mathrm{T}} \boldsymbol{H}^{(m+1)} \nabla f(\boldsymbol{x}^{(m+1)})<0$$

因此，当 $k=m+1$ 时，命题成立.

定理 7.4.3（搜索方向的共轭性） 若用 DFP 方法求解正定二次函数

$$\min f(\boldsymbol{x})=\frac{1}{2} \boldsymbol{x}^{\mathrm{T}} \boldsymbol{G} \boldsymbol{x}+\boldsymbol{r}^{\mathrm{T}} \boldsymbol{x}+\delta \tag{7.4.24}$$

则

（1）搜索方向 $\boldsymbol{d}^{(1)},\boldsymbol{d}^{(2)},\cdots,\boldsymbol{d}^{(k)}$ 是 k 个非零的 $\boldsymbol{G}$ 共轭方向；

（2）$\boldsymbol{H}^{(k+1)}\boldsymbol{y}^{(j)}=\boldsymbol{s}^{(j)}$，$1\leqslant j\leqslant k$.（7.4.25）

证明 由于
$$\boldsymbol{s}^{(i)}=\boldsymbol{x}^{(i+1)}-\boldsymbol{x}^{(i)}=\alpha_i\boldsymbol{d}^{(i)}$$
故 $\boldsymbol{d}^{(1)},\boldsymbol{d}^{(2)},\cdots,\boldsymbol{d}^{(k)}$ 关于 $\boldsymbol{G}$ 共轭等价于 $\boldsymbol{s}^{(1)},\boldsymbol{s}^{(2)},\cdots,\boldsymbol{s}^{(k)}$ 关于 $\boldsymbol{G}$ 共轭，因此，只需用数学归纳法证明

$$\begin{cases}(\boldsymbol{s}^{(i)})^{\mathrm{T}}\boldsymbol{G}\boldsymbol{s}^{(j)}=0, \quad 1\leqslant j<i\leqslant k & (7.4.26)\\ \boldsymbol{H}^{(k+1)}\boldsymbol{y}^{(j)}=\boldsymbol{s}^{(j)}, \quad 1\leqslant j\leqslant k & (7.4.27)\end{cases}$$

当 $k=2$ 时，有

$$\begin{aligned}(\boldsymbol{s}^{(2)})^{\mathrm{T}}\boldsymbol{G}\boldsymbol{s}^{(1)}&=(\boldsymbol{s}^{(2)})^{\mathrm{T}}\boldsymbol{y}^{(1)}=\alpha_2(\boldsymbol{d}^{(2)})^{\mathrm{T}}\boldsymbol{y}^{(1)}\\&=-\alpha_2\nabla f(\boldsymbol{x}^{(2)})^{\mathrm{T}}\boldsymbol{H}^{(2)}\boldsymbol{y}^{(1)}\\&=-\alpha_2\nabla f(\boldsymbol{x}^{(2)})^{\mathrm{T}}\boldsymbol{s}^{(1)}=0\end{aligned}\tag{7.4.28}$$

由 $\boldsymbol{H}^{(3)}\boldsymbol{y}^{(2)}=\boldsymbol{s}^{(2)}$（拟牛顿条件）

$$\boldsymbol{H}^{(3)}\boldsymbol{y}^{(1)}=\boldsymbol{H}^{(2)}\boldsymbol{y}^{(1)}-\frac{\boldsymbol{H}^{(2)}\boldsymbol{y}^{(2)}(\boldsymbol{y}^{(2)})^{\mathrm{T}}\boldsymbol{H}^{(2)}\boldsymbol{y}^{(1)}}{(\boldsymbol{y}^{(2)})^{\mathrm{T}}\boldsymbol{H}^{(2)}\boldsymbol{y}^{(2)}}+\frac{\boldsymbol{s}^{(2)}(\boldsymbol{s}^{(2)})^{\mathrm{T}}\boldsymbol{y}^{(1)}}{(\boldsymbol{s}^{(2)})^{\mathrm{T}}\boldsymbol{y}^{(2)}}\tag{7.4.29}$$

由式（7.4.28）和拟牛顿条件 $\boldsymbol{H}^{(2)}\boldsymbol{y}^{(1)}=\boldsymbol{s}^{(1)}$，可知

$$(\boldsymbol{y}^{(2)})^{\mathrm{T}}\boldsymbol{H}^{(2)}\boldsymbol{y}^{(1)}=(\boldsymbol{y}^{(2)})^{\mathrm{T}}\boldsymbol{s}^{(1)}=(\boldsymbol{s}^{(2)})^{\mathrm{T}}\boldsymbol{G}\boldsymbol{s}^{(1)}=0$$
$$(\boldsymbol{s}^{(2)})^{\mathrm{T}}\boldsymbol{y}^{(1)}=(\boldsymbol{s}^{(2)})^{\mathrm{T}}\boldsymbol{G}\boldsymbol{s}^{(1)}=0$$

故式（7.4.29）等号右端第二项和第三项均等于零.

因此，式（7.4.29）为

$$\boldsymbol{H}^{(3)}\boldsymbol{y}^{(1)}=\boldsymbol{H}^{(2)}\boldsymbol{y}^{(1)}=\boldsymbol{s}^{(1)}$$

命题为真.

假设当 $k=m-1$ 时，式（7.4.26）和式（7.4.27）成立，即

$$\begin{cases}(\boldsymbol{s}^{(i)})^{\mathrm{T}}\boldsymbol{G}\boldsymbol{s}^{(j)}=0, \quad 1\leqslant j\leqslant i\leqslant m-1 & (7.4.30)\\ \boldsymbol{H}^{(m)}\boldsymbol{y}^{(j)}=\boldsymbol{s}^{(j)}, \quad 1\leqslant j\leqslant m-1 & (7.4.31)\end{cases}$$

当 $k=m$ 时，只需证明

$$\begin{cases}(\boldsymbol{s}^{(m)})^{\mathrm{T}}\boldsymbol{G}\boldsymbol{s}^{(j)}=0, \quad j=1,2,\cdots,m-1 & (7.4.32)\\ \boldsymbol{H}^{(m+1)}\boldsymbol{y}^{(j)}=\boldsymbol{s}^{(j)}, \quad j=1,2,\cdots,m & (7.4.33)\end{cases}$$

即可.

由归纳假设和扩展子空间定理的推论，可以得到

$$\begin{aligned}(\boldsymbol{s}^{(m)})^{\mathrm{T}}\boldsymbol{G}\boldsymbol{s}^{(j)}&=(\boldsymbol{s}^{(m)})^{\mathrm{T}}\boldsymbol{y}^{(j)}=\alpha_m(\boldsymbol{d}^{(m)})^{\mathrm{T}}\boldsymbol{y}^{(j)}\\&=-\alpha_m\nabla f(\boldsymbol{x}^{(m)})^{\mathrm{T}}\boldsymbol{H}^{(m)}\boldsymbol{y}^{(j)}\\&=-\alpha_m\nabla f(\boldsymbol{x}^{(m)})^{\mathrm{T}}\boldsymbol{s}^{(j)}\\&=0,\quad j=1,2,\cdots,m-1\end{aligned}\tag{7.4.34}$$

和

$$\boldsymbol{H}^{(m+1)}\boldsymbol{y}^{(j)}=\boldsymbol{H}^{(m)}\boldsymbol{y}^{(j)}-\frac{\boldsymbol{H}^{(m)}\boldsymbol{y}^{(m)}(\boldsymbol{y}^{(m)})^{\mathrm{T}}\boldsymbol{H}^{(m)}\boldsymbol{y}^{(j)}}{(\boldsymbol{y}^{(m)})^{\mathrm{T}}\boldsymbol{H}^{(m)}\boldsymbol{y}^{(m)}}+\frac{\boldsymbol{s}^{(m)}(\boldsymbol{s}^{(m)})^{\mathrm{T}}\boldsymbol{y}^{(j)}}{(\boldsymbol{s}^{(m)})^{\mathrm{T}}\boldsymbol{y}^{(m)}}\tag{7.4.35}$$

由式（7.4.34）和归纳假设，有

$$(\boldsymbol{y}^{(m)})^{\mathrm{T}}\boldsymbol{H}^{(m)}\boldsymbol{y}^{(j)}=(\boldsymbol{y}^{(m)})^{\mathrm{T}}\boldsymbol{s}^{(j)}=(\boldsymbol{s}^{(m)})^{\mathrm{T}}\boldsymbol{G}\boldsymbol{s}^{(j)}=0$$

$$(\boldsymbol{s}^{(m)})^{\mathrm{T}}\boldsymbol{y}^{(j)}=(\boldsymbol{s}^{(m)})^{\mathrm{T}}\boldsymbol{G}\boldsymbol{s}^{(j)}=0$$

因此式（7.4.35）为

$$\boldsymbol{H}^{(m+1)}\boldsymbol{y}^{(j)}=\boldsymbol{H}^{(m)}\boldsymbol{y}^{(j)}=\boldsymbol{s}^{(j)},\quad j=1,2,\cdots,m-1$$

注意到当 $j=m$ 时，上式为拟牛顿条件，因此式（7.4.33）成立，命题为真.

推论　在定理 7.4.3 的条件下，必有

$$\boldsymbol{H}^{(n+1)}=\boldsymbol{G}^{-1}$$

证明：由于 $\boldsymbol{s}^{(1)},\boldsymbol{s}^{(2)},\cdots,\boldsymbol{s}^{(n)}$ 是非零的 $\boldsymbol{G}$ 共轭方向，所以线性无关．由式（7.4.25）得到

$$\boldsymbol{H}^{(n+1)}[\boldsymbol{y}^{(1)}\boldsymbol{y}^{(2)}\cdots\boldsymbol{y}^{(n)}]=[\boldsymbol{s}^{(1)}\boldsymbol{s}^{(2)}\cdots\boldsymbol{s}^{(n)}]$$

又

$$\boldsymbol{H}^{(n+1)}[\boldsymbol{y}^{(1)}\boldsymbol{y}^{(2)}\cdots\boldsymbol{y}^{(n)}]=\boldsymbol{H}^{(n+1)}\boldsymbol{G}[\boldsymbol{s}^{(1)}\boldsymbol{s}^{(2)}\cdots\boldsymbol{s}^{(n)}]$$

故

$$\boldsymbol{H}^{(n+1)}\boldsymbol{G}[\boldsymbol{s}^{(1)}\boldsymbol{s}^{(2)}\cdots\boldsymbol{s}^{(n)}]=[\boldsymbol{s}^{(1)}\boldsymbol{s}^{(2)}\cdots\boldsymbol{s}^{(n)}]$$

由于 $[\boldsymbol{s}^{(1)}\boldsymbol{s}^{(2)}\cdots\boldsymbol{s}^{(n)}]$ 是可逆矩阵，故有

$$\boldsymbol{H}^{(n+1)}\boldsymbol{G}=\boldsymbol{I}$$

即

$$\boldsymbol{H}^{(n+1)}=\boldsymbol{G}^{-1}$$

定理 7.4.3 表明，DFP 算法中构造出来的搜索方向是一组 $\boldsymbol{G}$ 共轭方向，由扩展子空间定理知，DFP 算法具有二次终止性.

7.4.5 BFGS 校正

前面利用拟牛顿条件（7.4.7）导出了 DFP 公式．下面我们用不含二阶导数的矩阵 $\boldsymbol{B}^{(k+1)}$ 近似 Hesse 矩阵 $\nabla^2 f(\boldsymbol{x}^{(k+1)})$，从而由式（7.4.5）给出另一种形式的拟牛顿条件，即

$$\boldsymbol{B}^{(k+1)}\boldsymbol{s}^{(k)}=\boldsymbol{y}^{(k)} \tag{7.4.36}$$

由于在式（7.4.7）式中，用 $\boldsymbol{B}^{(k+1)}$ 取代 $\boldsymbol{H}^{(k+1)}$，同时交换 $\boldsymbol{s}^{(k)}$ 和 $\boldsymbol{y}^{(k)}$，恰好得出式（7.4.36），所以只需在 $\boldsymbol{H}^{(k)}$ 的递推公式中互换 $\boldsymbol{s}^{(k)}$ 与 $\boldsymbol{y}^{(k)}$，并用 $\boldsymbol{B}^{(k+1)}$ 和 $\boldsymbol{B}^{(k)}$ 分别取代 $\boldsymbol{H}^{(k+1)}$ 和 $\boldsymbol{H}^{(k)}$，就能得到 $\boldsymbol{B}^{(k)}$ 的递推公式，从而不必从式（7.4.36）出发另行推导。这样可以得到对 $\boldsymbol{B}^{(k)}$ 的对称秩 1 校正公式为

$$\boldsymbol{B}^{(k+1)}=\boldsymbol{B}^{(k)}+\frac{(\boldsymbol{y}^{(k)}-\boldsymbol{B}^{(k)}\boldsymbol{s}^{(k)})(\boldsymbol{y}^{(k)}-\boldsymbol{B}^{(k)}\boldsymbol{s}^{(k)})^{\mathrm{T}}}{(\boldsymbol{y}^{(k)}-\boldsymbol{B}^{(k)}\boldsymbol{s}^{(k)})^{\mathrm{T}}\boldsymbol{s}^{(k)}} \tag{7.4.37}$$

对称秩 2 校正公式为

$$\boldsymbol{B}^{(k+1)}=\boldsymbol{B}^{(k)}-\frac{\boldsymbol{B}^{(k)}\boldsymbol{s}^{(k)}(\boldsymbol{s}^{(k)})^{\mathrm{T}}\boldsymbol{B}^{(k)}}{(\boldsymbol{s}^{(k)})^{\mathrm{T}}\boldsymbol{B}^{(k)}\boldsymbol{s}^{(k)}}+\frac{\boldsymbol{y}^{(k)}(\boldsymbol{y}^{(k)})^{\mathrm{T}}}{(\boldsymbol{y}^{(k)})^{\mathrm{T}}\boldsymbol{s}^{(k)}} \tag{7.4.38}$$

式（7.4.38）也称 BFGS 校正公式（Brogden－Fletcher－Goldfarb－Shanno 校正公式）．该公式是于 1970 年被提出来的，相应的算法称为 BFGS 算法．

算法 7.4.2（BFGS 算法）

（1）取初始点 $\boldsymbol{x}^{(1)}$，置初始矩阵 $\boldsymbol{B}^{(1)}=\boldsymbol{I}_n$（单位矩阵），允许误差 $\varepsilon>0$，置 $k=1$.

（2）若 $\left\|\nabla f(\boldsymbol{x}^{(k)})\right\|\leqslant\varepsilon$，则停止迭代，得到点 $\bar{\boldsymbol{x}}=\boldsymbol{x}^{(k)}$；否则求解线性方程组

$$\boldsymbol{B}^{(k)}\boldsymbol{d}=-\nabla f(\boldsymbol{x}^{(k)})$$

得到 $\boldsymbol{d}^{(k)}$.

（3）从 $\boldsymbol{x}^{(k)}$ 出发，沿方向 $\boldsymbol{d}^{(k)}$ 搜索，求步长 α_k，满足

$$f(\boldsymbol{x}^{(k)}+\alpha_k\boldsymbol{d}^{(k)})=\min_{\alpha\geqslant 0} f(\boldsymbol{x}^{(k)}+\alpha\boldsymbol{d}^{(k)})$$

置

$$\boldsymbol{x}^{(k+1)}=\boldsymbol{x}^{(k)}+\alpha_k\boldsymbol{d}^{(k)}$$

（4）校正 $\boldsymbol{B}^{(k)}$，记

$$\boldsymbol{s}^{(k)}=\boldsymbol{x}^{(k+1)}-\boldsymbol{x}^{(k)},\boldsymbol{y}^{(k)}=\nabla f(\boldsymbol{x}^{(k+1)})-\nabla f(\boldsymbol{x}^{(k)})$$

置
$$\boldsymbol{B}^{(k+1)}=\boldsymbol{B}^{(k)}-\frac{\boldsymbol{B}^{(k)}\boldsymbol{s}^{(k)}(\boldsymbol{s}^{(k)})^{\mathrm{T}}\boldsymbol{B}^{(k)}}{(\boldsymbol{s}^{(k)})^{\mathrm{T}}\boldsymbol{B}^{(k)}\boldsymbol{s}^{(k)}}+\frac{\boldsymbol{y}^{(k)}(\boldsymbol{y}^{(k)})^{\mathrm{T}}}{(\boldsymbol{y}^{(k)})^{\mathrm{T}}\boldsymbol{s}^{(k)}}$$

（5）置 $k=k+1$，返回步骤（2）.

例 7.4.2　用 BFGS 算法求解下列问题：

$$\min f(\boldsymbol{x})=\frac{3}{2}x_1{}^2+\frac{1}{2}x_2{}^2-x_1x_2-2x_1$$

取初始点 $\boldsymbol{x}^{(1)}=(0,0)^{\mathrm{T}}$.

解
$$\nabla f(\boldsymbol{x})=(3x_1-x_2-2,x_2-x_1)^{\mathrm{T}}$$
$$\nabla^2 f(\boldsymbol{x})=\begin{pmatrix}3 & -1\\ -1 & 1\end{pmatrix}=\boldsymbol{G}$$

一维搜索步长为

$$\alpha_k=-\frac{(\boldsymbol{d}^{(k)})^{\mathrm{T}}\nabla f(\boldsymbol{x}^{(k)})}{(\boldsymbol{d}^{(k)})^{\mathrm{T}}\boldsymbol{G}\boldsymbol{d}^{(k)}}$$

第 1 次迭代．取

$$\boldsymbol{x}^{(1)}=(0,0)^{\mathrm{T}},\ \boldsymbol{B}^{(1)}=\begin{pmatrix}1 & 0\\ 0 & 1\end{pmatrix}$$
$$\nabla f(\boldsymbol{x}^{(1)})=(-2,0)^{\mathrm{T}}$$
$$\boldsymbol{d}^{(1)}=-(\boldsymbol{B}^{(1)})^{-1}\nabla f(\boldsymbol{x}^{(1)})=-\nabla f(\boldsymbol{x}^{(1)})=(2,0)^{\mathrm{T}}$$
$$\alpha_1=-\frac{(\boldsymbol{d}^{(1)})^{\mathrm{T}}\nabla f(\boldsymbol{x}^{(1)})}{(\boldsymbol{d}^{(1)})^{\mathrm{T}}\boldsymbol{G}\boldsymbol{d}^{(1)}}=\frac{1}{3}$$

令
$$\boldsymbol{x}^{(2)}=\boldsymbol{x}^{(1)}+\alpha_1\boldsymbol{d}^{(1)}=\left(\frac{2}{3},0\right)^{\mathrm{T}}$$

第 2 次迭代．取

$$\boldsymbol{x}^{(2)}=\left(\frac{2}{3},0\right)^{\mathrm{T}}$$
$$\nabla f(\boldsymbol{x}^{(2)})=\left(0,-\frac{2}{3}\right)^{\mathrm{T}}$$
$$\boldsymbol{s}^{(1)}=\boldsymbol{x}^{(2)}-\boldsymbol{x}^{(1)}=\left(\frac{2}{3},0\right)^{\mathrm{T}}$$
$$\boldsymbol{y}^{(1)}=\nabla f(\boldsymbol{x}^{(2)})-\nabla f(\boldsymbol{x}^{(1)})=\left(2,\frac{2}{3}\right)^{\mathrm{T}}$$

$$(\boldsymbol{s}^{(1)})^{\mathrm{T}}\boldsymbol{B}^{(1)}\boldsymbol{s}^{(1)}=\frac{4}{9}$$

$$(\boldsymbol{y}^{(1)})^{\mathrm{T}}\boldsymbol{s}^{(1)}=\frac{4}{3}$$

$$\boldsymbol{B}^{(1)}\boldsymbol{s}^{(1)}(\boldsymbol{s}^{(1)})^{\mathrm{T}}\boldsymbol{B}^{(1)}=\begin{pmatrix}\frac{4}{9} & 0\\ 0 & 0\end{pmatrix}$$

$$\boldsymbol{y}^{(1)}(\boldsymbol{y}^{(1)})^{\mathrm{T}}=\begin{pmatrix}4 & -\frac{4}{3}\\ -\frac{4}{3} & \frac{4}{9}\end{pmatrix}$$

故
$$\boldsymbol{B}^{(2)}=\boldsymbol{B}^{(1)}-\frac{\boldsymbol{B}^{(1)}\boldsymbol{s}^{(1)}(\boldsymbol{s}^{(1)})^{\mathrm{T}}\boldsymbol{B}^{(1)}}{(\boldsymbol{s}^{(1)})^{\mathrm{T}}\boldsymbol{B}^{(1)}\boldsymbol{s}^{(1)}}+\frac{\boldsymbol{y}^{(1)}(\boldsymbol{y}^{(1)})^{\mathrm{T}}}{(\boldsymbol{y}^{(1)})^{\mathrm{T}}\boldsymbol{s}^{(1)}}=\begin{pmatrix}3 & -1\\ -1 & \frac{4}{3}\end{pmatrix}$$

解方程组
$$\boldsymbol{B}^{(2)}\boldsymbol{d}=-\nabla f(\boldsymbol{x}^{(2)})$$

即
$$\begin{pmatrix}3 & -1\\ -1 & \frac{4}{3}\end{pmatrix}\begin{pmatrix}d_1\\ d_2\end{pmatrix}=\begin{pmatrix}0\\ \frac{2}{3}\end{pmatrix}$$

得
$$d_1=\frac{2}{9},d_2=\frac{2}{3}$$

即
$$\boldsymbol{d}^{(2)}=\left(\frac{2}{9},\frac{2}{3}\right)^{\mathrm{T}}$$

步长为
$$\alpha_2=-\frac{(\boldsymbol{d}^{(2)})^{\mathrm{T}}\nabla f(\boldsymbol{x}^{(2)})}{(\boldsymbol{d}^{(2)})^{\mathrm{T}}\boldsymbol{G}\boldsymbol{d}^{(2)}}=\frac{3}{2}$$

由此得到
$$\boldsymbol{x}^{(3)}=\boldsymbol{x}^{(2)}+\alpha_2\boldsymbol{d}^{(2)}=(1,1)^{\mathrm{T}}$$

由于
$$\nabla f(\boldsymbol{x}^{(3)})=(0,0)^{\mathrm{T}},\ \left\|\nabla f(\boldsymbol{x}^{(3)})\right\|=0$$

所以 $\bar{\boldsymbol{x}}=\boldsymbol{x}^{(3)}=(1,1)^{\mathrm{T}}$ 为最优解.

前面介绍了 DFP 算法和 BFGS 算法. 对于正定二次函数，两种算法具有相同的效果. 但对于一般可微函数两者效果并不相同. 一般认为，BFGS 算法在收敛性质和数值计算方面均优于 DFP 算法. 另外，在计算过程中，DFP 算法不必求解线性方程组，这一点又优于 BFGS 算法. 为了使 BFGS 算法在求搜索方向时也不需求解线性方程组，首先要解决的问题是找出由 $(\boldsymbol{B}^{(k)})^{-1}$ 到 $(\boldsymbol{B}^{(k+1)})^{-1}$ 的校正公式.

定理 7.4.4（Sherman－Morrison 公式） 设 $\boldsymbol{A}$ 是 n 阶可逆矩阵，$\boldsymbol{u}$ 和 $\boldsymbol{v}$ 均为 n 维

向量，若$1+\boldsymbol{v}^{\mathrm{T}}\boldsymbol{A}^{-1}\boldsymbol{u}\neq 0$，则扰动后的矩阵$\boldsymbol{A}+\boldsymbol{u}\boldsymbol{v}^{\mathrm{T}}$也可逆，且

$$(\boldsymbol{A}+\boldsymbol{u}\boldsymbol{v}^{\mathrm{T}})^{-1}=\boldsymbol{A}^{-1}-\frac{\boldsymbol{A}^{-1}\boldsymbol{u}\boldsymbol{v}^{\mathrm{T}}\boldsymbol{A}^{-1}}{1+\boldsymbol{v}^{\mathrm{T}}\boldsymbol{A}^{-1}\boldsymbol{u}} \tag{7.4.39}$$

证明　直接在式（7.4.39）两端左乘$(\boldsymbol{A}+\boldsymbol{u}\boldsymbol{v}^{\mathrm{T}})$即可.

考虑$\boldsymbol{H}^{(k)}=(\boldsymbol{B}^{(k)})^{-1},\boldsymbol{H}^{(k+1)}=(\boldsymbol{B}^{(k+1)})^{-1}$，对 BFGS 公式用两次 Sherman－Morrison 公式，就可导出对$\boldsymbol{H}^{(k)}$的 BFGS 公式：

$$\boldsymbol{H}^{(k+1)}=\left[\boldsymbol{I}-\frac{\boldsymbol{s}^{(k)}(\boldsymbol{y}^{(k)})^{\mathrm{T}}}{(\boldsymbol{y}^{(k)})^{\mathrm{T}}\boldsymbol{s}^{(k)}}\right]\boldsymbol{H}^{(k)}\left[\boldsymbol{I}-\frac{\boldsymbol{s}^{(k)}(\boldsymbol{y}^{(k)})^{\mathrm{T}}}{(\boldsymbol{y}^{(k)})^{\mathrm{T}}\boldsymbol{s}^{(k)}}\right]^{\mathrm{T}}+\frac{\boldsymbol{s}^{(k)}(\boldsymbol{s}^{(k)})^{\mathrm{T}}}{(\boldsymbol{y}^{(k)})^{\mathrm{T}}\boldsymbol{s}^{(k)}} \tag{7.4.40}$$

利用式（7.4.40），可以得到对$\boldsymbol{H}^{(k)}$的 BFGS 算法.

算法 7.4.3（对$\boldsymbol{H}^{(k)}$的 BFGS 算法）：

（1）取初始点$\boldsymbol{x}^{(1)}$，置初始矩阵$\boldsymbol{H}^{(1)}=\boldsymbol{I}_n$（单位矩阵），允许误差$\varepsilon>0$，置$k=1$.

（2）若$\left\|\nabla f(\boldsymbol{x}^{(k)})\right\|\leqslant\varepsilon$，则停止迭代，得到点$\bar{\boldsymbol{x}}=\boldsymbol{x}^{(k)}$；否则计算搜索方向

$$\boldsymbol{d}^{(k)}=-\boldsymbol{H}^{(k)}\nabla f(\boldsymbol{x}^{(k)})$$

（3）从$\boldsymbol{x}^{(k)}$出发，沿方向$\boldsymbol{d}^{(k)}$搜索，求步长α_k，满足

$$f(\boldsymbol{x}^{(k)}+\alpha_k\boldsymbol{d}^{(k)})=\min_{\alpha\geqslant 0}f(\boldsymbol{x}^{(k)}+\alpha\boldsymbol{d}^{(k)})$$

置$\boldsymbol{x}^{(k+1)}=\boldsymbol{x}^{(k)}+\alpha_k\boldsymbol{d}^{(k)}$.

（4）校正$\boldsymbol{H}^{(k)}$，记

$$\boldsymbol{s}^{(k)}=\boldsymbol{x}^{(k+1)}-\boldsymbol{x}^{(k)},\quad \boldsymbol{y}^{(k)}=\nabla f(\boldsymbol{x}^{(k+1)})-\nabla f(\boldsymbol{x}^{(k)})$$

置

$$\boldsymbol{H}^{(k+1)}=\left[\boldsymbol{I}-\frac{\boldsymbol{s}^{(k)}(\boldsymbol{y}^{(k)})^{\mathrm{T}}}{(\boldsymbol{y}^{(k)})^{\mathrm{T}}\boldsymbol{s}^{(k)}}\right]\boldsymbol{H}^{(k)}\left[\boldsymbol{I}-\frac{\boldsymbol{s}^{(k)}(\boldsymbol{y}^{(k)})^{\mathrm{T}}}{(\boldsymbol{y}^{(k)})^{\mathrm{T}}\boldsymbol{s}^{(k)}}\right]^{\mathrm{T}}+\frac{\boldsymbol{s}^{(k)}(\boldsymbol{s}^{(k)})^{\mathrm{T}}}{(\boldsymbol{y}^{(k)})^{\mathrm{T}}\boldsymbol{s}^{(k)}}$$

（5）置$k=k+1$，转步骤（2）.

类似于共轭梯度法的分析，对于拟牛顿法也可以采用n步重新开始策略.

拟牛顿法是无约束最优化算法中最为有效的方法之一. 在一定条件下，算法具有超线性收敛性，并且还具有其他的一些性质，这里就不介绍了.

本节介绍了两种最基本的拟牛顿法——DFP 算法和 BFGS 算法. 关于拟牛顿法还有其他若干类算法，如 Broyden 矩阵族、Huang 矩阵族和 Dennis 矩阵族算法，有兴趣的读者可以参见相关文献.

7.5 最小二乘法

7.5.1 最小二乘问题

在实际应用中,我们经常遇到目标函数为若干个函数的平方和的最优化问题:

$$\min f(\boldsymbol{x})=\sum_{i=1}^{m} r_i^2(\boldsymbol{x}) \tag{7.5.1}$$

其中, $\boldsymbol{x}\in \mathbf{R}^n$. 一般假设 $m \geqslant n$, 这类问题称为最小二乘问题. 当每个 $r_i(\boldsymbol{x})$ 都是线性函数时, 问题(7.5.1)称为线性最小二乘问题, 否则称为非线性最小二乘问题.

由于目标函数 $f(\boldsymbol{x})$ 具有若干个函数平方和这种特殊形式,所以除了能够运用前面介绍的一般求解方法外, 还可以给出一些更为简便、有效的算法.

7.5.2 线性最小二乘法

当 $r_i(\boldsymbol{x})$ 为线性函数时, 设

$$r_i(\boldsymbol{x})=\boldsymbol{a}_i^{\mathrm{T}}\boldsymbol{x}-b_i, \quad i=1,2,\cdots,m \tag{7.5.2}$$

其中, $\boldsymbol{a}_i$ 是 n 维列向量, b_i 是实数, 令

$$\boldsymbol{A}=\begin{pmatrix}\boldsymbol{a}_1^{\mathrm{T}}\\ \boldsymbol{a}_2^{\mathrm{T}}\\ \vdots\\ \boldsymbol{a}_m^{\mathrm{T}}\end{pmatrix}, \quad \boldsymbol{b}=\begin{pmatrix}b_1\\ b_2\\ \vdots\\ b_m\end{pmatrix}$$

其中, $\boldsymbol{A}$ 是 $m\times n$ 矩阵, $\boldsymbol{b}$ 是 m 维列向量, 则

$$\begin{aligned} f(\boldsymbol{x})&=\sum_{i=1}^{m} r_i^2(\boldsymbol{x})=(r_1(\boldsymbol{x}),r_2(\boldsymbol{x}),\cdots,r_m(\boldsymbol{x}))\begin{pmatrix}r_1(\boldsymbol{x})\\ r_2(\boldsymbol{x})\\ \vdots\\ r_m(\boldsymbol{x})\end{pmatrix}\\ &=(\boldsymbol{A}\boldsymbol{x}-\boldsymbol{b})^{\mathrm{T}}(\boldsymbol{A}\boldsymbol{x}-\boldsymbol{b})=\|\boldsymbol{A}\boldsymbol{x}-\boldsymbol{b}\|^2 \end{aligned}$$

从而问题(7.5.1)可表示为

$$\min f(\boldsymbol{x})=\|\boldsymbol{A}\boldsymbol{x}-\boldsymbol{b}\|^2 \tag{7.5.3}$$

现在求 $f(\boldsymbol{x})$ 的稳定点.

由于 $f(\boldsymbol{x})=(\boldsymbol{A}\boldsymbol{x}-\boldsymbol{b})^{\mathrm{T}}(\boldsymbol{A}\boldsymbol{x}-\boldsymbol{b})=\boldsymbol{x}^{\mathrm{T}}\boldsymbol{A}^{\mathrm{T}}\boldsymbol{A}\boldsymbol{x}-2\boldsymbol{b}^{\mathrm{T}}\boldsymbol{A}\boldsymbol{x}+\boldsymbol{b}^{\mathrm{T}}\boldsymbol{b}$

令

$$\nabla f(\boldsymbol{x})=2\boldsymbol{A}^{\mathrm{T}}\boldsymbol{A}\boldsymbol{x}-2\boldsymbol{A}^{\mathrm{T}}\boldsymbol{b}=\boldsymbol{0}$$

即 $f(\boldsymbol{x})$ 的稳定点满足

$$\boldsymbol{A}^{\mathrm{T}}\boldsymbol{A}\boldsymbol{x}=\boldsymbol{A}^{\mathrm{T}}\boldsymbol{b}$$

设 $\boldsymbol{A}$ 列满秩，$\boldsymbol{A}^{\mathrm{T}}\boldsymbol{A}$ 为 n 阶对称正定矩阵. 由此得到目标函数 $f(\boldsymbol{x})$ 的稳定点

$$\bar{\boldsymbol{x}}=(\boldsymbol{A}^{\mathrm{T}}\boldsymbol{A})^{-1}\boldsymbol{A}^{\mathrm{T}}\boldsymbol{b} \tag{7.5.4}$$

由于 $f(\boldsymbol{x})$ 是凸函数，根据定理 4.1.5，$\bar{\boldsymbol{x}}$ 必是全局极小点. 因此对于线性最小二乘问题，只要 $\boldsymbol{A}^{\mathrm{T}}\boldsymbol{A}$ 非奇异，就可用式（7.5.4）求解.

例 7.5.1　求解线性最小二乘问题

$$\min f(\boldsymbol{x})=\|\boldsymbol{A}\boldsymbol{x}-\boldsymbol{b}\|^2$$

其中

$$\boldsymbol{A}=\begin{pmatrix}1 & 1\\ 2 & -3\\ -1 & 4\end{pmatrix},\quad \boldsymbol{b}=\begin{pmatrix}3\\ 2\\ 4\end{pmatrix}$$

解　因为

$$\boldsymbol{A}^{\mathrm{T}}\boldsymbol{A}=\begin{pmatrix}6 & -9\\ -9 & 26\end{pmatrix},\qquad (\boldsymbol{A}^{\mathrm{T}}\boldsymbol{A})^{-1}=\frac{1}{75}\begin{pmatrix}26 & 9\\ 9 & 6\end{pmatrix}$$

根据式（7.5.4），得到 $f(\boldsymbol{x})$ 的极小点

$$\bar{\boldsymbol{x}}=\frac{1}{75}\begin{pmatrix}26 & 9\\ 9 & 6\end{pmatrix}\begin{pmatrix}1 & 2 & -1\\ 1 & -3 & 4\end{pmatrix}\begin{pmatrix}3\\ 2\\ 4\end{pmatrix}=\begin{pmatrix}\frac{13}{5}\\ \frac{7}{5}\end{pmatrix}$$

这个极小点也称为最小二乘解.

函数 $f(\boldsymbol{x})$ 的极小值

$$f_{\min}=(\boldsymbol{A}\bar{\boldsymbol{x}}-\boldsymbol{b})^{\mathrm{T}}(\boldsymbol{A}\bar{\boldsymbol{x}}-\boldsymbol{b})=3$$

此例中，$f_{\min}\neq 0$ 表明方程组

$$\begin{cases} x_1 + x_2 = 3 \\ 2x_1 - 3x_2 = 2 \\ -x_1 + 4x_2 = 4 \end{cases}$$

无解．当方程组有解时，显然，最小二乘解也是线性方程组的解．

7.5.3 非线性最小二乘法

设问题（7.5.1）中 $r_i(\boldsymbol{x})$ 是非线性函数，且 $f(\boldsymbol{x})$ 存在连续偏导数．$r_i(\boldsymbol{x})$ 非线性，问题（7.5.1）为非线性最小二乘问题．因此不能利用式（7.5.4）求解．这里介绍两种重要方法，高斯－牛顿法和 Levenberg－Marquardt 法．

为了讨论方便，引进一些记号，令

$$r(\boldsymbol{x}) = (r_1(\boldsymbol{x}), r_2(\boldsymbol{x}), \cdots, r_m(\boldsymbol{x}))^{\mathrm{T}} \tag{7.5.5}$$

因此问题（7.5.1）的目标函数可改写为

$$f(\boldsymbol{x}) = r(\boldsymbol{x})^{\mathrm{T}} r(\boldsymbol{x}) \tag{7.5.6}$$

定义 $r(\boldsymbol{x})$ 的雅可比矩阵为

$$J(\boldsymbol{x}) = \begin{pmatrix} \dfrac{\partial r_1}{\partial x_1} & \dfrac{\partial r_1}{\partial x_2} & \cdots & \dfrac{\partial r_1}{\partial x_n} \\ \dfrac{\partial r_2}{\partial x_1} & \dfrac{\partial r_2}{\partial x_2} & \cdots & \dfrac{\partial r_2}{\partial x_n} \\ \vdots & \vdots & \cdots & \vdots \\ \dfrac{\partial r_m}{\partial x_1} & \dfrac{\partial r_m}{\partial x_2} & \cdots & \dfrac{\partial r_m}{\partial x_n} \end{pmatrix} = \begin{pmatrix} \nabla r_1(\boldsymbol{x})^{\mathrm{T}} \\ \nabla r_2(\boldsymbol{x})^{\mathrm{T}} \\ \vdots \\ \nabla r_m(\boldsymbol{x})^{\mathrm{T}} \end{pmatrix} \tag{7.5.7}$$

因而 $f(\boldsymbol{x})$ 的梯度可以写成

$$\nabla f(\boldsymbol{x}) = \sum_{i=1}^{m} \nabla r_i(\boldsymbol{x}) r_i(\boldsymbol{x}) = J(\boldsymbol{x})^{\mathrm{T}} r(\boldsymbol{x}) \tag{7.5.8}$$

Hesse 矩阵可以写成

$$\begin{aligned} \nabla^2 f(\boldsymbol{x}) &= \sum_{i=1}^{m} \nabla r_i(\boldsymbol{x}) \nabla r_i(\boldsymbol{x})^{\mathrm{T}} + \sum_{i=1}^{m} r_i(\boldsymbol{x}) \nabla^2 r_i(\boldsymbol{x}) \\ &= J(\boldsymbol{x})^{\mathrm{T}} J(\boldsymbol{x}) + \sum_{i=1}^{m} r_i(\boldsymbol{x}) \nabla^2 r_i(\boldsymbol{x}) \end{aligned} \tag{7.5.9}$$

下面介绍两种方法.

1. 高斯－牛顿法

在牛顿法中，需要求解牛顿方程

$$\nabla^2 f(\boldsymbol{x}^{(k)})\boldsymbol{d} = -\nabla f(\boldsymbol{x}^{(k)})$$

来确定牛顿方向 $\boldsymbol{d}^{(k)}$.

由式（7.5.9）可知，这里需要计算 $r_i(\boldsymbol{x})$ 的 Hesse 矩阵，它通常难以计算或者花费的工作量很大. 为了简化计算，获得有效算法，我们这里略去式（7.5.9）中的第二项，即求解方程组

$$J(\boldsymbol{x}^{(k)})^{\mathrm{T}} J(\boldsymbol{x}^{(k)})\boldsymbol{d} = -J(\boldsymbol{x}^{(k)})^{\mathrm{T}} r(\boldsymbol{x}^{(k)}) \tag{7.5.10}$$

得 $\boldsymbol{d}^{(k)}$，然后置

$$\boldsymbol{x}^{(k+1)} = \boldsymbol{x}^{(k)} + \boldsymbol{d}^{(k)}$$

这样就得到高斯－牛顿法.

算法 7.5.1（高斯－牛顿法）

（1）给定初始点 $\boldsymbol{x}^{(1)}$，允许误差 $\varepsilon > 0$，置 $k = 1$.

（2）若 $\left\| J(\boldsymbol{x}^{(k)})^{\mathrm{T}} r(\boldsymbol{x}^{(k)}) \right\| \leqslant \varepsilon$，则停止计算，得到解 $\bar{\boldsymbol{x}} = \boldsymbol{x}^{(k)}$；否则，求解线性方程组

$$J(\boldsymbol{x}^{(k)})^{\mathrm{T}} J(\boldsymbol{x}^{(k)})\boldsymbol{d} = -J(\boldsymbol{x}^{(k)})^{\mathrm{T}} r(\boldsymbol{x}^{(k)})$$

得到 $\boldsymbol{d}^{(k)}$.

（3）令 $\boldsymbol{x}^{(k+1)} = \boldsymbol{x}^{(k)} + \boldsymbol{d}^{(k)}$.

（4）置 $k = k + 1$，转步骤（2）.

在算法中，显然矩阵 $J(\boldsymbol{x}^{(k)})^{\mathrm{T}} J(\boldsymbol{x}^{(k)})$ 是半正定矩阵. 当雅可比矩阵 $J(\boldsymbol{x}^{(k)})$ 为列满秩时，矩阵 $J(\boldsymbol{x}^{(k)})^{\mathrm{T}} J(\boldsymbol{x}^{(k)})$ 是正定矩阵，因此由方程组（7.5.10）得到的 $\boldsymbol{d}^{(k)}$ 是 $f(\boldsymbol{x})$ 的下降方向. 但仍不能保证有 $f(\boldsymbol{x}^{(k+1)}) < f(\boldsymbol{x}^{(k)})$，因此可采用类似于修正牛顿法的方法，增加一维搜索策略.

2. Levenberg－Marquardt 方法

在高斯－牛顿法中，有时会出现 $J(\boldsymbol{x}^{(k)})^{\mathrm{T}} J(\boldsymbol{x}^{(k)})$ 奇异或接近奇异的情形，这时求解方程组（7.5.10）会遇到很大困难，甚至根本不能进行. 因此人们提出了一些

修正算法.

在 Levenberg – Marquardt 修正算法中，将方程组（7.5.10）改为

$$[J(\boldsymbol{x}^{(k)})^{\mathrm{T}}J(\boldsymbol{x}^{(k)})+\nu\boldsymbol{I}]\,\boldsymbol{d}=-J(\boldsymbol{x}^{(k)})^{\mathrm{T}}r(\boldsymbol{x}^{(k)}) \tag{7.5.11}$$

其中，$\nu>0$是迭代过程中需要调整的参数，$\boldsymbol{I}$是单位矩阵.

Levenberg – Marquardt 方法的关键是如何调整参数ν，为此先介绍两个定理.

定理 7.5.1 若$\boldsymbol{d}(\nu)$是方程（7.5.11）的解，则$\|\boldsymbol{d}(\nu)\|^2$是$\nu$的连续下降函数，且当$\nu\to+\infty$时，有$\|\boldsymbol{d}(\nu)\|\to 0$.

证明 因为$J(\boldsymbol{x}^{(k)})^{\mathrm{T}}J(\boldsymbol{x}^{(k)})$是对称半正定矩阵，所以存在正交阵$\boldsymbol{p}^{(k)}$，使得

$$(\boldsymbol{p}^{(k)})^{\mathrm{T}}[J(\boldsymbol{x}^{(k)})^{\mathrm{T}}J(\boldsymbol{x}^{(k)})]\boldsymbol{p}^{(k)}=\boldsymbol{\Lambda}^{(k)}=\mathrm{diag}(\lambda_1^{(k)},\lambda_2^{(k)},\cdots,\lambda_n^{(k)}) \tag{7.5.12}$$

将式（7.5.11）左乘$(\boldsymbol{p}^{(k)})^{\mathrm{T}}$，得到

$$(\boldsymbol{p}^{(k)})^{\mathrm{T}}[J(\boldsymbol{x}^{(k)})^{\mathrm{T}}J(\boldsymbol{x}^{(k)})+\nu\boldsymbol{I}]\boldsymbol{p}^{(k)}(\boldsymbol{p}^{(k)})^{-1}\boldsymbol{d}(\nu)=-(\boldsymbol{p}^{(k)})^{\mathrm{T}}J(\boldsymbol{x}^{(k)})^{\mathrm{T}}r(\boldsymbol{x}^{(k)}) \tag{7.5.13}$$

由式（7.5.12），式（7.5.13）化简为

$$(\boldsymbol{\Lambda}^{(k)}+\nu\boldsymbol{I})(\boldsymbol{p}^{(k)})^{-1}\boldsymbol{d}(\nu)=-(\boldsymbol{p}^{(k)})^{\mathrm{T}}J(\boldsymbol{x}^{(k)})^{\mathrm{T}}r(\boldsymbol{x}^{(k)}) \tag{7.5.14}$$

因为$\boldsymbol{\Lambda}^{(k)}$的对角元素$\lambda_1^{(k)},\lambda_2^{(k)},\cdots,\lambda_n^{(k)}$是$J(\boldsymbol{x}^{(k)})^{\mathrm{T}}J(\boldsymbol{x}^{(k)})$的特征值，有$\lambda_i^{(k)}\geqslant 0$，$i=1,2,\cdots,n$．所以对一切$\nu>0$，有$\lambda_i^{(k)}+\nu>0$，$i=1,2,\cdots,n$．因此矩阵$(\boldsymbol{\Lambda}^{(k)}+\nu\boldsymbol{I})^{-1}$存在，方程（7.5.14）的解为

$$\boldsymbol{d}(\nu)=-\boldsymbol{p}^{(k)}(\boldsymbol{\Lambda}^{(k)}+\nu\boldsymbol{I})^{-1}(\boldsymbol{p}^{(k)})^{\mathrm{T}}J(\boldsymbol{x}^{(k)})^{\mathrm{T}}r(\boldsymbol{x}^{(k)}) \tag{7.5.15}$$

所以

$$\begin{aligned}\|\boldsymbol{d}(\nu)\|^2&=\boldsymbol{d}(\nu)^{\mathrm{T}}\boldsymbol{d}(\nu)\\&=r(\boldsymbol{x}^{(k)})^{\mathrm{T}}J(\boldsymbol{x}^{(k)})\boldsymbol{p}^{(k)}(\boldsymbol{\Lambda}^{(k)}+\nu\boldsymbol{I})^{-1}(\boldsymbol{p}^{(k)})^{\mathrm{T}}\bullet\\&\quad\ \boldsymbol{p}^{(k)}(\boldsymbol{\Lambda}^{(k)}+\nu\boldsymbol{I})^{-1}(\boldsymbol{p}^{(k)})^{\mathrm{T}}J(\boldsymbol{x}^{(k)})^{\mathrm{T}}r(\boldsymbol{x}^{(k)})\\&=r(\boldsymbol{x}^{(k)})^{\mathrm{T}}J(\boldsymbol{x}^{(k)})\boldsymbol{p}^{(k)}[(\boldsymbol{\Lambda}^{(k)}+\nu\boldsymbol{I})^2]^{-1}(\boldsymbol{p}^{(k)})^{\mathrm{T}}J(\boldsymbol{x}^{(k)})^{\mathrm{T}}r(\boldsymbol{x}^{(k)})\end{aligned} \tag{7.5.16}$$

令

$$\boldsymbol{u}^{(k)}=(\boldsymbol{p}^{(k)})^{\mathrm{T}}J(\boldsymbol{x}^{(k)})^{\mathrm{T}}r(\boldsymbol{x}^{(k)}) \tag{7.5.17}$$

于是（7.5.16）式改写为

$$
\begin{aligned}
\|\boldsymbol{d}(\nu)\|^2 &= (\boldsymbol{u}^{(k)})^{\mathrm{T}}((\boldsymbol{\Lambda}^{(k)}+\nu\boldsymbol{I})^2)^{-1}\boldsymbol{u}^{(k)} \\
&= (u_1^{(k)}, u_2^{(k)}, \cdots, u_n^{(k)})\begin{pmatrix} \frac{1}{(\lambda_1^{(k)}+\nu)^2} & & & \\ & \frac{1}{(\lambda_2^{(k)}+\nu)^2} & & \\ & & \ddots & \\ & & & \frac{1}{(\lambda_n^{(k)}+\nu)^2} \end{pmatrix}\begin{pmatrix} u_1^{(k)} \\ u_2^{(k)} \\ \vdots \\ u_n^{(k)} \end{pmatrix} \\
&= \sum_{i=1}^{n}\frac{(u_i^{(k)})^2}{(\lambda_i^{(k)}+\nu)^2}
\end{aligned}
\tag{7.5.18}
$$

由于 $u_i^{(k)}, \lambda_i^{(k)} (i=1,2,\cdots,n)$ 与参数 ν 无关，所以 $\|\boldsymbol{d}(\nu)\|^2$ 是 ν 的连续下降函数，且当 $\nu \to +\infty$ 时，有

$$
\|\boldsymbol{d}(\nu)\| \to 0
$$

定理 7.5.1 表明，由 Levenberg－Marquardt 方法得到的 $\boldsymbol{d}(\nu)$ 满足 $\|\boldsymbol{d}(\nu)\| \leqslant \|\boldsymbol{d}(0)\| (\nu > 0)$，并且 ν 越大，其模就越小．从几何直观上来看，当 $J(\boldsymbol{x}^{(k)})^{\mathrm{T}}J(\boldsymbol{x}^{(k)})$ 接近奇异时，由线性方程组（7.5.10）得到的 $\boldsymbol{d}^{(k)}$ 的模就相当大．而采用 Levenberg－Marquardt 方法后，当增大 ν 时，$\|\boldsymbol{d}^{(k)}\|$ 减小，这样就限制了 $\|\boldsymbol{d}^{(k)}\|$，使得 $\|\boldsymbol{d}^{(k)}\|$ 不会过大．因此，Levenberg－Marquardt 方法也称为阻尼最小二乘法．

定理 7.5.2　若 $\boldsymbol{d}(\nu)$ 是方程（7.5.11）的解．则 $\boldsymbol{d}(\nu)$ 是 $f(\boldsymbol{x})$ 在 $\boldsymbol{x}^{(k)}$ 处的下降方向，且当 $\nu \to +\infty$ 时，$\boldsymbol{d}(\nu)$ 的方向与 $-J(\boldsymbol{x}^{(k)})^{\mathrm{T}}r(\boldsymbol{x}^{(k)})$ 的方向一致．

证明　因为 $\nu > 0$，矩阵 $J(\boldsymbol{x}^{(k)})^{\mathrm{T}}J(\boldsymbol{x}^{(k)})+\nu\boldsymbol{I}$ 正定，所以根据式（7.5.8）和式（7.5.11），有

$$
\nabla f(\boldsymbol{x}^{(k)})^{\mathrm{T}}\boldsymbol{d}(\nu) = -r(\boldsymbol{x}^{(k)})^{\mathrm{T}}J(\boldsymbol{x}^{(k)})[J(\boldsymbol{x}^{(k)})^{\mathrm{T}}J(\boldsymbol{x}^{(k)})+\nu\boldsymbol{I}]^{-1}J(\boldsymbol{x}^{(k)})^{\mathrm{T}}r(\boldsymbol{x}^{(k)}) < 0
$$

所以 $\boldsymbol{d}(\nu)$ 是下降方向．

现在证明第二个结论．记

$$
\psi(\nu) = -\frac{\boldsymbol{d}(\nu)^{\mathrm{T}}J(\boldsymbol{x}^{(k)})^{\mathrm{T}}r(\boldsymbol{x}^{(k)})}{\|\boldsymbol{d}(\nu)\|\cdot\|J(\boldsymbol{x}^{(k)})^{\mathrm{T}}r(\boldsymbol{x}^{(k)})\|}
\tag{7.5.19}
$$

上式表示 $\boldsymbol{d}(\nu)$ 与 $-J(\boldsymbol{x}^{(k)})^{\mathrm{T}}r(\boldsymbol{x}^{(k)})$ 夹角的方向余弦．由定理（7.5.1）的推导过程，

式（7.5.15）、式（7.5.17）和式（7.5.18）得到

$$\psi(\nu)=\left(\sum_{i=1}^{n}\frac{(u_i^{(k)})^2}{\lambda_i^{(k)}+\nu}\right)\left(\sum_{i=1}^{n}\frac{(u_i^{(k)})^2}{(\lambda_i^{(k)}+\nu)^2}\right)^{-\frac{1}{2}}\left(\sum_{i=1}^{n}(u_i^{(k)})^2\right)^{-\frac{1}{2}} \tag{7.5.20}$$

于是

$$\lim_{\nu\to+\infty}\psi(\nu)=1$$

因此当ν充分大时，$\boldsymbol{d}(\nu)$的方向与$-J(\boldsymbol{x}^{(k)})^{\mathrm{T}}r(\boldsymbol{x}^{(k)})$的方向相一致.

定理 7.5.2 表明，当ν充分大时，Levenberg－Marquardt 方法产生的搜索方向$\boldsymbol{d}^{(k)}$与负梯度方向相一致.

通过上述分析，在 Levenberg－Marquardt 方法中，当参数$\nu=0$时，$\boldsymbol{d}^{(k)}$就是高斯－牛顿方向；当ν充分大时，$\boldsymbol{d}^{(k)}$接近$f(\boldsymbol{x})$在$\boldsymbol{x}^{(k)}$处的负梯度方向. 因此，一般地，当$\nu\in(0,+\infty)$时，由式（7.5.11）所确定的方向$\boldsymbol{d}^{(k)}$介于高斯－牛顿方向与最速下降方向之间.

在算法中，重要的问题是怎样确定参数ν. 显然，ν不能取得太小，否则不能保证$\boldsymbol{d}^{(k)}$为下降方向. 但是，ν更不能取值过大，这是因为，当$\nu\to+\infty$时，$\|\boldsymbol{d}^{(k)}\|\to 0$，而后继点

$$\boldsymbol{x}^{(k+1)}=\boldsymbol{x}^{(k)}+\boldsymbol{d}^{(k)}$$

ν取值过大会减慢收敛速率.

算法 7.5.2（Levenberg－Marquardt 方法）：

（1）给定初始点$\boldsymbol{x}^{(1)}$，初始参数$\nu_1>0$，增长因子$\beta>1$，允许误差$\varepsilon>0$，计算$f(\boldsymbol{x}^{(1)})$，置$\nu=\nu_1$，$k=1$.

（2）置$\nu=\nu/\beta$，计算

$$r(\boldsymbol{x}^{(k)})=[r_1(\boldsymbol{x}^{(k)}),r_2(\boldsymbol{x}^{(k)}),\cdots,r_m(\boldsymbol{x}^{(k)})]^{\mathrm{T}}$$

$$J(\boldsymbol{x}^{(k)})=\begin{pmatrix}\dfrac{\partial r_1(\boldsymbol{x}^{(k)})}{\partial x_1} & \cdots & \dfrac{\partial r_1(\boldsymbol{x}^{(k)})}{\partial x_n}\\ \vdots & & \vdots\\ \dfrac{\partial r_m(\boldsymbol{x}^{(k)})}{\partial x_1} & \cdots & \dfrac{\partial r_m(\boldsymbol{x}^{(k)})}{\partial x_n}\end{pmatrix}$$

（3）解方程

$$[J(\boldsymbol{x}^{(k)})^{\mathrm{T}}J(\boldsymbol{x}^{(k)})+\nu\boldsymbol{I}]\,\boldsymbol{d}=-J(\boldsymbol{x}^{(k)})^{\mathrm{T}}r(\boldsymbol{x}^{(k)})$$

求得方向 $\boldsymbol{d}^{(k)}$，令

$$\boldsymbol{x}^{(k+1)}=\boldsymbol{x}^{(k)}+\boldsymbol{d}^{(k)}$$

（4）计算 $f(\boldsymbol{x}^{(k+1)})$.若

$$f(\boldsymbol{x}^{(k+1)})<f(\boldsymbol{x}^{(k)})$$

则转步骤（6）；否则，进行步骤（5）.

（5）若 $\left\|J(\boldsymbol{x}^{(k)})^{\mathrm{T}}r(\boldsymbol{x}^{(k)})\right\|\leqslant\varepsilon$，则停止计算，得到解 $\bar{\boldsymbol{x}}=\boldsymbol{x}^{(k)}$；否则，置 $\nu=\beta\nu$，转步骤（3）.

（6）若 $\left\|J(\boldsymbol{x}^{(k)})^{\mathrm{T}}r(\boldsymbol{x}^{(k)})\right\|\leqslant\varepsilon$，则停止计算，得到解 $\bar{\boldsymbol{x}}=\boldsymbol{x}^{(k+1)}$；否则，置 $k=k+1$ 返回步骤（2）.

初始参数 ν_1 和因子 β 应取适当数值，例如，根据经验可取

$$\nu_1=0.01,\quad \beta=10.$$

习 题

1. 给定函数

$$f(\boldsymbol{x})=(6+x_1+x_2)^2+(2-3x_1-3x_2-x_1x_2)^2$$

求在点 $\hat{\boldsymbol{x}}=(-4,6)^{\mathrm{T}}$ 处的牛顿方向和最速下降方向.

2. 用最速下降法求解下列问题.

（1）$\min f(\boldsymbol{x})=(x_1-2)^2+(x_1-2x_2)^2$

取初始点 $\boldsymbol{x}^{(1)}=(0,3)^{\mathrm{T}}$，允许误差 $\varepsilon=0.4$.

（2）$\min f(\boldsymbol{x})=x_1-x_2+2x_1^2+2x_1x_2+x_2^2$

取初始点 $\boldsymbol{x}^{(1)}=(0,0)^{\mathrm{T}}$，要求迭代 2 次.

3. 设有函数

$$f(\boldsymbol{x})=\frac{1}{2}\boldsymbol{x}^{\mathrm{T}}\boldsymbol{G}\boldsymbol{x}+\boldsymbol{r}^{\mathrm{T}}\boldsymbol{x}+\delta$$

其中，$\boldsymbol{G}$ 为对称正定矩阵，又设 $\boldsymbol{x}^{(1)}(\boldsymbol{x}^{(1)}\neq\bar{\boldsymbol{x}})$ 可表示为

$$\boldsymbol{x}^{(1)} = \bar{\boldsymbol{x}} + \mu \boldsymbol{p}$$

其中，$\bar{\boldsymbol{x}}$ 是 $f(\boldsymbol{x})$ 的极小点，$\boldsymbol{p}$ 是 $\boldsymbol{G}$ 的属于特征值 λ 的特征向量. 证明：

（1）$\nabla f(\boldsymbol{x}^{(1)}) = \mu\lambda \boldsymbol{p}$

（2）如果从 $\boldsymbol{x}^{(1)}$ 出发，沿最速下降方向作精确的一维搜索，则一步达到极小点 $\bar{\boldsymbol{x}}$.

4. 考虑下列问题：

$$\min f(\boldsymbol{x}) = \frac{1}{2}\boldsymbol{x}^{\mathrm{T}}\boldsymbol{G}\boldsymbol{x} + \boldsymbol{r}^{\mathrm{T}}\boldsymbol{x} + \delta, \quad \boldsymbol{x} \in \mathbf{R}^n$$

其中，$\boldsymbol{G}$ 为对称正定矩阵，设从点 $\boldsymbol{x}^{(k)}$ 出发，用最速下降法求后继点 $\boldsymbol{x}^{(k+1)}$，证明：

$$f(\boldsymbol{x}^{(k)}) - f(\boldsymbol{x}^{(k+1)}) = \frac{[\nabla f(\boldsymbol{x}^{(k)})^{\mathrm{T}}\nabla f(\boldsymbol{x}^{(k)})]^2}{2\nabla f(\boldsymbol{x}^{(k)})^{\mathrm{T}}\boldsymbol{G}\nabla f(\boldsymbol{x}^{(k)})}.$$

5. 用牛顿法求解下列问题.

（1）$\min f(\boldsymbol{x}) = 2x_1^2 - 2x_1x_2 + x_2^2 + 2x_1 - 2x_2$

取初始点 $\boldsymbol{x}^{(1)} = (0,0)^{\mathrm{T}}$；

（2）$\min f(\boldsymbol{x}) = 2x_1^{\ 2} + (x_2 - 1)^4$

取初始点 $\boldsymbol{x}^{(1)} = (1,0)^{\mathrm{T}}$，允许误差 $\varepsilon = 0.2$.

6. 用阻尼牛顿法求解下列问题.

（1）$\min f(\boldsymbol{x}) = \dfrac{1}{x_1^{\ 2} + x_2^{\ 2} + 2}$

取初始点 $\boldsymbol{x}^{(1)} = (4,0)^{\mathrm{T}}$，允许误差 $\varepsilon = 10^{-6}$；

（2）$\min f(\boldsymbol{x}) = (x_1 - 1)^4 + (x_1 - x_2)^2$

取初始点 $\boldsymbol{x}^{(1)} = (0,0)^{\mathrm{T}}$，允许误差 $\varepsilon = 10^{-6}$.

7. 证明：阻尼牛顿法具有二次终止性.

8. 证明向量 $\boldsymbol{d}^{(1)} = (1,0)^{\mathrm{T}}$ 和 $\boldsymbol{d}^{(2)} = (3,-2)^{\mathrm{T}}$ 关于矩阵

$$\boldsymbol{G} = \begin{pmatrix} 2 & 3 \\ 3 & 5 \end{pmatrix}$$

共轭.

9. 设有约束问题

$$\min f(\boldsymbol{x}) = \frac{1}{2}\boldsymbol{x}^{\mathrm{T}}\boldsymbol{G}\boldsymbol{x}$$

$$\text{s.t.} \quad \boldsymbol{x} \geqslant \boldsymbol{b}$$

其中，$\boldsymbol{G}$ 为 n 阶对称正定矩阵，设 $\overline{\boldsymbol{x}}$ 是问题的最优解，证明 $\overline{\boldsymbol{x}}$ 与 $\overline{\boldsymbol{x}}-\boldsymbol{b}$ 关于 $\boldsymbol{G}$ 共轭.

10. 设正定二次函数

$$f(\boldsymbol{x})=\frac{1}{2}\boldsymbol{x}^{\mathrm{T}}\boldsymbol{G}\boldsymbol{x}+\boldsymbol{r}^{\mathrm{T}}\boldsymbol{x}+\delta$$

若 $\boldsymbol{s}^{(1)},\boldsymbol{s}^{(2)},\cdots,\boldsymbol{s}^{(n)}$ 是 $\boldsymbol{G}$ 的 n 个非零共轭方向，证明 $f(\boldsymbol{x})$ 的极小点 $\boldsymbol{x}^*$ 可以表示成

$$\boldsymbol{x}^*=-\sum_{k=1}^{n}\frac{\boldsymbol{r}^{\mathrm{T}}\boldsymbol{s}^{(k)}}{(\boldsymbol{s}^{(k)})^{\mathrm{T}}\boldsymbol{G}\boldsymbol{s}^{(k)}}\boldsymbol{s}^{(k)}$$

11. 用共轭梯度法求解下列问题.

（1）$\min f(\boldsymbol{x})=(x_1-2)^2+2(x_2-1)^2$

取初始点 $\boldsymbol{x}^{(1)}=(1,3)^{\mathrm{T}}$.

（2）$\min f(\boldsymbol{x})=2x_1^{\ 2}+2x_1x_2+5x_2^{\ 2}$

取初始点 $\boldsymbol{x}^{(1)}=(2,-2)^{\mathrm{T}}$.

12. 设将 FR 共轭梯度法用于有三个变量的函数 $f(\boldsymbol{x})$，第 1 次迭代，搜索方向 $\boldsymbol{d}^{(1)}=(1,-1,2)^{\mathrm{T}}$，沿 $\boldsymbol{d}^{(1)}$ 作精确一维搜索，得到点 $\boldsymbol{x}^{(2)}$，又设

$$\frac{\partial f(\boldsymbol{x}^{(2)})}{\partial x_1}=-2，\quad \frac{\partial f(\boldsymbol{x}^{(2)})}{\partial x_2}=-2$$

那么按共轭梯度法的规定，从 $\boldsymbol{x}^{(2)}$ 出发的搜索方向是什么？

13. 分别用 DFP 算法和 BFGS 算法求解无约束问题

$$\min f(\boldsymbol{x})=2x_1^2-2x_1x_2+x_2^2+2x_1-2x_2$$

取初始点 $\boldsymbol{x}^{(1)}=(0,0)^{\mathrm{T}}$.

14. 用 DFP 算法求解下列问题：

$$\min f(\boldsymbol{x})=x_1^2+3x_2^2$$

取初始点及初始矩阵为

$$\boldsymbol{x}^{(1)}=(1,-1)^{\mathrm{T}}，\quad \boldsymbol{H}^{(1)}=\begin{pmatrix}2 & 1\\ 1 & 1\end{pmatrix}$$

15. 证明广义柯西－施瓦茨不等式：设 $\boldsymbol{A}$ 为正定对称矩阵，则

$$(\boldsymbol{x}^{\mathrm{T}}\boldsymbol{A}\boldsymbol{x})(\boldsymbol{y}^{\mathrm{T}}\boldsymbol{A}\boldsymbol{y}) \geqslant (\boldsymbol{x}^{\mathrm{T}}\boldsymbol{A}\boldsymbol{y})^2$$

且等号成立的充要条件是：$\boldsymbol{x}$与$\boldsymbol{y}$共线.

16. 用高斯–牛顿法求解最小二乘问题

$$\min f(\boldsymbol{x}) = \frac{1}{2}[(x_2 - x_1^2)^2 + (1 - x_1)^2]$$

取$\boldsymbol{x}^{(1)} = (0,0)^{\mathrm{T}}$，迭代两步（计算到$\boldsymbol{x}^{(3)}$）.

17. 用 Levenberg–Marquardt 方法求解最小二乘问题

$$\min f(\boldsymbol{x}) = \frac{1}{2}[(x_2 - x_1^2)^2 + (1 - x_1)^2]$$

取$\boldsymbol{x}^{(1)} = (0,0)^{\mathrm{T}}$，$v_1 = 0.1$，迭代两步（计算到$\boldsymbol{x}^{(3)}$）.

第 8 章　无约束最优化的直接方法

前面介绍的无约束最优化算法都需要计算目标函数的导数，但在实际中对很多目标函数解析地计算其导数常常很困难，甚至是不可能的．本章介绍几种不需要计算导数的方法，这类算法一般称为直接方法．该类算法由于对目标函数不要求导数存在，迭代比较简单，程序编制一般也比较容易，尤其对于变量不多的问题，能够收到较好效果．因此，这类算法是最优化方法中一个重要的组成部分．

8.1　模式搜索法

模式搜索法是 Hooke 和 Jeeves 于 1961 年提出的，因此又称为 Hooke－Jeeves 方法．这种方法，从几何意义上讲，是寻找具有较小函数值的“山谷”，力图使迭代产生的序列沿“山谷”走向逼近极小点．算法从初始基点开始，进行两种类型移动，即探测移动和模式移动．探测移动依次沿 n 个坐标轴进行，用以确定新的基点和有利于函数值下降的方向．模式移动沿相邻两个基点连线方向进行，试图顺着“山谷”使函数值更快地减小．

8.1.1　探测移动

设目标函数为 $f(\boldsymbol{x}),\quad \boldsymbol{x}\in\mathbf{R}^n$，坐标方向为

$$\boldsymbol{e}_j=(0,\cdots,0,1,0,\cdots,0)^{\mathrm{T}},\quad j=1,2,\cdots,n$$

给定初始步长 α、加速因子 γ，取初始点 $\boldsymbol{x}^{(1)}$ 作为第 1 个基点．

探测移动的具体过程如下：

记 $\boldsymbol{y}_1^{(1)}=\boldsymbol{x}^{(1)}$，先在坐标方向 $\boldsymbol{e}_1$ 上作探测. 如果 $f(\boldsymbol{y}_1^{(1)}+\alpha\boldsymbol{e}_1)<f(\boldsymbol{y}_1^{(1)})$，则沿 $\boldsymbol{e}_1$ 方向探测成功，置 $\boldsymbol{y}_2^{(1)}=\boldsymbol{y}_1^{(1)}+\alpha\boldsymbol{e}_1$；否则，探测失败，考虑相反的方向. 如果 $f(\boldsymbol{y}_1^{(1)}-\alpha\boldsymbol{e}_1)<f(\boldsymbol{y}_1^{(1)})$，则沿 $-\boldsymbol{e}_1$ 方向探测成功，置 $\boldsymbol{y}_2^{(1)}=\boldsymbol{y}_1^{(1)}-\alpha\boldsymbol{e}_1$；否则，探测失败，置 $\boldsymbol{y}_2^{(1)}=\boldsymbol{y}_1^{(1)}$.

再沿 $\boldsymbol{e}_2$ 方向进行探测. 如果 $f(\boldsymbol{y}_2^{(1)}+\alpha\boldsymbol{e}_2)<f(\boldsymbol{y}_2^{(1)})$，则置 $\boldsymbol{y}_3^{(1)}=\boldsymbol{y}_2^{(1)}+\alpha\boldsymbol{e}_2$；否则，若 $f(\boldsymbol{y}_2^{(1)}-\alpha\boldsymbol{e}_2)<f(\boldsymbol{y}_2^{(1)})$，则置 $\boldsymbol{y}_3^{(1)}=\boldsymbol{y}_2^{(1)}-\alpha\boldsymbol{e}_2$. 否则，置 $\boldsymbol{y}_3^{(1)}=\boldsymbol{y}_2^{(1)}$.

继续进行下去，最后得到 $\boldsymbol{y}_{n+1}^{(1)}$.

8.1.2 模式移动

在探测移动后，若 $f(\boldsymbol{y}_{n+1}^{(1)})<f(\boldsymbol{x}^{(1)})$，则进行模式移动. 以 $\boldsymbol{y}_{n+1}^{(1)}$ 作为新的基点，令

$$\begin{aligned}&\boldsymbol{x}^{(2)}=\boldsymbol{y}_{n+1}^{(1)}\\&\boldsymbol{y}_1^{(2)}=\boldsymbol{x}^{(2)}+\gamma(\boldsymbol{x}^{(2)}-\boldsymbol{x}^{(1)})\end{aligned}\tag{8.1.1}$$

8.1.3 算法的基本思想

算法的基本思想是将探测移动和模式移动有机地结合在一起. 设已得到 $\boldsymbol{x}^{(k)}$ 和 $\boldsymbol{y}_1^{(k)}$，从 $\boldsymbol{y}_1^{(k)}$ 出发，沿各个坐标轴作探测移动得到 $\boldsymbol{y}_2^{(k)},\boldsymbol{y}_3^{(k)},\cdots,\boldsymbol{y}_{n+1}^{(k)}$.

如果 $f(\boldsymbol{y}_{n+1}^{(k)})<f(\boldsymbol{x}^{(k)})$，则作模式移动，即令

$$\begin{aligned}&\boldsymbol{x}^{(k+1)}=\boldsymbol{y}_{n+1}^{(k)}\\&\boldsymbol{y}_1^{(k+1)}=\boldsymbol{x}^{(k+1)}+\gamma(\boldsymbol{x}^{(k+1)}-\boldsymbol{x}^{(k)})\end{aligned}\tag{8.1.2}$$

置 $k=k+1$，重复上述计算.

如果

$$f(\boldsymbol{y}_{n+1}^{(k)})\geqslant f(\boldsymbol{x}^{(k)})\tag{8.1.3}$$

分两种情况讨论.

（1）若 $\boldsymbol{y}_1^{(k)}\neq\boldsymbol{x}^{(k)}$，则 $\boldsymbol{y}_1^{(k)}$ 是由上一次的模式移动得到的，而式（8.1.3）表明该模式移动使目标函数值上升，即模式移动失败，应将 $\boldsymbol{y}_1^{(k)}$ 退回到 $\boldsymbol{x}^{(k)}$ 处，即令 $\boldsymbol{y}_1^{(k)}=\boldsymbol{x}^{(k)}$，重复上述计算.

（2）若 $\boldsymbol{y}_1^{(k)}=\boldsymbol{x}^{(k)}$，这说明上一次的模式移动失败，并且在 $\boldsymbol{y}_1^{(k)}$ 周围的探测移动全部失败．这是由于步长 α 过大引起的，应减小步长，再重复上述计算．

两种移动交替进行的具体情形如图 8.1.1 所示．

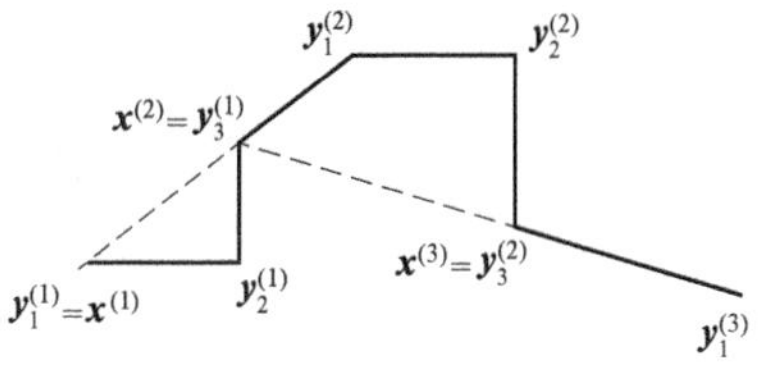

图 8.1.1

终止准则：

当步长 α 充分小时，就认为 $\boldsymbol{x}^{(k)}$ 在极小点附近了，终止计算．因此终止准则为

$$\alpha<\varepsilon \tag{8.1.4}$$

其中 ε 是预先给定的允许误差．

8.1.4　算法

由上述算法的基本思想，得到如下算法．

算法 8.1.1　（模式搜索法）：

（1）给定初始点 $\boldsymbol{x}^{(1)}\in\mathbf{R}^n$，$n$ 个坐标方向 $\boldsymbol{e}_1,\boldsymbol{e}_2,\cdots,\boldsymbol{e}_n$，初始步长 $\alpha>0$，加速因子 $\gamma\geqslant 1$，缩小率 $\beta\in(0,1)$，允许误差 $\varepsilon<0$，置 $\boldsymbol{y}_1=\boldsymbol{x}^{(1)}$，$k=1, j=1$．

（2）如果 $f(\boldsymbol{y}_j+\alpha\boldsymbol{e}_j)<f(\boldsymbol{y}_j)$，则令

$$\boldsymbol{y}_{j+1}=\boldsymbol{y}_j+\alpha\boldsymbol{e}_j$$

进行步骤（4）；否则，进行步骤（3）．

（3）如果 $f(\boldsymbol{y}_j-\alpha\boldsymbol{e}_j)<f(\boldsymbol{y}_j)$，则令

$$\boldsymbol{y}_{j+1}=\boldsymbol{y}_j-\alpha\boldsymbol{e}_j$$

进行步骤（4）；否则，令

$$\boldsymbol{y}_{j+1}=\boldsymbol{y}_j$$

进行步骤（4）．

（4）如果 $j<n$，则置 $j=j+1$，转步骤（2）；否则，进行步骤（5）．

（5）如果 $f(\boldsymbol{y}_{n+1}) < f(\boldsymbol{x}^{(k)})$，则进行步骤（6）；否则，进行步骤（7）.

（6）置 $\boldsymbol{x}^{(k+1)} = \boldsymbol{y}_{n+1}$，令

$$\boldsymbol{y}_1 = \boldsymbol{x}^{(k+1)} + \gamma(\boldsymbol{x}^{(k+1)} - \boldsymbol{x}^{(k)})$$

置 $k = k+1, j = 1$，转步骤（2）.

（7）若 $\alpha < \varepsilon$，则停止迭代，得点 $\boldsymbol{x}^{(k)}$；否则，转步骤（8）.

（8）若 $\boldsymbol{y}_1 \neq \boldsymbol{x}^{(k)}$，则令

$$\boldsymbol{y}_1 = \boldsymbol{x}^{(k)}, \quad \boldsymbol{x}^{(k+1)} = \boldsymbol{x}^{(k)}$$

置 $k = k+1, j = 1$，转步骤（2）；否则，转步骤（9）.

（9）令

$$\alpha = \beta\alpha, \quad \boldsymbol{x}^{(k+1)} = \boldsymbol{x}^{(k)}$$

置 $k = k+1, j = 1$，转步骤（2）.

例 8.1.1 用模式搜索法求解下列问题：

$$\min f(\boldsymbol{x}) = (x_1 - 1)^2 + 5(x_1^2 - x_2)^2$$

解 取初始点 $\boldsymbol{x}^{(1)} = (2, 0)^{\mathrm{T}}$，$\alpha = \dfrac{1}{2}$，$\gamma = 1$，$\beta = \dfrac{1}{2}$.

先在 $\boldsymbol{x}^{(1)}$ 周围进行探测移动，令 $\boldsymbol{y}_1 = \boldsymbol{x}^{(1)} = (2, 0)^{\mathrm{T}}$，从 $\boldsymbol{y}_1$ 出发，沿 $\boldsymbol{e}_1$ 探测.

$$f(\boldsymbol{y}_1) = 81$$

$$\boldsymbol{y}_1 + \alpha\boldsymbol{e}_1 = (2, 0)^{\mathrm{T}} + \frac{1}{2}(1, 0)^{\mathrm{T}} = \left(\frac{5}{2}, 0\right)^{\mathrm{T}}$$

$$f(\boldsymbol{y}_1 + \alpha\boldsymbol{e}_1) = 197\frac{9}{16} > f(\boldsymbol{y}_1) \text{（失败）}$$

$$\boldsymbol{y}_1 - \alpha\boldsymbol{e}_1 = (2, 0)^{\mathrm{T}} - \frac{1}{2}(1, 0)^{\mathrm{T}} = \left(\frac{3}{2}, 0\right)^{\mathrm{T}}$$

$$f(\boldsymbol{y}_1 - \alpha\boldsymbol{e}_1) = 25\frac{9}{16} < f(\boldsymbol{y}_1) \text{（成功）}$$

因此，令

$$\boldsymbol{y}_2 = \boldsymbol{y}_1 - \alpha\boldsymbol{e}_1 = \left(\frac{3}{2}, 0\right)^{\mathrm{T}}$$

$$f(\boldsymbol{y}_2)=25\frac{9}{16}$$

从 $\boldsymbol{y}_2$ 出发，沿 $\boldsymbol{e}_2$ 探测.

$$\boldsymbol{y}_2+\alpha\boldsymbol{e}_2=\left(\frac{3}{2},0\right)^{\mathrm{T}}+\frac{1}{2}(0,1)^{\mathrm{T}}=\left(\frac{3}{2},\frac{1}{2}\right)^{\mathrm{T}}$$

$$f(\boldsymbol{y}_2+\alpha\boldsymbol{e}_2)=15\frac{9}{16}<f(\boldsymbol{y}_2)\text{（成功）}$$

因此，令

$$\boldsymbol{y}_3=\boldsymbol{y}_2+\alpha\boldsymbol{e}_2=\left(\frac{3}{2},\frac{1}{2}\right)^{\mathrm{T}}$$

由于 $f(\boldsymbol{y}_3)<f(\boldsymbol{x}^{(1)})$，所以得到第 2 个基点

$$\boldsymbol{x}^{(2)}=\boldsymbol{y}_3=\left(\frac{3}{2},\frac{1}{2}\right)^{\mathrm{T}}$$

再沿方向 $\boldsymbol{x}^{(2)}-\boldsymbol{x}^{(1)}$ 进行模式移动，令

$$\begin{aligned}\boldsymbol{y}_1&=\boldsymbol{x}^{(2)}+\gamma\left(\boldsymbol{x}^{(2)}-\boldsymbol{x}^{(1)}\right)\\&=2\boldsymbol{x}^{(2)}-\boldsymbol{x}^{(1)}\\&=2\left(\frac{3}{2},\frac{1}{2}\right)^{\mathrm{T}}-(2,0)^{\mathrm{T}}\\&=(1,1)^{\mathrm{T}}\end{aligned}$$

第一轮计算完成，第二轮从得到的点 $\boldsymbol{y}_1$ 出发，进行探测移动，对于 $\boldsymbol{e}_1$ 方向有

$$f(\boldsymbol{y}_1)=0$$

$$f(\boldsymbol{y}_1+\alpha\boldsymbol{e}_1)=8\frac{1}{16}>f(\boldsymbol{y}_1)\text{（失败）}$$

$$f(\boldsymbol{y}_1-\alpha\boldsymbol{e}_1)=3\frac{1}{16}>f(\boldsymbol{y}_1)\text{（失败）}$$

沿 $\boldsymbol{e}_1$ 的正反方向探测均失败.

所以，令 $\boldsymbol{y}_2=\boldsymbol{y}_1=(1,1)^{\mathrm{T}}$，对于 $\boldsymbol{e}_2$ 方向有

$$f(\boldsymbol{y}_2)=0$$

$$f(\boldsymbol{y}_2+\alpha\boldsymbol{e}_2)=1\frac{1}{4}>f(\boldsymbol{y}_2)\text{（失败）}$$

$$f(\boldsymbol{y}_2-\alpha\boldsymbol{e}_2)=1\frac{1}{4}>f(\boldsymbol{y}_2)\text{（失败）}$$

沿 $\boldsymbol{e}_2$ 的正反方向探测均失败.

所以，令 $\boldsymbol{y}_3=\boldsymbol{y}_2=(1,1)^{\mathrm{T}}$，有

$$f(\boldsymbol{y}_3)=0$$

由于 $f(\boldsymbol{y}_3)<f(\boldsymbol{x}^{(2)})=15\frac{9}{16}$，作模式移动

$$\boldsymbol{x}^{(3)}=\boldsymbol{y}_3=(1,1)^{\mathrm{T}}$$

$$\begin{aligned}\boldsymbol{y}_1&=\boldsymbol{x}^{(3)}+\gamma(\boldsymbol{x}^{(3)}-\boldsymbol{x}^{(2)})\\&=2\boldsymbol{x}^{(3)}-\boldsymbol{x}^{(2)}\\&=2(1,1)^{\mathrm{T}}-\left(\frac{3}{2},\frac{1}{2}\right)^{\mathrm{T}}\\&=\left(\frac{1}{2},\frac{3}{2}\right)^{\mathrm{T}}\end{aligned}$$

第二轮计算完成. 第三轮从 $\boldsymbol{y}_1$ 出发，进行探测移动. 对于 $\boldsymbol{e}_1$ 方向有

$$f(\boldsymbol{y}_1)=8\frac{1}{16}$$

$$f(\boldsymbol{y}_1+\alpha\boldsymbol{e}_1)=1\frac{1}{4}<f(\boldsymbol{y}_1)\text{（成功）}$$

所以，令

$$\boldsymbol{y}_2=\boldsymbol{y}_1+\alpha\boldsymbol{e}_1=\left(1,\frac{3}{2}\right)^{\mathrm{T}}$$

对于 $\boldsymbol{e}_2$ 方向有

$$f(\boldsymbol{y}_2)=1\frac{1}{4}$$

$$f(\boldsymbol{y}_2+\alpha\boldsymbol{e}_2)=5>f(\boldsymbol{y}_2)\text{（失败）}$$

$$f(\boldsymbol{y}_2-\alpha\boldsymbol{e}_2)=0<f(\boldsymbol{y}_2)\text{（成功）}$$

所以，令

$$\boldsymbol{y}_3=\boldsymbol{y}_2-\alpha\boldsymbol{e}_2=(1,1)^{\mathrm{T}}$$

$$f(\boldsymbol{y}_3)=0$$

此时，$f(\boldsymbol{y}_3)=f(\boldsymbol{x}^{(3)})$，而 $\boldsymbol{y}_1\neq\boldsymbol{x}^{(3)}$，说明第二轮中的模式移动失败，将 $\boldsymbol{y}_1$ 退

回到 $\boldsymbol{x}^{(3)}$ 处，即取 $\boldsymbol{y}_1=\boldsymbol{x}^{(3)}=(1,1)^{\mathrm{T}}$，再作探测移动. 我们发现全部探测移动失败. 因此，减小步长，令 $\alpha=\beta\alpha=\dfrac{1}{4}$. 再次作探测移动，仍然失败，必须继续缩减步长. 继续迭代，一定能得出结论：$\boldsymbol{x}^{(3)}$ 是最优解. 事实上，用解析方法容易求得 $\boldsymbol{x}^{(3)}$ 确是此问题的最优解.

在上面的介绍中，探测移动沿各坐标方向所取步长相同. 实际上，不同坐标方向可以给定不同的步长. 实现这一点没什么困难，只要把涉及步长的表达式稍加修改即可.

8.2 Powell 方法

Powell 方法是一种有效的直接搜索法，它本质上是以正定的二次函数为背景，以共轭方向为基础的一种方法.

8.2.1 Powell 基本算法

该算法基本思想是把整个计算过程分成若干个阶段，每个阶段（一轮迭代）由 $n+1$ 次一维搜索组成. 在算法的每一阶段中，先依次沿着已知的 n 个方向搜索，得一个最好点，然后沿本阶段的初始点与该最好点连线方向进行搜索，求得这一阶段的最好点. 再用最后的搜索方向取代前几个方向之一，开始下一阶段的迭代. 具体计算步骤如下：

算法 8.2.1（Powell 基本算法）：

（1）给定初始点 $\boldsymbol{x}^{(1)}$，n 个线性无关的方向

$$\boldsymbol{d}^{(1)},\boldsymbol{d}^{(2)},\cdots,\boldsymbol{d}^{(n)}$$

允许误差 $\varepsilon>0$.

（2）从 $\boldsymbol{x}^{(1)}$ 出发，依次沿方向

$$\boldsymbol{d}^{(1)},\boldsymbol{d}^{(2)},\cdots,\boldsymbol{d}^{(n)}$$

进行搜索，得到点

$$\boldsymbol{x}^{(2)},\boldsymbol{x}^{(3)},\cdots,\boldsymbol{x}^{(n+1)}$$

再从 $\boldsymbol{x}^{(n+1)}$ 出发，沿着方向

$$\boldsymbol{d}^{(n+1)}=\boldsymbol{x}^{(n+1)}-\boldsymbol{x}^{(1)}$$

作一维搜索，得到点 $\boldsymbol{x}^{(n+2)}$.

（3）若 $\left\|\boldsymbol{x}^{(n+2)}-\boldsymbol{x}^{(1)}\right\|<\varepsilon$，则停止迭代，$\boldsymbol{x}^{(n+2)}$ 作为问题的最优解. 否则，令

$$\boldsymbol{d}^{(j)}=\boldsymbol{d}^{(j+1)}, \qquad j=1,2,\cdots,n$$

置 $\boldsymbol{x}^{(1)}=\boldsymbol{x}^{(n+2)}$，返回步骤（2）.

例 8.2.1 用 Powell 基本算法求解下列问题

$$\min f(\boldsymbol{x})=(x_1+x_2)^2+(x_1-1)^2$$

取初始点 $\boldsymbol{x}^{(1)}=(2,1)^{\mathrm{T}}$，初始搜索方向

$$\boldsymbol{d}^{(1)}=(1,0)^{\mathrm{T}}, \qquad \boldsymbol{d}^{(2)}=(0,1)^{\mathrm{T}}$$

解 第 1 次迭代.

从 $\boldsymbol{x}^{(1)}$ 出发，沿 $\boldsymbol{d}^{(1)}$ 作一维搜索

$$\min\varphi(\alpha)=f(\boldsymbol{x}^{(1)}+\alpha\boldsymbol{d}^{(1)})=(3+\alpha)^2+(1+\alpha)^2$$

令 $$\varphi'(\alpha)=0$$

即 $$2(3+\alpha)+2(1+\alpha)=0$$

得到 $$\alpha_1=-2,\quad \boldsymbol{x}^{(2)}=\boldsymbol{x}^{(1)}+\alpha_1\boldsymbol{d}^{(1)}=(0,1)^{\mathrm{T}}$$

再从 $\boldsymbol{x}^{(2)}$ 出发，沿 $\boldsymbol{d}^{(2)}$ 作一维搜索

$$\min\varphi(\alpha)=f(\boldsymbol{x}^{(2)}+\alpha\boldsymbol{d}^{(2)})=(1+\alpha)^2+1$$

令 $$\varphi'(\alpha)=0,$$

即 $$2(1+\alpha)=0$$

得到 $$\alpha_2=-1,\quad \boldsymbol{x}^{(3)}=\boldsymbol{x}^{(2)}+\alpha_2\boldsymbol{d}^{(2)}=(0,0)^{\mathrm{T}}$$

令方向 $$\boldsymbol{d}^{(3)}=\boldsymbol{x}^{(3)}-\boldsymbol{x}^{(1)}=(-2,-1)^{\mathrm{T}}$$

从 $\boldsymbol{x}^{(3)}$ 出发，沿 $\boldsymbol{d}^{(3)}$ 作一维搜索

$$\min\varphi(\alpha)=f(\boldsymbol{x}^{(3)}+\alpha\boldsymbol{d}^{(3)})=(-3\alpha)^2+(-2\alpha-1)^2$$

令 $$\varphi'(\alpha)=0$$

即 $$18\alpha+2(-2\alpha-1)(-2)=0$$

得到 $\alpha_3=-\dfrac{2}{13}$. 经第 1 轮迭代，得到最好点

$$x^{(4)}=x^{(3)}+\alpha_3 d^{(3)}=\left(\frac{4}{13},\frac{2}{13}\right)^{\mathrm T}$$

第 2 轮迭代，搜索方向为

$$d^{(1)}=d^{(2)}=(0,1)^{\mathrm T}$$
$$d^{(2)}=d^{(3)}=(-2,-1)^{\mathrm T}$$

初始点为

$$x^{(1)}=x^{(4)}=\left(\frac{4}{13},\frac{2}{13}\right)^{\mathrm T}$$

先沿 $d^{(1)}$ 搜索

$$\min\varphi(\alpha)=f(x^{(1)}+\alpha d^{(1)})$$

得到 $\alpha_1=-\dfrac{6}{13}$ 及点

$$x^{(2)}=x^{(1)}+\alpha_1 d^{(1)}=\left(\frac{4}{13},-\frac{4}{13}\right)^{\mathrm T}$$

再沿 $d^{(2)}$ 搜索

$$\min\varphi(\alpha)=f(x^{(2)}+\alpha d^{(2)})$$

得到 $\alpha_2=-\dfrac{18}{169}$ 及点

$$x^{(3)}=x^{(2)}+\alpha_2 d^{(2)}=\left(\frac{88}{169},-\frac{34}{169}\right)^{\mathrm T}$$

令

$$d^{(3)}=x^{(3)}-x^{(1)}=\left(\frac{36}{169},-\frac{60}{169}\right)^{\mathrm T}$$

最后，从 $x^{(3)}$ 出发，沿 $d^{(3)}$ 作一维搜索

$$\min\varphi(\alpha)=f(x^{(3)}+\alpha d^{(3)})$$

得到 $\alpha_3=\dfrac{9}{4}$ 及点

$$x^{(4)}=x^{(3)}+\alpha_3 d^{(3)}=(1,-1)^{\mathrm T}$$

因为 $\nabla f(x^{(4)})=\mathbf{0}$，所以 $x^{(4)}=(1,-1)^{\mathrm T}$ 即为最优解.

8.2.2 二次终止性

下面分析 Powell 方法的二次终止性.

定理 8.2.1 设 $f(\boldsymbol{x})=\frac{1}{2}\boldsymbol{x}^{\mathrm{T}}\boldsymbol{G}\boldsymbol{x}+\boldsymbol{r}^{\mathrm{T}}\boldsymbol{x}+\delta$，$\boldsymbol{G}$ 为 n 阶对称正定矩阵，任意给定方向 $\boldsymbol{d}\in\mathbf{R}^n$ 和点 $\boldsymbol{x}^{(1)},\boldsymbol{x}^{(2)}\in\mathbf{R}^n(\boldsymbol{x}^{(1)}\neq\boldsymbol{x}^{(2)})$，从 $\boldsymbol{x}^{(1)}$ 出发沿方向 $\boldsymbol{d}$ 搜索，得极小点 $\boldsymbol{x}^{(a)}$，从 $\boldsymbol{x}^{(2)}$ 出发沿方向 $\boldsymbol{d}$ 搜索，得极小点 $\boldsymbol{x}^{(b)}$，则 $\boldsymbol{x}^{(b)}-\boldsymbol{x}^{(a)}$ 与 $\boldsymbol{d}$ 关于 $\boldsymbol{G}$ 共轭.

证明 根据假设，必有

$$(\boldsymbol{G}\boldsymbol{x}^{(a)}+\boldsymbol{r})^{\mathrm{T}}\boldsymbol{d}=0 \tag{8.2.1}$$

及

$$(\boldsymbol{G}\boldsymbol{x}^{(b)}+\boldsymbol{r})^{\mathrm{T}}\boldsymbol{d}=0 \tag{8.2.2}$$

式（8.2.2）减去式（8.2.1），得到

$$(\boldsymbol{x}^{(b)}-\boldsymbol{x}^{(a)})^{\mathrm{T}}\boldsymbol{G}\boldsymbol{d}=0$$

即 $\boldsymbol{x}^{(b)}-\boldsymbol{x}^{(a)}$ 与 $\boldsymbol{d}$ 关于 $\boldsymbol{G}$ 共轭.

上述定理可以推广到具有多个共轭方向的情形.

定理 8.2.2 设 $f(\boldsymbol{x})=\frac{1}{2}\boldsymbol{x}^{\mathrm{T}}\boldsymbol{G}\boldsymbol{x}+\boldsymbol{r}^{\mathrm{T}}\boldsymbol{x}+\delta$，$\boldsymbol{G}$ 为 n 阶对称正定矩阵，又设 $\boldsymbol{d}^{(1)},\boldsymbol{d}^{(2)},\cdots,\boldsymbol{d}^{(k)}$ 是一组 $\boldsymbol{G}$ 共轭的非零方向，$\boldsymbol{x}^{(1)},\boldsymbol{x}^{(2)}\in\mathbf{R}^n$ 为任意两点，从 $\boldsymbol{x}^{(1)}$ 出发，依次沿这 k 个方向搜索，得到在流形 $\boldsymbol{x}^{(1)}+X_k$ 上的极小点 $\boldsymbol{x}^{(a)}$，从 $\boldsymbol{x}^{(2)}$ 出发，依次沿这 k 个方向搜索，得到在流形 $\boldsymbol{x}^{(2)}+X_k$ 上的极小点 $\boldsymbol{x}^{(b)}$，则

$$\boldsymbol{d}^{(1)},\boldsymbol{d}^{(2)},\cdots,\boldsymbol{d}^{(k)},\boldsymbol{d}^{(k+1)}=\boldsymbol{x}^{(b)}-\boldsymbol{x}^{(a)}$$

是 $\boldsymbol{G}$ 共轭的. 其中，X_k 是 $\boldsymbol{d}^{(1)},\boldsymbol{d}^{(2)},\cdots,\boldsymbol{d}^{(k)}$ 生成的子空间.

证明 根据假设，$\boldsymbol{d}^{(1)},\boldsymbol{d}^{(2)},\cdots,\boldsymbol{d}^{(k)}$ 是 $\boldsymbol{G}$ 共轭的，因此，只需证明 $\boldsymbol{d}^{(k+1)}$ 与 $\boldsymbol{d}^{(j)}(j=1,\cdots,k)$ 关于 $\boldsymbol{G}$ 共轭.

根据扩展子空间定理推论，必有

$$(\boldsymbol{G}\boldsymbol{x}^{(a)}+\boldsymbol{r})^{\mathrm{T}}\boldsymbol{d}^{(j)}=0,\quad j=1,\cdots,k \tag{8.2.3}$$

及

$$(\boldsymbol{G}\boldsymbol{x}^{(b)}+\boldsymbol{r})^{\mathrm{T}}\boldsymbol{d}^{(j)}=0,\quad j=1,\cdots,k \tag{8.2.4}$$

式（8.2.4）减去式（8.2.3）得到

$$(\boldsymbol{G}\boldsymbol{x}^{(b)}-\boldsymbol{G}\boldsymbol{x}^{(a)})^{\mathrm{T}}\boldsymbol{d}^{(j)}=0,\quad j=1,\cdots,k$$

即

$$(\boldsymbol{x}^{(b)}-\boldsymbol{x}^{(a)})^{\mathrm{T}}\boldsymbol{G}\boldsymbol{d}^{(j)}=0,\quad j=1,\cdots,k$$

综上可知，$\boldsymbol{d}^{(1)},\boldsymbol{d}^{(2)},\cdots,\boldsymbol{d}^{(k)},\boldsymbol{d}^{(k+1)}$ 是 $\boldsymbol{G}$ 共轭的.

定理 8.2.3　如果每轮迭代中前 n 个方向均线性无关，则 Powell 方法具有二次终止性.

证明　设第 1 轮迭代中，初始点 $\boldsymbol{x}^{(1,1)}=\boldsymbol{x}^{(1)}$，搜索方向为

$$\boldsymbol{d}^{(1,1)},\boldsymbol{d}^{(1,2)},\cdots,\boldsymbol{d}^{(1,n)},\boldsymbol{d}^{(1,n+1)}=\boldsymbol{x}^{(1,n+1)}-\boldsymbol{x}^{(1,1)}$$

前 n 个方向线性无关，依次沿 $n+1$ 个方向搜索，最后得到点 $\boldsymbol{x}^{(1,n+2)}$.

第 2 轮的初始点 $\boldsymbol{x}^{(2,1)}=\boldsymbol{x}^{(1,n+2)}$，搜索方向为

$$\boldsymbol{d}^{(2,1)},\boldsymbol{d}^{(2,2)},\cdots,\boldsymbol{d}^{(2,n)},\boldsymbol{d}^{(2,n+1)}=\boldsymbol{x}^{(2,n+1)}-\boldsymbol{x}^{(2,1)}$$

前 n 个方向依次等于

$$\boldsymbol{d}^{(1,2)},\boldsymbol{d}^{(1,3)},\cdots,\boldsymbol{d}^{(1,n+1)}$$

设这 n 个方向线性无关. 第 2 轮迭代最后得到 $\boldsymbol{x}^{(2,n+2)}$. 显然，点 $\boldsymbol{x}^{(2,n+1)}$ 和 $\boldsymbol{x}^{(2,1)}$（即 $\boldsymbol{x}^{(1,n+2)}$）是从不同点出发沿同一方向 $\boldsymbol{d}^{(2,n)}$（即 $\boldsymbol{d}^{(1,n+1)}$）进行搜索得到的，根据定理 8.2.1，方向

$$\boldsymbol{d}^{(2,n)}\ \text{与}\ \boldsymbol{d}^{(2,n+1)}=\boldsymbol{x}^{(2,n+1)}-\boldsymbol{x}^{(2,1)}$$

关于 $\boldsymbol{G}$ 共轭.

现在假设第 k 轮迭代的搜索方向为

$$\boldsymbol{d}^{(k,1)},\boldsymbol{d}^{(k,2)},\cdots,\boldsymbol{d}^{(k,n)},\boldsymbol{d}^{(k,n+1)}=\boldsymbol{x}^{(k,n+1)}-\boldsymbol{x}^{(k,1)}$$

前 n 个方向线性无关，且后 k 个方向

$$\boldsymbol{d}^{(k,n-k+2)},\cdots,\boldsymbol{d}^{(k,n)},\boldsymbol{d}^{(k,n+1)}$$

是 $\boldsymbol{G}$ 共轭的. 经过这轮迭代，得到点 $\boldsymbol{x}^{(k,n+2)}$.

在第 $k+1$ 轮迭代中，初点 $\boldsymbol{x}^{(k+1,1)}=\boldsymbol{x}^{(k,n+2)}$，搜索方向为

$$\boldsymbol{d}^{(k+1,1)},\cdots,\boldsymbol{d}^{(k+1,n)},\boldsymbol{d}^{(k+1,n+1)}$$

它们分别等于

$$\boldsymbol{d}^{(k,2)},\cdots,\boldsymbol{d}^{(k,n+1)},\boldsymbol{d}^{(k+1,n+1)}=\boldsymbol{x}^{(k+1,n+1)}-\boldsymbol{x}^{(k+1,1)}$$

其中前 n 个方向线性无关.

由于点 $\boldsymbol{x}^{(k+1,n+1)}$ 和 $\boldsymbol{x}^{(k+1,1)}$（即 $\boldsymbol{x}^{(k,n+2)}$）是从不同点出发，依次沿同一组共轭方向进行一维搜索得到的，所以，根据定理 8.2.2，必得出方向集

$$\boldsymbol{d}^{(k+1,n-k+1)},\cdots,\boldsymbol{d}^{(k+1,n)},\boldsymbol{d}^{(k+1,n+1)}$$

是 $\boldsymbol{G}$ 共轭的.

由此可知，完成 n 个阶段的迭代之后，必能得到 n 个 $\boldsymbol{G}$ 共轭的方向. 因此 Powell 方法具有二次终止性.

正因为 Powell 方法的二次终止性，例 8.2.1 经过两次迭代就达到了极小点. 值得注意，按算法 8.2.1，在迭代中可能出现这样的情形：在某轮迭代中，n 个搜索方向线性相关，由此导致即使对正定的二次函数经过 n 轮迭代也达不到极小点，甚至任意迭代下去，永远达不到极小点.

例 8.2.2 考虑下列问题：

$$\min f(\boldsymbol{x})=x_1^2+x_2^2-3x_1-x_1x_2$$

取初始点 $\boldsymbol{x}^{(1)}=(0,0)^{\mathrm{T}}$，搜索方向

$$\boldsymbol{d}^{(1)}=(0,1)^{\mathrm{T}},\quad \boldsymbol{d}^{(2)}=(1,0)^{\mathrm{T}}$$

解 用 Powell 方法求解

首先，从 $\boldsymbol{x}^{(1)}$ 出发，沿 $\boldsymbol{d}^{(1)}$ 搜索

$$\min\varphi(\alpha)=f(\boldsymbol{x}^{(1)}+\alpha\boldsymbol{d}^{(1)})=\alpha^2$$

令

$$\varphi'(\alpha)=0$$

得到 $\alpha_1=0$，从而

$$\boldsymbol{x}^{(2)}=\boldsymbol{x}^{(1)}+\alpha_1\boldsymbol{d}^{(1)}=(0,0)^{\mathrm{T}}$$

从 $\boldsymbol{x}^{(2)}$ 出发，沿 $\boldsymbol{d}^{(2)}$ 搜索

$$\min\varphi(\alpha)=f(\boldsymbol{x}^{(2)}+\alpha\boldsymbol{d}^{(2)})=\alpha^2-3\alpha$$

令
$$\varphi'(\alpha)=0$$
得到$\alpha_2=\dfrac{3}{2}$，从而
$$\boldsymbol{x}^{(3)}=\boldsymbol{x}^{(2)}+\alpha_2\boldsymbol{d}^{(2)}=\left(\frac{3}{2},0\right)^{\mathrm{T}}$$

再从$\boldsymbol{x}^{(3)}$出发，沿方向
$$\boldsymbol{d}^{(3)}=\boldsymbol{x}^{(3)}-\boldsymbol{x}^{(1)}=\left(\frac{3}{2},0\right)^{\mathrm{T}}$$
作一维搜索
$$\min\varphi(\alpha)=f(\boldsymbol{x}^{(3)}+\alpha\boldsymbol{d}^{(3)})=\frac{9}{4}(1+\alpha)^2-\frac{9}{2}(1+\alpha)$$
令
$$\varphi'(\alpha)=0$$
得到$\alpha_3=0$，从而
$$\boldsymbol{x}^{(4)}=\boldsymbol{x}^{(3)}+\alpha_3\boldsymbol{d}^{(3)}=\left(\frac{3}{2},0\right)^{\mathrm{T}}$$

第 2 轮迭代，前两个搜索方向为
$$\boldsymbol{d}^{(1)}=(1,0)^{\mathrm{T}}，\quad \boldsymbol{d}^{(2)}=\left(\frac{3}{2},0\right)^{\mathrm{T}}$$
由此看到，第 2 轮的前两个搜索方向是线性相关的，继续迭代下去，所得点的第二个分量恒为 0，因此，永远达不到问题的极小点$\bar{\boldsymbol{x}}=(2,1)^{\mathrm{T}}$.

因此，在 Powell 方法中，保持 n 个搜索方向线性无关十分重要. 然而，Powell 本人已经注意到，即使不像例 8.2.2 那样极端的情况，他的方法也可能选取接近线性相关的搜索方向，特别是变量很多时更是如此. 这种可能性会给收敛性带来严重后果. 为了避免这个困难，他本人及其他人对这个方法进行了修正，给出改进的 Powell 方法.

8.2.3 改进的 Powell 方法

改进的 Powell 方法与原来方法的主要区别在于替换方向的规则不同. 改进的

Powell 方法，当初始搜索方向线性无关时，能够保证每轮迭代中搜索方向是线性无关的，而且随着迭代的延续，搜索方向接近共轭的程度逐渐增加.

下面给出具体算法，关于替换方向的条件的推导，这里不作介绍，可参见文献[1]，[5].

算法 8.2.2（改进的 Powell 方法）:

（1）给定初始点 $\boldsymbol{x}^{(1)}$，几个线性无关向量

$$\boldsymbol{d}^{(1)}, \boldsymbol{d}^{(2)}, \cdots, \boldsymbol{d}^{(n)}$$

允许误差 $\varepsilon > 0$.

（2）从 $\boldsymbol{x}^{(1)}$ 出发，依次沿方向

$$\boldsymbol{d}^{(1)}, \boldsymbol{d}^{(2)}, \cdots, \boldsymbol{d}^{(n)}$$

进行一维搜索，得到点

$$\boldsymbol{x}^{(2)}, \boldsymbol{x}^{(3)}, \cdots, \boldsymbol{x}^{(n+1)}$$

（3）令

$$\begin{aligned}\mu &= \max\left\{f(\boldsymbol{x}^{(j)}) - f(\boldsymbol{x}^{(j+1)}) \middle| j = 1, 2, \cdots, n\right\} \\ &= f(\boldsymbol{x}^{(m)}) - f(\boldsymbol{x}^{(m+1)})\end{aligned}$$

（4）令 $\boldsymbol{d}^{(n+1)} = \boldsymbol{x}^{(n+1)} - \boldsymbol{x}^{(1)}$，从 $\boldsymbol{x}^{(1)}$ 出发，沿方向 $\boldsymbol{d}^{(n+1)}$ 作一维搜索

$$\min \varphi(\alpha) = f(\boldsymbol{x}^{(1)} + \alpha \boldsymbol{d}^{(n+1)})$$

得 α_{n+1}，置 $\boldsymbol{x}^{(n+2)} = \boldsymbol{x}^{(1)} + \alpha_{n+1} \boldsymbol{d}^{(n+1)}$.

（5）若 $\left\|\boldsymbol{x}^{(n+2)} - \boldsymbol{x}^{(1)}\right\| < \varepsilon$，则停止迭代，$\boldsymbol{x}^{(n+2)}$ 作为问题的最优解.

（6）若

$$|\alpha_{n+1}| > \left(\frac{f(\boldsymbol{x}^{(1)}) - f(\boldsymbol{x}^{(n+2)})}{\mu}\right)^{\frac{1}{2}}$$

则用 $\boldsymbol{d}^{(n+1)}$ 替换 $\boldsymbol{d}^{(m)}$，即置 $\boldsymbol{d}^{(m)} = \boldsymbol{d}^{(n+1)}$.

（7）置 $\boldsymbol{x}^{(1)} = \boldsymbol{x}^{(n+2)}$，转步骤（2）.

例 8.2.3 用改进的 Powell 方法求解下列问题:

$$\min f(\boldsymbol{x}) = (-x_1 + x_2 + x_3)^2 + (x_1 - x_2 + x_3)^2 + (x_1 + x_2 - x_3)^2$$

取初始点

$$x^{(1)}=\left(\frac{1}{2},1,\frac{1}{2}\right)^{\mathrm{T}}$$

初始搜索方向

$$d^{(1)}=(1,0,0)^{\mathrm{T}},\quad d^{(2)}=(0,1,0)^{\mathrm{T}},\quad d^{(3)}=(0,0,1)^{\mathrm{T}}$$

解 $\nabla f(x)=[2(3x_1-x_2-x_3),2(-x_1+3x_2-x_3),2(-x_1-x_2+3x_3)]^{\mathrm{T}}=(g_1,g_2,g_3)^{\mathrm{T}}$

$$\nabla^2 f(x)=\begin{pmatrix}6&-2&-2\\-2&6&-2\\-2&-2&6\end{pmatrix}=G$$

一维搜索步长为

$$\begin{aligned}\alpha_k&=-\frac{(d^{(k)})^{\mathrm{T}}\nabla f(x^{(k)})}{(d^{(k)})^{\mathrm{T}}Gd^{(k)}}\\&=-\frac{d_1g_1+d_2g_2+d_3g_3}{6d_1^2+6d_2^2+6d_3^2-4d_1d_2-4d_2d_3-4d_1d_3}\end{aligned}$$

第 1 轮迭代，取 $x^{(1)}=\left(\frac{1}{2},1,\frac{1}{2}\right)^{\mathrm{T}}$， $d^{(1)}=(1,0,0)^{\mathrm{T}}$，则 $\alpha_1=0$，从而

$$x^{(2)}=x^{(1)}+\alpha_1 d^{(1)}=\left(\frac{1}{2},1,\frac{1}{2}\right)^{\mathrm{T}}$$

取 $d^{(2)}=(0,1,0)^{\mathrm{T}}$，则 $\lambda_2=-\frac{2}{3}$，从而

$$x^{(3)}=x^{(2)}+\alpha_2 d^{(2)}=\left(\frac{1}{2},\frac{1}{3},\frac{1}{2}\right)^{\mathrm{T}}$$

取 $d^{(3)}=(0,0,1)^{\mathrm{T}}$，则 $\alpha_3=-\frac{2}{9}$，从而

$$x^{(4)}=x^{(3)}+\alpha_3 d^{(3)}=\left(\frac{1}{2},\frac{1}{3},\frac{5}{18}\right)^{\mathrm{T}}$$

计算下降量

$$f(x^{(1)})-f(x^{(2)})=0$$

$$f(x^{(2)})-f(x^{(3)})=\frac{4}{3}$$

$$f(x^{(3)})-f(x^{(4)})=\frac{4}{27}$$

由
$$\mu=\max\left\{f(\boldsymbol{x}^{(j)})-f(\boldsymbol{x}^{(j+1)})\middle|j=1,2,\cdots,n\right\}$$
$$=f(\boldsymbol{x}^{(m)})-f(\boldsymbol{x}^{(m+1)})$$

知
$$\mu=\frac{4}{3},\quad m=2$$

令
$$\boldsymbol{d}^{(4)}=\boldsymbol{x}^{(4)}-\boldsymbol{x}^{(1)}=\left(0,-\frac{2}{3},-\frac{2}{9}\right)^{\mathrm{T}}$$

从 $\boldsymbol{x}^{(1)}$ 出发，沿方向 $\boldsymbol{d}^{(4)}$ 进行一维搜索

$$\min\varphi(\alpha)=f(\boldsymbol{x}^{(1)}+\alpha\boldsymbol{d}^{(4)})$$

得到 $\alpha_4=\dfrac{9}{8}$，从而

$$\boldsymbol{x}^{(5)}=\boldsymbol{x}^{(1)}+\alpha_4\boldsymbol{d}^{(4)}=\left(\frac{1}{2},\frac{1}{4},\frac{1}{4}\right)^{\mathrm{T}}$$

作判断，计算

$$\left(\frac{f(\boldsymbol{x}^{(1)})-f(\boldsymbol{x}^{(5)})}{\mu}\right)^{\frac{1}{2}}=\sqrt{\frac{9}{8}}$$

有
$$|\alpha_4|>\left(\frac{f(\boldsymbol{x}^{(1)})-f(\boldsymbol{x}^{(5)})}{\mu}\right)^{\frac{1}{2}}$$

第 2 轮迭代，用 $\boldsymbol{d}^{(4)}$ 替换 $\boldsymbol{d}^{(2)}$，故第 2 轮搜索方向为

$$\boldsymbol{d}^{(1)}=(1,0,0)^{\mathrm{T}},\quad \boldsymbol{d}^{(2)}=\left(0,-\frac{2}{3},-\frac{2}{9}\right)^{\mathrm{T}},\quad \boldsymbol{d}^{(3)}=(0,0,1)^{\mathrm{T}}$$

取初始点
$$\boldsymbol{x}^{(1)}=\left(\frac{1}{2},\frac{1}{4},\frac{1}{4}\right)^{\mathrm{T}}$$

从 $\boldsymbol{x}^{(1)}$ 出发，沿着方向 $\boldsymbol{d}^{(1)},\boldsymbol{d}^{(2)},\boldsymbol{d}^{(3)}$ 进行一维搜索，得到点

$$\boldsymbol{x}^{(2)}=\left(\frac{1}{6},\frac{1}{4},\frac{1}{4}\right)^{\mathrm{T}}$$

$$\boldsymbol{x}^{(3)}=\left(\frac{1}{6},\frac{1}{12},\frac{7}{36}\right)^{\mathrm{T}}$$

$$x^{(4)}=\left(\frac{1}{6},\frac{1}{12},\frac{1}{12}\right)^{\mathrm{T}}$$

令

$$d^{(4)}=x^{(4)}-x^{(1)}=\left(-\frac{1}{3},-\frac{1}{6},-\frac{1}{6}\right)^{\mathrm{T}}$$

从 $x^{(1)}$ 出发，沿着方向 $d^{(4)}$ 进行一维搜索，得到

$$x^{(5)}=(0,0,0)^{\mathrm{T}}$$

因为 $$\nabla f(x^{(5)})=\mathbf{0},$$

所以，$x^{(5)}=(0,0,0)^{\mathrm{T}}$ 为问题的最优解.

改进的 Powell 方法不再具有二次终止性. 但是，它的计算效果仍然令人满意.

8.3　单纯形调优法

所谓单纯形是指 n 维空间 $\mathbf{R}^n$ 中具有 $n+1$ 个顶点的凸多面体. 例如，一维空间中的线段、二维空间中的三角形、三维空间中的四面体等，均为相应空间中的单纯形.

单纯形调优法的基本思想是给定 $\mathbf{R}^n$ 中的一个单纯形后，求出 $n+1$ 个顶点上的函数值，确定出最大函数值的点（最高点）和最小函数值的点（最低点），然后通过反射、扩大、收缩等方法求出一个较好点，用它取代最高点，构成新的单纯形，或者通过向最低点收缩形成新的单纯形，用这样的方法逼近极小点.

8.3.1　单纯形的转换

下面以极小化二元函数 $f(x_1,x_2)$ 为例，说明怎样实现单纯形的转换.

首先，在平面上取不共线的三点 $x^{(1)}$, $x^{(2)}$ 和 $x^{(3)}$，构成初始单纯形，如图 8.3.1 所示. 设最高点为 $x^{(3)}$，最低点为 $x^{(1)}$，即

$$f(x^{(1)})<f(x^{(2)})<f(x^{(3)}) \tag{8.3.1}$$

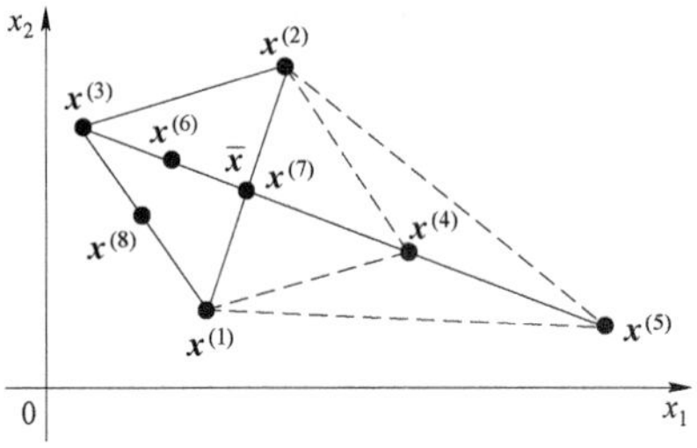

图 8.3.1 初始单纯形

（1）反射.

将最高点经过其余点的形心进行反射，期望反射点函数值减小．对于本题，就是将 $\boldsymbol{x}^{(3)}$ 经过线段 $\boldsymbol{x}^{(1)}\boldsymbol{x}^{(2)}$ 的中点

$$\bar{\boldsymbol{x}}=\frac{1}{2}(\boldsymbol{x}^{(1)}+\boldsymbol{x}^{(2)}) \tag{8.3.2}$$

进行反射，得到反射点

$$\boldsymbol{x}^{(4)}=\bar{\boldsymbol{x}}+\alpha(\bar{\boldsymbol{x}}-\boldsymbol{x}^{(3)}) \tag{8.3.3}$$

正数 α 称为反射系数，一般取 $\alpha=1$.

（2）扩大.

在得到反射点 $\boldsymbol{x}^{(4)}$ 后，将点 $\boldsymbol{x}^{(4)}$ 处的函数值与最低点 $\boldsymbol{x}^{(1)}$ 处的函数值作比较.

若 $f(\boldsymbol{x}^{(4)})<f(\boldsymbol{x}^{(1)})$，则反射成功，表明方向

$$\boldsymbol{d}=\boldsymbol{x}^{(4)}-\bar{\boldsymbol{x}}$$

对于函数值的减小是有利的，于是沿此方向进行扩大.

令

$$\boldsymbol{x}^{(5)}=\bar{\boldsymbol{x}}+\gamma(\boldsymbol{x}^{(4)}-\bar{\boldsymbol{x}}) \tag{8.3.4}$$

其中 $\gamma>1$ 称为扩大系数．若

$$f(\boldsymbol{x}^{(5)})<f(\boldsymbol{x}^{(4)})$$

则扩大成功，用 $\boldsymbol{x}^{(5)}$ 取代 $\boldsymbol{x}^{(3)}$，得到以 $\boldsymbol{x}^{(1)}$，$\boldsymbol{x}^{(2)}$ 和 $\boldsymbol{x}^{(5)}$ 为顶点的新的单纯形．若

$$f(\boldsymbol{x}^{(5)})\geqslant f(\boldsymbol{x}^{(4)})$$

则扩大失败．用 $\boldsymbol{x}^{(4)}$ 取代 $\boldsymbol{x}^{(3)}$，得到以 $\boldsymbol{x}^{(1)}$，$\boldsymbol{x}^{(2)}$ 和 $\boldsymbol{x}^{(4)}$ 为顶点的新的单纯形.

（3）压缩.

如果 $f(\boldsymbol{x}^{(1)}) \leqslant f(\boldsymbol{x}^{(4)}) \leqslant f(\boldsymbol{x}^{(2)})$，即 $f(\boldsymbol{x}^{(4)})$ 不小于最低点处的函数值，不大于次高点处的函数值，则用 $\boldsymbol{x}^{(4)}$ 替换 $\boldsymbol{x}^{(3)}$，得到以 $\boldsymbol{x}^{(1)}$，$\boldsymbol{x}^{(2)}$ 和 $\boldsymbol{x}^{(4)}$ 为顶点的新的单纯形.

如果 $f(\boldsymbol{x}^{(4)}) > f(\boldsymbol{x}^{(2)})$，即 $f(\boldsymbol{x}^{(4)})$ 大于次高点处的函数值，则进行压缩. 为此，在 $\boldsymbol{x}^{(4)}$ 和 $\boldsymbol{x}^{(3)}$ 中选择函数值较小的点，令

$$f(\boldsymbol{x}^{(h')}) = \min\left\{f(\boldsymbol{x}^{(3)}), f(\boldsymbol{x}^{(4)})\right\}$$

其中 $\boldsymbol{x}^{(h')} \in \left\{\boldsymbol{x}^{(3)}, \boldsymbol{x}^{(4)}\right\}$，令

$$\boldsymbol{x}^{(6)} = \bar{\boldsymbol{x}} + \beta(\boldsymbol{x}^{(h')} - \bar{\boldsymbol{x}}) \tag{8.3.5}$$

$\beta \in (0,1)$ 为压缩系数. 这样 $\boldsymbol{x}^{(6)}$ 位于 $\bar{\boldsymbol{x}}$ 与 $\boldsymbol{x}^{(h')}$ 之间.

若 $f(\boldsymbol{x}^{(6)}) \leqslant f(\boldsymbol{x}^{(h')})$，则用 $\boldsymbol{x}^{(6)}$ 取代 $\boldsymbol{x}^{(3)}$，得到以 $\boldsymbol{x}^{(1)}$，$\boldsymbol{x}^{(2)}$ 和 $\boldsymbol{x}^{(6)}$ 为顶点的新的单纯形.

（4）缩边.

若 $f(\boldsymbol{x}^{(6)}) > f(\boldsymbol{x}^{(h')})$，则进行缩边. 最低点 $\boldsymbol{x}^{(1)}$ 不动，其余两点 $\boldsymbol{x}^{(2)}$ 和 $\boldsymbol{x}^{(3)}$ 均向 $\boldsymbol{x}^{(1)}$ 移近一半距离. 令

$$\boldsymbol{x}^{(7)} = \boldsymbol{x}^{(2)} + \frac{1}{2}(\boldsymbol{x}^{(1)} - \boldsymbol{x}^{(2)}) \tag{8.3.6}$$

$$\boldsymbol{x}^{(8)} = \boldsymbol{x}^{(3)} + \frac{1}{2}(\boldsymbol{x}^{(1)} - \boldsymbol{x}^{(3)}) \tag{8.3.7}$$

得到以 $\boldsymbol{x}^{(1)}$，$\boldsymbol{x}^{(7)}$ 和 $\boldsymbol{x}^{(8)}$ 为顶点的新的单纯形.

以上几种情形，不论属于哪一种，所得到的新的单纯形必有一个顶点其函数值小于或等于原单纯形各顶点上的函数值. 每得到一个新的单纯形后，再重复以上步骤，直至满足收敛准则为止.

8.3.2　计算步骤

给出单纯形调优法的具体算法.

算法 8.3.1（单纯形调优法）：

（1）给定初始单纯形，其顶点

$$\boldsymbol{x}^{(i)} \in \mathbf{R}^n, \quad i = 1, 2, \cdots, n+1$$

反射系数$\alpha > 0$，扩大系数$\gamma > 1$，压缩系数$\beta \in (0,1)$，允许误差$\varepsilon > 0$．计算函数值

$$f(\boldsymbol{x}^{(i)}), \quad i = 1, 2, \cdots, n+1$$

置$k = 1$.

（2）确定最高点$\boldsymbol{x}^{(h)}$，次高点$\boldsymbol{x}^{(g)}$，最低点$\boldsymbol{x}^{(l)}$ $\left(h, g, l \in \{1, 2, \cdots, n+1\}\right)$，使得

$$f(\boldsymbol{x}^{(h)}) = \max\left\{f(\boldsymbol{x}^{(1)}), f(\boldsymbol{x}^{(2)}), \cdots, f(\boldsymbol{x}^{(n+1)})\right\}$$

$$f(\boldsymbol{x}^{(g)}) = \max\left\{f(\boldsymbol{x}^{(i)}) \middle| \boldsymbol{x}^{(i)} \neq \boldsymbol{x}^{(h)}\right\}$$

$$f(\boldsymbol{x}^{(l)}) = \min\left\{f(\boldsymbol{x}^{(1)}), f(\boldsymbol{x}^{(2)}), \cdots, f(\boldsymbol{x}^{(n+1)})\right\}$$

计算除$\boldsymbol{x}^{(h)}$外的n个点的形心$\overline{\boldsymbol{x}}$，令

$$\overline{\boldsymbol{x}} = \frac{1}{n}\left(\sum_{i=1}^{n+1} \boldsymbol{x}^{(i)} - \boldsymbol{x}^{(h)}\right)$$

计算出$f(\overline{\boldsymbol{x}})$.

（3）进行反射，令

$$\boldsymbol{x}^{(n+2)} = \overline{\boldsymbol{x}} + \alpha(\overline{\boldsymbol{x}} - \boldsymbol{x}^{(h)})$$

计算出$f(\boldsymbol{x}^{(n+2)})$.

（4）若$f(\boldsymbol{x}^{(n+2)}) < f(\boldsymbol{x}^{(l)})$，则进行扩大，令

$$\boldsymbol{x}^{(n+3)} = \overline{\boldsymbol{x}} + \gamma(\boldsymbol{x}^{(n+2)} - \overline{\boldsymbol{x}})$$

计算$f(\boldsymbol{x}^{(n+3)})$，转步骤（5）；

若$f(\boldsymbol{x}^{(l)}) \leqslant f(\boldsymbol{x}^{(n+2)}) \leqslant f(\boldsymbol{x}^{(g)})$，则置

$$\boldsymbol{x}^{(h)} = \boldsymbol{x}^{(n+2)}, \quad f(\boldsymbol{x}^{(h)}) = f(\boldsymbol{x}^{(n+2)})$$

转步骤（7）；

若$f(\boldsymbol{x}^{(n+2)}) > f(\boldsymbol{x}^{(g)})$，则进行压缩，令

$$f(\boldsymbol{x}^{(h')}) = \min\left\{f(\boldsymbol{x}^{(h)}), f(\boldsymbol{x}^{(n+2)})\right\}$$

其中$h' \in (h, n+2)$．令

$$\boldsymbol{x}^{(n+4)} = \overline{\boldsymbol{x}} + \beta(\boldsymbol{x}^{(h')} - \overline{\boldsymbol{x}})$$

计算 $f(\boldsymbol{x}^{(n+4)})$，转步骤（6）.

（5）若 $f(\boldsymbol{x}^{(n+3)}) < f(\boldsymbol{x}^{(n+2)})$，则置

$$\boldsymbol{x}^{(h)} = \boldsymbol{x}^{(n+3)}, \quad f(\boldsymbol{x}^{(h)}) = f(\boldsymbol{x}^{(n+3)})$$

转步骤（7）；否则，置

$$\boldsymbol{x}^{(h)} = \boldsymbol{x}^{(n+2)}, \quad f(\boldsymbol{x}^{(h)}) = f(\boldsymbol{x}^{(n+2)})$$

转步骤（7）.

（6）若 $f(\boldsymbol{x}^{(n+4)}) \leqslant f(\boldsymbol{x}^{(h')})$，则置

$$\boldsymbol{x}^{(h)} = \boldsymbol{x}^{(n+4)}, \quad f(\boldsymbol{x}^{(h)}) = f(\boldsymbol{x}^{(n+4)})$$

进行步骤（7）；否则，进行缩边，令

$$\boldsymbol{x}^{(i)} = \boldsymbol{x}^{(i)} + \frac{1}{2}(\boldsymbol{x}^{(l)} - \boldsymbol{x}^{(i)}), \qquad i = 1, 2, \cdots, n+1$$

计算 $f(\boldsymbol{x}^{(i)})\quad (i = 1, 2, \cdots, n+1)$，进行步骤（7）.

（7）检验是否满足收敛准则. 若

$$\left\{\frac{1}{n+1}\sum_{i=1}^{n+1}\left[f(\boldsymbol{x}^{(i)}) - f(\overline{\boldsymbol{x}})\right]^2\right\}^{\frac{1}{2}} < \varepsilon$$

则停止迭代，现行最好点可作为极小点的近似. 否则，置 $k = k+1$，返回步骤（2）.

例 8.3.1　用单纯形调优法求解下列问题

$$\min f(\boldsymbol{x}) = (x_1 - 3)^2 + 2(x_2 + 2)^2$$

取初始单纯形的顶点为

$$\boldsymbol{x}^{(1)} = (0,0)^{\mathrm{T}}, \quad \boldsymbol{x}^{(2)} = (1,0)^{\mathrm{T}}, \quad \boldsymbol{x}^{(3)} = (0,1)^{\mathrm{T}}$$

取系数 $\alpha = 1$，$\gamma = 2$，$\beta = \frac{1}{2}$，允许误差 $\varepsilon = 2$.

解　第 1 次迭代. 各顶点处的函数值为

$$f(\boldsymbol{x}^{(1)}) = 17, \quad f(\boldsymbol{x}^{(2)}) = 12, \quad f(\boldsymbol{x}^{(3)}) = 27$$

显然有

$$\boldsymbol{x}^{(h)} = \boldsymbol{x}^{(3)}, \quad \boldsymbol{x}^{(g)} = \boldsymbol{x}^{(1)}, \quad \boldsymbol{x}^{(l)} = \boldsymbol{x}^{(2)}$$

取$h=3$，$g=1$，$l=2$.

将$\boldsymbol{x}^{(3)}$经$\boldsymbol{x}^{(1)}$和$\boldsymbol{x}^{(2)}$的形心进行反射，令

$$\overline{\boldsymbol{x}}=\frac{1}{2}(\boldsymbol{x}^{(1)}+\boldsymbol{x}^{(2)})=\left(\frac{1}{2},0\right)^{\mathrm{T}}$$

在$\overline{\boldsymbol{x}}$处的函数值$f(\overline{\boldsymbol{x}})=\frac{57}{4}$，令

$$\boldsymbol{x}^{(4)}=\overline{\boldsymbol{x}}+\alpha(\overline{\boldsymbol{x}}-\boldsymbol{x}^{(3)})=(1,-1)^{\mathrm{T}}$$

$$f(\boldsymbol{x}^{(4)})=6$$

由于$f(\boldsymbol{x}^{(4)})<f(\boldsymbol{x}^{(l)})$，所以进行扩大，令

$$\boldsymbol{x}^{(5)}=\overline{\boldsymbol{x}}+\gamma(\boldsymbol{x}^{(4)}-\overline{\boldsymbol{x}})=\left(\frac{3}{2},-2\right)^{\mathrm{T}}$$

$$f(\boldsymbol{x}^{(5)})=\frac{9}{4}$$

由于$f(\boldsymbol{x}^{(5)})<f(\boldsymbol{x}^{(4)})$，所以用$\boldsymbol{x}^{(5)}$替换$\boldsymbol{x}^{(3)}$，得到新的单纯形．我们把$\boldsymbol{x}^{(5)}$仍记作$\boldsymbol{x}^{(3)}$，则新单纯形的顶点为

$$\boldsymbol{x}^{(1)}=(0,0)^{\mathrm{T}},\quad \boldsymbol{x}^{(2)}=(1,0)^{\mathrm{T}},\quad \boldsymbol{x}^{(3)}=\left(\frac{3}{2},-2\right)^{\mathrm{T}} \tag{8.3.8}$$

$$\left\{\frac{1}{3}\sum_{i=1}^{3}\left[f(\boldsymbol{x}^{(i)})-f(\overline{\boldsymbol{x}})\right]^2\right\}^{\frac{1}{2}}=7.23>\varepsilon$$

第2次迭代．单纯形的顶点由式（8.3.8）给定，显然有

$$\boldsymbol{x}^{(h)}=\boldsymbol{x}^{(1)},\quad \boldsymbol{x}^{(g)}=\boldsymbol{x}^{(2)},\quad \boldsymbol{x}^{(l)}=\boldsymbol{x}^{(3)}$$

$$f(\boldsymbol{x}^{(1)})=17,\quad f(\boldsymbol{x}^{(2)})=12,\quad f(\boldsymbol{x}^{(3)})=\frac{9}{4}$$

进行反射，求$\boldsymbol{x}^{(1)}$关于$\boldsymbol{x}^{(2)}$和$\boldsymbol{x}^{(3)}$的形心的反射点．令

$$\overline{\boldsymbol{x}}=\frac{1}{2}(\boldsymbol{x}^{(2)}+\boldsymbol{x}^{(3)})=\left(\frac{5}{4},-1\right)^{\mathrm{T}}$$

则$f(\overline{\boldsymbol{x}})=\frac{81}{16}$，反射点为

$$\boldsymbol{x}^{(4)}=\overline{\boldsymbol{x}}+\alpha(\overline{\boldsymbol{x}}-\boldsymbol{x}^{(1)})=\left(\frac{5}{2},-2\right)^{\mathrm{T}}$$

$$f(\boldsymbol{x}^{(4)})=\frac{1}{4}$$

由于 $f(\boldsymbol{x}^{(4)})<f(\boldsymbol{x}^{(l)})$，所以进行扩大，令

$$\boldsymbol{x}^{(5)}=\bar{\boldsymbol{x}}+\gamma(\boldsymbol{x}^{(4)}-\bar{\boldsymbol{x}})=\left(\frac{15}{4},-3\right)^{\mathrm{T}}$$

$$f(\boldsymbol{x}^{(5)})=\frac{41}{16}$$

由于 $f(\boldsymbol{x}^{(5)})>f(\boldsymbol{x}^{(4)})$，所以用 $\boldsymbol{x}^{(4)}$ 替换 $\boldsymbol{x}^{(1)}$，置 $\boldsymbol{x}^{(1)}=\boldsymbol{x}^{(4)}$，得到新的单纯形，其顶点为

$$\boldsymbol{x}^{(1)}=\left(\frac{5}{2},-2\right)^{\mathrm{T}},\quad \boldsymbol{x}^{(2)}=(1,0)^{\mathrm{T}},\quad \boldsymbol{x}^{(3)}=\left(\frac{3}{2},-2\right)^{\mathrm{T}} \tag{8.3.9}$$

$$f(\boldsymbol{x}^{(1)})=\frac{1}{4},\quad f(\boldsymbol{x}^{(2)})=12,\quad f(\boldsymbol{x}^{(3)})=\frac{9}{4}$$

$$\left\{\frac{1}{3}\sum_{i=1}^{3}\left[f(\boldsymbol{x}^{(i)})-f(\bar{\boldsymbol{x}})\right]^2\right\}^{\frac{1}{2}}=5.14>\varepsilon$$

第 3 次迭代．单纯形的顶点由式（8.3.9）给定．已知

$$f(\boldsymbol{x}^{(1)})=\frac{1}{4},\quad f(\boldsymbol{x}^{(2)})=12,\quad f(\boldsymbol{x}^{(3)})=\frac{9}{4}$$

$$\boldsymbol{x}^{(h)}=\boldsymbol{x}^{(2)},\quad \boldsymbol{x}^{(g)}=\boldsymbol{x}^{(3)},\quad \boldsymbol{x}^{(l)}=\boldsymbol{x}^{(1)}$$

求 $\boldsymbol{x}^{(2)}$ 关于 $\boldsymbol{x}^{(1)}$ 和 $\boldsymbol{x}^{(3)}$ 的形心的反射点．令

$$\bar{\boldsymbol{x}}=\frac{1}{2}(\boldsymbol{x}^{(1)}+\boldsymbol{x}^{(3)})=(2,-2)^{\mathrm{T}}$$

$$f(\bar{\boldsymbol{x}})=1$$

反射点

$$\boldsymbol{x}^{(4)}=\bar{\boldsymbol{x}}+\alpha(\bar{\boldsymbol{x}}-\boldsymbol{x}^{(2)})=(3,-4)^{\mathrm{T}}$$

$$f(\boldsymbol{x}^{(4)})=8$$

由于 $f(\boldsymbol{x}^{(4)})>f(\boldsymbol{x}^{(3)})$，所以进行压缩．由于

$$f(\boldsymbol{x}^{(4)})=\min\left\{f(\boldsymbol{x}^{(h)}),f(\boldsymbol{x}^{(4)})\right\}$$

因此，令

$$x^{(6)}=\bar{x}+\beta(x^{(4)}-\bar{x})=\left(\frac{5}{2},-3\right)^{\mathrm{T}}$$

$$f(x^{(6)})=\frac{9}{4}$$

由于 $f(x^{(6)})<f(x^{(4)})$，因此用 $x^{(6)}$ 替换 $x^{(2)}$，置 $x^{(2)}=x^{(6)}$，得到新的单纯形，其顶点为

$$x^{(1)}=\left(\frac{5}{2},-2\right)^{\mathrm{T}},\quad x^{(2)}=\left(\frac{5}{2},-3\right)^{\mathrm{T}},\quad x^{(3)}=\left(\frac{3}{2},-2\right)^{\mathrm{T}}$$

$$f(x^{(1)})=\frac{1}{4},\quad f(x^{(2)})=\frac{9}{4},\quad f(x^{(3)})=\frac{9}{4}$$

$$\left\{\frac{1}{3}\sum_{i=1}^{3}\left[f(x^{(i)})-f(\bar{x})\right]^2\right\}^{\frac{1}{2}}=1.11<\varepsilon$$

已满足精度要求，得近似解 $x^{(1)}=\left(\frac{5}{2},-2\right)^{\mathrm{T}}$，实际上，问题的极小点 $\bar{x}=(3,-2)^{\mathrm{T}}$.

上面介绍的方法不是最初形式，而是经过改进的．最初的方法称为正规单纯形法，每次迭代所用单纯形均为正规单纯形．一般认为经过改进的方法优于正规单纯形法．因此，对于后者我们不再介绍．

关于上述方法的使用效果，有人在许多问题上进行了试验，并取得成功．但也有人认为，对于变量多的情形，如 $n\geqslant 10$ 的问题，是十分无效的．

习 题

1．用模式搜索法求解下列问题．

（1）$\min f(x)=x_1^2+x_2^2-4x_1+2x_2+7$

取初始点 $x^{(1)}=(0,0)^{\mathrm{T}}$，初始步长 $\alpha=1,\gamma=1,\beta=\frac{1}{4}$；

（2）$\min f(x)=x_1^2+2x_2^2-4x_1-2x_1x_2$

取初始点 $x^{(1)}=(1,1)^{\mathrm{T}}$，初始步长 $\alpha=1,\gamma=1,\beta=\frac{1}{2}$．

2．用 Powell 基本算法求解下列问题．

$$\min f(\boldsymbol{x})=\frac{3}{2}x_1^{\ 2}+\frac{1}{2}x_2^{\ 2}-x_1x_2-2x_1$$

取初始点和初始搜索方向分别为

$$\boldsymbol{x}^{(1)}=(-2,4)^{\mathrm{T}}，\ \boldsymbol{d}^{(1)}=(1,0)^{\mathrm{T}}，\ \boldsymbol{d}^{(2)}=(0,1)^{\mathrm{T}}$$

3．用改进的 Powell 方法求解下列问题.

$$\min f(\boldsymbol{x})=x_1^{\ 2}+4x_2^{\ 2}$$

取初始点 $\boldsymbol{x}^{(1)}=(2,2)^{\mathrm{T}}$，初始方向 $\boldsymbol{d}^{(1)}=(1,0)^{\mathrm{T}}$，$\boldsymbol{d}^{(2)}=(-1,1)^{\mathrm{T}}$，计算一轮.

4．用单纯形调优法求解下列问题.

（1）$\min f(\boldsymbol{x})=4(x_1-5)^2+(x_2-6)^2$

取初始单纯形的顶点为

$$\boldsymbol{x}^{(1)}=(8,9)^{\mathrm{T}}，\ \boldsymbol{x}^{(2)}=(10,11)^{\mathrm{T}}，\ \boldsymbol{x}^{(3)}=(8,11)^{\mathrm{T}}$$

取因子 $\alpha=1,\gamma=2,\beta=\dfrac{1}{2}$，要求迭代 4 次.

（2）$\min f(\boldsymbol{x})=(x_1-3)^2+(x_2-2)^2+(x_1+x_2-4)^2$

取初始单纯形的顶点为

$$\boldsymbol{x}^{(1)}=(0,8)^{\mathrm{T}}，\ \boldsymbol{x}^{(2)}=(0,9)^{\mathrm{T}}，\ \boldsymbol{x}^{(3)}=(1,9)^{\mathrm{T}}$$

取因子 $\alpha=1,\gamma=2,\beta=\dfrac{1}{2}$，要求迭代 5 次.

5．用 Powell 基本算法求解例 8.2.3．在求解过程中，会发现它达不到最优解 $\bar{\boldsymbol{x}}=(0,0,0)^{\mathrm{T}}$,请解释其原因.

第 9 章　二次规划

本章及以后各章节讨论约束最优化问题.二次规划是指目标函数是二次函数，约束函数是线性的规划问题. 由于二次规划比较简单，便于求解，而且某些非线性规划问题可以转化为求解一系列二次规划问题，所以二次规划算法较早引起人们的重视，成为求解非线性规划的一个重要途径. 二次规划的算法较多，本章介绍其中几个典型的方法.

9.1　二次规划的概念与性质

考虑约束问题

$$\min f(\boldsymbol{x})=\frac{1}{2}\boldsymbol{x}^{\mathrm{T}}\boldsymbol{G}\boldsymbol{x}+\boldsymbol{r}^{\mathrm{T}}\boldsymbol{x},\quad \boldsymbol{x}\in\mathbf{R}^n$$

$$\text{s.t.}\begin{cases}c_i(\boldsymbol{x})=\boldsymbol{a}_i^{\mathrm{T}}\boldsymbol{x}-b_i=0, & i\in E=\{1,2,\cdots,l\}\\ c_i(\boldsymbol{x})=\boldsymbol{a}_i^{\mathrm{T}}\boldsymbol{x}-b_i\geqslant 0, & i\in I=\{l+1,l+2,\cdots,l+m\}\end{cases}\tag{9.1.1}$$

其中 $\boldsymbol{G}$ 为 $n\times n$ 阶对称矩阵，$\boldsymbol{r},\boldsymbol{a}_i(i\in E\cup I)$ 为 n 维向量，$b_i(i\in E\cup I)$ 为纯量，称问题（9.1.1）为二次规划问题. 若 $\boldsymbol{G}$ 为（正定）半正定矩阵，则称问题（9.1.1）为（严格）凸二次规划.

在第 4 章里我们已经讨论了最优化问题的最优性条件，结合前面内容，现给出相应二次规划问题的一些性质.

定理 9.1.1　$\boldsymbol{x}^*$ 是(严格)凸二次规划的全局解的充分必要条件是：$\boldsymbol{x}^*$ 是 K－T 点，即存在 $\boldsymbol{\lambda}^*=\left(\lambda_1^*,\lambda_2^*,\cdots,\lambda_{l+\mathrm{m}}^*\right)^{\mathrm{T}}$，使得

$$
\begin{cases}
Gx^* + r - \sum_{i=1}^{l+m} \lambda_i^* a_i = 0 \\
a_i^{\mathrm{T}} x^* - b_i = 0, \quad i \in E \\
a_i^{\mathrm{T}} x^* - b_i \geqslant 0, \quad i \in I \\
\lambda_i^* \geqslant 0, \quad i \in I \\
\lambda_i^* (a_i^{\mathrm{T}} x^* - b_i) = 0, \quad i \in I
\end{cases} \tag{9.1.2}
$$

证明 必要性．由约束问题的一阶必要条件，得证．

充分性．设 x^* 是 K－T 点，考虑 $\forall x \neq x^*$， $x \in D$，

这里
$$D = \left\{ x \middle| a_i^{\mathrm{T}} x = b_i, i \in E; a_i^{\mathrm{T}} x \geqslant b_i, i \in I \right\}$$

将 $f(x)$ 在 x^* 处泰勒展开

$$f(x) = f(x^*) + \nabla f(x^*)^{\mathrm{T}} (x - x^*) + \frac{1}{2}(x - x^*)^{\mathrm{T}} G (x - x^*)$$

由于 G 为半正定（正定），故有

$$(x - x^*)^{\mathrm{T}} G (x - x^*) \geqslant 0 (> 0)$$

因此

$$
\begin{aligned}
f(x) - f(x^*) &\geqslant (>) \nabla f(x^*)^{\mathrm{T}} (x - x^*) \\
&= \sum_{i \in E} \lambda_i^* a_i^{\mathrm{T}} (x - x^*) + \sum_{i \in I(x^*)} \lambda_i^* a_i^{\mathrm{T}} (x - x^*) + \sum_{i \in I \setminus I(x^*)} \lambda_i^* a_i^{\mathrm{T}} (x - x^*) \\
&\geqslant 0
\end{aligned} \tag{9.1.3}
$$

所以， x^* 是(严格)全局解．

推论 （严格）凸二次规划问题的局部解均为全局解．

定理 9.1.2 若 x^* 是凸二次规划（9.1.1）的全局解，则 x^* 是如下等式约束二次规划问题

$$
\begin{aligned}
&\min f(x) = \frac{1}{2} x^{\mathrm{T}} G x + r^{\mathrm{T}} x, \qquad x \in \mathbf{R}^n \\
&\text{s.t. } c_i(x) = a_i^{\mathrm{T}} x - b_i = 0, \qquad i \in E \cup I(x^*)
\end{aligned} \tag{9.1.4}
$$

的全局解．

证明 若 x^* 是问题（9.1.1）的全局解，则 x^* 是问题（9.1.1）的 K－T 点，也是问题（9.1.4）的 K－T 点，由定理 9.1.1 及推论，则 x^* 是问题（9.1.4）的全局解．

9.2 等式约束二次规划

等式约束二次规划问题可表示为

$$
\begin{aligned}
&\min f(\boldsymbol{x}) = \frac{1}{2}\boldsymbol{x}^{\mathrm{T}}\boldsymbol{G}\boldsymbol{x} + \boldsymbol{r}^{\mathrm{T}}\boldsymbol{x}, \qquad \boldsymbol{x} \in \mathbf{R}^n \\
&\text{s.t. } \boldsymbol{A}\boldsymbol{x} = \boldsymbol{b}
\end{aligned} \tag{9.2.1}
$$

其中，$\boldsymbol{G}$ 是 n 阶对称矩阵，$\boldsymbol{A}$ 是 $m \times n$ 矩阵，且不妨设

$$
\operatorname{rank}(\boldsymbol{A}) = m < n, \qquad \boldsymbol{r} \in \mathbf{R}^n,\ \boldsymbol{b} \in \mathbf{R}^m
$$

下面介绍求解问题（9.2.1）的两种方法.

9.2.1 拉格朗日乘子法

首先定义问题（9.2.1）拉格朗日函数

$$
L(\boldsymbol{x}, \boldsymbol{\lambda}) = \frac{1}{2}\boldsymbol{x}^{\mathrm{T}}\boldsymbol{G}\boldsymbol{x} + \boldsymbol{r}^{\mathrm{T}}\boldsymbol{x} - \boldsymbol{\lambda}^{\mathrm{T}}(\boldsymbol{A}\boldsymbol{x} - \boldsymbol{b}) \tag{9.2.2}
$$

令

$$
\nabla_x L(\boldsymbol{x}, \boldsymbol{\lambda}) = \boldsymbol{0}, \quad \nabla_\lambda L(\boldsymbol{x}, \boldsymbol{\lambda}) = \boldsymbol{0}
$$

得到K－T条件

$$
\begin{gathered}
\boldsymbol{G}\boldsymbol{x} + \boldsymbol{r} - \boldsymbol{A}^{\mathrm{T}}\boldsymbol{\lambda} = \boldsymbol{0} \\
-\boldsymbol{A}\boldsymbol{x} + \boldsymbol{b} = \boldsymbol{0}
\end{gathered}
$$

将此方程组写成

$$
\begin{bmatrix} \boldsymbol{G} & -\boldsymbol{A}^{\mathrm{T}} \\ -\boldsymbol{A} & \boldsymbol{O} \end{bmatrix}\begin{bmatrix} \boldsymbol{x} \\ \boldsymbol{\lambda} \end{bmatrix} = \begin{bmatrix} -\boldsymbol{r} \\ -\boldsymbol{b} \end{bmatrix} \tag{9.2.3}
$$

系数矩阵$\begin{bmatrix} \boldsymbol{G} & -\boldsymbol{A}^{\mathrm{T}} \\ -\boldsymbol{A} & \boldsymbol{O} \end{bmatrix}$称为拉格朗日矩阵.

设上述拉格朗日矩阵可逆，则可表示为

$$
\begin{bmatrix} \boldsymbol{G} & -\boldsymbol{A}^{\mathrm{T}} \\ -\boldsymbol{A} & \boldsymbol{O} \end{bmatrix}^{-1} = \begin{bmatrix} \boldsymbol{Q} & -\boldsymbol{R}^{\mathrm{T}} \\ -\boldsymbol{R} & \boldsymbol{S} \end{bmatrix}
$$

由式
$$\begin{bmatrix} \boldsymbol{G} & -\boldsymbol{A}^{\mathrm{T}} \\ -\boldsymbol{A} & \boldsymbol{O} \end{bmatrix}\begin{bmatrix} \boldsymbol{Q} & -\boldsymbol{R}^{\mathrm{T}} \\ -\boldsymbol{R} & \boldsymbol{S} \end{bmatrix}=\begin{bmatrix} \boldsymbol{I}_n & \boldsymbol{O} \\ \boldsymbol{O} & \boldsymbol{I}_m \end{bmatrix}=\boldsymbol{I}_{m+n}$$

推得

$$\boldsymbol{G}\boldsymbol{Q}+\boldsymbol{A}^{\mathrm{T}}\boldsymbol{R}=\boldsymbol{I}_n \tag{9.2.4}$$

$$-\boldsymbol{G}\boldsymbol{R}^{\mathrm{T}}-\boldsymbol{A}^{\mathrm{T}}\boldsymbol{S}=\boldsymbol{O}_{n\times m} \tag{9.2.5}$$

$$-\boldsymbol{A}\boldsymbol{Q}=\boldsymbol{O}_{m\times n} \tag{9.2.6}$$

$$\boldsymbol{A}\boldsymbol{R}^{\mathrm{T}}=\boldsymbol{I}_m \tag{9.2.7}$$

因为$\boldsymbol{G}$为对称正定矩阵，$\boldsymbol{G}$可逆，

由式（9.2.5）

$$\boldsymbol{R}^{\mathrm{T}}=-\boldsymbol{G}^{-1}\boldsymbol{A}^{\mathrm{T}}\boldsymbol{S} \tag{9.2.8}$$

在式（9.2.8）两边左乘$\boldsymbol{A}$，且由式（9.2.7），得

$$\boldsymbol{A}\boldsymbol{R}^{\mathrm{T}}=-\boldsymbol{A}\boldsymbol{G}^{-1}\boldsymbol{A}^{\mathrm{T}}\boldsymbol{S}=\boldsymbol{I}_m$$

故有

$$\boldsymbol{S}=-(\boldsymbol{A}\boldsymbol{G}^{-1}\boldsymbol{A}^{\mathrm{T}})^{-1} \tag{9.2.9}$$

由式（9.2.8）

$$\boldsymbol{R}=(-\boldsymbol{G}^{-1}\boldsymbol{A}^{\mathrm{T}}\boldsymbol{S})^{\mathrm{T}}=-\boldsymbol{S}^{\mathrm{T}}\boldsymbol{A}(\boldsymbol{G}^{-1})^{\mathrm{T}} \tag{9.2.10}$$

因为$\boldsymbol{G}$为对称正定矩阵，故

$$(\boldsymbol{G}^{-1})^{\mathrm{T}}=(\boldsymbol{G}^{\mathrm{T}})^{-1}=\boldsymbol{G}^{-1}$$

又由式（9.2.9）

$$\begin{aligned}\boldsymbol{S}^{\mathrm{T}}&=-\left[(\boldsymbol{A}\boldsymbol{G}^{-1}\boldsymbol{A}^{\mathrm{T}})^{-1}\right]^{\mathrm{T}}\\&=-\left[(\boldsymbol{A}\boldsymbol{G}^{-1}\boldsymbol{A}^{\mathrm{T}})^{\mathrm{T}}\right]^{-1}\\&=-(\boldsymbol{A}\boldsymbol{G}^{-1}\boldsymbol{A}^{\mathrm{T}})^{-1}=\boldsymbol{S}\end{aligned}$$

将上式及式（9.2.9）代入式（9.2.10）

$$\boldsymbol{R}=-\boldsymbol{S}\boldsymbol{A}\boldsymbol{G}^{-1}=(\boldsymbol{A}\boldsymbol{G}^{-1}\boldsymbol{A}^{\mathrm{T}})^{-1}\boldsymbol{A}\boldsymbol{G}^{-1} \tag{9.2.11}$$

由式（9.2.4）

$$\begin{aligned}\boldsymbol{Q}&=\boldsymbol{G}^{-1}-\boldsymbol{G}^{-1}\boldsymbol{A}^{\mathrm{T}}\boldsymbol{R}\\&=\boldsymbol{G}^{-1}-\boldsymbol{G}^{-1}\boldsymbol{A}^{\mathrm{T}}(\boldsymbol{A}\boldsymbol{G}^{-1}\boldsymbol{A}^{\mathrm{T}})^{-1}\boldsymbol{A}\boldsymbol{G}^{-1}\end{aligned}$$

因此可归纳为

$$\boldsymbol{Q}=\boldsymbol{G}^{-1}-\boldsymbol{G}^{-1}\boldsymbol{A}^{\mathrm{T}}(\boldsymbol{A}\boldsymbol{G}^{-1}\boldsymbol{A}^{\mathrm{T}})^{-1}\boldsymbol{A}\boldsymbol{G}^{-1} \tag{9.2.12}$$

$$\boldsymbol{R}=(\boldsymbol{A}\boldsymbol{G}^{-1}\boldsymbol{A}^{\mathrm{T}})^{-1}\boldsymbol{A}\boldsymbol{G}^{-1} \tag{9.2.13}$$

$$\boldsymbol{S}=-(\boldsymbol{A}\boldsymbol{G}^{-1}\boldsymbol{A}^{\mathrm{T}})^{-1} \tag{9.2.14}$$

由式（9.2.3）等号两端乘以拉格朗日矩阵的逆，则得到问题的解

$$\boldsymbol{x}^*=-\boldsymbol{Q}\boldsymbol{r}+\boldsymbol{R}^{\mathrm{T}}\boldsymbol{b} \tag{9.2.15}$$

$$\boldsymbol{\lambda}^*=\boldsymbol{R}\boldsymbol{r}-\boldsymbol{S}\boldsymbol{b} \tag{9.2.16}$$

下面给出 $\boldsymbol{x}^*$ 和 $\boldsymbol{\lambda}^*$ 的另一种表达式.

设 $\overline{\boldsymbol{x}}$ 是式（9.2.1）的任一可行解，即 $\overline{\boldsymbol{x}}$ 满足

$$\boldsymbol{A}\overline{\boldsymbol{x}}=\boldsymbol{b}$$

在此点目标函数的梯度

$$\nabla f(\overline{\boldsymbol{x}})=\boldsymbol{G}\overline{\boldsymbol{x}}+\boldsymbol{r}$$

利用 $\overline{\boldsymbol{x}}$ 和 $\nabla f(\overline{\boldsymbol{x}})$，以及式（9.2.12）至式（9.2.14），可将式（9.2.15）和式（9.2.16）改写成

$$\boldsymbol{x}^*=\overline{\boldsymbol{x}}-\boldsymbol{Q}\nabla f(\overline{\boldsymbol{x}}) \tag{9.2.17}$$

$$\boldsymbol{\lambda}^*=\boldsymbol{R}\nabla f(\overline{\boldsymbol{x}}) \tag{9.2.18}$$

例 9.2.1 用拉格朗日方法求解下列问题：

$$\min f(\boldsymbol{x})=x_1^2+2x_2^2+x_3^2-2x_1x_2+x_3$$

$$\text{s.t.}\begin{cases} x_1+x_2+x_3=4 \\ 2x_1-x_2+x_3=2 \end{cases}$$

解 易知

$$\boldsymbol{G}=\begin{pmatrix} 2 & -2 & 0 \\ -2 & 4 & 0 \\ 0 & 0 & 2 \end{pmatrix},\quad \boldsymbol{r}=\begin{pmatrix} 0 \\ 0 \\ 1 \end{pmatrix}$$

$$\boldsymbol{A}=\begin{pmatrix} 1 & 1 & 1 \\ 2 & -1 & 1 \end{pmatrix},\quad \boldsymbol{b}=\begin{pmatrix} 4 \\ 2 \end{pmatrix}$$

求得

$$G^{-1}=\begin{pmatrix}1 & \frac{1}{2} & 0\\ \frac{1}{2} & \frac{1}{2} & 0\\ 0 & 0 & \frac{1}{2}\end{pmatrix}$$

由式（9.2.12）至式（9.2.14）算得

$$Q=\frac{4}{11}\begin{pmatrix}\frac{1}{2} & \frac{1}{4} & -\frac{3}{4}\\ \frac{1}{4} & \frac{1}{8} & -\frac{3}{8}\\ -\frac{3}{4} & -\frac{3}{8} & \frac{9}{8}\end{pmatrix}$$

$$R=\frac{4}{11}\begin{pmatrix}\frac{3}{4} & \frac{7}{4} & \frac{1}{4}\\ \frac{3}{4} & -1 & \frac{1}{4}\end{pmatrix},\quad S=-\frac{4}{11}\begin{pmatrix}3 & -\frac{5}{2}\\ -\frac{5}{2} & 3\end{pmatrix}$$

把 $\boldsymbol{Q}$，$\boldsymbol{R}$，$\boldsymbol{S}$ 代入式（9.2.15）和式（9.2.16），得到问题的最优解及相应的乘子

$$\boldsymbol{x}^*=(x_1,x_2,x_3)^{\mathrm{T}}=\left(\frac{21}{11},\frac{43}{22},\frac{3}{22}\right)^{\mathrm{T}}$$

$$\boldsymbol{\lambda}^*=\left(\frac{29}{11},-\frac{15}{11}\right)^{\mathrm{T}}$$

显然，$\bar{\boldsymbol{x}}=(0,1,3)^{\mathrm{T}}$ 是问题的一个可行解，此时 $\nabla f(\bar{\boldsymbol{x}})=\boldsymbol{G}\bar{\boldsymbol{x}}+\boldsymbol{r}=(-2,4,7)^{\mathrm{T}}$，由式（9.2.17）和式（9.2.18）得

$$\boldsymbol{x}^*=\bar{\boldsymbol{x}}-\boldsymbol{Q}\nabla f(\bar{\boldsymbol{x}})=\left(\frac{21}{11},\frac{43}{22},\frac{3}{22}\right)^{\mathrm{T}}$$

$$\lambda^*=\boldsymbol{R}\nabla f(\bar{\boldsymbol{x}})=\left(\frac{29}{11},-\frac{15}{11}\right)^{\mathrm{T}}$$

从而验证了式（9.2.17）和式（9.2.18）的正确性.

9.2.2　直接消元法

求解问题（9.2.1）最简单又最直接的方法就是利用约束消去部分变量，从而

把问题转化为无约束问题，这一方法称为直接消元法.

将 $\boldsymbol{A}$ 分解为 $\boldsymbol{A}=\left(\boldsymbol{A}_B,\boldsymbol{A}_N\right)$，其中 $\boldsymbol{A}_B\in\mathbf{R}^{m\times m}$ 非奇异，相应地，将 $\boldsymbol{x},\boldsymbol{r},\boldsymbol{G}$ 作如下分块：

$$\boldsymbol{x}=\begin{bmatrix}\boldsymbol{x}_B\\ \boldsymbol{x}_N\end{bmatrix},\quad \boldsymbol{r}=\begin{bmatrix}\boldsymbol{r}_B\\ \boldsymbol{r}_N\end{bmatrix},\quad \boldsymbol{G}=\begin{bmatrix}\boldsymbol{G}_{BB} & \boldsymbol{G}_{BN}\\ \boldsymbol{G}_{NB} & \boldsymbol{G}_{NN}\end{bmatrix}$$

因此，等式约束问题（9.2.1）可以写成

$$\begin{aligned}&\min f(\boldsymbol{x})=\frac{1}{2}\left(\boldsymbol{x}_B^{\mathrm{T}}\boldsymbol{G}_{BB}\boldsymbol{x}_B+\boldsymbol{x}_B^{\mathrm{T}}\boldsymbol{G}_{BN}\boldsymbol{x}_N+\boldsymbol{x}_N^{\mathrm{T}}\boldsymbol{G}_{NB}\boldsymbol{x}_B+\boldsymbol{x}_N^{\mathrm{T}}\boldsymbol{G}_{NN}\boldsymbol{x}_N\right)+\boldsymbol{r}_B^{\mathrm{T}}\boldsymbol{x}_B+\boldsymbol{r}_N^{\mathrm{T}}\boldsymbol{x}_N\\&\text{s.t. } \boldsymbol{A}_B\boldsymbol{x}_B+\boldsymbol{A}_N\boldsymbol{x}_N=\boldsymbol{b}\end{aligned}\tag{9.2.19}$$

考虑问题（9.2.19）的约束条件，由于 $\boldsymbol{A}_B$ 非奇异，可将 $\boldsymbol{x}_B$ 表示成 $\boldsymbol{x}_N$ 的函数，即消去 $\boldsymbol{x}_B$，得到

$$\boldsymbol{x}_B=\boldsymbol{A}_B^{-1}\boldsymbol{b}-\boldsymbol{A}_B^{-1}\boldsymbol{A}_N\boldsymbol{x}_N\tag{9.2.20}$$

将式（9.2.20）代入问题（9.2.19）中的目标函数，得到相应的无约束问题，其目标函数为

$$\begin{aligned}\hat{f}(\boldsymbol{x}_N)=&\frac{1}{2}\boldsymbol{x}_N^{\mathrm{T}}\left[\boldsymbol{G}_{NN}-\boldsymbol{A}_N^{\mathrm{T}}(\boldsymbol{A}_B^{\mathrm{T}})^{-1}\boldsymbol{G}_{BN}-\boldsymbol{G}_{NB}\boldsymbol{A}_B^{-1}\boldsymbol{A}_N+\boldsymbol{A}_N^{\mathrm{T}}(\boldsymbol{A}_B^{\mathrm{T}})^{-1}\boldsymbol{G}_{BB}\boldsymbol{A}_B^{-1}\boldsymbol{A}_N\right]\boldsymbol{x}_N+\\&\boldsymbol{b}^{\mathrm{T}}(\boldsymbol{A}_B^{\mathrm{T}})^{-1}(\boldsymbol{G}_{BN}-\boldsymbol{G}_{BB}\boldsymbol{A}_B^{-1}\boldsymbol{A}_N)\boldsymbol{x}_N+(\boldsymbol{r}_N^{\mathrm{T}}-\boldsymbol{r}_B^{\mathrm{T}}\boldsymbol{A}_B^{-1}\boldsymbol{A}_N)\boldsymbol{x}_N+\\&\frac{1}{2}\boldsymbol{b}^{\mathrm{T}}(\boldsymbol{A}_B^{\mathrm{T}})^{-1}\boldsymbol{G}_{BB}\boldsymbol{A}_B^{-1}\boldsymbol{b}+\boldsymbol{r}_B^{\mathrm{T}}\boldsymbol{A}_B^{-1}\boldsymbol{b}\end{aligned}\tag{9.2.21}$$

令

$$\begin{aligned}\hat{\boldsymbol{G}}_N&=\boldsymbol{G}_{NN}-\boldsymbol{A}_N^{\mathrm{T}}(\boldsymbol{A}_B^{\mathrm{T}})^{-1}\boldsymbol{G}_{BN}-\boldsymbol{G}_{NB}\boldsymbol{A}_B^{-1}\boldsymbol{A}_N+\boldsymbol{A}_N^{\mathrm{T}}(\boldsymbol{A}_B^{\mathrm{T}})^{-1}\boldsymbol{G}_{BB}\boldsymbol{A}_B^{-1}\boldsymbol{A}_N\\\hat{\boldsymbol{r}}_N&=\boldsymbol{r}_N-\boldsymbol{A}_N^{\mathrm{T}}(\boldsymbol{A}_B^{\mathrm{T}})^{-1}\boldsymbol{r}_B+\left(\boldsymbol{G}_{NB}-\boldsymbol{A}_N^{\mathrm{T}}(\boldsymbol{A}_B^{\mathrm{T}})^{-1}\boldsymbol{G}_{BB}\right)\boldsymbol{A}_B^{-1}\boldsymbol{b}\\\hat{\delta}&=\frac{1}{2}\boldsymbol{b}^{\mathrm{T}}(\boldsymbol{A}_B^{\mathrm{T}})^{-1}\boldsymbol{G}_{BB}\boldsymbol{A}_B^{-1}\boldsymbol{b}+\boldsymbol{r}_B^{\mathrm{T}}\boldsymbol{A}_B^{-1}\boldsymbol{b}\end{aligned}\tag{9.2.22}$$

则相应的无约束问题为

$$\min\hat{f}\left(\boldsymbol{x}_N\right)=\frac{1}{2}\boldsymbol{x}_N^{\mathrm{T}}\hat{\boldsymbol{G}}_N\boldsymbol{x}_N+\hat{\boldsymbol{r}}_N^{\mathrm{T}}\boldsymbol{x}_N+\hat{\delta}\tag{9.2.23}$$

若 $\hat{\boldsymbol{G}}_N$ 是正定对称矩阵，则问题（9.2.23）有唯一解

$$\boldsymbol{x}_N^*=-\hat{\boldsymbol{G}}_N^{-1}\hat{\boldsymbol{r}}_N\tag{9.2.24}$$

由式（9.2.20）可以得到问题（9.2.1）的最优解

$$x^* = \begin{bmatrix} x_B^* \\ x_N^* \end{bmatrix} = \begin{bmatrix} A_B^{-1}b + A_B^{-1}A_N\hat{G}_N^{-1}\hat{r}_N \\ -\hat{G}_N^{-1}\hat{r}_N \end{bmatrix} \tag{9.2.25}$$

由于相应的乘子 λ^* 满足

$$Gx^* + r - A^{\mathrm{T}}\lambda^* = 0$$

即

$$\begin{pmatrix} G_{BB} & G_{BN} \\ G_{NB} & G_{NN} \end{pmatrix}\begin{pmatrix} x_B^* \\ x_N^* \end{pmatrix} + \begin{pmatrix} r_B \\ r_N \end{pmatrix} - \begin{pmatrix} A_B^{\mathrm{T}} \\ A_N^{\mathrm{T}} \end{pmatrix}\lambda^* = \begin{pmatrix} 0 \\ 0 \end{pmatrix}$$

所以

$$\lambda^* = \left(A_B^{\mathrm{T}}\right)^{-1}\left(G_{BB}x_B^* + G_{BN}x_N^* + r_B\right) \tag{9.2.26}$$

可以证明，若问题（9.2.1）中的 G 是正定对称矩阵，则相应的无约束问题（9.2.23）中的 $\hat{G}_N$ 也是正定对称矩阵. 因此对于等式约束的严格凸二次规划问题，可以用直接消元法得到原问题的最优解.

例 9.2.2　用直接消元法求解凸二次规划问题

$$\min f(x) = x_1^2 + x_2^2 + x_3^2$$

$$\text{s.t.}\begin{cases} x_1 + 2x_2 - x_3 = 4 \\ x_1 - x_2 + x_3 = -2 \end{cases}$$

解　将约束写成

$$\begin{cases} x_1 + 2x_2 = 4 + x_3 \\ x_1 - x_2 = -2 - x_3 \end{cases} \tag{9.2.27}$$

求解方程组（9.2.27）得到

$$x_1 = -\frac{1}{3}x_3，\quad x_2 = 2 + \frac{2}{3}x_3 \tag{9.2.28}$$

将式（9.2.28）代入目标函数 $f(x)$ 中，得到

$$\hat{f}(x_3) = \frac{14}{9}x_3^2 + \frac{8}{3}x_3 + 4， \tag{9.2.29}$$

求解无约束问题（9.2.29），得到

$$x_3^* = -\frac{6}{7}$$

代入式（9.2.28）中，得到约束问题的最优解

$$\boldsymbol{x}^* = \left(\frac{2}{7}, \frac{10}{7}, -\frac{6}{7}\right)^{\mathrm{T}}$$

由于乘子 $\boldsymbol{\lambda}^*$ 满足方程

$$\boldsymbol{G}\boldsymbol{x}^* + \boldsymbol{r} - \boldsymbol{A}^{\mathrm{T}}\boldsymbol{\lambda}^* = \boldsymbol{0}$$

因此有

$$\begin{pmatrix} 1 & 1 \\ 2 & -1 \\ -1 & 1 \end{pmatrix}\begin{pmatrix} \lambda_1^* \\ \lambda_2^* \end{pmatrix} = \begin{pmatrix} 2 & 0 & 0 \\ 0 & 2 & 0 \\ 0 & 0 & 2 \end{pmatrix}\begin{pmatrix} \frac{2}{7} \\ \frac{10}{7} \\ -\frac{6}{7} \end{pmatrix}$$

解得

$$\lambda_1^* = \frac{8}{7}，\quad \lambda_2^* = -\frac{4}{7}$$

直接消元法思想简单直观，使用方便，不足之处是 $\boldsymbol{A}_B$ 可能接近一个奇异方阵，从而引起最优解 $\boldsymbol{x}^*$ 的数值不稳定.

9.3 有效集法

本节讨论二次规划的有效集法．有效集法的基本思想是通过求解有限个等式约束二次规划问题来得到一般约束二次规划问题的最优解.

对于凸二次规划问题（9.1.1），由定理 9.1.2 可知，只要能确定出最优解 $\boldsymbol{x}^*$ 处的有效约束指标集 $I(\boldsymbol{x}^*)$，通过求解等式约束问题（9.1.4）就可以得到最优解.

9.3.1 有效集法的基本步骤

设在第 k 次迭代中，$\boldsymbol{x}^{(k)}$ 是凸二次规划问题（9.1.1）的可行点，确定相应的有效约束指标集

$$I(\boldsymbol{x}^{(k)}) = \left\{i \middle| \boldsymbol{a}_i^{\mathrm{T}}\boldsymbol{x}^{(k)} = b_i,\quad i \in I\right\} \tag{9.3.1}$$

并假设 $\boldsymbol{a}_i\left(i \in E \cup I(\boldsymbol{x}^{(k)})\right)$ 线性无关.

现需要求解等式约束问题

$$\min f(\boldsymbol{x})=\frac{1}{2}\boldsymbol{x}^{\mathrm{T}}\boldsymbol{G}\boldsymbol{x}+\boldsymbol{r}^{\mathrm{T}}\boldsymbol{x}$$

$$\text{s.t. } \boldsymbol{a}_i^{\mathrm{T}}\boldsymbol{x}-b_i=0,\quad i\in E\cup I(\boldsymbol{x}^{(k)}) \tag{9.3.2}$$

为方便起见，现将坐标原点移至 $\boldsymbol{x}^{(k)}$，令

$$\boldsymbol{d}=\boldsymbol{x}-\boldsymbol{x}^{(k)}$$

则

$$\begin{aligned}f(\boldsymbol{x})&=\frac{1}{2}(\boldsymbol{d}+\boldsymbol{x}^{(k)})^{\mathrm{T}}\boldsymbol{G}(\boldsymbol{d}+\boldsymbol{x}^{(k)})+\boldsymbol{r}^{\mathrm{T}}(\boldsymbol{d}+\boldsymbol{x}^{(k)})\\&=\frac{1}{2}\boldsymbol{d}^{\mathrm{T}}\boldsymbol{G}\boldsymbol{d}+\boldsymbol{d}^{\mathrm{T}}\boldsymbol{G}\boldsymbol{x}^{(k)}+\frac{1}{2}(\boldsymbol{x}^{(k)})^{\mathrm{T}}\boldsymbol{G}\boldsymbol{x}^{(k)}+\boldsymbol{r}^{\mathrm{T}}\boldsymbol{d}+\boldsymbol{r}^{\mathrm{T}}\boldsymbol{x}^{(k)}\\&=\frac{1}{2}\boldsymbol{d}^{T}\boldsymbol{G}\boldsymbol{d}+\nabla f(\boldsymbol{x}^{(k)})^{\mathrm{T}}\boldsymbol{d}+f(\boldsymbol{x}^{(k)})\end{aligned} \tag{9.3.3}$$

而对于等式约束和有效约束，有

$$c_i(\boldsymbol{x})=\boldsymbol{a}_i^{\mathrm{T}}\boldsymbol{x}-b_i=\boldsymbol{a}_i^{\mathrm{T}}\boldsymbol{x}^{(k)}-b_i+\boldsymbol{a}_i^{\mathrm{T}}\boldsymbol{d}=0$$

因此

$$\boldsymbol{a}_i^{\mathrm{T}}\boldsymbol{d}=0,\qquad i\in E\cup I(\boldsymbol{x}^{(k)}) \tag{9.3.4}$$

结合式（9.3.3）和式（9.3.4），等式约束问题（9.3.2）转化为

$$\min\frac{1}{2}\boldsymbol{d}^{\mathrm{T}}\boldsymbol{G}\boldsymbol{d}+\nabla f(\boldsymbol{x}^{(k)})^{\mathrm{T}}\boldsymbol{d}$$

$$\text{s.t. } \boldsymbol{a}_i^{\mathrm{T}}\boldsymbol{d}=0,\quad i\in E\cup I(\boldsymbol{x}^{(k)}) \tag{9.3.5}$$

解等式二次规划问题（9.3.5），求出最优解 $\boldsymbol{d}^{(k)}$，从而问题（9.3.2）的最优解为

$$\overline{\boldsymbol{x}}^{(k)}=\boldsymbol{x}^{(k)}+\boldsymbol{d}^{(k)}$$

现在区别不同情形，决定下面应采取的步骤.

（1）若 $\boldsymbol{d}^{(k)}\neq\boldsymbol{0}$，即 $\overline{\boldsymbol{x}}^{(k)}\neq\boldsymbol{x}^{(k)}$，$\overline{\boldsymbol{x}}^{(k)}$ 是问题（9.3.2）的最优解，因此，有

$$f(\overline{\boldsymbol{x}}^{(k)})<f(\boldsymbol{x}^{(k)}) \tag{9.3.6}$$

继续分两种情况讨论.

（i）若 $\overline{\boldsymbol{x}}^{(k)}$ 是原问题（9.1.1）的可行点，此时取 $\boldsymbol{x}^{(k+1)}=\overline{\boldsymbol{x}}^{(k)}$.

若 $\boldsymbol{x}^{(k+1)}$ 在不等式约束的内部，则 $\boldsymbol{x}^{(k+1)}$ 处的有效约束个数不变，即

$$I(\boldsymbol{x}^{(k+1)})=I(\boldsymbol{x}^{(k)})$$

若 $\boldsymbol{x}^{(k+1)}$ 位于某一不等式约束的边界上（不妨设是第 p 个约束），则在 $\boldsymbol{x}^{(k+1)}$ 处的有效约束个数增加一个，即

$$I(\boldsymbol{x}^{(k+1)})=I(\boldsymbol{x}^{(k)})+\{p\}$$

重复上一轮计算.

（ii）若 $\overline{\boldsymbol{x}}^{(k)}$ 不是原问题（9.1.1）的可行点，将 $\boldsymbol{d}^{(k)}=\overline{\boldsymbol{x}}^{(k)}-\boldsymbol{x}^{(k)}$ 作为搜索方向．由于 $\boldsymbol{x}^{(k)}$ 是可行点，这表明从 $\boldsymbol{x}^{(k)}$ 点出发，沿方向 $\boldsymbol{d}^{(k)}$ 前进，在达到 $\overline{\boldsymbol{x}}^{(k)}$ 之前，一定会遇到某约束的边界．$\overline{\boldsymbol{x}}^{(k)}$ 是问题（9.3.2）的最优解，因此，$\overline{\boldsymbol{x}}^{(k)}$ 满足等式约束和 $\boldsymbol{x}^{(k)}$ 处的有效约束，问题只能出现在那些非有效约束上．令

$$\boldsymbol{x}=\boldsymbol{x}^{(k)}+\alpha\boldsymbol{d}^{(k)} \tag{9.3.7}$$

现在分析怎样确定沿 $\boldsymbol{d}^{(k)}$ 方向搜索的步长 α_k，根据保持可行性的要求，α_k 的取值应使得对于每个 $i\in I\setminus I(\boldsymbol{x}^{(k)})$ 成立

$$\boldsymbol{a}_i^{\mathrm{T}}\boldsymbol{x}-b_i=\boldsymbol{a}_i^{\mathrm{T}}\boldsymbol{x}^{(k)}-b_i+\alpha\boldsymbol{a}_i^{\mathrm{T}}\boldsymbol{d}^{(k)}\geqslant 0 \tag{9.3.8}$$

由于 $\boldsymbol{x}^{(k)}$ 是可行点，$\boldsymbol{a}_i^{\mathrm{T}}\boldsymbol{x}^{(k)}-b_i\geqslant 0$，所以由上式可知，当 $\boldsymbol{a}_i^{\mathrm{T}}\boldsymbol{d}^{(k)}\geqslant 0$ 时，对于任意的非负数 α_k，式（9.3.8）总成立；当 $\boldsymbol{a}_i^{\mathrm{T}}\boldsymbol{d}^{(k)}<0$ 时，只需取正数

$$\alpha_k\leqslant\min\left\{\frac{b_i-\boldsymbol{a}_i^{\mathrm{T}}\boldsymbol{x}^{(k)}}{\boldsymbol{a}_i^{\mathrm{T}}\boldsymbol{d}^{(k)}}\mid\boldsymbol{a}_i^{\mathrm{T}}\boldsymbol{d}^{(k)}<0,i\in I\setminus I\left(\boldsymbol{x}^{(k)}\right)\right\}$$

对于每个 $i\in I\setminus I(\boldsymbol{x}^{(k)})$，式（9.3.8）成立.

记

$$\hat{\alpha}_k=\min\left\{\frac{b_i-\boldsymbol{a}_i^{\mathrm{T}}\boldsymbol{x}^{(k)}}{\boldsymbol{a}_i^{\mathrm{T}}\boldsymbol{d}^{(k)}}\mid\boldsymbol{a}_i^{\mathrm{T}}\boldsymbol{d}^{(k)}<0,i\in I\setminus I(\boldsymbol{x}^{(k)})\right\} \tag{9.3.9}$$

由于 $\boldsymbol{d}^{(k)}$ 是问题（9.3.5）的最优解，为在第 k 次迭代中得到较好可行点，应进一步取

$$\alpha_k=\min\{1,\hat{\alpha}_k\} \tag{9.3.10}$$

此时

$$\boldsymbol{x}^{(k+1)}=\boldsymbol{x}^{(k)}+\alpha_k\boldsymbol{d}^{(k)}$$

是问题（9.1.1）的可行点，并且满足

$$f(\boldsymbol{x}^{(k+1)}) < f(\boldsymbol{x}^{(k)})$$

如果

$$\alpha_k = \frac{b_p - \boldsymbol{a}_p^{\mathrm{T}}\boldsymbol{x}^{(k)}}{\boldsymbol{a}_p^{\mathrm{T}}\boldsymbol{d}^{(k)}} < 1 \tag{9.3.11}$$

则在点 $\boldsymbol{x}^{(k+1)}$，有

$$\boldsymbol{a}_p^{\mathrm{T}}\boldsymbol{x}^{(k+1)} = \boldsymbol{a}_p^{\mathrm{T}}\left(\boldsymbol{x}^{(k)} + \alpha_k\boldsymbol{d}^{(k)}\right) = b_p$$

因此，在 $\boldsymbol{x}^{(k+1)}$ 处，$\boldsymbol{a}_p^{\mathrm{T}}\boldsymbol{x} - b_p \geqslant 0$ 为有效约束．这时，把指标 p 加入 $I(\boldsymbol{x}^{(k)})$，得到在 $\boldsymbol{x}^{(k+1)}$ 处的有效约束指标集

$$I(\boldsymbol{x}^{(k+1)}) = I(\boldsymbol{x}^{(k)}) + \{p\} \tag{9.3.12}$$

重复上一轮计算．

（2）若 $\boldsymbol{d}^{(k)} = \boldsymbol{0}$，即 $\bar{\boldsymbol{x}}^{(k)} = \boldsymbol{x}^{(k)}$，它表明 $\bar{\boldsymbol{x}}^{(k)}$ 无进展，仍分两种情况讨论．

（i）若存在 $q \in I(\boldsymbol{x}^{(k)})$，使得 $\lambda_q^{(k)} < 0$，则 $\boldsymbol{x}^{(k)}$ 不可能是最优解．可以验证，当 $\lambda_q^{(k)} < 0$ 时，在 $\boldsymbol{x}^{(k)}$ 处存在可行下降方向．例如，记 $\boldsymbol{A}^{(k)}$ 是有效约束系数矩阵，且 $\boldsymbol{A}^{(k)}$ 满秩，令方向

$$\boldsymbol{d} = \boldsymbol{A}^{(k)\mathrm{T}}\left(\boldsymbol{A}^{(k)}\boldsymbol{A}^{(k)\mathrm{T}}\right)^{-1}\boldsymbol{e}_q$$

其中，$\boldsymbol{e}_q$ 是单位向量，对应下标 q 的分量为 1，则有

$$\boldsymbol{d}^{\mathrm{T}}\nabla f(\boldsymbol{x}^{(k)}) = \boldsymbol{e}_q^{\mathrm{T}}(\boldsymbol{A}^{(k)}\boldsymbol{A}^{(k)\mathrm{T}})^{-1}\boldsymbol{A}^{(k)}\boldsymbol{A}^{(k)\mathrm{T}}\boldsymbol{\lambda}^{(k)} = \lambda_q^{(k)} < 0$$

因此 $\boldsymbol{d}$ 是在 $\boldsymbol{x}^{(k)}$ 处的下降方向．容易验证 $\boldsymbol{d}$ 也是可行方向．

当 $\lambda_q^{(k)} < 0$ 时，把下标 q 从 $I(\boldsymbol{x}^{(k)})$ 中删除，即

$$I(\boldsymbol{x}^{(k+1)}) = I(\boldsymbol{x}^{(k)}) - \{q\}$$

若同时有多个乘子均为负数，令

$$\lambda_q^{(k)} = \min\left\{\lambda_i^{(k)} \mid i \in I(\boldsymbol{x}^{(k)})\right\}$$

同时，令

$$\boldsymbol{x}^{(k+1)} = \bar{\boldsymbol{x}}^{(k)}$$

重复上一轮计算.

（ii）若 $\lambda_i^{(k)} \geqslant 0, \quad \forall i \in I(\boldsymbol{x}^{(k)})$，此时 $\bar{\boldsymbol{x}}^{(k)} = \boldsymbol{x}^{(k)}$ 是问题（9.1.1）的 K－T 点，由定理 9.1.1 可知，$\boldsymbol{x}^{(k)}$ 是最优解.

9.3.2 有效集算法

算法 9.3.1（有效集法）:

（1）取初始可行点 $\boldsymbol{x}^{(1)}$，确定 $\boldsymbol{x}^{(1)}$ 处的有效约束指标集

$$I(\boldsymbol{x}^{(1)}) = \left\{ i \mid \boldsymbol{a}_i^{\mathrm{T}} \boldsymbol{x}^{(1)} - b_i = 0, \quad i \in I \right\}$$

置 $k=1$.

（2）求解等式约束二次规划问题

$$\min \frac{1}{2} \boldsymbol{d}^{\mathrm{T}} \boldsymbol{G} \boldsymbol{d} + \nabla f(\boldsymbol{x}^{(k)})^{\mathrm{T}} \boldsymbol{d}$$

$$\text{s.t.} \quad \boldsymbol{a}_i^{\mathrm{T}} \boldsymbol{d} = 0, \ i \in E \cup I(\boldsymbol{x}^{(k)})$$

得到 $\boldsymbol{d}^{(k)}$.

（3）若 $\boldsymbol{d}^{(k)} = \boldsymbol{0}$，即 $\bar{\boldsymbol{x}}^{(k)} = \boldsymbol{x}^{(k)}$，则计算相应的乘子 $\boldsymbol{\lambda}^{(k)}$，转步骤（4）.
若 $\boldsymbol{d}^{(k)} \neq \boldsymbol{0}$，转（5）.

（4）若 $\forall i \in I(\boldsymbol{x}^{(k)})$，$\lambda_i^{(k)} \geqslant 0$，则停止计算（$\boldsymbol{x}^{(k)}$ 为二次规划问题（9.1.1）的最优解，$\boldsymbol{\lambda}^{(k)}$ 为相应的乘子）；否则求

$$\lambda_q^{(k)} = \min \left\{ \lambda_i^{(k)} \mid i \in I(\boldsymbol{x}^{(k)}) \right\}$$

并置

$$\boldsymbol{x}^{(k+1)} = \boldsymbol{x}^{(k)}, \quad I(\boldsymbol{x}^{(k+1)}) = I(\boldsymbol{x}^{(k)}) - \{q\}$$

置 $k = k+1$，转步骤（2）.

（5）若满足 $\boldsymbol{a}_i^{\mathrm{T}} \boldsymbol{x} \geqslant b_i$，$i \in I \setminus I(\boldsymbol{x}^{(k)})$（$\bar{\boldsymbol{x}}^{(k)}$ 也是问题（9.1.1）的可行点），则令

$$\boldsymbol{x}^{(k+1)} = \bar{\boldsymbol{x}}^{(k)}$$

确定 $\boldsymbol{x}^{(k+1)}$ 处的有效约束指标集 $I(\boldsymbol{x}^{(k+1)})$. 置 $k = k+1$，转步骤（2）；否则（$\bar{\boldsymbol{x}}^{(k)}$ 不是问题（9.1.1）的可行点），转步骤（6）.

（6）计算

$$\hat{\alpha}_k = \min\left\{\frac{b_i - \boldsymbol{a}_i^{\mathrm{T}}\boldsymbol{x}^{(k)}}{\boldsymbol{a}_i^{\mathrm{T}}\boldsymbol{d}^{(k)}} \mid \boldsymbol{a}_i^{\mathrm{T}}\boldsymbol{d}^{(k)} < 0,\ i \in I \setminus I(\boldsymbol{x}^{(k)})\right\}$$

$$= \frac{b_p - \boldsymbol{a}_p^{\mathrm{T}}\boldsymbol{x}^{(k)}}{\boldsymbol{a}_p^{\mathrm{T}}\boldsymbol{d}^{(k)}}$$

取 $\alpha_k = \min\{\hat{\alpha}_k, 1\}$，置

$$\boldsymbol{x}^{(k+1)} = \boldsymbol{x}^{(k)} + \alpha_k \boldsymbol{d}^{(k)}$$

如果

$$\alpha_k = \hat{\alpha}_k$$

则置

$$I(\boldsymbol{x}^{(k+1)}) = I(\boldsymbol{x}^{(k)}) + \{p\}$$

否则，置

$$I(\boldsymbol{x}^{(k+1)}) = I(\boldsymbol{x}^{(k)})$$

（7）置 $k = k+1$，转步骤（2）.

例 9.3.1　用有效集法求解二次规划问题

$$\min f(\boldsymbol{x}) = x_1^2 - x_1x_2 + 2x_2^2 - x_1 - 10x_2$$

$$\text{s.t.} \begin{cases} -3x_1 - 2x_2 \geqslant -6 \\ x_1 \geqslant 0 \\ x_2 \geqslant 0 \end{cases}$$

取初始点 $\boldsymbol{x}^{(1)} = (0,0)^{\mathrm{T}}$.

解　易知

$$\boldsymbol{G} = \begin{pmatrix} 2 & -1 \\ -1 & 4 \end{pmatrix},\quad \boldsymbol{r} = (-1,-10)^{\mathrm{T}}$$

取初始可行点 $\boldsymbol{x}^{(1)} = (0,0)^{\mathrm{T}}$，$I\left(\boldsymbol{x}^{(1)}\right) = \{2,3\}$，求解相应的问题（9.3.5），即

$$\min d_1^2 - d_1d_2 + 2d_2^2 - d_1 - 10d_2$$

$$\text{s.t.} \begin{cases} d_1 = 0 \\ d_2 = 0 \end{cases}$$

解得 $\boldsymbol{d}^{(1)} = (0,0)^{\mathrm{T}} = 0$，因此相应问题（9.3.2）的最优解

$$\overline{\boldsymbol{x}}^{(1)} = \boldsymbol{x}^{(1)} + \boldsymbol{d}^{(1)} = (0,0)^{\mathrm{T}}$$

为判断 $\bar{\boldsymbol{x}}^{(1)}$ 是否为原问题的最优解，需要计算拉格朗日乘子．由 $I^{(1)}=\{2,3\}$ 知

$$\boldsymbol{A}=\begin{pmatrix}1&0\\0&1\end{pmatrix}，\quad \boldsymbol{b}=\begin{pmatrix}0\\0\end{pmatrix}$$

利用式（9.2.16），算得乘子 $\lambda_2^{(1)}=-1$，$\lambda_3^{(1)}=-10$．由此可知 $\bar{\boldsymbol{x}}^{(1)}=(0,0)^{\mathrm{T}}$ 不是问题的最优解．

取
$$\boldsymbol{x}^{(2)}=\bar{\boldsymbol{x}}^{(1)}=(0,0)^{\mathrm{T}}$$

将 $\lambda_3^{(1)}$ 对应的约束，即原来问题的第 3 个约束，从有效约束指标集中去掉，故 $I\left(\boldsymbol{x}^{(2)}\right)=\{2\}$，再求解相应问题（9.3.5），即

$$\begin{aligned}&\min d_1^2-d_1d_2+2d_2^2-d_1-10d_2\\&\text{s.t.}\ \ d_1=0\end{aligned}$$

解得 $\boldsymbol{d}^{(2)}=\left(0,\dfrac{5}{2}\right)^{\mathrm{T}}\neq\boldsymbol{0}$，因此相应问题（9.3.2）的最优解

$$\bar{\boldsymbol{x}}^{(2)}=\boldsymbol{x}^{(2)}+\boldsymbol{d}^{(2)}=\left(0,\frac{5}{2}\right)^{\mathrm{T}}$$

经检验，$\bar{\boldsymbol{x}}^{(2)}$ 也是原问题的可行点，故取

$$\boldsymbol{x}^{(3)}=\bar{\boldsymbol{x}}^{(2)}=\left(0,\frac{5}{2}\right)^{\mathrm{T}}，\quad I(\boldsymbol{x}^{(3)})=\{2\}$$

再求解相应问题（9.3.5），即

$$\begin{aligned}&\min d_1^2-d_1d_2+2d_2^2-\frac{7}{2}d_1\\&\text{s.t.}\ \ d_1=0\end{aligned}$$

解得 $\boldsymbol{d}^{(3)}=(0,0)^{\mathrm{T}}=0$．因此相应问题（9.3.2）的最优解

$$\bar{\boldsymbol{x}}^{(3)}=\boldsymbol{x}^{(3)}+\boldsymbol{d}^{(3)}=\left(0,\frac{5}{2}\right)^{\mathrm{T}}$$

又利用式（9.2.16），求得 $\lambda_2^{(3)}=-\dfrac{7}{2}<0$，因此 $\bar{\boldsymbol{x}}^{(3)}=\left(0,\dfrac{5}{2}\right)^{\mathrm{T}}$ 不是原问题的最优解．

取 $\boldsymbol{x}^{(4)}=\bar{\boldsymbol{x}}^{(3)}=\left(0,\dfrac{5}{2}\right)^{\mathrm{T}}$，$I\left(\boldsymbol{x}^{(4)}\right)=I\left(\boldsymbol{x}^{(3)}\right)-\{2\}=\varnothing$．再求解相应问题（9.3.5），即

$$\min d_1^2 - d_1d_2 + 2d_2^2 - \frac{7}{2}d_1$$

解得 $\boldsymbol{d}^{(4)} = \left(2, \frac{1}{2}\right)^{\mathrm{T}} \neq \boldsymbol{0}$．因此相应问题（9.3.2）的最优解

$$\overline{\boldsymbol{x}}^{(4)} = \boldsymbol{x}^{(4)} + \boldsymbol{d}^{(4)} = (2,3)^{\mathrm{T}}$$

经检验，$\overline{\boldsymbol{x}}^{(4)}$ 不是原问题的可行解，因此需要计算步长 $\hat{\alpha}_4$．由式（9.3.9），有

$$\begin{aligned}\hat{\alpha}_4 &= \min\left\{\frac{b_i - \boldsymbol{a}_i^{\mathrm{T}}\boldsymbol{x}^{(4)}}{\boldsymbol{a}_i^{\mathrm{T}}\boldsymbol{d}^{(4)}} \mid \boldsymbol{a}_i^{\mathrm{T}}\boldsymbol{d}^{(4)} < 0, i \in I \setminus I\left(\boldsymbol{x}^{(4)}\right)\right\} \\ &= \min\left\{\frac{b_1 - \boldsymbol{a}_1^{\mathrm{T}}\boldsymbol{x}^{(4)}}{\boldsymbol{a}_1^{\mathrm{T}}\boldsymbol{d}^{(4)}}\right\} = \frac{-6-(-5)}{-6-1} = \frac{1}{7}\end{aligned}$$

又
$$\alpha_4 = \min\{1, \hat{\alpha}_4\} = \min\left\{1, \frac{1}{7}\right\} = \frac{1}{7}$$

故
$$\boldsymbol{x}^{(5)} = \boldsymbol{x}^{(4)} + \alpha_4\boldsymbol{d}^{(4)} = \left(\frac{2}{7}, \frac{18}{7}\right)^{\mathrm{T}}, \quad I(\boldsymbol{x}^{(5)}) = I(\boldsymbol{x}^{(4)}) + \{1\} = \{1\}$$

再求解相应问题（9.3.5），即

$$\begin{aligned}&\min\ d_1^2 - d_1d_2 + 2d_2^2 - 3d_1 \\ &\text{s.t.}\ -3d_1 - 2d_2 = 0\end{aligned}$$

解得 $\boldsymbol{d}^{(5)} = \left(\frac{3}{14}, -\frac{9}{28}\right)^{\mathrm{T}} \neq \boldsymbol{0}$，因此相应问题（9.3.2）的最优解

$$\overline{\boldsymbol{x}}^{(5)} = \boldsymbol{x}^{(5)} + \boldsymbol{d}^{(5)} = \left(\frac{1}{2}, \frac{9}{4}\right)^{\mathrm{T}}$$

经检验，$\overline{\boldsymbol{x}}^{(5)}$ 也是原问题的可行点，故取 $\boldsymbol{x}^{(6)} = \overline{\boldsymbol{x}}^{(5)} = \left(\frac{1}{2}, \frac{9}{4}\right)^{\mathrm{T}}$，$I\left(\boldsymbol{x}^{(6)}\right) = \{1\}$，

再求解相应问题（9.3.5），即

$$\begin{aligned}&\min d_1^2 - d_1d_2 + 2d_2^2 - \frac{9}{4}d_1 - \frac{3}{2}d_2 \\ &\text{s.t.}\ -3d_1 - 2d_2 = 0\end{aligned}$$

解得 $\boldsymbol{d}^{(6)} = (0,0)^{\mathrm{T}} = \boldsymbol{0}$，又利用式（9.2.16），求得乘子

$$\lambda_1^{(6)}=\frac{3}{4}>0$$

故 $\boldsymbol{x}^{(6)}=\left(\frac{1}{2},\frac{9}{4}\right)^{\mathrm{T}}$ 为原规划问题的最优解.

9.4 Lemke 方法

Lemke 方法是求解二次规划的又一种方法，它的基本思想是把线性规划的单纯形法加以适当修改，再用来求二次规划的 K－T 点.

考虑二次规划问题

$$\min f(\boldsymbol{x})=\frac{1}{2}\boldsymbol{x}^{\mathrm{T}}\boldsymbol{G}\boldsymbol{x}+\boldsymbol{r}^{\mathrm{T}}\boldsymbol{x}$$

$$\text{s.t.}\begin{cases}\boldsymbol{A}\boldsymbol{x}\geqslant\boldsymbol{b}\\ \boldsymbol{x}\geqslant\boldsymbol{0}\end{cases}\tag{9.4.1}$$

其中，$\boldsymbol{G}\in\mathbf{R}^{n\times n}$ 且对称，$\boldsymbol{r}\in\mathbf{R}^{n}$，$\boldsymbol{A}\in\mathbf{R}^{m\times n}$，$\boldsymbol{b}\in\mathbf{R}^{m}$，不妨设 $\mathrm{rank}(\boldsymbol{A})=m$.

引入乘子 $\boldsymbol{u}$ 和 $\boldsymbol{v}$，定义拉格朗日函数

$$L(\boldsymbol{x},\boldsymbol{u},\boldsymbol{v})=f(\boldsymbol{x})-\boldsymbol{u}^{\mathrm{T}}(\boldsymbol{A}\boldsymbol{x}-\boldsymbol{b})-\boldsymbol{v}^{\mathrm{T}}\boldsymbol{x}$$

再引入松弛变量 $\boldsymbol{y}\geqslant\boldsymbol{0}$，使

$$\boldsymbol{A}\boldsymbol{x}-\boldsymbol{y}=\boldsymbol{b}$$

这样，问题（9.4.1）的 K－T 条件可写成

$$\begin{cases}\boldsymbol{G}\boldsymbol{x}-\boldsymbol{A}^{\mathrm{T}}\boldsymbol{u}-\boldsymbol{v}=-\boldsymbol{r}\\ \boldsymbol{y}-\boldsymbol{A}\boldsymbol{x}=-\boldsymbol{b}\\ \boldsymbol{v}^{\mathrm{T}}\boldsymbol{x}=0\\ \boldsymbol{y}^{\mathrm{T}}\boldsymbol{u}=0\\ \boldsymbol{u}\geqslant\boldsymbol{0},\boldsymbol{v}\geqslant\boldsymbol{0},\boldsymbol{x}\geqslant\boldsymbol{0},\boldsymbol{y}\geqslant\boldsymbol{0}\end{cases}\tag{9.4.2}$$

记

$$\boldsymbol{w}=\begin{pmatrix}\boldsymbol{v}\\ \boldsymbol{y}\end{pmatrix},\quad \boldsymbol{z}=\begin{pmatrix}\boldsymbol{x}\\ \boldsymbol{u}\end{pmatrix},\quad \boldsymbol{M}=\begin{pmatrix}\boldsymbol{G} & -\boldsymbol{A}^{\mathrm{T}}\\ \boldsymbol{A} & \boldsymbol{O}\end{pmatrix},\quad \boldsymbol{q}=\begin{pmatrix}\boldsymbol{r}\\ -\boldsymbol{b}\end{pmatrix}$$

于是，式（9.4.2）可写成如下形式：

$$\begin{cases} \boldsymbol{w}-\boldsymbol{M}\boldsymbol{z}=\boldsymbol{q} \\ \boldsymbol{w}\geqslant \boldsymbol{0}, \boldsymbol{z}\geqslant \boldsymbol{0} \end{cases} \tag{9.4.3}$$

$$\boldsymbol{w}^{\mathrm{T}}\boldsymbol{z}=0 \tag{9.4.4}$$

其中，$\boldsymbol{w},\boldsymbol{q},\boldsymbol{z}$ 均为 $m+n$ 维列向量，$\boldsymbol{M}$ 则是 $m+n$ 阶矩阵．式（9.4.3）和式（9.4.4）称为线性互补问题，它的每一个解 $(\boldsymbol{w},\boldsymbol{z})$ 具有这样的特征:解的 $2(m+n)$ 个分量中，至少有 $m+n$ 个取零值，而且其中每对变量 (w_i,z_i) 中至少有一个为零，其余分量均是非负数．下面研究怎样求出线性互补问题的解．

定义 9.4.1　设 $(\boldsymbol{w},\boldsymbol{z})$ 是式（9.4.3）的一个基本可行解，且每个互补变量对 (w_i,z_i) 中有一个变量是基变量，则称 $(\boldsymbol{w},\boldsymbol{z})$ 是互补基本可行解．

这样，求二次规划 K－T 点的问题就转化为求互补基本可行解．现在介绍求互补基本可行解的 Lemke 方法．分两种情形讨论：

（1）如果 $\boldsymbol{q}\geqslant\boldsymbol{0}$，则 $(\boldsymbol{w},\boldsymbol{z})=(\boldsymbol{q},\boldsymbol{0})$ 就是一个互补基本可行解．

（2）如果不满足 $\boldsymbol{q}\geqslant\boldsymbol{0}$，则引入人工变量 z_0，令

$$\boldsymbol{w}-\boldsymbol{M}\boldsymbol{z}-\boldsymbol{e}z_0=\boldsymbol{q} \tag{9.4.5}$$

$$\boldsymbol{w},\boldsymbol{z}\geqslant\boldsymbol{0},\quad z_0\geqslant 0 \tag{9.4.6}$$

$$\boldsymbol{w}^{\mathrm{T}}\boldsymbol{z}=0 \tag{9.4.7}$$

其中，$\boldsymbol{e}=(1,\cdots,1)^{\mathrm{T}}$ 是分量全为 1 的 $m+n$ 维列向量．

在求解式（9.4.5）～式（9.4.7）之前，先引入准互补基本可行解的概念．

定义 9.4.2　设 $(\boldsymbol{w},\boldsymbol{z},z_0)$ 是式（9.4.5）、式（9.4.6）和式（9.4.7）的一个可行解，并且满足下列条件：

（1）$(\boldsymbol{w},\boldsymbol{z},z_0)$ 是式（9.4.5）和式（9.4.6）的一个基本可行解；

（2）对某个 $s\in\{1,\cdots,m+n\}$，w_s 和 z_s 都不是基变量；

（3）z_0 是基变量，每个互补变量对 (w_i,z_i)（$i=1,\cdots,m+n$，$i\neq s$）中，恰有一个变量是基变量．

则称 $(\boldsymbol{w},\boldsymbol{z},z_0)$ 为准互补基本可行解．

下面用主元消去法求准互补基本可行解．

首先，令

$$z_0=\max\{-q_i \mid i=1,\cdots,m+n\}=-q_s$$

$$z = 0$$
$$w = q + ez_0 = q - eq_s$$

则(w, z, z_0)是一个准互补基本可行解，其中w_i（$i \neq s$）和z_0是基变量，其余变量为非基变量．以此解为起始解，用主元消去法求新的准互补基本可行解，力图用这种方法迫使z_0变为非基变量．为保持可行性，选择主元时要遵守两条规则：

（1）若w_i（或z_i）离基，则z_i（或w_i）进基；

（2）按照单纯形法中的最小比值规则确定离基变量．

这样就能实现从一个准互补基本可行解到另一个准互补基本可行解的转换，直至得到互补基本可行解，即z_0变为非基变量，或者得出由式（9.4.5）、式（9.4.6）和式（9.4.7）所定义的可行域无界的结论．

算法 9.4.1（Lemke 方法）：

（1）若$q \geqslant 0$，则停止计算，$(w, z) = (q, 0)$是互补基本可行解；否则，用表格形式表示方程组（9.4.5），设

$$-q_s = \max\{-q_i \mid i = 1, \cdots, m+n\}$$

取s行为主行，z_0对应的列为主列，进行主元消去，令$y_s = z_s$．

（2）设在现行表中变量y_s下面的列为d_s．若$d_s \leqslant 0$，则停止计算，得到式（9.4.5）和式（9.4.6）的可行域的极方向；否则，按最小比值规则确定指标r，使

$$\frac{\bar{q}_r}{d_{rs}} = \min\left\{\frac{\bar{q}_i}{d_{is}} \mid d_{is} > 0\right\}$$

如果r行的基变量是z_0，则转步骤(4)；否则，进行步骤(3)．

（3）设r行的基变量为w_l或z_l（对于某个$l \neq s$），变量y_s进基，以r行为主行，y_s对应的列为主列，进行主元消去．如果离基变量是w_l，则令

$$y_s = z_l$$

如果离基变量是z_l，则令

$$y_s = w_l$$

转步骤(2)．

（4）变y_s进基，z_0离基．以r行为主行，y_s对应的列为主列，进行主元消去，得到互补基本可行解，停止计算．

例 9.4.1　用 Lemke 方法求解例 9.3.1.

$$\min f(\boldsymbol{x}) = x_1^2 - x_1x_2 + 2x_2^2 - x_1 - 10x_2$$

$$\text{s.t.} \begin{cases} -3x_1 - 2x_2 \geqslant -6 \\ x_1 \geqslant 0 \\ x_2 \geqslant 0 \end{cases}$$

解　易知

$$\boldsymbol{G} = \begin{pmatrix} 2 & -1 \\ -1 & 4 \end{pmatrix}, \quad \boldsymbol{r} = \begin{pmatrix} -1 \\ -10 \end{pmatrix}$$

$$\boldsymbol{A} = (-3 \quad -2), \quad b = -6$$

$$\boldsymbol{M} = \begin{pmatrix} \boldsymbol{G} & -\boldsymbol{A}^{\mathrm{T}} \\ \boldsymbol{A} & \boldsymbol{O} \end{pmatrix} = \begin{pmatrix} 2 & -1 & 3 \\ -1 & 4 & 2 \\ -3 & -2 & 0 \end{pmatrix}$$

$$\boldsymbol{q} = \begin{pmatrix} \boldsymbol{r} \\ -b \end{pmatrix} = \begin{pmatrix} -1 \\ -10 \\ 6 \end{pmatrix}$$

线性互补问题为

$$w_1 - 2z_1 + z_2 - 3z_3 = -1$$

$$w_2 + z_1 - 4z_2 - 2z_3 = -10$$

$$w_3 + 3z_1 + 2z_2 = 6$$

$$w_i \geqslant 0, z_i \geqslant 0, i = 1,2,3$$

$$w_i z_i = 0, i = 1,2,3$$

引入人工变量 z_0，建立表 9.4.1.

表 9.4.1　引入人工变量 z_0 建立的表

	w_1	w_2	w_3	z_1	z_2	z_3	z_0	$\boldsymbol{q}$
w_1	1	0	0	−2	1	−3	−1	−1
w_2	0	1	0	1	−4	−2	[−1]	−10
w_3	0	0	1	3	2	0	−1	6

$q_s=-10$，主元 $d_{27}=-1$，经主元消去，得到表 9.4.2.

表 9.4.2 经主元消去得到的表（一）

	w_1	w_2	w_3	z_1	z_2	z_3	z_0	$\bar{q}$
w_1	1	−1	0	−3	[5]	−1	0	9
z_0	0	−1	0	−1	4	2	1	10
w_3	0	−1	1	2	6	2	0	16

$y_s=z_2$， $r=1$，主元 $d_{15}=5$，经主元消去，得到表 9.4.3.

表 9.4.3 经主元消去得到的表（二）

	w_1	w_2	w_3	z_1	z_2	z_3	z_0	$\bar{q}$
z_2	$\frac{1}{5}$	$-\frac{1}{5}$	0	$-\frac{3}{5}$	1	$-\frac{1}{5}$	0	$\frac{9}{5}$
z_0	$-\frac{4}{5}$	$-\frac{1}{5}$	0	$\frac{7}{5}$	0	$\frac{14}{5}$	1	$\frac{14}{5}$
w_3	$-\frac{6}{5}$	$\frac{1}{5}$	1	$\left[\frac{28}{5}\right]$	0	$\frac{16}{5}$	0	$\frac{26}{5}$

$y_s=z_1$， $r=3$，主元 $d_{34}=\dfrac{28}{5}$，经主元消去，得到表 9.4.4.

表 9.4.4 经主元消去得到的表（三）

	w_1	w_2	w_3	z_1	z_2	z_3	z_0	$\bar{q}$
z_2	$\frac{1}{14}$	$-\frac{5}{28}$	$\frac{3}{28}$	0	1	$\frac{1}{7}$	0	$\frac{33}{14}$
z_0	$-\frac{1}{2}$	$-\frac{1}{4}$	$-\frac{1}{4}$	0	0	[2]	1	$\frac{3}{2}$
z_1	$-\frac{3}{14}$	$\frac{1}{28}$	$\frac{5}{28}$	1	0	$\frac{4}{7}$	0	$\frac{13}{14}$

$y_s = z_3$, $r = 2$,主元 $d_{26} = 2$ ，经主元消去，得到表 9.4.5.

表 9.4.5　　经主元消去得到的表（四）

	w_1	w_2	w_3	z_1	z_2	z_3	z_0	$\bar{q}$
z_2	$\frac{3}{28}$	$-\frac{9}{56}$	$\frac{7}{56}$	0	1	0	$-\frac{1}{14}$	$\frac{9}{4}$
z_3	$-\frac{1}{4}$	$-\frac{1}{8}$	$-\frac{1}{8}$	0	0	1	$\frac{1}{2}$	$\frac{3}{4}$
z_1	$-\frac{1}{14}$	$\frac{3}{28}$	$\frac{1}{4}$	1	0	0	$-\frac{2}{7}$	$\frac{1}{2}$

由于 $z_0 = 0$ ，得到互补基本可行解

$$(w_1, w_2, w_3, z_1, z_2, z_3) = \left(0, 0, 0, \frac{1}{2}, \frac{9}{4}, \frac{3}{4}\right)$$

因此得到 $\mathrm{K-T}$ 点

$$(x_1, x_2)^{\mathrm{T}} = \left(\frac{1}{2}, \frac{9}{4}\right)^{\mathrm{T}}$$

由于此例是凸规则，所以 $\mathrm{K-T}$ 点也是最优解.

习　题

1．用拉格朗日方法求解下列问题.

（1） $\min f(\boldsymbol{x}) = 2x_1^2 + x_2^2 + x_1x_2 - x_1 - x_2$

s.t. $x_1 + x_2 = 1$;

（2） $\min f(\boldsymbol{x}) = \frac{1}{2}x_1^2 + \frac{1}{2}x_2^2 + \frac{1}{2}x_3^2$

$$\text{s.t.} \begin{cases} x_1 + 2x_2 - x_3 = 4 \\ -x_1 + x_2 - x_3 = 2 \end{cases}.$$

2．用消元法求解下列问题.

（1） $\min f(\boldsymbol{x}) = x_1^2 + x_2^2$

s.t. $x_1 + x_2 - 1 = 0$;

（2）$\min f(x)=\dfrac{3}{2}x_1^2+x_2^2+\dfrac{1}{2}x_3^2-x_1x_2-x_2x_3+x_1+x_2+x_3$

$\text{s.t. } x_1+2x_2+x_3-4=0$.

3．用有效集法求解下列问题.

（1）$\min f(\boldsymbol{x})=x_1^2+4x_2^2-2x_1-x_2$

$$\text{s.t.}\begin{cases}x_1+x_2\leqslant 1\\ x_1,x_2\geqslant 0\end{cases};$$

（2）$\min f(\boldsymbol{x})=x_1^2+4x_2^2$

$$\text{s.t.}\begin{cases}x_1-x_2\leqslant 1\\ x_2\leqslant 1\\ x_1+x_2\geqslant 1\end{cases}.$$

4．用 Lemke 方法求解下列问题.

（1）$\min f(\boldsymbol{x})=2x_1^2+x_2^2-2x_1x_2-6x_1-2x_2$

$$\text{s.t.}\begin{cases}-x_1-x_2\geqslant -2\\ -2x_1+x_2\geqslant -2\\ x_1,x_2\geqslant 0\end{cases};$$

（2）$\min f(\boldsymbol{x})=2x_1^2+2x_2^2+x_3^2+2x_1x_2+2x_1x_3-8x_1-6x_2-4x_3+9$

$$\text{s.t.}\begin{cases}-x_1-x_2-x_3\geqslant -3\\ x_1,x_2,x_3\geqslant 0\end{cases}.$$

5．$\boldsymbol{x}^*$ 是二次规划问题

$$\min f(\boldsymbol{x})=\frac{1}{2}\boldsymbol{x}^{\mathrm{T}}\boldsymbol{G}\boldsymbol{x}+\boldsymbol{r}^{\mathrm{T}}\boldsymbol{x}$$

$$\text{s.t. } \boldsymbol{A}^{\mathrm{T}}\boldsymbol{x}=\boldsymbol{b}$$

的全局解的充要条件是：$\boldsymbol{x}^*$，$\boldsymbol{\lambda}^*$ 满足

$$\boldsymbol{\lambda}^*=-(\boldsymbol{A}^{\mathrm{T}}\boldsymbol{G}^{-1}\boldsymbol{A})^{-1}(\boldsymbol{A}^{\mathrm{T}}\boldsymbol{G}\boldsymbol{r}+\boldsymbol{b})$$

$$\boldsymbol{x}^*=-\boldsymbol{G}^{-1}(\boldsymbol{r}+\boldsymbol{A}\boldsymbol{\lambda}^*)$$

第 10 章　可行方向法

本章介绍的方法是通过在可行域内直接搜索最优解来求解约束最优化问题，其典型策略是从可行点出发，沿着下降的可行方向进行搜索，求出使目标函数值下降的新的可行点. 因此，算法主要解决的问题是选择搜索方向和确定沿此方向移动的步长. 选择搜索方向的方式不同就形成不同的可行方向法.

10.1　Zoutendijk 可行方向法

10.1.1　线性约束情形

考虑线性约束问题

$$\begin{aligned} &\min f(\boldsymbol{x}), \quad \boldsymbol{x}\in \mathbf{R}^n \\ &\text{s.t.}\begin{cases} \boldsymbol{a}_i^{\mathrm{T}}\boldsymbol{x}-b_i=0, & i\in E=\{1,2,\cdots,l\} \\ \boldsymbol{a}_i^{\mathrm{T}}\boldsymbol{x}-b_i\geqslant 0, & i\in I=\{l+1,\cdots,l+m\} \end{cases} \end{aligned} \tag{10.1.1}$$

首先给出可行方向的定义.

定义 10.1.1　设 $\bar{\boldsymbol{x}}$ 是约束问题（10.1.1）的可行点，D 是约束问题（10.1.1）的可行域，即

$$D=\{x|\boldsymbol{a}_i^{\mathrm{T}}\boldsymbol{x}-b_i=0,\ \ i\in E;\ \ \boldsymbol{a}_i^{\mathrm{T}}\boldsymbol{x}-b_i\geqslant 0,\ \ i\in I\}$$

若 $\boldsymbol{d}\neq\mathbf{0},\ \boldsymbol{d}\in\mathbf{R}^n$，存在 $\delta>0$，使当 $\alpha\in(0,\delta)$ 时，有

$$\bar{\boldsymbol{x}}+\alpha\boldsymbol{d}\in D$$

则称 $\boldsymbol{d}$ 为 $\bar{\boldsymbol{x}}$ 处的一个可行方向.

下面给出可行方向的一个充分必要条件.

定理 10.1.1 设 $\bar{x}$ 是约束问题（10.1.1）的可行点，则 $\boldsymbol{d}$ 为 $\bar{x}$ 处的可行方向的充分必要条件是：

$$\begin{cases} \boldsymbol{a}_i^{\mathrm{T}}\boldsymbol{d}=0, & i\in E \\ \boldsymbol{a}_i^{\mathrm{T}}\boldsymbol{d}\geqslant 0, & i\in I(\bar{x}) \end{cases} \tag{10.1.2}$$

这里 $I(\bar{x})$ 是 $\bar{x}$ 处的有效约束指标集.

证明 必要性. 设 $\bar{x}$ 是可行点，$\boldsymbol{d}$ 是 $\bar{x}$ 处的可行方向，则存在 $\delta>0$，使得当 $\alpha\in(0,\delta)$ 时，有 $\bar{x}+\alpha\boldsymbol{d}\in D$，即满足

$$\begin{cases} \boldsymbol{a}_i^{\mathrm{T}}(\bar{x}+\alpha\boldsymbol{d})-b_i=0, & i\in E \\ \boldsymbol{a}_i^{\mathrm{T}}(\bar{x}+\alpha\boldsymbol{d})-b_i\geqslant 0, & i\in I \end{cases} \tag{10.1.3}$$

因为 $\bar{x}\in D$，当 $i\in E\cup I(\bar{x})$ 时，有 $\boldsymbol{a}_i^{\mathrm{T}}\bar{x}-b_i=0$，因此式（10.1.2）成立.

充分性. 设 $\bar{x}$ 是可行点，$\boldsymbol{d}$ 满足式（10.1.2），对 $\forall\alpha$，当 $i\in E$ 时，有

$$\boldsymbol{a}_i^{\mathrm{T}}(\bar{x}+\alpha\boldsymbol{d})-b_i=\boldsymbol{a}_i^{\mathrm{T}}\bar{x}-b_i+\alpha\boldsymbol{a}_i^{\mathrm{T}}\boldsymbol{d}=0 \tag{10.1.4}$$

对 $\forall\alpha\geqslant 0$，当 $i\in I(\bar{x})$ 时，有

$$\boldsymbol{a}_i^{\mathrm{T}}(\bar{x}+\alpha\boldsymbol{d})-b_i=\boldsymbol{a}_i^{\mathrm{T}}\bar{x}-b_i+\alpha\boldsymbol{a}_i^{\mathrm{T}}\boldsymbol{d}\geqslant 0 \tag{10.1.5}$$

当 $i\in I\setminus I(\bar{x})$ 时，由于 $\boldsymbol{a}_i^{\mathrm{T}}\bar{x}-b_i>0$，只有当 $\boldsymbol{a}_i^{\mathrm{T}}\boldsymbol{d}<0$ 时，

$$\boldsymbol{a}_i^{\mathrm{T}}(\bar{x}+\alpha\boldsymbol{d})-b_i=\boldsymbol{a}_i^{\mathrm{T}}\bar{x}-b_i+\alpha\boldsymbol{a}_i^{\mathrm{T}}\boldsymbol{d}\geqslant 0 \tag{10.1.6}$$

才有可能遭到破坏，所以只需取

$$\delta=\min\left\{\frac{b_i-\boldsymbol{a}_i^{\mathrm{T}}\bar{x}}{\boldsymbol{a}_i^{\mathrm{T}}\boldsymbol{d}}\,\middle|\,\boldsymbol{a}_i^{\mathrm{T}}\boldsymbol{d}<0,\ \ i\notin I(\bar{x})\right\}$$

当 $\alpha\in(0,\delta)$ 时，有式（10.1.6）成立.

定义 10.1.2 设 $\bar{x}$ 是约束问题（10.1.1）的可行点，若 $\boldsymbol{d}$ 是 $\bar{x}$ 处的可行方向，又是 $\bar{x}$ 处的下降方向，则称 $\boldsymbol{d}$ 是 $\bar{x}$ 处的可行下降方向.

前面已知，若 $\boldsymbol{d}$ 满足 $\nabla f(\bar{x})^{\mathrm{T}}\boldsymbol{d}<0$，则 $\boldsymbol{d}$ 是 $\bar{x}$ 处的下降方向.

由定理 10.1.1 可知，若 $\boldsymbol{d}$ 满足：

$$\boldsymbol{a}_i^{\mathrm{T}}\boldsymbol{d}=0,\ i\in E \tag{10.1.7}$$

$$\boldsymbol{a}_i^{\mathrm{T}}\boldsymbol{d}\geqslant 0, i\in I(\bar{x}) \tag{10.1.8}$$

$$\nabla f(\bar{x})^{\mathrm{T}}\boldsymbol{d}<0 \tag{10.1.9}$$

则 $\boldsymbol{d}$ 是 $\bar{\boldsymbol{x}}$ 处的可行下降方向.

因此，我们的目标是寻找满足式（10.1.7）～式（10.1.9）的 $\boldsymbol{d}$，得到下降可行方向. 为此，从 $\bar{\boldsymbol{x}}$ 出发，沿方向 $\boldsymbol{d}$ 前进，得到一个新的可行点 $\hat{\boldsymbol{x}}$，而在 $\hat{\boldsymbol{x}}$ 处满足

$$f(\hat{\boldsymbol{x}}) < f(\bar{\boldsymbol{x}})$$

从下降算法的角度来看，自然希望在满足式（10.1.7）和式（10.1.8）的前提下，$\nabla f(\bar{\boldsymbol{x}})^{\mathrm{T}}\boldsymbol{d}$ 点越小越好. 因此，Zoutendijk 可行方向法把确定搜索方向归结为求解线性规划问题

$$\min \nabla f(\bar{\boldsymbol{x}})^{\mathrm{T}}\boldsymbol{d}$$
$$\text{s.t.}\begin{cases}\boldsymbol{a}_i^{\mathrm{T}}\boldsymbol{d}=0, & i\in E,\\ \boldsymbol{a}_i^{\mathrm{T}}\boldsymbol{d}\geqslant 0, & i\in I(\bar{\boldsymbol{x}}),\\ -1\leqslant d_j\leqslant 1, & j=1,2,\cdots,n\end{cases} \tag{10.1.10}$$

其中为了能获得有限最优解，限制了方向 $\boldsymbol{d}$ 的长度，即增加了规范约束条件 $-1\leqslant d_j\leqslant 1$.

在式（10.1.10）中，显然 $\boldsymbol{d}=\boldsymbol{0}$ 是可行解. 由此可知，目标函数的最优值必定小于或等于零. 如果目标函数 $\nabla f(\bar{\boldsymbol{x}})^{\mathrm{T}}\boldsymbol{d}$ 的最优值小于零，则可得到下降可行方向 $\boldsymbol{d}$；否则，即 $\nabla f(\bar{\boldsymbol{x}})^{\mathrm{T}}\boldsymbol{d}$ 的最优值为零，则如下面定理所证，$\bar{\boldsymbol{x}}$ 是 K－T 点.

定理 10.1.2 设 $\bar{\boldsymbol{x}}$ 是约束问题（10.1.1）的可行点，则 $\bar{\boldsymbol{x}}$ 为约束问题（10.1.1）K－T 点的充分必要条件是：问题（10.1.10）的目标函数最优值为零.

证明 根据定义，$\bar{\boldsymbol{x}}$ 为 K－T 点的充要条件是，存在 $\lambda_i\geqslant 0(i\in I(\bar{\boldsymbol{x}}))$ 和 $\lambda_i(i\in E)$，使得

$$\nabla f(\bar{\boldsymbol{x}})-\sum_{i\in I(\bar{\boldsymbol{x}})}\lambda_i\boldsymbol{a}_i-\sum_{i\in E}\lambda_i\boldsymbol{a}_i=0 \tag{10.1.11}$$

令

$$I(\bar{\boldsymbol{x}})=\{i_1,i_2,\cdots,i_r\}$$
$$\boldsymbol{A}=(\boldsymbol{a}_{i_1}^{\mathrm{T}},\boldsymbol{a}_{i_2}^{\mathrm{T}},\cdots,\boldsymbol{a}_{i_r}^{\mathrm{T}})^{\mathrm{T}}$$
$$\boldsymbol{B}=(\boldsymbol{a}_1^{\mathrm{T}},\boldsymbol{a}_2^{\mathrm{T}},\cdots,\boldsymbol{a}_l^{\mathrm{T}})^{\mathrm{T}}$$
$$\boldsymbol{\lambda}'=(\lambda_{i_1},\lambda_{i_2},\cdots,\lambda_{i_r})^{\mathrm{T}}$$
$$\boldsymbol{\lambda}''=(\lambda_1,\lambda_2,\cdots,\lambda_l)^{\mathrm{T}}$$

则式（10.1.11）等价于

$$\nabla f(\bar{x}) - A^{\mathrm{T}}\lambda' - B^{\mathrm{T}}\lambda'' = 0 \tag{10.1.12}$$

令 $\lambda'' = p - q, (p, q \geqslant 0)$，把式（10.1.12）写成

$$\begin{cases} (-A^{\mathrm{T}}, -B^{\mathrm{T}}, B^{\mathrm{T}})\begin{pmatrix} \lambda' \\ p \\ q \end{pmatrix} = -\nabla f(\bar{x}) \\ \begin{pmatrix} \lambda' \\ p \\ q \end{pmatrix} \geqslant 0 \end{cases} \tag{10.1.13}$$

根据定理 1.4.4（Farkas 引理），式（10.1.13）有解的充要条件是

$$\begin{cases} \begin{pmatrix} -A \\ -B \\ B \end{pmatrix} d \leqslant 0 \\ -\nabla f(\bar{x})^{\mathrm{T}} d > 0 \end{cases} \tag{10.1.14}$$

无解. 也就是关系式组

$$\begin{cases} \nabla f(\bar{x})^{\mathrm{T}} d < 0 \\ Bd = 0 \\ Ad \geqslant 0 \end{cases}$$

即

$$\begin{cases} a_i^{\mathrm{T}} d = 0, \quad i \in E \\ a_i^{\mathrm{T}} d \geqslant 0, \quad i \in I(\bar{x}) \\ \nabla f(\bar{x})^{\mathrm{T}} d < 0 \end{cases}$$

无解.

所以，$\bar{x}$ 为K－T 点的充要条件是问题（10.1.10）的目标函数最优值为零.

由定理 10.1.2 可知，若问题（10.1.10）的最优目标函数值为零，则 $\bar{x}$ 是K－T 点. 若最优目标函数值小于零，则 d 是 $\bar{x}$ 处的可行下降方向.

下面分析怎样确定一维搜索步长.

在无约束问题中，一维搜索只需求该方向上的极小点，或者有一定下降量的点. 而在可行方向法中，一维搜索除使目标函数值下降外，还要保证其点在可行域内.

设$\boldsymbol{x}^{(k)}$是约束问题（10.1.1）的可行点，$\boldsymbol{d}^{(k)}$是$\boldsymbol{x}^{(k)}$处的可行下降方向，令

$$\boldsymbol{x}=\boldsymbol{x}^{(k)}+\alpha\boldsymbol{d}^{(k)} \tag{10.1.15}$$

考虑约束条件，注意$\boldsymbol{d}^{(k)}$是问题（10.1.10）的解，因此对于$\forall\alpha$，当$i\in E$时，有

$$\boldsymbol{a}_i^{\mathrm{T}}\boldsymbol{x}-b_i=\boldsymbol{a}_i^{\mathrm{T}}\boldsymbol{x}^{(k)}-b_i+\alpha\boldsymbol{a}_i^{\mathrm{T}}\boldsymbol{d}^{(k)}=0 \tag{10.1.16}$$

对于$\forall\alpha\geqslant 0$，当$i\in I(\boldsymbol{x}^{(k)})$时，有

$$\boldsymbol{a}_i^{\mathrm{T}}\boldsymbol{x}-b_i=\boldsymbol{a}_i^{\mathrm{T}}\boldsymbol{x}^{(k)}-b_i+\alpha\boldsymbol{a}_i^{\mathrm{T}}\boldsymbol{d}^{(k)}\geqslant 0 \tag{10.1.17}$$

因此，可能被破坏的约束是$\boldsymbol{x}^{(k)}$处的非有效约束

$$\boldsymbol{a}_i^{\mathrm{T}}\boldsymbol{x}-b_i=\boldsymbol{a}_i^{\mathrm{T}}\boldsymbol{x}^{(k)}-b_i+\alpha\boldsymbol{a}_i^{\mathrm{T}}\boldsymbol{d}^{(k)}\geqslant 0,\quad i\notin I(\boldsymbol{x}^{(k)}) \tag{10.1.18}$$

中$\boldsymbol{d}^{(k)}$满足$\boldsymbol{a}_i^{\mathrm{T}}\boldsymbol{d}^{(k)}<0$ 的那些约束. 为保证可行性，一维搜索步长应满足

$$\alpha\leqslant\min\left\{\frac{b_i-\boldsymbol{a}_i^{\mathrm{T}}\boldsymbol{x}^{(k)}}{\boldsymbol{a}_i^{\mathrm{T}}\boldsymbol{d}^{(k)}}\middle|\boldsymbol{a}_i^{\mathrm{T}}\boldsymbol{d}^{(k)}<0,i\notin I(\boldsymbol{x}^{(k)})\right\}$$

因此取

$$\alpha_{\max}\leqslant\min\left\{\frac{b_i-\boldsymbol{a}_i^{\mathrm{T}}\boldsymbol{x}^{(k)}}{\boldsymbol{a}_i^{\mathrm{T}}\boldsymbol{d}^{(k)}}\middle|\boldsymbol{a}_i^{\mathrm{T}}\boldsymbol{d}^{(k)}<0,i\notin I(\boldsymbol{x}^{(k)})\right\} \tag{10.1.19}$$

若集合$\{\boldsymbol{a}_i^{\mathrm{T}}\boldsymbol{d}^{(k)}<0,i\notin I(\boldsymbol{x}^{(k)})\}=\varnothing$，则令

$$\alpha_{\max}=+\infty \tag{10.1.20}$$

因此，一维搜索问题为

$$\begin{aligned}&\min\varphi(\alpha)=f(\boldsymbol{x}^{(k)}+\alpha\boldsymbol{d}^{(k)})\\&\text{s.t.}\ \ 0\leqslant\alpha\leqslant\alpha_{\max}\end{aligned} \tag{10.1.21}$$

综上所述，得出相应的算法.

算法 10.1.1（线性约束 Zoutendijk 法）:

（1）取初始可行点$\boldsymbol{x}^{(1)}$，置$k=1$.

（2）确定$\boldsymbol{x}^{(k)}$的有效约束指标集

$$I(\boldsymbol{x}^{(k)})=\{i|\boldsymbol{a}_i^{\mathrm{T}}\boldsymbol{x}^{(k)}-b_i=0,i\in I\}$$

若$I(\boldsymbol{x}^{(k)})=\varnothing$，则令$\boldsymbol{d}^{(k)}=-\nabla f(\boldsymbol{x}^{(k)})$，转步骤（4）；否则转步骤（3）.

因为$I(\boldsymbol{x}^{(k)})=\varnothing$，表明$\boldsymbol{x}^{(k)}$是可行域的内点，所以任意方向均是可行方向，类似于无约束问题，可用负梯度作为$\boldsymbol{x}^{(k)}$处的可行下降方向$\boldsymbol{d}^{(k)}$.

（3）求解线性规划子问题

$$\min \nabla f(\boldsymbol{x}^{(k)})^{\mathrm{T}} \boldsymbol{d}$$
$$\text{s.t.} \begin{cases} \boldsymbol{a}_i^{\mathrm{T}} \boldsymbol{d} = 0, & i \in E \\ \boldsymbol{a}_i^{\mathrm{T}} \boldsymbol{d} \geqslant 0, & i \in I(\boldsymbol{x}^{(k)}) \\ -1 \leqslant d_j \leqslant 1, & j = 1, 2, \cdots, n \end{cases}$$

得到 $\boldsymbol{d}^{(k)}$.

（4）若 $\nabla f(\boldsymbol{x}^{(k)})^{\mathrm{T}} \boldsymbol{d}^{(k)} = 0$，则停止计算（$\boldsymbol{x}^{(k)}$ 是 K－T 点）；否则求解一维问题

$$\min \varphi(\alpha) = f(\boldsymbol{x}^{(k)} + \alpha \boldsymbol{d}^{(k)})$$
$$\text{s.t. } 0 \leqslant \alpha \leqslant \alpha_{\max}$$

其中
$$\alpha_{\max} = \begin{cases} \min \left\{ \dfrac{b_i - \boldsymbol{a}_i^{\mathrm{T}} \boldsymbol{x}^{(k)}}{\boldsymbol{a}_i^{\mathrm{T}} \boldsymbol{d}^{(k)}} \middle| \boldsymbol{a}_i^{\mathrm{T}} \boldsymbol{d}^{(k)} < 0, i \notin I(\boldsymbol{x}^{(k)}) \right\} \\ +\infty, \quad \left\{ \boldsymbol{a}_i^{\mathrm{T}} \boldsymbol{d}^{(k)} < 0, i \notin I(\boldsymbol{x}^{(k)}) \right\} = \varnothing \end{cases}$$

得到 α_k，置 $\boldsymbol{x}^{(k+1)} = \boldsymbol{x}^{(k)} + \alpha_k \boldsymbol{d}^{(k)}$.

（5）置 $k = k+1$，转步骤（2）.

在实际计算中，算法步骤（4）$\nabla f(\boldsymbol{x}^{(k)})^{\mathrm{T}} \boldsymbol{d}^{(k)} = 0$ 可改为 $\left| \nabla f(\boldsymbol{x}^{(k)})^{\mathrm{T}} \boldsymbol{d}^{(k)} \right| \leqslant \varepsilon$，其中 ε 是预先给定的允许误差.

例 10.1.1 用 Zoutendijk 可行方向法求解约束问题

$$\min f(\boldsymbol{x}) = x_1^2 + x_2^2 - 2x_1 - 4x_2 + 6$$
$$\text{s.t.} \begin{cases} -2x_1 + x_2 + 1 \geqslant 0 \\ -x_1 - x_2 + 2 \geqslant 0 \\ x_1, x_2 \geqslant 0 \end{cases}$$

取初始点 $\boldsymbol{x}^{(1)} = (0,0)^{\mathrm{T}}$.

解 第 1 次迭代. 取 $\boldsymbol{x}^{(1)} = (0,0)^{\mathrm{T}}$

$$\nabla f(\boldsymbol{x}^{(1)}) = (-2, -4)^{\mathrm{T}}$$

有效约束指标集为

$$I(\boldsymbol{x}^{(1)}) = \{3, 4\}$$

相应线性规划子问题为

$$\min -2d_1 - 4d_2$$

$$\text{s.t.}\begin{cases} d_1, d_2 \geqslant 0 \\ -1 \leqslant d_1 \leqslant 1 \\ -1 \leqslant d_2 \leqslant 1 \end{cases}$$

可用图解法求得 $\boldsymbol{d}^{(1)} = (1,1)^{\mathrm{T}}$.

下面进行一维搜索，考虑目标函数

$$\varphi(\alpha) = f(\boldsymbol{x}^{(1)} + \alpha \boldsymbol{d}^{(1)}) = 2\alpha^2 - 6\alpha + 6$$

由于

$$\boldsymbol{a}_1^{\mathrm{T}} \boldsymbol{d}^{(1)} = -1 < 0, \quad \boldsymbol{a}_2^{\mathrm{T}} \boldsymbol{d}^{(1)} = -2 < 0$$

因此 $\alpha_{\max} = \min\left\{\frac{-1}{-1}, \frac{-2}{-2}\right\} = 1$.

求解一维问题

$$\min \varphi(\alpha) = 2\alpha^2 - 6\alpha + 6$$
$$0 \leqslant \alpha \leqslant 1$$

解得 $\alpha_1 = 1$，令

$$\boldsymbol{x}^{(2)} = \boldsymbol{x}^{(1)} + \alpha_1 \boldsymbol{d}^{(1)} = (1,1)^{\mathrm{T}}$$

第 2 次迭代.

$$\nabla f(\boldsymbol{x}^{(2)}) = (0, -2)^{\mathrm{T}}$$
$$I(\boldsymbol{x}^{(2)}) = \{1, 2\}$$

相应线性规划子问题为

$$\min -2d_2$$
$$\text{s.t.}\begin{cases} -2d_1 + d_2 \geqslant 0 \\ -d_1 - d_2 \geqslant 0 \\ -1 \leqslant d_1 \leqslant 1 \\ -1 \leqslant d_2 \leqslant 1 \end{cases}$$

求得

$$\boldsymbol{d}^{(2)} = (-1, 1)^{\mathrm{T}}$$

进行一维搜索，目标函数

$$\varphi(\alpha) = f(\boldsymbol{x}^{(2)} + \alpha \boldsymbol{d}^{(2)}) = 2\alpha^2 - 2\alpha + 2$$

由于

$$\boldsymbol{a}_3^{\mathrm{T}} \boldsymbol{d}^{(2)} = -1 < 0$$

因此

$$\alpha_{\max}=\min\left\{\frac{-1}{-1}\right\}=1$$

求解一维问题

$$\min\varphi(\alpha)=2\alpha^2-2\alpha+2$$
$$0\leqslant\alpha\leqslant1$$

得到$\alpha_2=\dfrac{1}{2}$，令

$$\boldsymbol{x}^{(3)}=\boldsymbol{x}^{(2)}+\alpha_2\boldsymbol{d}^{(2)}=\left(\frac{1}{2},\frac{3}{2}\right)^{\mathrm{T}}$$

第 3 次迭代.

$$\nabla f(\boldsymbol{x}^{(3)})=(-1,-1)^{\mathrm{T}}$$
$$I(\boldsymbol{x}^{(3)})=\{2\}$$

相应线性规划子问题为

$$\min -d_1-d_2$$
$$\text{s.t.}\begin{cases}-d_1-d_2\geqslant0\\-1\leqslant d_1\leqslant1\\-1\leqslant d_2\leqslant1\end{cases}$$

求得$\boldsymbol{d}^{(3)}=(0,0)^{\mathrm{T}}$.

因为$\nabla f(\boldsymbol{x}^{(3)})^{\mathrm{T}}\boldsymbol{d}^{(3)}=0$，故$\boldsymbol{x}^{(3)}=\left(\dfrac{1}{2},\dfrac{3}{2}\right)^{\mathrm{T}}$为K－T点.

由于此例是凸规划，所以$\boldsymbol{x}^{(3)}$是最优解，目标函数的最优值

$$f_{\min}=f(\boldsymbol{x}^{(3)})=\frac{3}{2}$$

10.1.2 非线性约束情形

考虑不等式约束问题

$$\begin{aligned}&\min f(\boldsymbol{x}),\quad \boldsymbol{x}\in\mathbf{R}^n,\\&\text{s.t. } c_i(\boldsymbol{x})\geqslant0,\quad i=1,2,\cdots,m,\end{aligned}\tag{10.1.22}$$

其中，$f(\boldsymbol{x})$, $c_i(\boldsymbol{x})$均为可微函数.

若约束为等式，则该约束可化为两个等价的不等式约束，故此处只讨论不等式约束情形.

定理 10.1.3　设 $\bar{\boldsymbol{x}}$ 是问题（10.1.22）的一个可行解，$I(\bar{\boldsymbol{x}})=\{i|c_i(\bar{\boldsymbol{x}})=0\}$ 是在 $\bar{\boldsymbol{x}}$ 处的有效约束指标集，又设函数 $f(\boldsymbol{x})$, $c_i(\boldsymbol{x})(i\in I(\bar{\boldsymbol{x}}))$ 在 $\bar{\boldsymbol{x}}$ 处可微，函数 $c_i(\boldsymbol{x})(i\notin I(\bar{\boldsymbol{x}}))$ 在 $\bar{\boldsymbol{x}}$ 处连续. 如果

$$\begin{cases}\nabla f(\bar{\boldsymbol{x}})^{\mathrm{T}}\boldsymbol{d}<0\\ \nabla c_i(\bar{\boldsymbol{x}})^{\mathrm{T}}\boldsymbol{d}>0,\ \ i\in I(\bar{\boldsymbol{x}})\end{cases}\tag{10.1.23}$$

则 $\boldsymbol{d}$ 是下降可行方向.

证明　设方向 $\boldsymbol{d}$ 满足条件（10.1.23）.

当 $i\notin I(\bar{\boldsymbol{x}})$ 时，$c_i(\bar{\boldsymbol{x}})>0$. 由于 $c_i(\boldsymbol{x})(i\notin I(\bar{\boldsymbol{x}}))$ 在 $\bar{\boldsymbol{x}}$ 处连续，因此对足够小的 $\alpha>0$，必有

$$c_i(\bar{\boldsymbol{x}}+\alpha\boldsymbol{d})\geqslant 0,\qquad i\notin I(\bar{x})\tag{10.1.24}$$

当 $i\in I(\bar{\boldsymbol{x}})$ 时，由于 $c_i(\boldsymbol{x})$ 在 $\bar{\boldsymbol{x}}$ 处可微，必有

$$c_i(\bar{\boldsymbol{x}}+\alpha\boldsymbol{d})=c_i(\bar{\boldsymbol{x}})+\alpha\nabla c_i(\bar{\boldsymbol{x}})^{\mathrm{T}}\boldsymbol{d}+o(\|\alpha\boldsymbol{d}\|)$$

$$\frac{c_i(\bar{\boldsymbol{x}}+\alpha\boldsymbol{d})-c_i(\bar{\boldsymbol{x}})}{\alpha}=\nabla c_i(\bar{\boldsymbol{x}})^{\mathrm{T}}\boldsymbol{d}+\frac{o(\|\alpha\boldsymbol{d}\|)}{\alpha}\tag{10.1.25}$$

已知 $\nabla c_i(\bar{\boldsymbol{x}})^{\mathrm{T}}\boldsymbol{d}>0$，因此当 $\alpha>0$ 且充分小时，式（10.1.25）右端大于零，由此推得左端大于零.

由于 $c_i(\bar{\boldsymbol{x}})=0(i\in I(\bar{\boldsymbol{x}}))$，所以 $c_i(\bar{\boldsymbol{x}}+\alpha\boldsymbol{d})>0$.

由以上分析即知，对足够小的 $\alpha>0$，必有

$$c_i(\bar{\boldsymbol{x}}+\alpha\boldsymbol{d})>0,\ i=1,2,\cdots,m$$

因此，$\boldsymbol{d}$ 为 $\bar{\boldsymbol{x}}$ 处的可行方向. 又由于 $\boldsymbol{d}$ 满足 $\nabla f(\bar{\boldsymbol{x}})^{\mathrm{T}}\boldsymbol{d}<0$，$\boldsymbol{d}$ 为下降方向，所以 $\boldsymbol{d}$ 是 $\bar{\boldsymbol{x}}$ 处可行下降方向.

根据上述定理，求可行下降方向也就是求满足下列不等式组的解 $\boldsymbol{d}$：

$$\begin{cases}\nabla f(\bar{\boldsymbol{x}})^{\mathrm{T}}\boldsymbol{d}<0\\ \nabla c_i(\bar{\boldsymbol{x}})^{\mathrm{T}}\boldsymbol{d}>0,\ \ i\in I(\bar{\boldsymbol{x}})\end{cases}\tag{10.1.26}$$

而上述不等式组当引进数 σ 后，等价于下述方程组求向量 $\boldsymbol{d}$ 及实数 σ：

$$\begin{cases}\nabla f(\bar{\boldsymbol{x}})^{\mathrm{T}}\boldsymbol{d}\leqslant\sigma\\-\nabla c_i(\bar{\boldsymbol{x}})^{\mathrm{T}}\boldsymbol{d}\leqslant\sigma,\ \ i\in I(\bar{\boldsymbol{x}})\\\sigma<0\end{cases}\tag{10.1.27}$$

又知满足不等式组式（10.1.27）的可行下降方向$\boldsymbol{d}$及数σ一般有很多个，而希望求出能使目标函数值下降最多的方向$\boldsymbol{d}$. 因此将式（10.1.27）转化为求解线性规划问题.

$$\begin{aligned}&\min\sigma\\&\text{s.t.}\begin{cases}\nabla f(\bar{\boldsymbol{x}})^{\mathrm{T}}\boldsymbol{d}\leqslant\sigma\\-\nabla c_i(\bar{\boldsymbol{x}})^{\mathrm{T}}\boldsymbol{d}\leqslant\sigma,\ \ i\in I(\bar{\boldsymbol{x}})\\-1\leqslant d_j\leqslant 1,\qquad j=1,2,\cdots,n\end{cases}\end{aligned}\tag{10.1.28}$$

设式（10.1.28）的最优解为$(\sigma^*,\boldsymbol{d}^*)$. 与式（10.1.10）类似，$\sigma^*$必然小于等于零. 如果$\sigma^*<0$，由定理 10.1.3，则$\boldsymbol{d}^*$是在$\bar{\boldsymbol{x}}$处的可行下降方向；如果$\sigma^*=0$，可以证明，在一定条件下，$\bar{\boldsymbol{x}}$是 Fritz John 点.

为了确定步长α_k，仍需要求解一维搜索问题

$$\begin{aligned}&\min\varphi(\alpha)=f(\boldsymbol{x}^{(k)}+\alpha\boldsymbol{d}^{(k)})\\&\text{s.t.}\ \ 0\leqslant\alpha\leqslant\alpha_{\max}\end{aligned}\tag{10.1.29}$$

其中

$$\alpha_{\max}=\sup\{\alpha|c_i(\boldsymbol{x}^{(k)}+\alpha\boldsymbol{d}^{(k)})\geqslant 0,i=1,2,\cdots,m\}\tag{10.1.30}$$

（即$\alpha_{\max}$是所有满足约束$c_i(\boldsymbol{x}^{(k)}+\alpha\boldsymbol{d}^{(k)})\geqslant 0,i=1,2,\cdots,m$的$\alpha$的上确界）.

算法 10.1.2（非线性约束 Zoutendijk 法）：

（1）给定初始可行点$\boldsymbol{x}^{(1)}$，允许误差$\varepsilon_1>0,\varepsilon_2>0$，置$k=1$.

（2）确定$\boldsymbol{x}^{(k)}$处的有效约束指标集

$$I(\boldsymbol{x}^{(k)})=\{i|c_i(\boldsymbol{x}^{(k)})=0\}$$

（3）若$I(\boldsymbol{x}^{(k)})=\varnothing$，且$\|\nabla f(\boldsymbol{x}^{(k)})\|\leqslant\varepsilon_1$，停止迭代，则$\boldsymbol{x}^{(k)}$为极小点；若$\|\nabla f(\boldsymbol{x}^{(k)})\|>\varepsilon_1$，则令

$$\boldsymbol{d}^{(k)}=-\nabla f(\boldsymbol{x}^{(k)})$$

转步骤（6）.

（4）若$I(\boldsymbol{x}^{(k)})\neq\varnothing$，求解线性规划问题

$$
\begin{aligned}
&\min \sigma \\
&\text{s.t.} \begin{cases} \nabla f(\boldsymbol{x}^{(k)})^{\mathrm{T}} \boldsymbol{d} \leqslant \sigma \\ -\nabla c_i(\boldsymbol{x}^{(k)})^{\mathrm{T}} \boldsymbol{d} \leqslant \sigma, i \in I(\boldsymbol{x}^{(k)}) \\ -1 \leqslant d_j \leqslant 1, \qquad j = 1, 2, \cdots, n \end{cases}
\end{aligned} \tag{10.1.31}
$$

得到 $\boldsymbol{d}^{(k)}, \sigma_k$.

（5）若 $|\sigma_k| \leqslant \varepsilon_2$，停止迭代，则 $\boldsymbol{x}^{(k)}$ 为 Fritz John 点；否则，转步骤（6）.

（6）在点 $\boldsymbol{x}^{(k)}$ 处沿搜索方向 $\boldsymbol{d}^{(k)}$ 作一维搜索，确定可行的最优步长 α_k.

首先由式（10.1.30）确定上确界 $\alpha_{\max}$，再求解规划式（10.1.29）确定最优步长 α_k，令

$$
\boldsymbol{x}^{(k+1)} = \boldsymbol{x}^{(k)} + \alpha_k \boldsymbol{d}^{(k)}
$$

（7）置 $k = k + 1$，返回步骤（2）.

10.1.3 Zoutendijk 可行方向法的修正

由于 Zoutendijk 可行方向法是基于无约束最优化问题的最速下降法，这样最速下降法的缺点，即“锯齿现象”仍会出现. 当迭代逼近非有效约束边界时可能会发生一些突然的变化，致使 Zoutendijk 可行方向法可能不收敛.

Topkis 和 Veinott 对 Zoutendijk 可行方向算法做了改进，主要把求方向的线性规划改成

$$
\begin{aligned}
&\min \sigma \\
&\text{s.t.} \begin{cases} \nabla f(\boldsymbol{x}^{(k)})^{\mathrm{T}} \boldsymbol{d} - \sigma \leqslant 0 \\ -\nabla c_i(\boldsymbol{x}^{(k)})^{\mathrm{T}} \boldsymbol{d} - \sigma \leqslant c_i(\overline{\boldsymbol{x}}), \quad i = 1, 2, \cdots, m \\ -1 \leqslant d_j \leqslant 1, \qquad\qquad j = 1, 2, \cdots, n \end{cases}
\end{aligned}
$$

经过修改，有效约束和非有效约束在确定可行下降方向中均起作用，并且在接近非有效约束边界时，不致发生方向突然改变. 可以证明，Topkis-Veinott 算法产生的序列 $\{\boldsymbol{x}^{(k)}\}$ 的任一聚点是 Fritz John 点.

修正的 Zoutendijk 法计算步骤与上面的算法类似，这里不再重复.

10.2 Rosen 梯度投影法

梯度投影法是 J. B. Rosen 于 1960 年提出来的，其基本思想是从可行点出发，沿可行方向进行搜索．当迭代点在可行域内部时，沿负梯度方向搜索；当迭代点在某些约束的边界上时，将该点处的负梯度方向投影到可行方向上，得到的投影方向是可行下降方向，再沿此投影方向进行搜索．因此，Rosen 梯度投影法也是可行方向法．

10.2.1 投影矩阵

为了介绍 Rosen 梯度投影法，需要给出投影矩阵的概念．

定义 10.2.1 设 $\boldsymbol{P}$ 为 n 阶矩阵，若 $\boldsymbol{P}$ 满足

$$\boldsymbol{P}=\boldsymbol{P}^{\mathrm{T}} \text{ 且 } \boldsymbol{P}^2=\boldsymbol{P}$$

则称 $\boldsymbol{P}$ 为投影矩阵．

投影矩阵具有下列性质：

（1）若 $\boldsymbol{P}$ 为投影矩阵，则 $\boldsymbol{P}$ 为半正定矩阵．

（2）$\boldsymbol{P}$ 为投影矩阵的充要条件是 $\boldsymbol{Q}=\boldsymbol{I}-\boldsymbol{P}$ 为投影矩阵．

（3）设 $\boldsymbol{P}$ 和 $\boldsymbol{Q}=\boldsymbol{I}-\boldsymbol{P}$ 是 n 阶投影矩阵，则

$$L=\{\boldsymbol{P}\boldsymbol{x} \mid \boldsymbol{x}\in \mathbf{R}^n\}$$

与

$$L^{\perp}=\left\{\boldsymbol{Q}x \mid \boldsymbol{x}\in \mathbf{R}^n\right\}$$

是正交线性子空间，且任一 $\boldsymbol{x}\in \mathbf{R}^n$ 可唯一分解成

$$\boldsymbol{x}=\boldsymbol{p}+\boldsymbol{q},\quad \boldsymbol{p}\in L,\quad \boldsymbol{q}\in L^{\perp}$$

以上性质，根据定义很容易得到验证．

10.2.2 梯度投影法原理

考虑线性约束问题

$$\min f(\boldsymbol{x}),\ \boldsymbol{x}\in\mathbf{R}^n$$
$$\text{s.t.}\begin{cases}\boldsymbol{a}_i^{\mathrm{T}}\boldsymbol{x}-b_i=0, & i\in E=\{1,2,\cdots,l\}\\ \boldsymbol{a}_i^{\mathrm{T}}\boldsymbol{x}-b_i\geqslant 0, & i\in I=\{l+1,\cdots,l+m\}\end{cases}\tag{10.2.1}$$

定理 10.2.1　设 $\bar{\boldsymbol{x}}$ 是约束问题（10.2.1）的可行点，且 $f(\boldsymbol{x})$ 具有连续的一阶偏导数. 若 $\boldsymbol{P}$ 是投影矩阵，且 $\boldsymbol{P}\nabla f(\bar{\boldsymbol{x}})\neq\mathbf{0}$，则

$$\boldsymbol{d}=-\boldsymbol{P}\nabla f(\bar{\boldsymbol{x}})\tag{10.2.2}$$

是 $\bar{\boldsymbol{x}}$ 处的下降方向.

此外，若

$$\boldsymbol{N}=(a_{i_1},a_{i_2},\cdots,a_{i_r}),\quad i_j\in E\cup I(\bar{\boldsymbol{x}})\tag{10.2.3}$$

为列满秩矩阵，令 $\boldsymbol{P}$ 具有如下形式：

$$\boldsymbol{P}=\boldsymbol{I}-\boldsymbol{N}(\boldsymbol{N}^{\mathrm{T}}\boldsymbol{N})^{-1}\boldsymbol{N}^{\mathrm{T}}\tag{10.2.4}$$

则 $\boldsymbol{d}$ 是 $\bar{\boldsymbol{x}}$ 处的可行下降方向.

证明　由于 $\boldsymbol{P}$ 是投影矩阵，$\boldsymbol{P}\nabla f(\bar{\boldsymbol{x}})\neq\mathbf{0}$，则有

$$\begin{aligned}\nabla f(\bar{\boldsymbol{x}})^{\mathrm{T}}\boldsymbol{d}&=-\nabla f(\bar{\boldsymbol{x}})^{\mathrm{T}}\boldsymbol{P}\nabla f(\bar{\boldsymbol{x}})\\&=-\nabla f(\bar{\boldsymbol{x}})^{\mathrm{T}}\boldsymbol{P}^{\mathrm{T}}\boldsymbol{P}\nabla f(\bar{\boldsymbol{x}})\\&=-\|\boldsymbol{P}\nabla f(\bar{\boldsymbol{x}})\|^2<0\end{aligned}$$

因此 $\boldsymbol{d}$ 是下降方向. 根据假设，又有

$$\begin{aligned}\boldsymbol{N}^{\mathrm{T}}\boldsymbol{P}&=\boldsymbol{N}^{\mathrm{T}}(\boldsymbol{I}-\boldsymbol{N}(\boldsymbol{N}^{\mathrm{T}}\boldsymbol{N})^{-1}\boldsymbol{N}^{\mathrm{T}})\\&=\boldsymbol{N}^{\mathrm{T}}-\boldsymbol{N}^{\mathrm{T}}\boldsymbol{N}(\boldsymbol{N}^{\mathrm{T}}\boldsymbol{N})^{-1}\boldsymbol{N}^{\mathrm{T}}\\&=\mathbf{0}\end{aligned}\tag{10.2.5}$$

因此有

$$\boldsymbol{a}_i^{\mathrm{T}}\boldsymbol{d}=-\boldsymbol{a}_i^{\mathrm{T}}\boldsymbol{P}\nabla f(\bar{\boldsymbol{x}})=0,\ i\in E\cup I(\bar{\boldsymbol{x}}),\tag{10.2.6}$$

根据定理 10.1.1 知，$\boldsymbol{d}$ 是可行方向. 因此 $\boldsymbol{d}$ 是可行下降方向.

上述定理，在 $\boldsymbol{P}\nabla f(\bar{\boldsymbol{x}})\neq\mathbf{0}$ 的假设下，给出用投影求可行下降方向的一种方法. 当 $\boldsymbol{P}\nabla f(\bar{\boldsymbol{x}})=\mathbf{0}$ 时，有两种可能，或者是 K－T 点，或者可以构造新的投影矩阵，以便求得新的可行下降方向.

定理 10.2.2　设 $\bar{\boldsymbol{x}}$ 是约束问题（10.2.1）的可行点，且 $f(\boldsymbol{x})$ 具有连续的一阶偏导数. 若 $\boldsymbol{P}$ 是由式（10.2.3）和式（10.2.4）确定的投影矩阵，并满足

$$\boldsymbol{P}\nabla f(\bar{\boldsymbol{x}})=\boldsymbol{0} \tag{10.2.7}$$

记

$$\boldsymbol{\lambda}=(\boldsymbol{N}^{\mathrm{T}}\boldsymbol{N})^{-1}\boldsymbol{N}^{T}\nabla f(\bar{\boldsymbol{x}}) \tag{10.2.8}$$

若 $\lambda_i \geqslant 0, i\in I(\bar{\boldsymbol{x}})$，则 $\bar{\boldsymbol{x}}$ 是 K－T 点. 若存在 $q\in I(\bar{\boldsymbol{x}})$，使得 $\lambda_q<0$，记 $\bar{\boldsymbol{N}}$ 为矩阵 $\boldsymbol{N}$ 中去掉 λ_q 对应的列后得到的矩阵，并令

$$\bar{\boldsymbol{P}}=\boldsymbol{I}-\bar{\boldsymbol{N}}(\bar{\boldsymbol{N}}^{\mathrm{T}}\bar{\boldsymbol{N}})^{-1}\bar{\boldsymbol{N}}^{\mathrm{T}}$$
$$\boldsymbol{d}=-\bar{\boldsymbol{P}}\nabla f(\bar{\boldsymbol{x}})$$

则 $\boldsymbol{d}$ 是 $\bar{\boldsymbol{x}}$ 处的可行下降方向.

证明 由式（10.2.4）、式（10.2.7）和式（10.2.8），有

$$\begin{aligned}\boldsymbol{0}&=\boldsymbol{P}\nabla f(\bar{\boldsymbol{x}})\\&=(\boldsymbol{I}-\boldsymbol{N}(\boldsymbol{N}^{\mathrm{T}}\boldsymbol{N})^{-1}\boldsymbol{N}^{\mathrm{T}})\nabla f(\bar{\boldsymbol{x}})\\&=\nabla f(\bar{\boldsymbol{x}})-\boldsymbol{N}(\boldsymbol{N}^{\mathrm{T}}\boldsymbol{N})^{-1}\boldsymbol{N}^{\mathrm{T}}\nabla f(\bar{\boldsymbol{x}})\\&=\nabla f(\bar{\boldsymbol{x}})-\boldsymbol{N}\boldsymbol{\lambda}\end{aligned} \tag{10.2.9}$$

即

$$\nabla f(\bar{\boldsymbol{x}})-\sum_{i\in E\cup I(\bar{\boldsymbol{x}})}\lambda_i\boldsymbol{a}_i=\boldsymbol{0} \tag{10.2.10}$$

若 $\lambda_i\geqslant 0, i\in I(\bar{\boldsymbol{x}})$，则令 $\lambda_i=0, i\notin I(\bar{\boldsymbol{x}})$，式（10.2.10）即为K－T 条件，所以 $\bar{\boldsymbol{x}}$ 是K－T 点.

若存在 $q\in I(\bar{\boldsymbol{x}})$，使得 $\lambda_q<0$，证明 $\boldsymbol{d}=-\bar{\boldsymbol{P}}\nabla f(\bar{\boldsymbol{x}})$ 是可行下降方向.

（1）证明 $\boldsymbol{d}\neq\boldsymbol{0}$.（反证法）

若 $\boldsymbol{d}=\boldsymbol{0}$，则由 $\bar{\boldsymbol{P}}\nabla f(\bar{\boldsymbol{x}})=\boldsymbol{0}$，必存在

$$\boldsymbol{\mu}=(\bar{\boldsymbol{N}}^{\mathrm{T}}\bar{\boldsymbol{N}})^{-1}\bar{\boldsymbol{N}}^{\mathrm{T}}\nabla f(\bar{\boldsymbol{x}})$$

使得

$$\nabla f(\bar{\boldsymbol{x}})-\sum_{\substack{i\in E\cup I(\bar{\boldsymbol{x}})\\ i\neq q}}\mu_i\boldsymbol{a}_i=\boldsymbol{0} \tag{10.2.11}$$

用式（10.2.10）减式（10.2.11），得到

$$-\lambda_q\boldsymbol{a}_q-\sum_{\substack{i\in E\cup I(\bar{\boldsymbol{x}})\\ i\neq q}}(\lambda_i-\mu_i)\boldsymbol{a}_i=\boldsymbol{0} \tag{10.2.12}$$

由于 $\lambda_q<0$，这与 $\boldsymbol{N}$ 为列满秩矩阵矛盾.

（2）证明 $\boldsymbol{d}$ 是可行方向.

类似于定理 10.2.1 的证明可知

$$\boldsymbol{a}_i^{\mathrm{T}}\boldsymbol{d}=0,\ i\in E\bigcup I(\bar{\boldsymbol{x}}), i\neq q \tag{10.2.13}$$

并由式（10.2.10）和式（10.2.13），有

$$\begin{aligned}\boldsymbol{a}_q^{\mathrm{T}}\boldsymbol{d}&=\left(\frac{1}{\lambda_q}\nabla f(\bar{\boldsymbol{x}})-\frac{1}{\lambda_q}\sum_{\substack{i\in E\bigcup I(\bar{x})\\ i\neq q}}\lambda_i\boldsymbol{a}_i\right)^{\mathrm{T}}\boldsymbol{d}\\&=\frac{1}{\lambda_q}\nabla f(\bar{\boldsymbol{x}})^{\mathrm{T}}\boldsymbol{d}\\&=-\frac{1}{\lambda_q}\nabla f(\bar{\boldsymbol{x}})\bar{\boldsymbol{P}}\nabla f(\bar{\boldsymbol{x}})\\&=-\frac{1}{\lambda_q}\left\|\bar{\boldsymbol{P}}\nabla f(\bar{\boldsymbol{x}})\right\|^2>0\end{aligned} \tag{10.2.14}$$

所以 $\boldsymbol{d}$ 是 $\bar{\boldsymbol{x}}$ 处的可行方向. 由定理 10.2.1 可知，$\boldsymbol{d}\neq\boldsymbol{0}$ 又是下降方向，因此 $\boldsymbol{d}$ 是可行下降方向.

由定理 10.2.1 和定理 10.2.2，可以给出梯度投影法的具体算法.

算法 10.2.1（Rosen 梯度投影法）：

（1）给定初始可行点 $\boldsymbol{x}^{(1)}$，置 $k=1$.

（2）确定 $\boldsymbol{x}^{(k)}$ 处的有效约束指标集 $I(\boldsymbol{x}^{(k)})$.

（3）若 $l=0$（无等式约束），且 $I(\boldsymbol{x}^{(k)})=\varnothing$，则令

$$\boldsymbol{d}^{(k)}=-\nabla f(\boldsymbol{x}^{(k)})$$

否则，令

$$\boldsymbol{N}^{(k)}=(a_{i_1},a_{i_2},\cdots,a_{i_r}),\ i_j\in E\bigcup I(\boldsymbol{x}^{(k)})$$

$$\boldsymbol{P}^{(k)}=\boldsymbol{I}-\boldsymbol{N}^{(k)}(\boldsymbol{N}^{(k)\mathrm{T}}\boldsymbol{N}^{(k)})^{-1}\boldsymbol{N}^{(k)\mathrm{T}}$$

$$\boldsymbol{d}^{(k)}=-\boldsymbol{P}^{(k)}\nabla f(\boldsymbol{x}^{(k)})$$

（4）若 $\boldsymbol{d}^{(k)}=\boldsymbol{0}$：

① 若 $l=0$，且 $I(\boldsymbol{x}^{(k)})=\varnothing$，则停止迭代，$\boldsymbol{x}^{(k)}$ 为 K－T 点；否则计算

$$\boldsymbol{\lambda}^{(k)}=(\boldsymbol{N}^{(k)\mathrm{T}}\boldsymbol{N}^{(k)})^{-1}\boldsymbol{N}^{(k)\mathrm{T}}\nabla f(\boldsymbol{x}^{(k)})$$

② 若 $\lambda_i^{(k)}\geqslant 0, i\in I(\boldsymbol{x}^{(k)})$，则停止迭代，$\boldsymbol{x}^{(k)}$ 为 K－T 点；否则，令

$$\lambda_q^{(k)} = \min\{\lambda_i^{(k)} \mid i \in I(\boldsymbol{x}^{(k)})\}$$

置

$$\boldsymbol{N}^{(k)} = (\boldsymbol{N}^{(k)}\text{ 中去掉 }\lambda_q^{(k)}\text{ 对应的列 }\boldsymbol{a}_q)$$

$$\boldsymbol{P}^{(k)} = \boldsymbol{I} - \boldsymbol{N}^{(k)}(\boldsymbol{N}^{(k)\mathrm{T}}\boldsymbol{N}^{(k)})^{-1}\boldsymbol{N}^{(k)\mathrm{T}}$$

$$\boldsymbol{d}^{(k)} = -\boldsymbol{P}^{(k)}\nabla f(\boldsymbol{x}^{(k)})$$

（5）（$\boldsymbol{d}^{(k)} \neq \boldsymbol{0}$）求解一维问题

$$\min \varphi(\alpha) = f(\boldsymbol{x}^{(k)} + \alpha\boldsymbol{d}^{(k)})$$
$$\text{s.t. } 0 \leqslant \alpha \leqslant \alpha_{\max}$$

其中，$\alpha_{\max}$ 由式（10.1.19）和式（10.1.20）确定，即

$$\alpha_{\max} = \begin{cases} \min\left\{ \dfrac{b_i - \boldsymbol{a}_i^{\mathrm{T}}\boldsymbol{x}^{(k)}}{\boldsymbol{a}_i^{\mathrm{T}}\boldsymbol{d}^{(k)}} \middle| \boldsymbol{a}_i^{\mathrm{T}}\boldsymbol{d}^{(k)} < 0, i \notin I(\boldsymbol{x}^{(k)}) \right\} \\ +\infty, \left\{\boldsymbol{a}_i^{\mathrm{T}}\boldsymbol{d}^{(k)} < 0, i \notin I(\boldsymbol{x}^{(k)})\right\} = \varnothing \end{cases}$$

得到α_k，置

$$\boldsymbol{x}^{(k+1)} = \boldsymbol{x}^{(k)} + \alpha_k\boldsymbol{d}^{(k)}$$

（6）置$k=k+1$，转步骤（2）.

在实际计算中，算法步骤（4）$\boldsymbol{d}^{(k)}=\boldsymbol{0}$可改写为$\left\|\boldsymbol{d}^{(k)}\right\| \leqslant \varepsilon$，其中$\varepsilon$是预先给定的允许误差.

例 10.2.1 用梯度投影法求解线性约束问题

$$\min f(\boldsymbol{x}) = 2x_1^2 - 2x_1x_2 + 2x_2^2 - 4x_1 - 6x_2$$
$$\text{s.t.}\begin{cases} -x_1 - x_2 + 2 \geqslant 0 \\ -x_1 - 5x_2 + 5 \geqslant 0 \\ x_1 \geqslant 0 \\ x_2 \geqslant 0 \end{cases}$$

取初始点 $\boldsymbol{x}^{(1)} = (0,0)^{\mathrm{T}}$.

解 第 1 次迭代.

取 $\boldsymbol{x}^{(1)} = (0,0)^{\mathrm{T}}$，$\nabla f(\boldsymbol{x}^{(1)}) = (-4,-6)^{\mathrm{T}}$，$I(\boldsymbol{x}^{(1)}) = \{3,4\}$

则

$$N^{(1)}=\begin{pmatrix}1 & 0\\ 0 & 1\end{pmatrix}$$

$$P^{(1)}=I-N^{(1)}(N^{(1)\mathrm{T}}N^{(1)})^{-1}N^{(1)\mathrm{T}}=\mathbf{0}$$

$$d^{(1)}=-P^{(1)}\nabla f(x^{(1)})=(0,0)^{\mathrm{T}}$$

计算乘子

$$\lambda^{(1)}=(N^{(1)\mathrm{T}}N^{(1)})^{-1}N^{(1)\mathrm{T}}\nabla f(x^{(1)})=(-4,-6)^{\mathrm{T}}$$

$$\lambda_4^{(1)}=\min\{\lambda_i^{(1)}\,|\,i\in I(x^{(1)})\}=-6$$

去掉第 4 个约束，得到

$$N^{(1)}=\begin{pmatrix}1\\ 0\end{pmatrix}$$

所以

$$P^{(1)}=I-N^{(1)}(N^{(1)\mathrm{T}}N^{(1)})^{-1}N^{(1)\mathrm{T}}=\begin{pmatrix}0 & 0\\ 0 & 1\end{pmatrix}$$

$$d^{(1)}=-P^{(1)}\nabla f(x^{(1)})=(0,6)^{\mathrm{T}}$$

考虑一维搜索目标函数

$$\begin{aligned}\varphi(\alpha)&=f(x^{(1)}+\alpha d^{(1)})\\&=72\alpha^2-36\alpha\end{aligned}$$

由于 $$a_1^{\mathrm{T}}d^{(1)}=-6<0,\ a_2^{\mathrm{T}}d^{(1)}=-30<0$$

所以

$$\alpha_{\max}=\min\left\{\frac{-2-0}{-6},\frac{-5-0}{-30}\right\}=\frac{1}{6}$$

求解一维问题

$$\min\varphi(\alpha)=72\alpha^2-36\alpha$$

$$\text{s.t. } 0\leqslant\alpha\leqslant\frac{1}{6}$$

得到 $\alpha_1=\dfrac{1}{6}$，置

$$x^{(2)}=x^{(1)}+\alpha_1 d^{(1)}=(0,1)^{\mathrm{T}}$$

第 2 次迭代.

在 $\boldsymbol{x}^{(2)}=(0,1)^{\mathrm{T}}$ 处，

$$\nabla f(\boldsymbol{x}^{(2)})=(-6,-2)^{\mathrm{T}},\quad I(\boldsymbol{x}^{(2)})=\{2,3\}$$

则

$$\boldsymbol{N}^{(2)}=\begin{pmatrix}-1 & 1\\ -5 & 0\end{pmatrix}$$

$$\boldsymbol{P}^{(2)}=\boldsymbol{I}-\boldsymbol{N}^{(2)}(\boldsymbol{N}^{(2)\mathrm{T}}\boldsymbol{N}^{(2)})^{-1}\boldsymbol{N}^{(2)\mathrm{T}}=\boldsymbol{0}$$

$$\boldsymbol{d}^{(2)}=-\boldsymbol{P}^{(2)}\nabla f(\boldsymbol{x}^{(2)})=(0,0)^{\mathrm{T}}$$

计算乘子

$$\boldsymbol{\lambda}^{(2)}=(\boldsymbol{N}^{(2)\mathrm{T}}\boldsymbol{N}^{(2)})^{-1}\boldsymbol{N}^{(2)\mathrm{T}}\nabla f(\boldsymbol{x}^{(2)})=\left(\frac{2}{5},-\frac{28}{5}\right)^{\mathrm{T}}$$

$$\lambda_3^{(2)}=-\frac{28}{5}$$

去掉第 3 个约束，得到

$$\boldsymbol{N}^{(2)}=\begin{pmatrix}-1\\ -5\end{pmatrix}$$

所以

$$\boldsymbol{P}^{(2)}=\boldsymbol{I}-\boldsymbol{N}^{(2)}(\boldsymbol{N}^{(2)\mathrm{T}}\boldsymbol{N}^{(2)})^{-1}\boldsymbol{N}^{(2)\mathrm{T}}$$

$$=\begin{pmatrix}\frac{25}{26} & -\frac{5}{26}\\ -\frac{5}{26} & \frac{1}{26}\end{pmatrix}$$

$$\boldsymbol{d}^{(2)}=-\boldsymbol{P}^{(2)}\nabla f(\boldsymbol{x}^{(2)})=\left(\frac{70}{13},-\frac{14}{13}\right)^{\mathrm{T}}$$

由于一维搜索与模长无关，所以，为了计算方便，取

$$\boldsymbol{d}^{(2)}=(5,-1)^{\mathrm{T}}$$

考虑一维搜索目标函数

$$\varphi(\alpha)=f(\boldsymbol{x}^{(2)}+\alpha\boldsymbol{d}^{(2)})=62\alpha^2-28\alpha-4$$

由于

$$\boldsymbol{a}_1^{\mathrm{T}}\boldsymbol{d}^{(2)}=-4<0,\ \boldsymbol{a}_4^{\mathrm{T}}\boldsymbol{d}^{(2)}=-1<0$$

所以

$$\alpha_{\max}=\min\left\{\frac{-2+1}{-4},\frac{0-1}{-1}\right\}=\frac{1}{4}$$

求解一维问题

$$\min \varphi(\alpha) = 62\alpha^2 - 28\alpha - 4$$
$$\text{s.t. } 0 \leqslant \alpha \leqslant \frac{1}{4}$$

得到 $\alpha_2 = \frac{7}{31}$，置

$$\boldsymbol{x}^{(3)} = \boldsymbol{x}^{(2)} + \alpha_2 \boldsymbol{d}^{(2)} = \left(\frac{35}{31}, \frac{24}{31}\right)^{\mathrm{T}}$$

第 3 次迭代.

在 $\boldsymbol{x}^{(3)} = \left(\frac{35}{31}, \frac{24}{31}\right)^{\mathrm{T}}$ 处，

$$\nabla f(\boldsymbol{x}^{(3)}) = \left(-\frac{32}{31}, -\frac{160}{31}\right)^{\mathrm{T}}, \quad I(\boldsymbol{x}^{(3)}) = \{2\}$$

于是

$$\boldsymbol{N}^{(3)} = \begin{pmatrix} -1 \\ -5 \end{pmatrix}$$
$$\boldsymbol{P}^{(3)} = \boldsymbol{I} - \boldsymbol{N}^{(3)}(\boldsymbol{N}^{(3)\mathrm{T}}\boldsymbol{N}^{(3)})^{-1}\boldsymbol{N}^{(3)\mathrm{T}}$$
$$= \begin{pmatrix} \frac{25}{26} & -\frac{5}{26} \\ -\frac{5}{26} & \frac{1}{26} \end{pmatrix}$$
$$\boldsymbol{d}^{(3)} = -\boldsymbol{P}^{(3)}\nabla f(\boldsymbol{x}^{(3)}) = (0, 0)^{\mathrm{T}}$$

计算乘子

$$\lambda^{(3)} = (\boldsymbol{N}^{(3)\mathrm{T}}\boldsymbol{N}^{(3)})^{-1}\boldsymbol{N}^{(3)\mathrm{T}}\nabla f(\boldsymbol{x}^{(3)}) = \frac{32}{31} > 0$$

所以 $\boldsymbol{x}^{(3)} = \left(\frac{35}{31}, \frac{24}{31}\right)^{\mathrm{T}}$ 为最优解.

相应的乘子为 $\boldsymbol{\lambda}^* = \left(0, \frac{32}{31}, 0, 0\right)^{\mathrm{T}}$.

10.3 既约梯度法

既约梯度法是由 Wolfe 在 1963 年提出的一种可行方向法，因此也称为 Wolfe

既约梯度法. 下面我们来介绍这种方法.

考虑线性约束问题

$$\min f(\boldsymbol{x}),\ \ \boldsymbol{x}\in\mathbf{R}^n$$
$$\text{s.t.}\begin{cases}\boldsymbol{A}\boldsymbol{x}=\boldsymbol{b}\\ \boldsymbol{x}\geqslant\boldsymbol{0}\end{cases}\tag{10.3.1}$$

其中，$\boldsymbol{A}=\boldsymbol{A}_{m\times n}, m<n, \text{rank}(\boldsymbol{A})=m$，假设 $\boldsymbol{A}$ 的任意 m 列均是线性无关的,并且每个基本可行解均有 m 个正分量.

Wolfe 既约梯度法的基本思想是把变量区分为基变量（m 个）和非基变量（$n-m$ 个），它们之间的关系由约束条件 $\boldsymbol{A}\boldsymbol{x}=\boldsymbol{b}$ 确定，将基变量用非基变量表示，并从目标函数中消去基变量，得到以非基变量为自变量的简化的目标函数，进而利用此函数的负梯度构造下降可行方向. 简化目标函数关于非基变量的梯度称为目标函数的既约梯度. 下面分析怎样用既约梯度构造搜索方向.

设 $\boldsymbol{x}$ 是可行解，将 $\boldsymbol{A}$ 和 $\boldsymbol{x}$ 进行分解，不失一般性，可令

$$\boldsymbol{A}=(\boldsymbol{B},\boldsymbol{N}),\ \boldsymbol{x}=(\boldsymbol{x}_B,\boldsymbol{x}_N)^{\mathrm{T}}$$

其中，$\boldsymbol{B}$ 是 $m\times m$ 可逆矩阵，$\boldsymbol{x}_B>\boldsymbol{0}$ 称为基变量，$\boldsymbol{x}_N\geqslant\boldsymbol{0}$ 称为非基变量. 这样，式（10.3.1）可以表达为

$$\min f(\boldsymbol{x}_B,\boldsymbol{x}_N)\tag{10.3.2}$$
$$\text{s.t.}\begin{cases}\boldsymbol{B}\boldsymbol{x}_B+\boldsymbol{N}\boldsymbol{x}_N=\boldsymbol{b} & (10.3.3)\\ \boldsymbol{x}_B,\boldsymbol{x}_N\geqslant\boldsymbol{0} & (10.3.4)\end{cases}$$

由式（10.3.3）可以得出

$$\boldsymbol{x}_B=\boldsymbol{B}^{-1}\boldsymbol{b}-\boldsymbol{B}^{-1}\boldsymbol{N}\boldsymbol{x}_N\tag{10.3.5}$$

把式（10.3.5）代入式（10.3.2），得到仅以 $\boldsymbol{x}_N$ 为自变量的函数

$$F(\boldsymbol{x}_N)=f(\boldsymbol{x}_B(\boldsymbol{x}_N),\boldsymbol{x}_N)\tag{10.3.6}$$

这样问题（10.3.1）简化为仅在变量非负限制下极小化 $F(\boldsymbol{x}_N)$，即

$$\min F(\boldsymbol{x}_N)$$
$$\text{s.t.}\ \ \boldsymbol{x}_B,\boldsymbol{x}_N\geqslant\boldsymbol{0}\tag{10.3.7}$$

这是一个 $n-m$ 维问题，而且除变量非负约束外，没有其他约束条件. 因此，问题（10.3.7）是比原来问题较低维的简单问题.

利用复合函数求导数法则，可求得 $F(\boldsymbol{x}_N)$ 的梯度，即 $f(\boldsymbol{x})$ 的既约梯度

$$\begin{aligned} r(\boldsymbol{x}_N) &= \nabla F(\boldsymbol{x}_N) \\ &= \nabla_{\boldsymbol{x}_N} f(\boldsymbol{x}) - (\boldsymbol{B}^{-1}\boldsymbol{N})^{\mathrm{T}} \nabla_{\boldsymbol{x}_B} f(\boldsymbol{x}) \end{aligned} \tag{10.3.8}$$

显然，沿着负既约梯度方向 $-r(\boldsymbol{x}_N)$ 移动 $\boldsymbol{x}_N$，能使目标函数值下降. 但如何得到可行下降方向呢？

设 $\boldsymbol{d}$ 是约束问题（10.3.1）的可行下降方向，则由式（10.1.7）～式（10.1.9）可知，$\boldsymbol{d}$ 应满足

$$\boldsymbol{A}\boldsymbol{d} = \boldsymbol{0} \tag{10.3.9}$$

$$d_j \geqslant 0 \text{，当 } \boldsymbol{x}_{N_j} = \boldsymbol{0} \text{ 时} \tag{10.3.10}$$

$$\nabla f(\boldsymbol{x})^{\mathrm{T}} \boldsymbol{d} < 0 \tag{10.3.11}$$

把 $\boldsymbol{d}$ 划分为

$$\boldsymbol{d} = (\boldsymbol{d}_B, \boldsymbol{d}_N)^{\mathrm{T}}$$

则由式（10.3.9）知

$$\boldsymbol{B}\boldsymbol{d}_B + \boldsymbol{N}\boldsymbol{d}_N = \boldsymbol{0}$$

故

$$\boldsymbol{d}_B = -\boldsymbol{B}^{-1}\boldsymbol{N}\boldsymbol{d}_N \tag{10.3.12}$$

把 $\nabla f(\boldsymbol{x})$ 划分为

$$\nabla f(\boldsymbol{x})^{\mathrm{T}} = (\nabla_{\boldsymbol{x}_B} f(\boldsymbol{x})^{\mathrm{T}}, \nabla_{\boldsymbol{x}_N} f(\boldsymbol{x})^{\mathrm{T}})$$

则由式（10.3.11）知

$$\begin{aligned} \nabla f(\boldsymbol{x})^{\mathrm{T}} \boldsymbol{d} &= \nabla_{\boldsymbol{x}_B} f(\boldsymbol{x})^{\mathrm{T}} \boldsymbol{d}_B + \nabla_{\boldsymbol{x}_N} f(\boldsymbol{x})^{\mathrm{T}} \boldsymbol{d}_N \\ &= \nabla_{\boldsymbol{x}_B} f(\boldsymbol{x})^{\mathrm{T}} (-\boldsymbol{B}^{-1}\boldsymbol{N}\boldsymbol{d}_N) + \nabla_{\boldsymbol{x}_N} f(\boldsymbol{x})^{\mathrm{T}} \boldsymbol{d}_N \\ &= r(\boldsymbol{x}_N)^{\mathrm{T}} \boldsymbol{d}_N < 0 \end{aligned} \tag{10.3.13}$$

由上述推导可知，若 $\boldsymbol{d}$ 满足条件

$$\boldsymbol{d}_B = -\boldsymbol{B}^{-1}\boldsymbol{N}\boldsymbol{d}_N \tag{10.3.14}$$

$$d_j \geqslant 0 \text{，当 } \boldsymbol{x}_{N_j} = \boldsymbol{0} \text{ 时} \tag{10.3.15}$$

$$r(\boldsymbol{x}_N)^{\mathrm{T}} \boldsymbol{d}_N < 0 \tag{10.3.16}$$

则 $\boldsymbol{d}$ 是 $\boldsymbol{x}$ 处的可行下降方向. 因此，我们可以按照如下方法选择 $\boldsymbol{d}_N$.

令
$$d_{N_j}=\begin{cases}-r_j(\boldsymbol{x}_N), & 当r_j(\boldsymbol{x}_N)\leqslant 0,\\ -\boldsymbol{x}_{N_j}r_j(\boldsymbol{x}_N), & 当r_j(\boldsymbol{x}_N)>0,\end{cases}\quad N_j\in R \tag{10.3.17}$$

其中，R表示非基变量指标集.

容易证明，按照式（10.3.14）和式（10.3.17）构造的方向$\boldsymbol{d}$为零向量时，相应的点$\boldsymbol{x}$必为K－T点；$\boldsymbol{d}$为非零向量时，它必是下降可行方向.

定理 10.3.1 设$\boldsymbol{x}$是问题（10.3.1）的可行点，$f(\boldsymbol{x})$具有连续的一阶偏导数，令$\boldsymbol{A}=(\boldsymbol{B},\boldsymbol{N})$，且$\boldsymbol{B}^{-1}$存在，$\boldsymbol{x}=(\boldsymbol{x}_B,\boldsymbol{x}_N)^{\mathrm{T}},\boldsymbol{x}_B>\boldsymbol{0}$. 又设$\boldsymbol{d}$是按式（10.3.17）和式（10.3.14）构造的方式. 如果$\boldsymbol{d}\neq\boldsymbol{0}$，则$\boldsymbol{d}$是下降可行方向，而且$\boldsymbol{d}=\boldsymbol{0}$的充要条件是$\boldsymbol{x}$为K－T点.

证明 根据式（10.3.17），当$\boldsymbol{x}_{N_j}=\boldsymbol{0}$时，$\boldsymbol{d}_{N_j}\geqslant\boldsymbol{0}$. 又$\boldsymbol{x}_B>\boldsymbol{0}$，即$\boldsymbol{x}_{B_j}\neq\boldsymbol{0}$，故$\boldsymbol{d}$满足式（10.3.15），因此$\boldsymbol{d}$是可行方向.

下面证明$\boldsymbol{d}$是下降方向，即证明$\boldsymbol{d}$满足式（10.3.16）. 由式（10.3.17）得到

$$\begin{aligned}r(\boldsymbol{x}_N)^{\mathrm{T}}\boldsymbol{d}_N&=\sum_{N_j\in R}r_j(\boldsymbol{x}_N)\boldsymbol{d}_{N_j}=\sum_{r_j(\boldsymbol{x}_N)\leqslant 0}r_j(\boldsymbol{x}_N)\boldsymbol{d}_{N_j}+\sum_{r_j(\boldsymbol{x}_N)>0}r_j(\boldsymbol{x}_N)\boldsymbol{d}_{N_j}\\&=-\sum_{r_j(\boldsymbol{x}_N)\leqslant 0}r_j^2(\boldsymbol{x}_N)-\sum_{r_j(\boldsymbol{x}_N)>0}\boldsymbol{x}_{N_j}r_j^2(\boldsymbol{x}_N)\leqslant 0\end{aligned} \tag{10.3.18}$$

因为$\boldsymbol{d}\neq\boldsymbol{0}$，必有$\boldsymbol{d}_N\neq\boldsymbol{0}$，故存在$r_j(\boldsymbol{x}_N)<\boldsymbol{0}$或$\boldsymbol{x}_{N_j}>\boldsymbol{0}$且$r_j(\boldsymbol{x}_N)>\boldsymbol{0}$.

所以式（10.3.18）中小于号严格成立.

现在证明定理的第二部分. 我们知道，$\boldsymbol{x}$为K－T点的充要条件是存在$\boldsymbol{u},\boldsymbol{v}$使得

$$\nabla f(\boldsymbol{x})-\boldsymbol{A}^{\mathrm{T}}\boldsymbol{u}-\boldsymbol{v}=\boldsymbol{0} \tag{10.3.19}$$

$$\boldsymbol{v}\geqslant\boldsymbol{0} \tag{10.3.20}$$

$$\boldsymbol{v}^{\mathrm{T}}\boldsymbol{x}=0 \tag{10.3.21}$$

对$\boldsymbol{v}$作划分，令$\boldsymbol{v}^{\mathrm{T}}=(\boldsymbol{v}_B^{\mathrm{T}},\boldsymbol{v}_N^{\mathrm{T}})$，由式（10.3.20）知，式（10.3.21）等价于

$$\boldsymbol{v}_B^{\mathrm{T}}\boldsymbol{x}_B=0,\ \boldsymbol{v}_N^{\mathrm{T}}\boldsymbol{x}_N=0 \tag{10.3.22}$$

由于$\boldsymbol{x}_B>\boldsymbol{0}$，所以$\boldsymbol{v}_B=\boldsymbol{0}$，这样式（10.3.19）化为

$$\nabla_{\boldsymbol{x}_B}f(\boldsymbol{x})^{\mathrm{T}}-\boldsymbol{u}^{\mathrm{T}}\boldsymbol{B}=\boldsymbol{0} \tag{10.3.23}$$

$$\nabla_{\boldsymbol{x}_N}f(\boldsymbol{x})^{\mathrm{T}}-\boldsymbol{u}^{\mathrm{T}}\boldsymbol{N}-\boldsymbol{v}_N^{\mathrm{T}}=\boldsymbol{0} \tag{10.3.24}$$

由式（10.3.23）可知

$$\boldsymbol{u}^{\mathrm{T}}=\nabla_{\boldsymbol{x}_B}f(\boldsymbol{x})^{\mathrm{T}}\boldsymbol{B}^{-1} \tag{10.3.25}$$

将式（10.3.25）代入式（10.3.24），得到

$$\boldsymbol{v}_N^{\mathrm{T}} = \nabla_{\boldsymbol{x}_N} f(\boldsymbol{x})^{\mathrm{T}} - \nabla_{\boldsymbol{x}_B} f(\boldsymbol{x})^{\mathrm{T}} \boldsymbol{B}^{-1}\boldsymbol{N} = r(\boldsymbol{x}_N)^{\mathrm{T}} \tag{10.3.26}$$

因此 K－T 条件转化为

$$r(\boldsymbol{x}_N) \geqslant \boldsymbol{0} \tag{10.3.27}$$

$$r(\boldsymbol{x}_N)^{\mathrm{T}} \boldsymbol{x}_N = \boldsymbol{0} \tag{10.3.28}$$

当 $\boldsymbol{d}=\boldsymbol{0}$，即 $\boldsymbol{d}_N=\boldsymbol{0}$ 时，有

$$r_j(\boldsymbol{x}_N)=0 \tag{10.3.29}$$

或者

$$\boldsymbol{x}_{N_j} r_j(\boldsymbol{x}_N)=0 \text{ 且 } r_j(\boldsymbol{x}_N)>0 \tag{10.3.30}$$

即式（10.3.27）或式（10.3.28）成立. 因此 $\boldsymbol{x}$ 是 K－T 点.

反过来，若 $\boldsymbol{x}$ 是 K－T 点，则式（10.3.27）和式（10.3.28）成立. 由式（10.3.17）得 $\boldsymbol{d}_{N_j}=\boldsymbol{0}$，即 $\boldsymbol{d}_N=\boldsymbol{0}$. 因此 $\boldsymbol{d}_B=\boldsymbol{0}$，从而 $\boldsymbol{d}=\boldsymbol{0}$.

下面确定一维搜索步长.

设在可行点 $\boldsymbol{x}^{(k)}$ 处的可行下降方向为 $\boldsymbol{d}^{(k)}$，后继点 $\boldsymbol{x}^{(k+1)}=\boldsymbol{x}^{(k)}+\alpha_k\boldsymbol{d}^{(k)}$，为保持 $\boldsymbol{x}^{(k+1)}\geqslant\boldsymbol{0}$，即

$$\boldsymbol{x}_j^{(k+1)}=\boldsymbol{x}_j^{(k)}+\alpha\boldsymbol{d}_j^{(k)}\geqslant\boldsymbol{0},\ j=1,2,\cdots,n \tag{10.3.31}$$

需要确定 α 的取值范围. 当 $\boldsymbol{d}_j^{(k)}\geqslant\boldsymbol{0}$ 时，对任意的 $\alpha>0$，式（10.3.31）恒成立；当 $\boldsymbol{d}_j^{(k)}<\boldsymbol{0}$ 时，应取

$$\alpha \leqslant \frac{\boldsymbol{x}_j^{(k)}}{-\boldsymbol{d}_j^{(k)}}$$

因此，令

$$\alpha_{\max}=\begin{cases}\infty, & \boldsymbol{d}^{(k)}\geqslant\boldsymbol{0}\\ \min\left\{-\dfrac{\boldsymbol{x}_j^{(k)}}{\boldsymbol{d}_j^{(k)}}\middle|\boldsymbol{d}_j^{(k)}<\boldsymbol{0}\right\}, & \text{其他}\end{cases} \tag{10.3.32}$$

算法 10.3.1（Wolfe 既约梯度法）：

（1）取初始可行点 $\boldsymbol{x}^{(1)}$，置 $k=1$.

（2）从 $\boldsymbol{x}^{(k)}$ 中选取 m 个最大分量，其下标集记作 J_k，令 $\boldsymbol{B}$ 是由下标属于 J_k 的

$\boldsymbol{A}$ 的列构成的 m 阶方阵，余下的列构成矩阵 $\boldsymbol{N}$.

（3）计算

$$\nabla f(\boldsymbol{x}^{(k)})=(\nabla_{x_B}f(\boldsymbol{x}^{(k)}),\nabla_{x_N}f(\boldsymbol{x}^{(k)}))^{\mathrm{T}}$$

$$r(\boldsymbol{x}_N^{(k)})=\nabla_{x_N}f(\boldsymbol{x}^{(k)})-(\boldsymbol{B}^{-1}\boldsymbol{N})^T\nabla_{x_B}f(\boldsymbol{x}^{(k)})$$

（4）令

$$\boldsymbol{d}_{N_j}^{(k)}=\begin{cases}-r_j(\boldsymbol{x}_N^{(k)}), & 当r_j(\boldsymbol{x}_N^{(k)})\leqslant 0\\ -\boldsymbol{x}_{N_j}^{(k)}r_j(\boldsymbol{x}_N^{(k)}), & 当r_j(\boldsymbol{x}_N^{(k)})>0\end{cases}$$

其中，$N_j\in R$ 为非基变量指标集. 得到 $\boldsymbol{d}_N^{(k)}$.

计算 $\boldsymbol{d}_B^{(k)}=-\boldsymbol{B}^{-1}\boldsymbol{N}\boldsymbol{d}_N^{(k)}$.

（5）若 $\boldsymbol{d}^{(k)}=\boldsymbol{0}$，则停止迭代，$\boldsymbol{x}^{(k)}$ 为最优解；

否则，求解一维问题

$$\begin{aligned}&\min\varphi(\alpha)=f(\boldsymbol{x}^{(k)}+\alpha\boldsymbol{d}^{(k)})\\&\text{s.t.}\ \ 0\leqslant\alpha\leqslant\alpha_{\max}\end{aligned}$$

其中，$\alpha_{\max}$ 按式（10.3.32）计算.

求得 α_k，置 $\boldsymbol{x}^{(k+1)}=\boldsymbol{x}^{(k)}+\alpha_k\boldsymbol{d}^{(k)}$.

（6）置 $k=k+1$，转步骤（2）.

在实际计算中，算法步骤（5）$\boldsymbol{d}^{(k)}=\boldsymbol{0}$ 可改写为 $\|\boldsymbol{d}^{(k)}\|\leqslant\varepsilon$，其中 ε 是预先给定的允许误差.

例 10.3.1 用 Wolfe 既约梯度法求解下列问题：

$$\min f(\boldsymbol{x})=2x_1^2+x_2^2$$

$$\text{s.t.}\begin{cases}x_1-x_2+x_3=2\\-2x_1+x_2+x_4=1\\x_j\geqslant 0,\quad j=1,2,3,4\end{cases}$$

取初始可行点 $\boldsymbol{x}^{(1)}=(1,3,4,0)^{\mathrm{T}}$.

解 第 1 次迭代，取 $\boldsymbol{x}^{(1)}=(1,3,4,0)^{\mathrm{T}}$

$$J_1=\{2,3\},\nabla f(\boldsymbol{x}^{(1)})=(4,6,0,0)^{\mathrm{T}},$$

$$\boldsymbol{x}_B^{(1)}=(x_2,x_3)^{\mathrm{T}}=(3,4)^{\mathrm{T}}$$

$$x_N^{(1)} = (x_1, x_4)^{\mathrm{T}} = (1, 0)^{\mathrm{T}}$$

相应地，把约束方程的系数矩阵 $\boldsymbol{A}$ 分解成 $\boldsymbol{B}$ 和 $\boldsymbol{N}$，有

$$\boldsymbol{B} = \begin{pmatrix} -1 & 1 \\ 1 & 0 \end{pmatrix}, \boldsymbol{B}^{-1} = \begin{pmatrix} 0 & 1 \\ 1 & 1 \end{pmatrix}, \boldsymbol{N} = \begin{pmatrix} 1 & 0 \\ -2 & 1 \end{pmatrix}$$

$$r(\boldsymbol{x}_N^{(1)}) = \begin{pmatrix} 4 \\ 0 \end{pmatrix} - \left(\begin{pmatrix} 0 & 1 \\ 1 & 1 \end{pmatrix}\begin{pmatrix} 1 & 0 \\ -2 & 1 \end{pmatrix}\right)^{\mathrm{T}} \begin{pmatrix} 6 \\ 0 \end{pmatrix} = \begin{pmatrix} 16 \\ -6 \end{pmatrix}$$

$$\boldsymbol{d}_N^{(1)} = (\boldsymbol{d}_1^{(1)}, \boldsymbol{d}_4^{(1)})^{\mathrm{T}} = (-16, 6)^{\mathrm{T}}$$

$$\boldsymbol{d}_B^{(1)} = (\boldsymbol{d}_2^{(1)}, \boldsymbol{d}_3^{(1)})^{\mathrm{T}} = -\begin{pmatrix} 0 & 1 \\ 1 & 1 \end{pmatrix}\begin{pmatrix} 1 & 0 \\ -2 & 1 \end{pmatrix}\begin{pmatrix} -16 \\ 6 \end{pmatrix} = \begin{pmatrix} -38 \\ -22 \end{pmatrix}$$

由此得到搜索方向

$$\boldsymbol{d}^{(1)} = (-16, -38, -22, 6)^{\mathrm{T}}$$

$$\alpha_{\max} = \min\left\{-\frac{1}{-16}, -\frac{3}{-38}, -\frac{4}{-22}\right\} = \frac{1}{16}$$

$$\varphi(\alpha) = f(\boldsymbol{x}^{(1)} + \alpha \boldsymbol{d}^{(1)}) = 2(1-16\alpha)^2 + (3-38\alpha)^2$$

求解一维问题

$$\min \varphi(\alpha) = 2(1-16\alpha)^2 + (3-38\alpha)^2$$

$$\text{s.t. } 0 \leqslant \alpha \leqslant \frac{1}{16}$$

得到

$$\alpha_1 = \frac{1}{16}$$

$$\boldsymbol{x}^{(2)} = \boldsymbol{x}^{(1)} + \alpha_1 \boldsymbol{d}^{(1)} = \left(0, \frac{5}{8}, \frac{21}{8}, \frac{3}{8}\right)^{\mathrm{T}}$$

第2次迭代.

$$J_2 = \{2, 3\}, \nabla f(\boldsymbol{x}^{(2)}) = \left(0, \frac{5}{4}, 0, 0\right)^{\mathrm{T}}$$

$$\boldsymbol{x}_B^{(2)} = (x_2, x_3)^{\mathrm{T}} = \left(\frac{5}{8}, \frac{21}{8}\right)^{\mathrm{T}}$$

$$\boldsymbol{x}_N^{(2)} = (x_1, x_4)^{\mathrm{T}} = \left(0, \frac{3}{8}\right)^{\mathrm{T}}$$

$$\boldsymbol{B} = \begin{pmatrix} -1 & 1 \\ 1 & 0 \end{pmatrix}, \boldsymbol{B}^{-1} = \begin{pmatrix} 0 & 1 \\ 1 & 1 \end{pmatrix}, \boldsymbol{N} = \begin{pmatrix} 1 & 0 \\ -2 & 1 \end{pmatrix}$$

$$r(\boldsymbol{x}_N^{(2)})=\left(\frac{5}{2},-\frac{5}{4}\right)^{\mathrm{T}}$$

$$\boldsymbol{d}_N^{(2)}=(d_1^{(2)},d_4^{(2)})^{\mathrm{T}}=\left(0,\frac{5}{4}\right)^{\mathrm{T}}$$

$$\boldsymbol{d}_B^{(2)}=(d_2^{(2)},d_3^{(2)})^{\mathrm{T}}=\left(-\frac{5}{4},-\frac{5}{4}\right)^{\mathrm{T}}$$

从而

$$\boldsymbol{d}^{(2)}=\left(0,-\frac{5}{4},-\frac{5}{4},\frac{5}{4}\right)^{\mathrm{T}}$$

$$\alpha_{\max}=\min\left\{\frac{\frac{5}{8}}{\frac{5}{4}},\frac{\frac{21}{8}}{\frac{5}{4}}\right\}=\frac{1}{2}$$

$$\varphi(\alpha)=f(\boldsymbol{x}^{(2)}+\alpha\boldsymbol{d}^{(2)})=\left(\frac{5}{8}-\frac{5}{4}\alpha\right)^2$$

求解一维问题

$$\min\varphi(\alpha)=\left(\frac{5}{8}-\frac{5}{4}\alpha\right)^2$$

$$\text{s.t.}\quad 0\leqslant\alpha\leqslant\frac{1}{2}$$

得到

$$\alpha_2=\frac{1}{2}$$

$$\boldsymbol{x}^{(3)}=\boldsymbol{x}^{(2)}+\alpha_2\boldsymbol{d}^{(2)}=(0,0,2,1)^{\mathrm{T}}$$

第 3 次迭代.

$$J_3=\{3,4\},\qquad \nabla f(\boldsymbol{x}^{(3)})=(0,0,0,0)^{\mathrm{T}}$$

$$\boldsymbol{x}_B^{(3)}=(\boldsymbol{x}_3,\boldsymbol{x}_4)^{\mathrm{T}}=(2,1)^{\mathrm{T}}$$

$$\boldsymbol{x}_N^{(3)}=(x_1,x_2)^{\mathrm{T}}=(0,0)^{\mathrm{T}}$$

$$\boldsymbol{B}=\begin{pmatrix}1&0\\0&1\end{pmatrix},\boldsymbol{B}^{-1}=\begin{pmatrix}1&0\\0&1\end{pmatrix},\boldsymbol{N}=\begin{pmatrix}1&-1\\-2&1\end{pmatrix}$$

$$r(\boldsymbol{x}_N^{(3)})=\begin{pmatrix}0\\0\end{pmatrix}-\left(\begin{pmatrix}1&0\\0&1\end{pmatrix}\begin{pmatrix}1&-1\\-2&1\end{pmatrix}\right)^{\mathrm{T}}\begin{pmatrix}0\\0\end{pmatrix}=\begin{pmatrix}0\\0\end{pmatrix}$$

因此 $\boldsymbol{d}^{(3)}=(0,0,0,0)^{\mathrm{T}}$.

根据定理 10.3.1，$\boldsymbol{x}^{(3)}=(0,0,2,1)^{\mathrm{T}}$ 是 K－T 点. 由于本例是凸规划，所以 $\boldsymbol{x}^{(3)}$ 是全局最优解.

习 题

1. 用 Zoutendijk 方法求解下列问题.

（1） $\min f(\boldsymbol{x})=x_1^{\ 2}+x_1x_2+2x_2^{\ 2}-12x_1-18x_2$

$$\text{s.t.}\begin{cases}-3x_1+6x_2\leqslant 9\\ -2x_1+x_2\leqslant 1\\ x_1,x_2\geqslant 0\end{cases}$$

取初始点 $\boldsymbol{x}^{(1)}=(0,0)^{\mathrm{T}}$；

（2） $\min f(\boldsymbol{x})=x_1^{\ 2}+2x_2^{\ 2}+3x_3^{\ 2}+x_1x_2-2x_1x_3+x_2x_3-4x_1-6x_2$

$$\text{s.t.}\begin{cases}x_1+2x_2+x_3\leqslant 4\\ x_1,x_2,x_3\geqslant 0\end{cases}$$

取初始点 $\boldsymbol{x}^{(1)}=(0,0,0)^{\mathrm{T}}$.

2. 考虑下列问题：

$$\min f(\boldsymbol{x})=x_1^2+2x_2^2+x_1x_2-6x_1-2x_2-12x_3$$

$$\text{s.t.}\begin{cases}x_1+x_2+x_3=2\\ -x_1+2x_2\leqslant 3\\ x_1,x_2,x_3\geqslant 0\end{cases}$$

试用梯度投影法求出在点 $\hat{\boldsymbol{x}}=(1,1,0)^{\mathrm{T}}$ 处的一个可行下降方向.

3. 用梯度投影法求解下列问题.

（1） $\min f(\boldsymbol{x})=4x_1^2+x_2^2-32x_1-34x_2$，

$$\text{s.t.}\begin{cases}x_1\leqslant 2\\ x_1+2x_2\leqslant 6\\ x_1,x_2\geqslant 0\end{cases}$$

取初始点 $\boldsymbol{x}^{(1)}=(0,0)^{\mathrm{T}}$；

（2） $\min f(\boldsymbol{x})=(4-x_2)(x_1-3)^2$

$$\text{s.t.}\begin{cases}x_1+x_2\leqslant 3\\ x_1\leqslant 2\\ x_2\leqslant 2\\ x_1,x_2\geqslant 0\end{cases}$$

取初始点 $\boldsymbol{x}^{(1)}=(1,2)^{\mathrm{T}}$.

4. 用既约梯度法求解下列问题.

（1） $\min f(\boldsymbol{x})=(x_1-2)^2+(x_2-2)^2$

$$\text{s.t.}\begin{cases}x_1+x_2\leqslant 2\\ x_1,x_2\geqslant 0\end{cases}$$

取初始点 $\boldsymbol{x}^{(1)}=(1,0)^{\mathrm{T}}$;

（2） $\min f(\boldsymbol{x})=2x_1^2+2x_2^2-2x_1x_2-4x_1-6x_2$

$$\text{s.t.}\begin{cases}x_1+x_2+x_3=2\\ x_1+5x_2+x_4=5\\ x_j\geqslant 0,\ j=1,2,\cdots,4\end{cases}$$

取初始点 $\boldsymbol{x}^{(1)}=(1,0,1,4)^{\mathrm{T}}$.

5. 考虑问题

$$\min f(\boldsymbol{x})$$
$$\text{s.t.}\begin{cases}c_i(\boldsymbol{x})=0,\ i\in E=\{1,2,\cdots,l\}\\ c_i(\boldsymbol{x})\geqslant 0,\ i\in I=\{l+1,\cdots,l+m\}\end{cases}$$

设 $\hat{\boldsymbol{x}}$ 是可行点，证明：$\hat{\boldsymbol{x}}$ 为K－T 点的充要条件是下列问题的目标函数的最优值为零.

$$\min \nabla f(\hat{\boldsymbol{x}})^{\mathrm{T}}\boldsymbol{d}$$
$$\text{s.t.}\begin{cases}\nabla c_i(\hat{\boldsymbol{x}})^{\mathrm{T}}\boldsymbol{d}\geqslant 0, & i\in I(\hat{\boldsymbol{x}})\\ \nabla c_i(\hat{\boldsymbol{x}})^{\mathrm{T}}\boldsymbol{d}=0, & i\in E\\ -1\leqslant d_j\leqslant 1, & j=1,2,\cdots,n\end{cases}$$

6. 在既约梯度法中，如果用如下方法构造 $\boldsymbol{d}_N$ 中的分量 d_{N_j} 如下：

$$\boldsymbol{d}_{N_j}=\begin{cases}-r_j(\overline{\boldsymbol{x}}_N), & \text{如果}\overline{\boldsymbol{x}}_{N_j}>\boldsymbol{0}\text{或}\ r_j(\overline{\boldsymbol{x}}_N)\leqslant\boldsymbol{0}\\ \boldsymbol{0}, & \text{其他}\end{cases},\ N_j\in R$$

其中，R 表示非基变量指标集.

证明：（1）若 $\boldsymbol{d}\neq\boldsymbol{0}$，则 $\boldsymbol{d}$ 是 $\overline{\boldsymbol{x}}$ 处的下降方向；

（2） $\boldsymbol{d}=\boldsymbol{0}$ 的充要条件是：$\overline{\boldsymbol{x}}$ 为约束问题的K－T 点.

第 11 章　惩罚函数法

惩罚函数法是求解约束最优化问题的另一类有效方法. 其基本思想是借助罚函数把约束问题转化为一系列无约束问题，进而用无约束最优化方法来求解. 因此该方法也称为序列无约束最小化方法，简称 SUMT 方法. 对应于不同的罚函数，SUMT 分外点法和内点法.

11.1　外点法

11.1.1　外点法的基本原理

考虑约束问题

$$\begin{aligned} &\min f(\boldsymbol{x}),\quad \boldsymbol{x}\in \mathbf{R}^n \\ &\text{s.t.}\begin{cases} c_i(\boldsymbol{x})=0, & i\in E=\{1,2,\cdots,l\} \\ c_i(\boldsymbol{x})\geqslant 0, & i\in I=\{l+1,\cdots,l+m\} \end{cases} \end{aligned} \tag{11.1.1}$$

其中，$f(\boldsymbol{x}), c_i(\boldsymbol{x})(i\in E\cup I)$ 是 $\mathbf{R}^n$ 上的连续函数.

外点法求解约束问题策略是，根据约束条件特点，利用目标函数和约束函数构造辅助函数，通过辅助函数对不可行点进行惩罚，而对于可行点，不予以惩罚. 这样就将原来的约束问题转化为极小化辅助函数的无约束问题.

比如，对于等式约束问题

$$\begin{aligned} &\min f(\boldsymbol{x}) \\ &\text{s.t. } c_i(\boldsymbol{x})=0,\quad i\in E=\{1,2,\cdots,l\} \end{aligned} \tag{11.1.2}$$

可定义辅助函数

$$P(\boldsymbol{x},\sigma)=f(\boldsymbol{x})+\sigma\sum_{i\in E}c_i^2(\boldsymbol{x}) \tag{11.1.3}$$

参数σ是很大的正数. 这样就能把式（11.1.2）转化为无约束问题

$$\min P(\boldsymbol{x},\sigma) \tag{11.1.4}$$

显然，式（11.1.4）的最优解必使得$c_i(\boldsymbol{x})$接近零，因为如若不然，式（11.1.3）的第2项将是很大的正数，现行点必不是极小点. 由此可见，求解问题（11.1.4）能够得到问题（11.1.2）的近似解.

对于不等式约束问题

$$\begin{aligned}&\min f(\boldsymbol{x})\\&\text{s.t. } c_i(\boldsymbol{x})\geqslant 0，\ i\in I=\{l+1,\cdots,l+m\}\end{aligned} \tag{11.1.5}$$

辅助函数的形式与等式约束情形不同，但构造辅助函数的基本思想是一致的，这就是在可行点辅助函数值等于原来的目标函数值，在不可行点，辅助函数值等于原来的目标函数值加上一个很大的正数. 根据这样的原则，对于不等式约束问题（11.1.5），我们定义辅助函数

$$P(\boldsymbol{x},\sigma)=f(\boldsymbol{x})+\sigma\sum_{i\in I}[\max\{0,-c_i(\boldsymbol{x})\}]^2 \tag{11.1.6}$$

其中，σ是很大的正数. 当$\boldsymbol{x}$为可行点时，

$$\max\{0,-c_i(\boldsymbol{x})\}=0$$

当$\boldsymbol{x}$不是可行点时，

$$\max\{0,-c_i(\boldsymbol{x})\}=-c_i(\boldsymbol{x})$$

这样，可将式（11.1.5）转化为无约束问题

$$\min P(\boldsymbol{x},\sigma) \tag{11.1.7}$$

通过式（11.1.7）求得式（11.1.5）的近似解.

把上述思想加以推广，对于一般情形式（11.1.1），可定义辅助函数

$$P(\boldsymbol{x},\sigma)=f(\boldsymbol{x})+\sigma S(\boldsymbol{x}) \tag{11.1.8}$$

其中，$S(\boldsymbol{x})$具有下列形式：

$$S(\boldsymbol{x})=\sum_{i\in E}\phi(c_i(\boldsymbol{x}))+\sum_{i\in I}\varphi(c_i(\boldsymbol{x})) \tag{11.1.9}$$

其中，ϕ和φ是满足下列条件的连续函数，

$$\phi(\boldsymbol{y})=0,\quad \boldsymbol{y}=\boldsymbol{0}$$
$$\phi(\boldsymbol{y})>0,\quad \boldsymbol{y}\neq\boldsymbol{0}$$
$$\varphi(\boldsymbol{y})=0,\quad \boldsymbol{y}\geqslant\boldsymbol{0}$$
$$\varphi(\boldsymbol{y})>0,\quad \boldsymbol{y}<\boldsymbol{0}$$

函数ϕ和φ的典型取法如

$$\phi=|c_i(\boldsymbol{x})|^{\alpha},\ i\in E$$
$$\varphi=[\max\{0,-c_i(\boldsymbol{x})\}]^{\beta},\ i\in I$$

其中，$\alpha\geqslant1$，$\beta\geqslant1$，均为给定常数，通常取作$\alpha=\beta=2$.

这样，把约束问题（11.1.1）转化为无约束问题

$$\min P(\boldsymbol{x},\sigma)=f(\boldsymbol{x})+\sigma S(\boldsymbol{x}) \tag{11.1.10}$$

其中，σ是很大的正数，$S(\boldsymbol{x})$是连续函数.

根据定义，当$\boldsymbol{x}$为可行点时，$S(\boldsymbol{x})=0$，从而有$P(\boldsymbol{x},\sigma)=f(\boldsymbol{x})$；当$\boldsymbol{x}$不是可行点时，在$\boldsymbol{x}$处，$\sigma S(\boldsymbol{x})$是很大的正数，它的存在是对点脱离可行域的一种惩罚，其作用是在极小化过程中迫使迭代点靠近可行域. 因此，求解问题（11.1.10）能够得到约束问题（11.1.1）的近似解，而且σ越大，近似程度越好. 通常将$\sigma S(\boldsymbol{x})$称为惩罚项，σ称为惩罚因子，$P(\boldsymbol{x},\sigma)$称为罚函数.

例 11.1.1　求解下列问题

$$\min f(\boldsymbol{x})=(x_1-1)^2+x_2^2$$
$$\text{s.t.}\quad x_2-2\geqslant0$$

解　定义罚函数

$$\begin{aligned}P(\boldsymbol{x},\sigma)&=(x_1-1)^2+x_2^2+\sigma[\max\{0,-(x_2-2)\}]^2\\&=\begin{cases}(x_1-1)^2+x_2^{\ 2}, & x_2\geqslant2\\(x_1-1)^2+x_2^{\ 2}+\sigma(x_2-2)^2, & x_2<2\end{cases}\end{aligned}$$

用解析法求解

$$\min P(\boldsymbol{x},\sigma)$$

根据$P(\boldsymbol{x},\sigma)$的定义，有

$$\frac{\partial P}{\partial x_1}=2(x_1-1)$$

$$\frac{\partial P}{\partial x_2}=\begin{cases}2x_2\ , & x_2\geqslant 2\\ 2x_2+2\sigma(x_2-2), & x_2<2\end{cases}$$

令

$$\frac{\partial P}{\partial x_1}=0\,,\quad \frac{\partial P}{\partial x_2}=0$$

得到罚函数 $P(\boldsymbol{x},\sigma)$ 极小点

$$\bar{\boldsymbol{x}}_\sigma=(\bar{x}_1,\bar{x}_2)^{\mathrm{T}}=\left(1,\frac{2\sigma}{1+\sigma}\right)^{\mathrm{T}}$$

令 $\sigma\to+\infty$，则 $\bar{\boldsymbol{x}}_\sigma\to\boldsymbol{x}^*=(1,2)^{\mathrm{T}}$ 为原问题最优解.

本例惩罚因子 σ 趋近过程如表 11.1.1 和图 11.1.1 所示.

表 11.1.1 σ 值对应的解

σ	1	3	8	27	64	125	…	$+\infty$
$\bar{x}_1$	1	1	1	1	1	1	…	1
$\bar{x}_2$	1	1.500 0	1.777 8	1.928 6	1.969 2	1.984 1	…	2

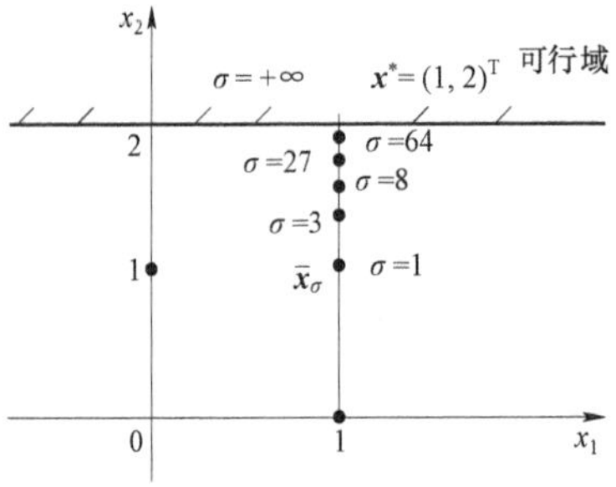

图 11.1.1

从表 11.1.1 和图 11.1.1 可以看出，当惩罚因子 $\sigma\to+\infty$ 时，无约束问题的最优解 $\bar{\boldsymbol{x}}_\sigma$ 趋向一个极限点 $\boldsymbol{x}^*$，这个极限点正是原约束问题的最优解. 此外，无约束问题的最优解 $\bar{\boldsymbol{x}}_\sigma$ 往往不满足原问题的约束条件，它是从可行域外部趋向 $\boldsymbol{x}^*$ 的. 因此 $P(\boldsymbol{x},\sigma)$ 也称为外点罚函数，相应的最优化方法也因此称为外点法.

11.1.2 外点法计算步骤

根据上述综合分析，给出如下外点法的算法步骤.

算法 11.1.1（外点法）:

（1）给定初始点 $\boldsymbol{x}^{(0)}$，选择序列 $\{\sigma_k\}$，σ_k 递增趋于 $+\infty$，允许误差 $\varepsilon>0$，置 $k=1$.

（2）以 $\boldsymbol{x}^{(k-1)}$ 为初始点，求解无约束问题

$$\min P(\boldsymbol{x},\sigma_k)=f(\boldsymbol{x})+\sigma_k S(\boldsymbol{x}) \tag{11.1.11}$$

得到最优解 $\boldsymbol{x}^{(k)}$.

（3）若 $\sigma_k S(\boldsymbol{x}^{(k)})<\varepsilon$，则停止计算，得到点 $\boldsymbol{x}^{(k)}$ 作为约束问题的最优解；否则，置 $k=k+1$，转步骤（2）.

11.1.3　收敛性

对于外点法，有如下性质.

定理 11.1.1　设 $0<\sigma_k<\sigma_{k+1}$，$\boldsymbol{x}^{(k)}$ 和 $\boldsymbol{x}^{(k+1)}$ 分别为取惩罚因子 σ_k 及 σ_{k+1} 时无约束问题（11.1.11）的全局最优解，则

（1）序列 $\{P(\boldsymbol{x}^{(k)},\sigma_k)\}$ 非减；

（2）序列 $\{S(\boldsymbol{x}^{(k)})\}$ 非增；

（3）序列 $\{f(\boldsymbol{x}^{(k)})\}$ 非减.

证明　先证（1）.

根据定理条件，有

$$\begin{aligned}P(\boldsymbol{x}^{(k)},\sigma_k)&\leqslant P(\boldsymbol{x}^{(k+1)},\sigma_k)\\&=f(\boldsymbol{x}^{(k+1)})+\sigma_k S(\boldsymbol{x}^{(k+1)})\\&\leqslant f(\boldsymbol{x}^{(k+1)})+\sigma_{k+1} S(\boldsymbol{x}^{(k+1)})\\&=P(\boldsymbol{x}^{(k+1)},\sigma_{k+1})\end{aligned} \tag{11.1.12}$$

所以 $\{P(\boldsymbol{x}^{(k)},\sigma_k)\}$ 非减.

再证明（2）. 由于

$$P(\boldsymbol{x}^{(k+1)},\sigma_{k+1})\leqslant P(\boldsymbol{x}^{(k)},\sigma_{k+1}) \tag{11.1.13}$$

$$P(\boldsymbol{x}^{(k)},\sigma_k)\leqslant P(\boldsymbol{x}^{(k+1)},\sigma_k) \tag{11.1.14}$$

将式（11.1.13）和式（11.1.14）相加，经整理得到

$$P(\boldsymbol{x}^{(k+1)},\sigma_{k+1})-P(\boldsymbol{x}^{(k+1)},\sigma_k)\leqslant P(\boldsymbol{x}^{(k)},\sigma_{k+1})-P(\boldsymbol{x}^{(k)},\sigma_k) \tag{11.1.15}$$

即

$$(\sigma_{k+1}-\sigma_k)S(\boldsymbol{x}^{(k+1)})\leqslant(\sigma_{k+1}-\sigma_k)S(\boldsymbol{x}^{(k)})$$

所以

$$S(\boldsymbol{x}^{(k+1)}) \leqslant S(\boldsymbol{x}^{(k)})$$

即 $\{S(\boldsymbol{x}^{(k)})\}$ 非增.

最后证（3）. 由式（11.1.14）得到

$$f(\boldsymbol{x}^{(k)}) + \sigma_k S(\boldsymbol{x}^{(k)}) \leqslant f(\boldsymbol{x}^{(k+1)}) + \sigma_k S(\boldsymbol{x}^{(k+1)})$$

再由结论（2）得到

$$f(\boldsymbol{x}^{(k)}) - f(\boldsymbol{x}^{(k+1)}) \leqslant \sigma_k \left(S(\boldsymbol{x}^{(k+1)}) - S(\boldsymbol{x}^{(k)})\right) \leqslant 0$$

即 $\{f(\boldsymbol{x}^{(k)})\}$ 非减.

定理 11.1.2 设 $\boldsymbol{x}^*$ 是约束问题（11.1.1）的全局最优解，$f(\boldsymbol{x})$，$c_i(\boldsymbol{x})(i \in E \cup I)$ 具有连续的一阶偏导数，惩罚因子 $\{\sigma_k\}$ 递增趋于 $+\infty$. 若 $\boldsymbol{x}^{(k)}$ 是罚函数 $P(\boldsymbol{x}, \sigma_k)$ 的全局解，则 $\{\boldsymbol{x}^{(k)}\}$ 的任一聚点必是约束问题（11.1.1）的全局解.

证明 设 $\bar{\boldsymbol{x}}$ 是 $\{\boldsymbol{x}^{(k)}\}$ 的一个聚点，则存在收敛子列，不妨仍设为 $\{\boldsymbol{x}^{(k)}\}$. 因为 $\boldsymbol{x}^{(k)}$ 是罚函数 $P(\boldsymbol{x}, \sigma_k)$ 的全局解，因此有

$$P(\boldsymbol{x}^{(k)}, \sigma_k) \leqslant P(\boldsymbol{x}^*, \sigma_k) = f(\boldsymbol{x}^*) + \sigma_k S(\boldsymbol{x}^*) \tag{11.1.16}$$

由于 $\boldsymbol{x}^*$ 是约束问题的可行点，因此

$$S(\boldsymbol{x}^*) = \sum_{i\in E} c_i^2(\boldsymbol{x}^*) + \sum_{i\in I} [\max\{0, -c_i(\boldsymbol{x}^*)\}]^2 = 0$$

所以

$$P(\boldsymbol{x}^{(k)}, \sigma_k) \leqslant f(\boldsymbol{x}^*) \tag{11.1.17}$$

即

$$f(\boldsymbol{x}^{(k)}) + \sigma_k S(\boldsymbol{x}^{(k)}) \leqslant f(\boldsymbol{x}^*) \tag{11.1.18}$$

由于 $\sigma_k \to +\infty$，式（11.1.18）表明，$S(\boldsymbol{x}^{(k)}) \to 0$，即 $S(\bar{\boldsymbol{x}}) = 0$，因此，$\bar{\boldsymbol{x}}$ 是可行点.

再证明，$\bar{\boldsymbol{x}}$ 是全局最优解.

由式（11.1.18），并注意到 $S(\boldsymbol{x}^{(k)}) \geqslant 0$，因此有

$$f(\boldsymbol{x}^{(k)}) \leqslant f(\boldsymbol{x}^*)$$

令 $k \to \infty$，得到

$$f(\bar{\boldsymbol{x}}) \leqslant f(\boldsymbol{x}^*)$$

另外，由于 $\bar{\boldsymbol{x}}$ 是可行点，$\boldsymbol{x}^*$ 是全局最优解，则有

$$f(\boldsymbol{x}^*) \leqslant f(\bar{\boldsymbol{x}})$$

因此

$$f(\bar{\boldsymbol{x}}) = f(\boldsymbol{x}^*) \tag{11.1.19}$$

证毕.

由式（11.1.18）和式（11.1.19）知，当 $k \to \infty$ 时，有

$$\sigma_k S(\boldsymbol{x}^{(k)}) \to 0$$

这就是算法终止准则为 $\sigma_k S(\boldsymbol{x}^{(k)}) < \varepsilon$ 的原因.

定理 11.1.3　设 $f(\boldsymbol{x})$，$c_i(\boldsymbol{x})(i \in E \cup I)$ 具有连续的一阶偏导数，约束问题(11.1.1)的全局最优解存在，惩罚因子 $\{\sigma_k\}$ 递增趋于 $+\infty$. 若 $\boldsymbol{x}^{(k)}$ 是罚函数 $P(\boldsymbol{x}, \sigma_k)$ 的全局解，且 $\boldsymbol{x}^{(k)} \to \boldsymbol{x}^*(k \to \infty)$，在 $\boldsymbol{x}^*$ 处 $\nabla c_i(\boldsymbol{x}^*)(i \in E \cup I(\boldsymbol{x}^*))$ 线性无关，则 $\boldsymbol{x}^*$ 是约束问题（11.1.1）的全局解，且

$$\lim_{k \to \infty} \sigma_k c_i(\boldsymbol{x}^{(k)}) = \lambda_i^*,\ i \in E \tag{11.1.20}$$

$$\lim_{k \to \infty} \sigma_k \max\{0, -c_i(\boldsymbol{x}^{(k)})\} = \lambda_i^*,\ i \in I \tag{11.1.21}$$

其中，$\boldsymbol{\lambda}^*$ 是 $\boldsymbol{x}^*$ 处的拉格朗日乘子.

证明　由定理 11.1.2 可知，$\boldsymbol{x}^*$ 是约束问题的全局解，只需证明定理的第二部分，即式（11.1.20）和式（11.1.21）成立.

因为 $\boldsymbol{x}^{(k)}$ 是罚函数 $P(\boldsymbol{x}, \sigma_k)$ 的全局解，则有

$$\nabla_x P(\boldsymbol{x}^{(k)}, \sigma_k) = \boldsymbol{0} \tag{11.1.22}$$

即

$$\nabla f(\boldsymbol{x}^{(k)}) + \sigma_k \left(\sum_{i \in E} c_i(\boldsymbol{x}^{(k)}) \nabla c_i(\boldsymbol{x}^{(k)}) + \sum_{i \in I} \max\left\{0, -c_i(\boldsymbol{x}^{(k)})\right\} \nabla c_i(\boldsymbol{x}^{(k)}) \right) = \boldsymbol{0} \tag{11.1.23}$$

当 $i \in I \setminus I(\boldsymbol{x}^*)$ 时，有 $c_i(\boldsymbol{x}^*) > 0$，又

$$\lim_{k \to \infty} \boldsymbol{x}^{(k)} = \boldsymbol{x}^*$$

因此存在 K，当 $k > K$ 时，有

$$c_i(\boldsymbol{x}^{(k)}) > 0$$

因此

$$\lim_{k \to \infty} \sigma_k \max\{0, -c_i(\boldsymbol{x}^{(k)})\} = 0 = \lambda_i^*,\ i \in I \setminus I(\boldsymbol{x}^*)$$

因此式（11.1.23）改为

$$\nabla f(\boldsymbol{x}^{(k)})+\sigma_k\left(\sum_{i\in E}c_i(\boldsymbol{x}^{(k)})\nabla c_i(\boldsymbol{x}^{(k)})+\sum_{i\in I(\boldsymbol{x}^*)}\max\left\{0,-c_i(\boldsymbol{x}^{(k)})\right\}\nabla c_i(\boldsymbol{x}^{(k)})\right)=\boldsymbol{0} \quad (11.1.24)$$

从约束问题的一阶必要条件知

$$\nabla f(\boldsymbol{x}^*)-\sum_{i\in E\cup I(\boldsymbol{x}^*)}\lambda_i^*\nabla c_i(\boldsymbol{x}^*)=\boldsymbol{0}$$

且 $\nabla c_i(\boldsymbol{x}^*)(i\in E\cup I(\boldsymbol{x}^*))$ 线性无关，因此当 $k\to\infty$ 时，有

$$\sigma_k c_i(\boldsymbol{x}^{(k)})\to\lambda_i^*,\quad i\in E$$

$$\sigma_k\max\left\{0,-c_i(\boldsymbol{x}^{(k)})\right\}\to\lambda_i^*,\quad i\in I$$

定理 11.1.3 表明，令 $\lambda_i^{(k)}=\sigma_k c_i(\boldsymbol{x}^{(k)})$，$i\in E$；$\lambda_i^{(k)}=\sigma_k\max\{0,-c_i(\boldsymbol{x}^{(k)})\}$，$i\in I$ 作为约束问题的拉格朗日乘子的近似值.

外点法在使用时，惩罚因子 σ_k 的选择十分重要. 如果 σ_k 选择过大，则给罚函数的极小化增加计算上的困难；如果惩罚因子 σ_k 选择过小，则罚函数的极小点远离约束问题的最优解，计算效率很低. 因此，在实际计算过程中，需根据实际情况适当调整 σ_1 的选取和 σ_k 的增加速度，一种建议选取 $\sigma_k=0.1\times 2^{k-1}$.

11.2 内点法

上节讲过的外点法，在迭代过程中，每步得到的 $\boldsymbol{x}^{(k)}$ 均在可行域的外部，只能近似地满足约束条件. 对于某些实际问题，这样的最优解是不能接受的. 本节介绍 SUMT 内点法，也称障碍罚函数法. 该方法是从内点出发，并始终保持在可行域内部进行迭代搜索.

11.2.1 内点法的基本原理

考虑下列只有不等式约束的问题

$$\begin{aligned}&\min f(\boldsymbol{x}),\quad \boldsymbol{x}\in\mathbf{R}^n\\&\text{s.t.}\ \ c_i(\boldsymbol{x})\geqslant 0,\quad i\in I=\{1,2,\cdots,m\}\end{aligned} \quad (11.2.1)$$

其中，$f(\boldsymbol{x})$，$c_i(\boldsymbol{x})(i\in I)$ 是连续函数. 现将可行域记作

$$D=\{\boldsymbol{x}|c_i(\boldsymbol{x})\geqslant 0, i=1,2,\cdots,m\} \tag{11.2.2}$$

内点法的基本思想是，要求整个迭代过程在可行域内部进行. 初始点也必须选一个严格内点，然后再在可行域边界上设置一道“障碍”，以阻止搜索点到可行域边界上去，一旦接近可行域边界时，就要受到很大的惩罚，迫使迭代点始终留在可行域内部.

与外点法相似，需要利用目标函数和约束函数构造罚函数. 定义罚函数

$$P(\boldsymbol{x},r)=f(\boldsymbol{x})+rB(\boldsymbol{x}) \tag{11.2.3}$$

其中，$B(\boldsymbol{x})$ 是连续函数，当点 $\boldsymbol{x}$ 趋向可行域边界时，$B(\boldsymbol{x})\to+\infty$. 这里仍称 $rB(\boldsymbol{x})$ 为惩罚项，称 $B(\boldsymbol{x})$ 为障碍函数，r 为障碍因子.

障碍函数 $B(\boldsymbol{x})$ 有两种最重要的形式：

$$B(\boldsymbol{x})=\sum_{i=1}^{m}\frac{1}{c_i(\boldsymbol{x})} \tag{11.2.4}$$

及

$$B(\boldsymbol{x})=-\sum_{i=1}^{m}\ln(c_i(\boldsymbol{x})) \tag{11.2.5}$$

r 是很小的正数. 这样，当 $\boldsymbol{x}$ 趋向边界时，函数 $P(\boldsymbol{x},r)\to+\infty$；否则，由于 r 取值很小，则函数 $P(\boldsymbol{x},r)$ 的取值近似 $f(\boldsymbol{x})$. 因此，可通过求解下列问题得到约束问题（11.2.1）的近似解：

$$\begin{aligned}&\min P(\boldsymbol{x},r)\\&\text{s.t.}\quad \boldsymbol{x}\in\operatorname{int}D\end{aligned} \tag{11.2.6}$$

由于 $B(\boldsymbol{x})$ 的存在，在可行域边界形成“围墙”，因此约束问题（11.2.6）的解 $\bar{\boldsymbol{x}}_r$ 必含于可行域的内部.

式（11.2.6）仍是约束问题，看起来它的约束条件比原来的约束问题还要复杂. 但是，由于函数 $B(\boldsymbol{x})$ 的阻拦作用是自动实现的，因此从计算的观点看，式（11.2.6）可当作无约束问题来处理.

11.2.2　内点法计算步骤

根据以上分析过程，给出内点法计算步骤如下：

算法 11.2.1（内点法）：

（1）给定初始内点 $\boldsymbol{x}^{(0)} \in \operatorname{int} D$，选择序列 $\{r_k\}$，r_k 递减趋于 0，允许误差 $\varepsilon > 0$，置 $k=1$.

（2）以 $\boldsymbol{x}^{(k+1)}$ 为初始点，求解下列问题

$$\begin{aligned}&\min P(\boldsymbol{x}, r_k) = f(\boldsymbol{x}) + r_k B(\boldsymbol{x}) \\ &\text{s.t.}\ \ \boldsymbol{x} \in \operatorname{int} D\end{aligned}$$

其中

$$B(\boldsymbol{x}) = \sum_{i=1}^{m} \frac{1}{c_i(\boldsymbol{x})} \text{ 或 } B(\boldsymbol{x}) = -\sum_{i=1}^{m} \ln(c_i(\boldsymbol{x}))$$

得到最优解 $\boldsymbol{x}^{(k)}$.

（3）若 $r_k B(\boldsymbol{x}) < \varepsilon$，则停止计算，得到点 $\boldsymbol{x}^{(k)}$ 作为约束问题的最优解；否则，置 $k = k+1$，转步骤（2）.

例 11.2.1 用内点法求解下列问题

$$\begin{aligned}&\min f(\boldsymbol{x}) = x_1 + x_2 \\ &\text{s.t.} \begin{cases} c_1(\boldsymbol{x}) = -x_1^2 + x_2 \geqslant 0 \\ c_2(\boldsymbol{x}) = x_1 \geqslant 0 \end{cases}\end{aligned}$$

解 定义罚函数

$$P(\boldsymbol{x}, r_k) = x_1 + x_2 - r_k \ln(-x_1^2 + x_2) - r_k \ln x_1$$

下面用解析方法求解问题

$$\begin{aligned}&\min P(\boldsymbol{x}, r_k) \\ &\text{s.t.}\ \ \boldsymbol{x} \in \operatorname{int} D\end{aligned}$$

令

$$\frac{\partial P(\boldsymbol{x}, r_k)}{\partial x_1} = 1 - \frac{-2x_1 r_k}{-x_1^2 + x_2} - \frac{r_k}{x_1} = 0$$

$$\frac{\partial P(\boldsymbol{x}, r_k)}{\partial x_2} = 1 - \frac{r_k}{-x_1^2 + x_2} = 0$$

解得

$$\begin{aligned}\bar{\boldsymbol{x}}_{r_k} &= (\bar{x}_1, \bar{x}_2)^{\mathrm{T}} \\ &= \left(\frac{-1+\sqrt{1+8r_k}}{4}, \frac{3r_k}{2} - \frac{-1+\sqrt{1+8r_k}}{8} \right)^{\mathrm{T}}\end{aligned}$$

当 $r_k \to 0$ 时，$\bar{x}_{r_k}$ 趋向于原问题的最优解

$$x^* = (0,0)^{\mathrm{T}}$$

本例惩罚因子 r_k 趋近过程如表 11.2.1 和图 11.2.1 所示.

表 11.2.1　r_k 的值对应的解

r_k	1.000	0.500	0.250	0.100	0.0001
$\bar{x}_1$	0.500	0.309	0.183	0.085	0.000
$\bar{x}_2$	1.250	0.595	0.283	0.107	0.000

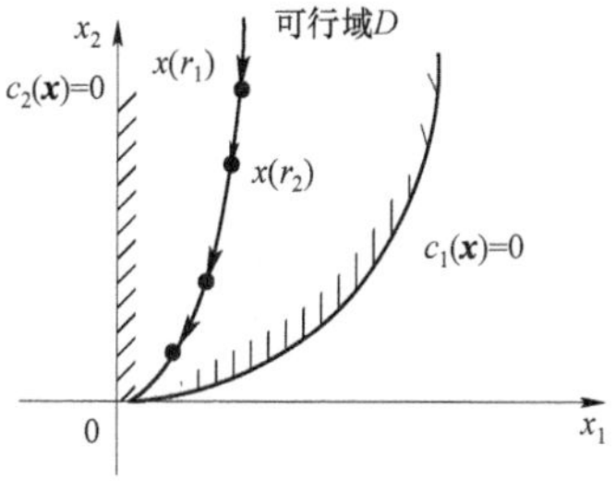

图 11.2.1　惩罚因子 r_k 趋近过程

11.2.3　收敛性

关于内点法的收敛性有下列定理:

定理 11.2.1　设在问题（11.2.1）中，可行域内部 $\mathrm{int}\,D$ 非空，且存在最优解，又设对每一个 r_k，罚函数 $P(\boldsymbol{x}, r_k)$ 在 $\mathrm{int}\,D$ 内存在极小点，并且内点法产生的全局极小点序列 $\{\boldsymbol{x}^{(k)}\}$ 存在子序列收敛到 $\bar{\boldsymbol{x}}$，则 $\bar{\boldsymbol{x}}$ 是问题（11.2.1）的全局最优解.

证明　先证 $\{P(\boldsymbol{x}^{(k)}, r_k)\}$ 是单调递减有下界的序列.

设 $\boldsymbol{x}^{(k)}$，$\boldsymbol{x}^{(k+1)} \in \mathrm{int}\,D$ 分别是 $P(\boldsymbol{x}, r_k)$ 和 $P(\boldsymbol{x}, r_{k+1})$ 的全局极小点，由于 $r_{k+1} < r_k$，因此有

$$\begin{aligned} P(\boldsymbol{x}^{(k+1)}, r_{k+1}) &= f(\boldsymbol{x}^{(k+1)}) + r_{k+1}B(\boldsymbol{x}^{(k+1)}) \leqslant f(\boldsymbol{x}^{(k)}) + r_{k+1}B(\boldsymbol{x}^{(k)}) \\ &\leqslant f(\boldsymbol{x}^{(k)}) + r_k B(\boldsymbol{x}^{(k)}) = P(\boldsymbol{x}^{(k)}, r_k) \end{aligned} \tag{11.2.7}$$

设 $\boldsymbol{x}^*$ 是问题（11.2.1）的全局最优解. 由于 $\boldsymbol{x}^{(k)}$ 是可行点，则

$$f(\boldsymbol{x}^{(k)}) \geqslant f(\boldsymbol{x}^*)$$

又知

$$P(\boldsymbol{x}^{(k)}, r_k) \geqslant f(\boldsymbol{x}^{(k)})$$

因此有

$$P(\boldsymbol{x}^{(k)}, r_k) \geqslant f(\boldsymbol{x}^*) \tag{11.2.8}$$

式（11.2.7）和式（11.2.8）表明，$\{P(\boldsymbol{x}^{(k)}, r_k)\}$为单调递减有下界序列. 由此可知，这个序列存在极限

$$\hat{P} \geqslant f(\boldsymbol{x}^*)$$

我们现在证明 $\hat{P} = f(\boldsymbol{x}^*)$. 用反证法：

假设 $\hat{P} > f(\boldsymbol{x}^*)$. 由于 $f(\boldsymbol{x})$ 是连续函数，因此存在正数 δ，使得当 $\|\boldsymbol{x} - \boldsymbol{x}^*\| < \delta$ 且 $\boldsymbol{x} \in \operatorname{int} D$ 时，有

$$f(\boldsymbol{x}) - f(\boldsymbol{x}^*) \leqslant \frac{1}{2}[\hat{P} - f(\boldsymbol{x}^*)]$$

即

$$f(\boldsymbol{x}) \leqslant \frac{1}{2}[\hat{P} + f(\boldsymbol{x}^*)] \tag{11.2.9}$$

任取一点 $\hat{\boldsymbol{x}} \in \operatorname{int} D$，使 $\|\hat{\boldsymbol{x}} - \boldsymbol{x}^*\| < \delta$. 由于 $r_k \to 0$，因此存在 K，当 $k > K$ 时，

$$r_k B(\hat{\boldsymbol{x}}) < \frac{1}{4}[\hat{P} - f(\boldsymbol{x}^*)]$$

这样，当 $k > K$ 时，根据 $P(\boldsymbol{x}^{(k)}, r_k)$ 的定义，并考虑到式（11.2.9），必有

$$\begin{aligned}
P(\boldsymbol{x}^{(k)}, r_k) &= f(\boldsymbol{x}^{(k)}) + r_k B(\boldsymbol{x}^{(k)}) \\
&\leqslant f(\hat{\boldsymbol{x}}) + r_k B(\hat{\boldsymbol{x}}) \\
&\leqslant \frac{1}{2}[\hat{P} - f(\boldsymbol{x}^*)] + \frac{1}{4}[\hat{P} - f(\boldsymbol{x}^*)] \\
&= \hat{P} - \frac{1}{4}[\hat{P} - f(\boldsymbol{x}^*)]
\end{aligned}$$

上式与 $P(\boldsymbol{x}^{(k)}, r_k) \to \hat{P}$ 相矛盾. 因此，必有

$$\hat{P} = f(\boldsymbol{x}^*)$$

下面证明 $\bar{\boldsymbol{x}}$ 是全局最优解.

设 $\{\boldsymbol{x}^{(k_j)}\}$ 是 $\{\boldsymbol{x}^{(k)}\}$ 的收敛子序列，且

$$\lim_{k_j\to\infty}\boldsymbol{x}^{(k_j)}=\overline{\boldsymbol{x}}$$

由于 $\boldsymbol{x}^{(k_j)}$ 是可行域 D 的内点，即满足

$$c_i(\boldsymbol{x}^{(k_j)})>0\text{，}\quad i=1,2,\cdots,m$$

及 $c_i(\boldsymbol{x})$ 是连续函数，因此

$$\lim_{k_j\to\infty}c_i(\boldsymbol{x}^{(k_j)})=c_i(\overline{\boldsymbol{x}})\geqslant 0\text{，}\quad i=1,2,\cdots,m \tag{11.2.10}$$

由此可知 $\overline{\boldsymbol{x}}$ 是可行点. 根据假设 $\boldsymbol{x}^*$ 是全局最优解，因此有

$$f(\boldsymbol{x}^*)\leqslant f(\overline{\boldsymbol{x}}) \tag{11.2.11}$$

容易证明，上式必为等式. 假设 $f(\boldsymbol{x}^*)<f(\overline{\boldsymbol{x}})$，则

$$\lim_{k_j\to\infty}\{f(\boldsymbol{x}^{(k_j)})-f(\boldsymbol{x}^*)\}=f(\overline{\boldsymbol{x}})-f(\boldsymbol{x}^*)>0$$

这样，当 $k_j\to\infty$ 时，

$$P(\boldsymbol{x}^{(k_j)},r_{k_j})-f(\boldsymbol{x}^*)=f(\boldsymbol{x}^{(k_j)})-f(\boldsymbol{x}^*)+r_{k_j}B(\boldsymbol{x}^{(k_j)})\geqslant f(\boldsymbol{x}^{(k_j)})-f(\boldsymbol{x}^*)$$

不趋于零，因此与

$$\lim_{k\to\infty}P(\boldsymbol{x}^{(k)},r_k)=\hat{\boldsymbol{P}}=f(\boldsymbol{x}^*)$$

相矛盾. 因此必有 $f(\boldsymbol{x}^*)=f(\overline{\boldsymbol{x}})$，从而 $\overline{\boldsymbol{x}}$ 是问题（11.2.1）的全局最优解.

上面介绍的外点法和内点法均采用序列无约束极小化技巧，方法简单，使用方便，并能用来求解导数不存在的问题，因此这种算法得到了比较广泛的应用. 但是，上述罚函数法存在固有的缺点，就是随着惩罚因子趋向其极限，罚函数的 Hesse 矩阵的条件数无限增大，因而越来越变得病态. 罚函数的这种状态给无约束极小化带来很大困难. 为克服这个缺点，Hestenes 和 Powell 于 1969 年各自独立地提出了乘子法. 在下一节，我们将介绍乘子法的具体内容.

11.3　乘子法

本节讨论的乘子法基本思想是把罚函数与拉格朗日函数结合起来，借助于罚

函数的优点，并结合拉格朗日乘子的性质，构造出更合适的新目标函数，使得在惩罚因子σ适当大的情况下就能逐步达到原约束问题的最优解. 由于这种方法既要借助于拉格朗日乘子迭代进行，而又不同于经典的拉格朗日乘子法，故称为广义拉格朗日乘子法.

11.3.1 等式约束问题的乘子法

考虑等式约束问题

$$\begin{aligned}&\min f(\boldsymbol{x}),\quad \boldsymbol{x}\in\mathbf{R}^n\\&\text{s.t. } c_i(\boldsymbol{x})=0,\quad i=1,2,\cdots,l\end{aligned}\tag{11.3.1}$$

其中，$f(\boldsymbol{x})$，$c_i(\boldsymbol{x})(i=1,2,\cdots,l)$是二次连续可微函数.

易知，问题（11.3.1）等价于问题

$$\begin{aligned}&\min\left[f(\boldsymbol{x})+\sigma\sum_{i=1}^{l}c_i^2(\boldsymbol{x})\right]\\&\text{s.t. } c_i(\boldsymbol{x})=0,\quad i=1,2,\cdots,l\end{aligned}\tag{11.3.2}$$

该问题的拉格朗日函数为

$$\begin{aligned}L(\boldsymbol{x},\sigma,\boldsymbol{\lambda})&=f(\boldsymbol{x})+\sigma\sum_{i=1}^{l}c_i^2(\boldsymbol{x})-\sum_{i=1}^{l}\lambda_i c_i(\boldsymbol{x})\\&=f(\boldsymbol{x})-\boldsymbol{\lambda}^{\mathrm{T}}c(\boldsymbol{x})+\sigma c(\boldsymbol{x})^{\mathrm{T}}c(\boldsymbol{x})\end{aligned}\tag{11.3.3}$$

其中，$\sigma>0$，

$$\boldsymbol{\lambda}=(\lambda_1,\lambda_2,\cdots,\lambda_l)^{\mathrm{T}}$$

$$c(\boldsymbol{x})=\left(c_1(\boldsymbol{x}),c_2(\boldsymbol{x}),\cdots,c_l(\boldsymbol{x})\right)^{\mathrm{T}}$$

也称为问题（11.3.1）的增广拉格朗日函数（乘子罚函数）.

$L(\boldsymbol{x},\sigma,\boldsymbol{\lambda})$与拉格朗日函数的区别在于增加了罚项$\sigma c(\boldsymbol{x})^{\mathrm{T}}c(\boldsymbol{x})$，而与罚函数的区别在于增加了乘子项$(-\boldsymbol{\lambda}^{\mathrm{T}}c(\boldsymbol{x}))$. 这种区别使得增广拉格朗日函数与拉格朗日函数及罚函数具有不同的状态. 对于$L(\boldsymbol{x},\sigma,\boldsymbol{\lambda})$，只需取足够大的惩罚因子$\sigma$，不必趋向无穷大，就可以把求解等式约束问题（11.3.1）转化为求解一系列的无约束问题

$$\min L(\boldsymbol{x},\sigma_k,\boldsymbol{\lambda}^{(k)})=f(\boldsymbol{x})+\sigma_k\sum_{i=1}^{l}c_i^2(\boldsymbol{x})-\sum_{i=1}^{l}\lambda_i^{(k)}c_i(\boldsymbol{x})\tag{11.3.4}$$

其中，$\boldsymbol{\lambda}^{(k)}=(\lambda_1^{(k)},\lambda_2^{(k)},\cdots,\lambda_l^{(k)})^{\mathrm{T}}$ 是第 k 次迭代中采用的拉格朗日乘子.

定理 11.3.1 设 $\boldsymbol{x}^{(k)}$ 是无约束问题（11.3.4）的最优解，则 $\boldsymbol{x}^{(k)}$ 也是问题

$$\begin{aligned}&\min f(\boldsymbol{x}),\quad \boldsymbol{x}\in\mathbf{R}^n\\&\text{s.t. } c_i(\boldsymbol{x})=c_i(\boldsymbol{x}^{(k)}),\quad i=1,2,\cdots,l\end{aligned}\tag{11.3.5}$$

的最优解.

证明 由于 $\boldsymbol{x}^{(k)}$ 是无约束问题（11.3.4）的最优解，故对于 $\forall\boldsymbol{x}\in\mathbf{R}^n$，都有

$$L(\boldsymbol{x}^{(k)},\sigma_k,\boldsymbol{\lambda}^{(k)})\leqslant L(\boldsymbol{x},\sigma_k,\boldsymbol{\lambda}^{(k)})$$

即

$$f(\boldsymbol{x}^{(k)})+\sigma_k\sum_{i=1}^{l}c_i^2(\boldsymbol{x}^{(k)})-\sum_{i=1}^{l}\lambda_i^{(k)}c_i(\boldsymbol{x}^{(k)})\leqslant f(\boldsymbol{x})+\sigma_k\sum_{i=1}^{l}c_i^2(\boldsymbol{x})-\sum_{i=1}^{l}\lambda_i^{(k)}c_i(\boldsymbol{x})$$

亦即

$$f(\boldsymbol{x}^{(k)})-f(\boldsymbol{x})\leqslant\sigma_k\left(\sum_{i=1}^{l}[c_i^2(\boldsymbol{x})-c_i^2(\boldsymbol{x}^{(k)})]\right)-\sum_{i=1}^{l}\lambda_i^{(k)}[c_i(\boldsymbol{x})-c_i(\boldsymbol{x}^{(k)})]$$

当 $\boldsymbol{x}$ 满足约束条件 $c_i(\boldsymbol{x})=c_i(\boldsymbol{x}^{(k)})$，$i=1,2,\cdots,l$ 时有

$$f(\boldsymbol{x}^{(k)})\leqslant f(\boldsymbol{x})$$

所以，$\boldsymbol{x}^{(k)}$ 也是问题（11.3.5）的最优解.

由定理 11.3.1 可知，经过适当调整 σ_k 与 $\boldsymbol{\lambda}^{(k)}$，当

$$c_i(\boldsymbol{x}^{(k)})=0,\ i=1,2,\cdots,l$$

成立时，$\boldsymbol{x}^{(k)}$ 即为所求等式约束问题（11.3.1）的最优解.

因此，在下面叙述的算法步骤中，我们将把 $\boldsymbol{x}^{(k)}$ 是否近似地满足该问题的约束条件，即

$$\|c(\boldsymbol{x}^{(k)})\|<\varepsilon$$

作为终止准则，这里 $\varepsilon>0$ 是预先给定的允许误差.

现在算法的困难就在于 $\boldsymbol{\sigma}$ 与 $\boldsymbol{\lambda}$ 的选取.

一般方法是，先给定充分大的 $\boldsymbol{\sigma}$ 和拉格朗日乘子的初始估计 $\boldsymbol{\lambda}$，然后在迭代过程中修正 $\boldsymbol{\lambda}$，力图使 $\boldsymbol{\lambda}$ 趋向最优乘子 $\bar{\boldsymbol{\lambda}}$. 修正 $\boldsymbol{\lambda}$ 的公式不难给出.

设在第 k 次迭代中，拉格朗日乘子向量的估计为 $\boldsymbol{\lambda}^{(k)}$，惩罚因子取 σ_k，得到

$L(\boldsymbol{x},\sigma_k,\boldsymbol{\lambda}^{(k)})$ 的极小点 $\boldsymbol{x}^{(k)}$，这时有

$$\nabla_x L(\boldsymbol{x}^{(k)},\sigma_k,\boldsymbol{\lambda}^{(k)})=\nabla f(\boldsymbol{x}^{(k)})-\sum_{i=1}^{l}(\lambda_i^{(k)}-2\sigma_k c_i(\boldsymbol{x}^{(k)}))\nabla c_i(\boldsymbol{x}^{(k)})=\boldsymbol{0} \tag{11.3.6}$$

对于问题（11.3.1）的最优解 $\bar{\boldsymbol{x}}$，当 $\nabla c_1(\bar{\boldsymbol{x}}),\cdots,\nabla c_l(\bar{\boldsymbol{x}})$ 线性无关时，应有

$$\nabla f(\bar{\boldsymbol{x}})-\sum_{i=1}^{l}\bar{\lambda}_i\nabla c_i(\bar{\boldsymbol{x}})=\boldsymbol{0} \tag{11.3.7}$$

假如 $\boldsymbol{x}^{(k)}=\bar{\boldsymbol{x}}$，比较式（11.3.6）和式（11.3.7），有 $\bar{\lambda}_i=\lambda_i^{(k)}-2\sigma_k c_i(\boldsymbol{x}^{(k)})$.

然而，一般来说，$\boldsymbol{x}^{(k)}$ 并非是 $\bar{\boldsymbol{x}}$，因此这个等式并不成立. 但是，由此可以给出修正乘子 $\boldsymbol{\lambda}$ 的公式，令

$$\lambda_i^{(k+1)}=\lambda_i^{(k)}-2\sigma_k c_i(\boldsymbol{x}^{(k)}),\ i=1,2,\cdots,l \tag{11.3.8}$$

然后再进行第 $k+1$ 次迭代，求 $L(\boldsymbol{x},\sigma_{k+1},\boldsymbol{\lambda}^{(k+1)})$ 的无约束极小点. 这样做下去，可望 $\boldsymbol{\lambda}^{(k)}\to\bar{\boldsymbol{\lambda}}$，从而 $\boldsymbol{x}^{(k)}\to\bar{\boldsymbol{x}}$. 如果 $\{\boldsymbol{\lambda}^{(k)}\}$ 不收敛（或 $c_i(\boldsymbol{x}^{(k)})$ 不收敛于 0），或者收敛太慢，则增大参数 σ_k，再进行迭代. 收敛快慢一般用 $\|c(\boldsymbol{x}^{(k)})\|/\|c(\boldsymbol{x}^{(k-1)})\|$ 来衡量.

算法 11.3.1（等式约束问题乘子法）：

（1）给定初始点 $\boldsymbol{x}^{(0)}$，乘子向量初始估计 $\boldsymbol{\lambda}^{(1)}$，参数 σ_1，允许误差 $\varepsilon>0$，常数 $\alpha>1$，$\beta\in(0,1)$，置 $k=1$.

（2）以 $\boldsymbol{x}^{(k-1)}$ 为初点，解无约束问题

$$\min L(\boldsymbol{x},\sigma_k,\boldsymbol{\lambda}^{(k)})$$

得解 $\boldsymbol{x}^{(k)}$.

（3）若 $\|c(\boldsymbol{x}^{(k)})\|<\varepsilon$，则停止计算，得到点 $\boldsymbol{x}^{(k)}$；否则，进行步骤（4).

（4）若

$$\frac{\|c(\boldsymbol{x}^{(k)})\|}{\|c(\boldsymbol{x}^{(k-1)})\|}\geqslant\beta$$

则置 $\sigma_{k+1}=\alpha\sigma_k$，转步骤（5)；

否则，令 $\sigma_{k+1}=\sigma_k$，进行步骤（5).

（5）用式（11.3.8）计算 $\lambda_i^{(k+1)}(i=1,2,\cdots,l)$，置 $k=k+1$，转步骤（2).

例 11.3.1 用乘子法求解下列问题：

$$\min f(\boldsymbol{x})=\frac{1}{2}x_1^{\ 2}+\frac{1}{6}x_2^2$$
$$\text{s.t. } x_1+x_2=1$$

取 $\lambda_1=0$，$\sigma_1=0.05$，$\alpha=2$，$\varepsilon=0.0001$，$\beta=0.05$.

解 定义增广拉格朗日函数

$$L(\boldsymbol{x},\sigma_k,\boldsymbol{\lambda}^{(k)})=\frac{1}{2}x_1^{\ 2}+\frac{1}{6}x_2^{\ 2}+\sigma_k(x_1+x_2-1)^2-\boldsymbol{\lambda}^{(k)}(x_1+x_2-1)$$

用解析法求解.

令 $\nabla_x L(\boldsymbol{x},\sigma_k,\boldsymbol{\lambda}^{(k)})=\boldsymbol{0}$，可求得

$$\min L(\boldsymbol{x},\sigma_k,\boldsymbol{\lambda}^{(k)})$$

的最优解

$$\boldsymbol{x}^{(k)}=\left(\frac{\boldsymbol{\lambda}^{(k)}+2\sigma_k}{1+8\sigma_k},\frac{3(\boldsymbol{\lambda}^{(k)}+2\sigma_k)}{1+8\sigma_k}\right)^{\mathrm{T}},\quad k=1,2,\cdots$$

按式（11.3.8），有

$$\boldsymbol{\lambda}^{(k+1)}=\boldsymbol{\lambda}^{(k)}-2\sigma_k(x_1^{(k)}+x_2^{(k)}-1),\quad k=1,2,\cdots$$

其中 $\boldsymbol{x}^{(k)}=(x_1^{(k)},x_2^{(k)})^{\mathrm{T}}$

依次对 $k=1,2,\cdots$ 用上述公式，得到 σ_k，$\boldsymbol{\lambda}^{(k)}$ 和 $\boldsymbol{x}^{(k)}$ 的数值结果. 如表 11.3.1 所示.

表 11.3.1 迭代过程

k	σ_k	$\boldsymbol{\lambda}^{(k)}$	$\boldsymbol{x}^{(k)}=(x_1^{(k)},x_2^{(k)})^{\mathrm{T}}$	$\lVert c(\boldsymbol{x}^{(k)})\rVert$
1	0.05	0	$(0.071\,4, 0.214\,2)^{\mathrm{T}}$	0.714 4
2	0.1	0.071 4	$(0.150\,7, 0.452\,3)^{\mathrm{T}}$	0.397
3	0.2	0.150 7	$(0.211\,8, 0.635\,5)^{\mathrm{T}}$	0.152 7
4	0.4	0.211 8	$(0.240\,9, 0.722\,7)^{\mathrm{T}}$	0.036 4
5	0.8	0.240 9	$(0.248\,7, 0.746\,3)^{\mathrm{T}}$	0.005
6	1.6	0.248 9	$(0.249\,9, 0.749\,7)^{\mathrm{T}}$	0.000 4
7	3.2	0.250 2	$(0.250\,0, 0.749\,9)^{\mathrm{T}}$	0.000 1

由表 11.3.1 可知，迭代 7 次达到精度要求，故得到近似解

$$x^{(7)}=(0.2500, 0.7499)^{\mathrm{T}}$$

11.3.2 不等式约束问题的乘子法

考虑只有不等式约束问题

$$\begin{aligned}&\min f(\boldsymbol{x}),\quad \boldsymbol{x}\in\mathbf{R}^n\\&\text{s.t. } c_i(\boldsymbol{x})\geqslant 0,\quad i=1,2,\cdots,m\end{aligned}\tag{11.3.9}$$

为利用等式约束问题所得到的结果，引入附加变量 $\boldsymbol{y}=(y_1, y_2,\cdots, y_m)^{\mathrm{T}}$，将问题（11.3.9）化为等式约束问题

$$\begin{aligned}&\min f(\boldsymbol{x})\\&\text{s.t. } c_i(\boldsymbol{x})-y_i^2=0,\quad i=1,2,\cdots,m\end{aligned}$$

这样，可定义增广拉格朗日函数

$$\bar{L}(\boldsymbol{x},\boldsymbol{y},\boldsymbol{\lambda},\sigma)=f(\boldsymbol{x})-\sum_{i=1}^{m}\lambda_i(c_i(\boldsymbol{x})-y_i^2)+\sigma\sum_{i=1}^{m}(c_i(\boldsymbol{x})-y_i^2)^2$$

从而将问题（11.3.9）转化为求解

$$\min \bar{L}(\boldsymbol{x},\boldsymbol{y},\boldsymbol{\lambda},\sigma)\tag{11.3.10}$$

将 $\bar{L}(\boldsymbol{x},\boldsymbol{y},\boldsymbol{\lambda},\sigma)$ 关于 $\boldsymbol{y}$ 求极小，由此解出 $\boldsymbol{y}$，并代入式（11.3.10），将其化为只关于 $\boldsymbol{x}$ 求极小的问题. 为此求解

$$\min_{\boldsymbol{y}} \bar{L}(\boldsymbol{x},\boldsymbol{y},\boldsymbol{\lambda},\sigma)\tag{11.3.11}$$

用配方法将 $\bar{L}(\boldsymbol{x},\boldsymbol{y},\boldsymbol{\lambda},\sigma)$ 化为

$$\begin{aligned}\bar{L}&=f(\boldsymbol{x})+\sum_{i=1}^{m}[-\lambda_i(c_i(\boldsymbol{x})-y_i^2)+\sigma(c_i(\boldsymbol{x})-y_i^2)^2]\\&=f(\boldsymbol{x})+\sum_{i=1}^{m}\left\{\sigma\left[y_i^2-\frac{1}{2\sigma}(2\sigma c_i(\boldsymbol{x})-\lambda_i)\right]^2-\frac{\lambda_i^2}{4\sigma}\right\}\end{aligned}\tag{11.3.12}$$

为使 $\bar{L}(\boldsymbol{x},\boldsymbol{y},\boldsymbol{\lambda},\sigma)$ 关于 y_i 取极小，y_i 取值如下：

当 $2\sigma c_i(\boldsymbol{x})-\lambda_i\geqslant 0$ 时，$y_i^2=\dfrac{1}{2\sigma}(2\sigma c_i(\boldsymbol{x})-\lambda_i)$；

当 $2\sigma c_i(\boldsymbol{x})-\lambda_i<0$ 时，$y_i=0$.

综合以上两种情形，即

$$y_i^2=\frac{1}{2\sigma}\max\{0, 2\sigma c_i(\boldsymbol{x})-\lambda_i\}\tag{11.3.13}$$

将上式代入式（11.3.12），由此定义增广拉格朗日函数

$$L(\boldsymbol{x},\boldsymbol{\lambda},\sigma)=f(\boldsymbol{x})+\frac{1}{4\sigma}\sum_{i=1}^{m}\{[\max(0,\lambda_i-2\sigma c_i(\boldsymbol{x}))]^2-\lambda_i^2\} \tag{11.3.14}$$

将问题（11.3.9）转化为求解无约束问题

$$\min L(\boldsymbol{x},\boldsymbol{\lambda},\sigma) \tag{11.3.15}$$

11.3.3　一般约束问题的乘子法

考虑约束问题

$$\begin{aligned}&\min f(\boldsymbol{x})\\&\text{s.t.}\begin{cases}c_i(\boldsymbol{x})=0, & i\in E=\{1,2,\cdots,l\}\\ c_i(\boldsymbol{x})\geqslant 0, & i\in I=\{l+1,\cdots,l+m\}\end{cases}\end{aligned} \tag{11.3.16}$$

对于既含有等式约束又含有不等式约束问题，增广拉格朗日函数可定义为

$$L(\boldsymbol{x},\boldsymbol{\lambda},\sigma)=f(\boldsymbol{x})+\frac{1}{4\sigma}\sum_{i=l+1}^{l+m}\left\{[\max(0,\boldsymbol{\lambda}_i-2\sigma c_i(\boldsymbol{x}))]^2-\lambda_i^2\right\}-\sum_{i=1}^{l}\lambda_i c_i(\boldsymbol{x})+\sigma\sum_{i=1}^{l}c_i^{\,2}(\boldsymbol{x}) \tag{11.3.17}$$

在迭代中，与只有等式约束问题类似，也是取定充分大的参数 σ，并通过修正第 k 次迭代中的乘子 $\boldsymbol{\lambda}^{(k)}$，得到第 $k+1$ 次迭代中的乘子 $\boldsymbol{\lambda}^{(k+1)}$. 修正公式如下：

$$\begin{cases}\lambda_i^{(k+1)}=\max(0,\lambda_i^{(k)}-2\sigma_k c_i(\boldsymbol{x}^k)), & i\in I=\{l+1,l+2,\cdots,l+m\}\\ \lambda_i^{(k+1)}=\lambda_i^{(k)}-2\sigma_k c_i(\boldsymbol{x}^k), & i\in E=\{1,2,\cdots,l\}\end{cases} \tag{11.3.18}$$

计算步骤与等式约束情形相同.

例 11.3.2　用乘子法求解下列问题：

$$\begin{aligned}&\min f(\boldsymbol{x})=x_1^{\,2}+2x_2^{\,2}\\&\text{s.t.}\ \ x_1+x_2\geqslant 1\end{aligned}$$

解　该问题增广拉格朗日函数为

$$\begin{aligned}L(\boldsymbol{x},\boldsymbol{\lambda},\sigma)&=x_1^2+2x_2^2+\frac{1}{4\sigma}\{[\max(0,\lambda-2\sigma(x_1+x_2-1))]^2-\lambda^2\}\\&=\begin{cases}x_1^2+2x_2^2+\dfrac{1}{4\sigma}\{[\lambda-2\sigma(x_1+x_2-1)]^2-\lambda^2\}, & x_1+x_2-1\leqslant\dfrac{\lambda}{2\sigma}\\ x_1^2+2x_2^2-\dfrac{\lambda^2}{4\sigma}, & x_1+x_2-1>\dfrac{\lambda}{2\sigma}\end{cases}\end{aligned}$$

$$\frac{\partial L}{\partial x_1}=\begin{cases}2x_1-[\lambda-2\sigma(x_1+x_2-1)], & x_1+x_2-1\leqslant\dfrac{\lambda}{2\sigma}\\ 2x_1, & x_1+x_2-1>\dfrac{\lambda}{2\sigma}\end{cases}$$

$$\frac{\partial L}{\partial x_2}=\begin{cases}4x_2-[\lambda-2\sigma(x_1+x_2-1)], & x_1+x_2-1\leqslant\dfrac{\lambda}{2\sigma}\\ 4x_2, & x_1+x_2-1>\dfrac{\lambda}{2\sigma}\end{cases}$$

令

$$\nabla_x L(\boldsymbol{x},\boldsymbol{\lambda},\sigma)=0$$

得到 $L(\boldsymbol{x},\boldsymbol{\lambda},\sigma)$ 的无约束极小点

$$x_1=\frac{2(\lambda+2\sigma)}{4+6\sigma},\quad x_2=\frac{\lambda+2\sigma}{4+6\sigma}$$

取 $\sigma=1$, $\lambda^{(1)}=1$，得到 $L(\boldsymbol{x},\lambda^{(1)},\sigma)$ 的极小点

$$\boldsymbol{x}^{(1)}=(x_1^{(1)},x_2^{(1)})^{\mathrm{T}}=\left(\frac{3}{5},\frac{3}{10}\right)^{\mathrm{T}}$$

修正 $\lambda^{(1)}$，令

$$\lambda^{(2)}=\max\left(0,1-2\left(\frac{3}{5}+\frac{3}{10}-1\right)\right)=\frac{6}{5}$$

求得 $L(\boldsymbol{x},\lambda^{(2)},\sigma)$ 的极小点

$$\boldsymbol{x}^{(2)}=(x_1^{(2)},x_2^{(2)})^{\mathrm{T}}=\left(\frac{16}{25},\frac{8}{25}\right)^{\mathrm{T}}$$

以此类推，设在第 k 次迭代取乘子 $\lambda^{(k)}$，求得 $L(\boldsymbol{x},\lambda^{(k)},\sigma)$ 的极小点

$$\boldsymbol{x}^{(k)}=\left(x_1^{(k)},x_2^{(k)}\right)^{\mathrm{T}}=\left(\frac{1}{5}(2+\lambda^{(k)}),\frac{1}{10}(2+\lambda^{(k)})\right)^{\mathrm{T}},$$

修正 $\lambda^{(k)}$，得到

$$\lambda^{(k+1)}=\max(0,\lambda^{(k)}-2(x_1^{(k)}+x_2^{(k)}-1))=\frac{1}{5}(2\lambda^{(k)}+4)$$

显然，序列 $\{\lambda^{(k)}\}$ 是收敛的.

令 $k\to\infty$，则 $\qquad \lambda^{(k)}\to\dfrac{4}{3}$

及

$$x^{(k)}=\left(x_1^{(k)},x_2^{(k)}\right)^{\mathrm{T}}\to\left(\frac{2}{3},\frac{1}{3}\right)^{\mathrm{T}}$$

即问题的最优解 $\bar{x}=\left(\frac{2}{3},\frac{1}{3}\right)^{\mathrm{T}}$

在乘子法中，由于参数 σ 不必趋向无穷大就能求得约束问题的最优解，因此不出现惩罚函数法中的病态. 计算经验表明，乘子法优于惩罚函数法. 这种方法已经引起人们的广泛重视，受到广大使用者的欢迎.

习　题

1. 用外点法求解下列问题.

（1）$\min f(\boldsymbol{x})=x_1^2+x_2^2$；
s.t.　$x_1+x_2-1=0$

（2）$\min f(\boldsymbol{x})=-x_1-x_2$；
s.t.　$1-x_1^2-x_2^2=0$

（3）$\min f(\boldsymbol{x})=x_1^2+4x_2^2-2x_1-x_2$；
s.t.　$x_1+x_2\leqslant 1$

（4）$\min f(\boldsymbol{x})=x_1^2+4x_2^2$.
$$\text{s.t.}\begin{cases}x_1-x_2\leqslant 1\\x_1+x_2\geqslant 1\end{cases}$$

2. 考虑下列问题：

$$\begin{aligned}&\min f(\boldsymbol{x})=x_1^3+x_2^3\\&\text{s.t.}\ \ x_1+x_2=1\end{aligned}$$

要求：（1）求问题的最优解；

（2）定义罚函数

$$P(\boldsymbol{x},\sigma)=x_1^3+x_2^3+\sigma(x_1+x_2-1)^2$$

讨论能否通过求解无约束问题

$$\min P(\boldsymbol{x},\sigma)$$

来获得原来约束问题的最优解？为什么？

3. 用内点法求解下列问题.

（1）$\min f(\boldsymbol{x})=(x+1)^2$；
s.t.　$x\geqslant 0$

（2）$\min f(\boldsymbol{x})=x_1^2+2x_2^2$.
s.t.　$x_1+x_2-1\geqslant 0$

4. 考虑下列问题：

$$\begin{aligned}&\min f(\boldsymbol{x})=x_1x_2\\&\text{s.t.}\quad c(\boldsymbol{x})=-2x_1+x_2+3\geqslant 0\end{aligned}$$

要求：（1）用二阶最优性条件证明点

$$\bar{\boldsymbol{x}}=\left(\frac{3}{4},-\frac{3}{2}\right)^{\mathrm{T}}$$

是局部最优解，并说明它是否为全局最优解？

（2）定义罚函数为

$$P(\boldsymbol{x},r)=x_1x_2-r\ln(c(\boldsymbol{x}))$$

试用内点法求解此问题，并说明内点法产生的序列趋向点 $\bar{\boldsymbol{x}}$.

5. 用乘子法求解下列问题.

（1）$\min f(\boldsymbol{x})=x_1^2+x_2^2$；

$$\text{s.t.}\quad x_1\geqslant 1$$

（2）$\min f(\boldsymbol{x})=x_1+\frac{1}{3}(x_2+1)^2$.

$$\text{s.t.}\begin{cases}x_1\geqslant 0\\x_2\geqslant 1\end{cases}$$

6. 证明内点法具有如下性质：若 r_k 为递减趋于 0， $\boldsymbol{x}^{(k)}$ 是 $\min P(\boldsymbol{x},r_k)$ 的全局解，则：

（1）序列 $\left\{P(\boldsymbol{x}^{(k)},r_k)\right\}$ 非增；

（2）序列 $\{B(\boldsymbol{x}^{(k)})\}$ 非减；

（3）序列 $\{f(\boldsymbol{x}^{(k)})\}$ 非增.

参 考 文 献

[1] Avriel M. Nonlinear programming: analysis and methods[M]. Prentice-Hall, Inc.，1976（中译本: 非线性规划——分析与方法［M］. 上海：上海科学技术出版社，1980）.

[2] Bazaraa M S，Jarvis J J. Linear programming and network flows［M］. New York: Wiley，1977.

[3] 陈宝林. 最优化理论与算法［M］. 北京：清华大学出版社，2005.

[4] Dantzig G B. Linear programming and extensions［M］. Princeton，N. J.: Princeton University Press，1963.

[5] 邓乃扬. 无约束最优化方法［M］. 北京：科学出版社，1982.

[6] Eggleston H G. Convexity［M］. Cambridge University Press, Cambridge, England, 1958.

[7] Fletcher R. Practical methods of optimization, Vol. 1: Unconstrained optimization［M］. New York: John Wiley & Sons, 1980.

[8] Gill P E，Murray W, Wright M H. Practical optimization［M］. New York-London: Academic Press Inc.，1981.

[9] 何坚勇. 最优化方法［M］. 北京：清华大学出版社，2007.

[10] 胡运权，等. 运筹学基础及应用［M］. 6 版. 北京：高等教育出版社，2014.

[11] Kuhn H W, Tucker A W. Linear inequalities and related system. Annals of Mathematics studies，No. 38. Princeton，N. J.: Princeton University Press，1956.

[12] Luenberger D G. Introduction to linear and nonlinear programming［M］. Addison- wesley，1973（中译本：线性与非线性规划引论［M］. 北京：科学出版社，1982）.

[13] Luenberger D G. Linear and nonlinear programming［M］. Addison-Wesley，1984.

[14] Powell M J D. Nonlinear optimization［M］. London: Academic Press, 1982.
[15] 谢政，李建平，汤泽滢. 非线性最优化［M］. 长沙：国防科技大学出版社，2003.
[16] 薛毅. 最优化原理与方法［M］. 北京：北京工业大学出版社，2008.
[17] 袁亚湘，孙文瑜. 最优化理论与方法［M］. 北京：科学出版社，1997.
[18] 张光澄，王文娟，韩会磊，张雷. 非线性最优化计算方法［M］. 北京：高等教育出版社，2005.